새로 쓴 목재건조학

정희석 · 강호양 · 박정환 · 이남호 · 이형우 · 강춘원 · 여환명

서울대학교출판문화원

A New Introduction to Wood Drying

Hee-Suk Jung

Ho-Yang Kang · Jung-Hwan Park · Nam-Ho Lee

Hyoung-Woo Lee · Chun-Won Kang · Hwan-Myeong Yeo

Seoul National University Press

머리말

전 세계적으로 인구증가로 인하여 목재 수요량이 점차 증가하고 있다. 근년에 주거생활의 안전과 환경조건이 중요시됨에 따라 환경친화적 재료가 선호되고 있는바, 목재는 어떠한 인조재료보다 환경친화적 재료(eco-material)로 인정되고 있기 때문에 목재 수요가 더욱 늘어나고 있고, 또한 생활수준의 향상에 따라 소재(solid wood)로 제작된 양질의 목제품을 선호하고 있다. 그러나 과거에 쉽게 획득할 수 있었던 대경재(大徑材)의 양질 원목은 차츰 줄어들고 있기 때문에 지금은 어떠한 품등의 목재일지라도 이용하지 않을 수 없는 실정에 이르렀다. 따라서 다종다양한 형질의 목재 이용에는 그에 걸맞은 적절한 건조가공법을 적용해야 한다.

산림에서 벌채된 원목은 다량의 수분을 함유하고, 함유수분은 목재의 물리적 · 역학적 · 가공적 성질에 끼치는 영향이 매우 크기 때문에 사용 장소에 알맞은 함수율까지 반드시 건조한 다음에 가공 이용해야 한다. 건조가공의 적부는 목재 및 목질재료의 품질과 목제품의 성능에 크게 영향을 끼칠 뿐만 아니라 가공수율과 생산비용을 좌우하는 중요한 요소이다. 이와 같이 목재자원의 형질변화와 사용자의 수요 추세에 부응하기 위해서는 무엇보다도 합리적인 목재건조법을 적용하는 것이 선결 과제이다. 목재를 제대로 정식건조하지 않고서는 2차 및 3차 부가가치 제품을 생산할 수 없다.

이 책은 대학의 목재건조학 담당 교수와 국립산림과학원의 목재건조 담당연구관으로 구성된 집필진의 전문분야를 고려하여 집필하고, 책의 내용으로 첫째, 목재건조와 관련되는 조직과 물성, 건조기구, 건조응력과 건조결함에 관한 목재건조의 기초지식, 둘째, 건조실의 공기조건, 건조소요 에너지 및 인공건조실의 시스템에 관한 목재건조장치, 셋째, 천연건조, 열기건조, 여러 종류의 특수건조, 단판과 파티클의 건조에 이르기까지 다양한 대상물의 건조방법의 종류, 특징과 적용법, 건조재의 저목과 건조비용 등 건조와 관련되는 전반적인 사항을 다루었다.

본문 내용과 더불어 부록에 습윤공기선도와 그에 관련한 포화수증기압, 절대습도, 상대습도, 이슬점온도 및 습구온도에 대한 소개, 수분흡착 모델에 대한 이론적 접근, 건습구온도에 따른 상대습도와 평형함수율 변화표를 포함시켰다.

목재건조의 복잡성 때문에 완벽히 출간할 수 없지만 미흡한 점은 同學諸賢의 기탄없는 충고와 지도편달을 바탕으로 보완하고 발전시켜 나가고자 한다.

이 책의 출간을 맡아 주신 서울대학교출판부와 원고를 정리해 준 대학원생들에게도 깊이 감사드린다.

2008년 2월

저자 일동

차례

제II부 목재 열기건조장치

제Ⅲ부 건조방법

제I부

목재건조의 기초

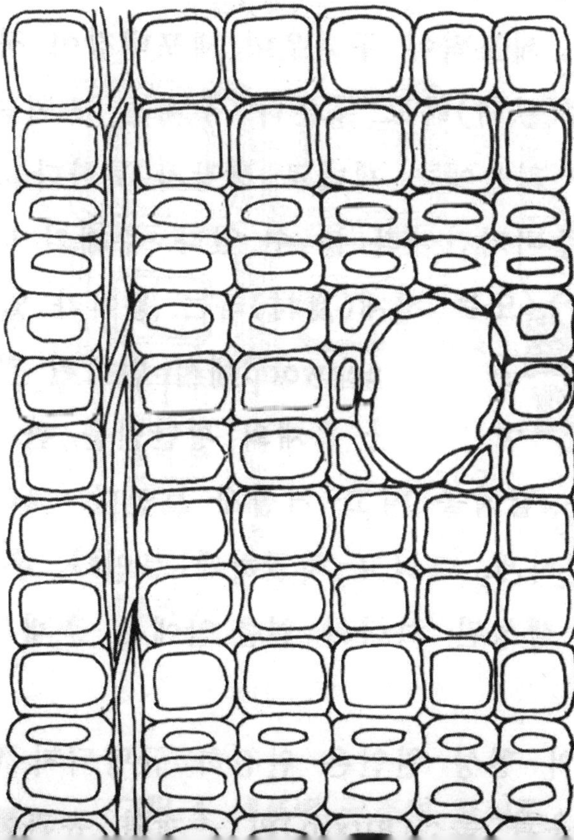

제1장

개설

1. 목재건조의 개요

건조(drying)는 물체에 열을 전달시켜 수분을 제거하는 공정을 의미한다. 물체에 함유된 수분의 증발에 필요한 열은 전도, 대류, 복사와 내부가열에 의해 전달된다. 내부수분은 확산 또는 모세관 유동에 의해 외부로 이동하고 증발된 수증기는 공기에 의해 운반되어 나간다. 물체가 건조되면 생물적 · 화학적 활성도(activity)가 저하되어 안정된 재료가 된다. 안정된 원료, 재료와 제품을 얻기 위해 농 · 임 · 수산물의 가공 과정 또는 각종 제품과 약품의 제조 과정에서 건조를 실시한다. 목재도 생재상태에서 매우 불안정한 성질을 갖는 재료이기 때문에 가공하기 전에 건조하여 사용한다.

1) 목재건조의 필요성

임목에서 벌채된 원목과 이들 원목에서 켠 제재목은 다량의 수분을 함유하고 있다. 생재는 건조 과정 중에 변색, 할렬과 틀어짐 등 여러 가지 건조결함이 유발되기 때문에 사용하기 전에 반드시 정식건조(formal drying)해야 한다. 목재를 정식건조하지 않으면 가공 또는 사용 중에 건조결함이 발생하여 심각한 손상을 초래할 수 있다.

목재를 건조하면 목재의 최종용도에 알맞은 성질을 얻을 수 있고, 운반비가 절감되며, 안전한 수송과 저목이 가능해진다. 그리고 목재건조는 양질의 목제품을 생산하는 데 기본이 되기 때문에 가공자와 사용자에게 여러 면에서 유리하다. 목재의 크기와 건조 특성에 맞추어 적절한 건조방법을 적용하면 건조재의 품질유지뿐만 아니라 건조시간의 단축과 소요되는 에너지를 절감할 수 있다. 목재건조에 의해서 얻어지는 이점은 다음과 같다.

- 목재수축에 의한 손상 방지: 생재는 건조됨에 따라 수축한다. 사용장소의 평형함수율까지 건조된 목재는 치수적으로 안정된다.
- 목재와 목제품의 할렬, 분할 및 틀어짐 방지: 목재 표면이 먼저 건조되고 수축하면 건조응력이 발생한다. 건조응력이 목재강도를 초과하면 할렬 또는 분할된다. 정식건조하면 이들 결점이 최소화되거나 방지할 수 있다. 사용 중에도 이들 결점이 발생하지 않는다.
- 변색과 부후 방지: 미생물에 의한 변색과 부후는 목재와 함유물을 영양원으로 이용하는 균류의 성장에 의해 발생한다. 목재는 함수율이 20% 이하가 되면 균류의 침범에 대해 면역이 생긴다. 그러나 이미 감염된 목재는 65°C 이상에서 살균처리해야 한다. 건조목재가 다시 젖게 되면 재감염될 수 있다.
- 충해 방지: 목재의 함수율이 10% 이하가 되면 충해를 막을 수 있다. 그러나 건조목재를 침해하는 흰개미와 나무좀은 낮은 함수율에서도 침해한다.
- 목재강도와 강성의 증가: 세포벽에 있는 물분자는 세포벽 구성요소 사이의 응집력에 영향을 주기 때문에 함수율이 30% 수준 이하부터 감소할수록 강도적 성질은 증가한다. 함수율 감소에 다른 강도의 증가율은

표 1-1 침엽수재의 평균 못뽑기 저항(정희석, 2000)

수종	생재에 못 박은 후 천연건조재(kgf)	천연건조재(kgf)	인공건조재(kgf)
라디에타소나무	15.3(5.9)	26.4(5.6)	33.6(11.1)
가문비나무	15.6(5.5)	29.6(7.6)	34.7(5.4)

※ ( ) 안은 표준편차.

강도의 종류에 따라 다르고, 기건재의 종압축강도와 휨강도는 생재보다 2배 정도 증가한다.

- 못, 나사, 볼트 등에 의한 접합부 유지력의 증가: 생재에 박은 못과 나사의 유지력은 건조함에 따라 크게 감소한다.
- 접착성의 개량: 건조재의 접착력은 생재보다 강하다. 접착을 위한 함수율은 접착제와 가공제품의 종류에 따라 다르고, 건조도는 일반적으로 3~15% 범위이다.
- 도장성의 개량: 함수율은 도료의 침투성, 건조, 도막의 상태와 부착력 등에 영향을 끼친다. 덜 건조된 목재에 도장하면 건조됨에 따라 도장 결함이 발생한다.
- 약세 주입의 용이: 확산법을 제외한 기타 약제 주입법에서 건조재는 생재보다 주입이 용이하다.
- 단열성과 전기절연성 개량: 함수율이 감소함에 따라 열과 전기전도율이 감소한다. 건조목재는 우수한 열과 전기절연 재료이다.
- 운반비 절감: 함수율이 감소하면 무게가 감소되므로 운반 및 관리 비용을 절감할 수 있다.

이상과 같이 목재건조에서 얻어지는 이점이 있는 반면에 건조비용이 소요된다. 따라서 건조비용을 최소화하고 건조효과를 최대화할 수 있는 건조방법과 기술을 적용해야 한다.

2) 목재건조의 복잡성

목재를 구성하는 세포는 목재에 따라 크기, 형태, 배열, 구성, 비율 등이 상이하다. 목재는 조직의 차이에 의해서 재질의 불균질성과 이방성(異方性)을 나타내고 수분 이동과 열전도성의 차이를 나타낸다. 효율적인 목재건조를 위해서는 목재 자체에 대한 지식뿐만 아니라 건조매체의 물리적 성질과 건조장치에 대한 공학적 지식이 요구된다. 목재건조에서 복잡한 요인을 살펴보면 다음과 같다.

- 목재는 수종, 동일 수종에서도 개체, 동일 수목에서도 생장부위에 따라 해부학적 · 물리적 · 기계적 성질이 상이하기 때문에 건조 특성이 다르다. 일반적으로 활엽수재는 침엽수재보다, 심재는 변재보다, 고밀도 목재는 저밀도 목재보다 건조하기 어렵다.
- 건조 대상 목재의 크기와 형태가 다종다양하다. 목재의 두께, 목취(정목 또는 판목), 심재와 변재의 구성비율 등의 차이에 의해 건조 특성이 달라진다.
- 건조실 내부 곳곳에 균일하고 적절한 온도, 습도 및 풍속을 유지하기가 쉽지 않다. 이러한 건조조건을 제대로 제공하지 않으면 목재는 불균일하게 건조된다.
- 목재는 수축률 차이가 있고, 목재의 두께와 길이 방향에서 수분경사가 나타나며, 불균일한 건조에 의해서 건조응력이 발생한다. 건조응력이 목재강도를 초과하면 할렬과 찌그러짐이 발생한다.
- 목재와 목제품의 평형함수율은 사용장소에 따라 다르기 때문에 적정 건조도를 결정하기 어렵다. 즉 평형함수율은 실내일지라도 난방 여부와 정도에 따라 다르고 계절에 따라서도 변한다.
- 목재의 인공건조에는 고가의 건조시설과 고도의 건조기술이 요구된다.

2. 건조방법과 건조도

1) 건조방법의 종류

목재를 건조하는 방법은 천연건조와 인공건조로 크게 나뉜다.

천연건조는 일반천연건조와 촉진천연건조로 구분한다. 촉진천연건조에는 송풍시설을 이용하여 건조를 촉진시키는 강제천연건조와 온도(21~43°C), 습도와 풍속(2.5~3.6m/sec)을 조절할 수 있는 저렴한 전건조실(pre-driers)에서 건조하는 저온건조가 있다. 천연건조는 지역, 계절, 수종, 목재 두께, 건조시설, 재고비용 등에 의해 영향을 받는다. 천연건조는 주로 구조용재의 건조 또는 방부처리의 준비, 선적무게의 감소, 제재 즉시 변색과 부후 예방을 위한 표면건조 등을 위한 부분천연건조(partial air-drying), 그리고 열기건조에서 열기건조시간을 단축하고자 전건조(pre-drying)로서 실시한다.

인공건조는 열기건조와 특수건조로 나뉜다. 열기건조는 건조실 내 공기의 온도, 습도와 풍속을 완전히 조절하면서 건조하는 방법이다. 건조온도는 물의 비점(100°C) 이하이지만, 최고 온도는 열손실과 열전달의 효율성을 제고하기 위해 82~93°C에서 건조한다. 특수건조는 건조시간의 단축 또는 건조결함의 예방 등 특수한 건조목적을 얻기 위해 건조하는 방법으로서 고온건조, 제습건조(dehumidification kiln drying), 라디오파 건조(radio-frequency drying), 열판건조, 진공건조, 용매건조, 화학건조(chemical seasoning), 태양열건조, 적외선건조 등 여러 가지 방법이 있다. 특수건조법의 선택은 자본투자, 에너지원, 건조용량, 건조효율과 최종제품의 품질 등 여러 가지 요소에 의해 결정한다. 특수건조법은 일반적으로 건조비용은 더 요구되나 특수한 고가제품 건조에 적용된다. 건조할 목재의 크기, 형상과 용도, 건조재의 품질, 소요 에너지와 건조시간 등에 따라 건조방법이 결정된다. 건조방법별로 관용적으로 실시하고 있는 건조실의 예를 들면 다음과 같다.

- 천연건조: 기건함수율 이하로 건조할 수 없기 때문에 옥외에 사용할 목재의 건조에 적용하며, 부분천연건조 또는 인공건조의 예비건조로 실시한다.
- 촉진천연건조: 두껍고 고함수율의 목재를 촉진건조하는 데 유리하다.
- 저온건조: 건조속도가 느린 활엽수재, 고가 수종의 건조손상을 최소화하거나 다량의 목재를 건조할 때 유리하다. 인공건조의 예비건조로서 함수율 25% 또는 30% 수준까지 전건조하는 데 적용한다.
- 열기건조: 실내에 사용할 목재(예: 가구용재, 마루판 등)를 건조할 때 적용되고, 균일하고도 낮은 최종함수율까지 건조할 수 있고 건조응력을 제거할 수 있는 이점이 있다.
- 고온건조: 침엽수 구조용재와 저비중의 활엽수 건조에 유리하고, 함수율 20% 수준까지 천연건조재 또는 전건조재를 재건조할 때에 적용한다. 건조시간이 크게 단축되고 에너지를 절약할 수 있다.
- 제습건조: 건조속도가 느린 활엽수재의 건조에 유리하다.
- 라디오파 건조: 투과성이 큰 수종의 대단면재(timber)의 건조나 핸들, 골프클럽 헤드, 선삭재(turnings)와 실패 등 소형 반제품 건조에서 건조결함을 줄일 수 있고, 균일한 함수율로 건조할 수 있기 때문에 유리하다.
- 열판건조: 틀어짐을 방지할 수 있기 때문에 소경저질목에서 절삭된 얇은 판재 및 단판의 건조에 유리하다.
- 유비등건조(boiling in oil): 방부처리의 준비공정으로서 대단면재, 침목, 기둥 등을 함수율 25~30%까지 건조하는 데 적절하다.
- 화학건조: 대단면재의 할렬을 막기 위한 건조에 적용된다. 화학처리에 의해 강도감소, 접착장애, 못과 금구(fastener)의 부식을 초래할 수

표 1-2 우리나라 도시별 연중 평형함수율의 평균과 범위(조재명 등, 1982)

도시	평형함수율(%)		
	최저치	평균치	최고치
서울	12.1(4)	14.3	16.3(8)
춘천	12.3(4)	14.6	16.3(8)
대전	11.8(4)	14.3	16.0(8)
경주	12.2(5)	14.2	16.8(9)
광주	12.5(3)	13.5	14.4(7)
진주	12.1(4)	13.5	14.4(9)

※ ( ) 안은 최저치와 최고치를 나타낸 월(月).

표 1-3 우리나라 옥내 연중 평형함수율의 평균과 범위(정희석 등, 1994)

장소	평형함수율(%)			지역
	최저치	평균치	최고치	
아파트 침실	7.7	9.7	13.5	서울
아파트 거실	8.7	10.2	14.1	서울
단독주택 거실	10.5	12.5	16.9	수원
사무실	8.5	10.4	13.4	수원

표 1-4 일본에서 목재의 사용장소별 평형함수율과 건조도(松本文三, 1941)

사용장소	온도(°C)	상대습도(%)	평형함수율(%)	건조도(%)	
				고급품	보통품
난방된 실내	15~20	55~70	12.2	6~8	9~11
난방된 실내	20~25	50~65	11.0	5~7	8~10
난방된 실내	25~35	40~55	9.0	4~6	7~9
비난방 옥내	–	–	13~15	8~10	10~12
옥외	–	–	15~16	–	11~13

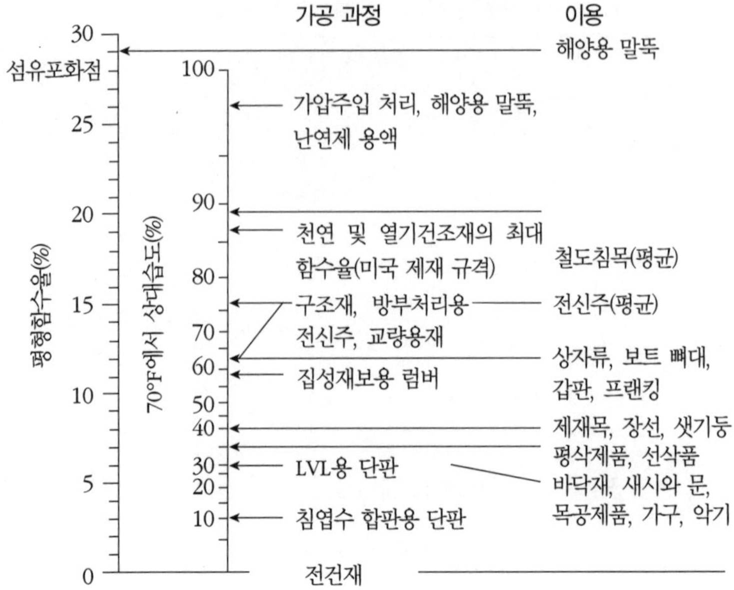

그림 1-1 여러 가지 목재용도의 함수율(Bramhall et al., 1976)

있다.

- 진공건조: 난건조목재(refractory wood)의 건조에 유리하다. 진공건조는 저온에서도 고온건조의 효과가 있기 때문에 에너지를 절감할 수 있고 건조손상을 최소화할 수 있다.
- 제트건조(jet drying): 공기로부터 목재 표면에 열 전달을 촉진하고 건조속도를 증가시키기 때문에 단판의 신속한 건조에 유리하다.

2) 목재의 건조도

목재건조에서 어느 수준까지 건조해야 하는지는 건조재의 사용 목적과 장소에 따라 달라진다. 건조된 목재는 사용할 때 함수율의 변화에 따른 수축과 팽윤에 의한 치수변동이 최소화되어야 한다. 목재와 목제품 사용시 사용장소의 습도와 온도 등 환경조건과 평형에 도달하는 함수율을 이용함수율(in-use moisture content)이라 한다. 이용함수율은 건조방법, 목제품의 가공방법, 옥내 또는 옥외 등 기후조건에 따라 달라진다. 이용함수율은 고온건조재의 경우 천연건조재보다 낮고, 고온처리 가공목재는 저온처리 가공목재보다 낮다.

이용함수율은 나라, 지역, 계절에 따라 변하기 때문에 목재는 사용장소의 평균 이용함수율까지 건조하여 사용한다. 국가에 따라서는 규격으로 적정 건조도를 설정하여 목재의 수분을 철저히 관리하기도 한다. 일례로 캐나다의 경우 가구나 마루판은 6~8%, 적층목재는 11%, 그리고 침엽수 합판용 단판은 3%까지 건조하여 사용한다.

제2장

건조와 관련된 목재의 구조와 물성

1. 목재의 구조

목재는 여러 종류의 세포가 모여 이루어진 집합체로서 그 구조는 육안적 구조와 현미경적 구조로 구분된다. 육안적 구조는 육안으로 관찰할 수 있는 구조적 특징을 말하고, 현미경적 구조는 현미경으로 관찰할 수 있는 세포의 형태 및 조직의 특징을 말한다. 목재의 구조적 변이는 대부분의 목재성질에 영향을 끼치므로 목재성질을 파악하는 데 필수적인 지식이다.

1) 육안적 구조

(1) 목재의 단면과 방향

목재는 절취하는 방향에 따라 각종 구성세포의 종류와 배열형태 등이 달라지는데, 수목의 생장방향과 직각으로 절취할 때 생기는 단면을 횡단면(end grain surface, cross section), 평행하게 절취할 때 생기는 단면을 종단면(side grain surface)이라 한다. 종단면은 다시 수목의 생장방향에 따라 연륜과 직각으로 절취할 때 생기는 단면을 방사단면(반경단면, 경단면, 정목면, radial section), 또 연륜과 접선으로 절취할 때 생기는 단면을 접선단면(절선단면, 촉단면, 판목면, tangential section)이라고 하며, 횡단면, 방사단면 및 접선단면을 목재의 3단면이라 부른다.

단면과 마찬가지로 목재의 방향을 말할 때에는 수목의 생장방향, 즉 수간축의 방향을 섬유방향(축방향, 수축방향, longitudinal direction), 수에서 수피 쪽으로 향한 방향을 방사방향(반경방향, radial direction), 연륜에 대해 접선을 이루는 방향을 접선방향(절선방향, tangential direction)이라고 하며 목재의 3방향이라 부른다.

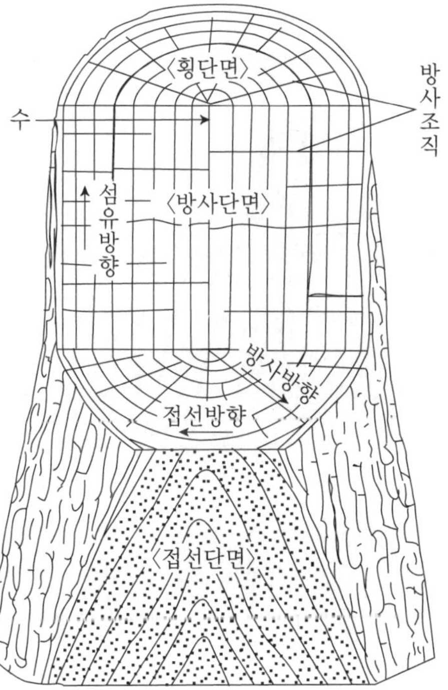

그림 2-1 목재의 3단면과 3방향

원목을 제재하는 방법은 정목제재법(quarter sawing)과 판목제재법(flat sawing)으로 대별된다. 정목제재법은 방사방향으로, 즉 연륜과 직각으로 제재하는 방법이며, 이렇게 생산된 판재를 정목판재(柾目板材, quarter-sawn board, edge grain board) 또는 곧은결 제재목이라고 부른다. 재면은 방사단면으로서 연륜이 곧게 평행선으로 나타나는 무늬를 가지고 있으며, 측면은 접선단면을 형성한다. 정목판재의 폭은 방사방향, 두께는 접선방향, 길이는 섬유방향을 각각 나타내게 된다. 판목제재법은 접선방향으로, 즉 연륜과 평행하게 제재하는 방법이며, 이렇게 생산된 판재를 판목판재(板目板材, flat-sawn board, flat grain board) 또는 무늬결 제재목이라 부른다. 재면은 접선단면으로서 연륜이 산모양, 파도모양 등 불규칙한 무늬를 나타낸다. 판목판재의 폭은 접선방향, 두께는 방사방향, 길이는 섬유방향을 각각 나타내게 된다. 이 외에 연륜과 45° 내외의 일정한 각도로 제재하여

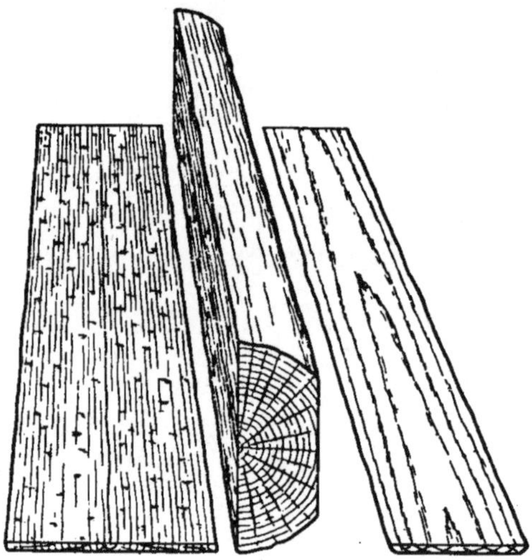

(a) 정목판재 (b) 판목판재

그림 2-2 단면별 판재의 종류

정목과 판목의 중간형태로 생산된 판재를 추정목판재(追柾目板材, rift board)라 부르며, 재면의 무늬는 대체로 통직목리를 나타내기 때문에 정목판재와 유사하기도 하지만 재면과 측면이 방사단면이나 접선단면을 가지지 못하며, 따라서 방사방향 또는 접선방향도 존재하지 않는다.

판재의 횡단면은 다른 면보다 건조가 빠른 반면에 할렬이 생기기 쉽고, 재면이 방사단면을 갖는 정목판재는 재면이 접선단면인 판목판재와 비교할 때 두께 수축률은 크나 폭 수축률은 작고 건조결함도 적게 발생하는 경향이 있다.

(2) 연륜

형성층의 세포분열로 새로운 세포가 추가되어 수목의 생장이 이루어지는데, 생장기간(생육기, season)마다 수목생장의 차이가 있고 한 생장기간마다 형성된 목부조직(木部組織)이 수(pith)를 중심으로 횡단면상에 동심원상으로 층을 형성하게 되며 이것을 생장층(growth layer)이라 부르고, 그 단면을 생장륜(growth ring), 생장륜 상호 간의 경계를 생장륜계(growth ring boundary)라고 한다.

온 · 난대지방에서는 보통 1년이 1생육기에 해당하므로 1년간 생장하여 형성된 생장층 · 생장륜 · 생장륜계에 대응하는 용어로 각각 연륜층(annual layer) · 연륜(나이테, annual ring) · 연륜계(annual ring boundary)라는 용어가 관습적으로 사용되고 있다.

수목이 생육 중에 영양상태가 극도로 나쁘거나 가뭄, 서리, 병충해 등으로 생장장애를 받으면 연륜폭이 좁아질 뿐만 아니라 중연륜(重年輪, double 〈multiple〉 annual ring)이나 위연륜(僞年輪, false annual ring)이 생길 수 있다. 중연륜이란 하나의 연륜 내에 2개 또는 그 이상의 불완전한 생장륜을 가지는 연륜을 말하고, 중연륜 중에서도 동심원상의 완전한 원을 이루지 못하고 불연속적인 생장륜을 이루는 것을 위연륜이라 한다. 위

연륜 중에서 특히 상해(霜割)에 의해 생긴 것을 상륜(霜輪, frost ring)이라고 한다. 또한 연륜에는 원주방향으로 연륜이 연속되지 않는 불연속륜(discontinuous annual ring)이 생기기도 한다.

1연륜 중 안쪽에 위치하는 조직은 세포분열이 왕성한 생장기의 초기에 자란 것으로 담색으로 세포벽이 얇으면서 세포가 큰 반면, 바깥쪽에 위치하는 조직은 생장기의 후반에 형성되어 농색이며 비교적 치밀하고 세포벽이 두껍고 작은 세포로 구성되어 있다. 전자를 춘재(조재, springwood, earlywood), 후자를 추재(만재, 하재, latewood, summerwood)라고 한다. 춘재와 추재는 세포의 배열이나 치밀도가 다르므로 그 비율에 따라 여러 가지 성질이 달라진다. 보통 횡단면에서 연륜의 전면적에 대한 추재면적의 비를 추재율(만재율, latewood percentage)이라고 부르며 목재의 재질을 평가하는 기준으로 사용되고 있다.

연륜폭(annual ring width)은 목재 재질의 양부(良否)를 좌우하는 극히 중요한 인자로서, 일반적으로 침엽수재는 수종마다 추재폭이 일정하므로 어느 한도 내에서는 연륜폭이 넓어질수록 추재율이 감소되고 목재는 연해지며, 외력에 대한 저항도 작아진다. 한편 활엽수 중에서도 특히 환공재는 도관이 춘재의 시작부분에 대형 관공이 열로 구성되는 공권(pore zone)을 형성하며 그 나비는 연륜폭과 관계 없이 거의 일정하므로, 어느 한도 내에서는 연륜폭이 넓을수록 비중 및 강도가 증가되는 경향을 나타낸다. 그러나 활엽수의 산공재에서는 연륜폭과 강도 간에 일정한 경향이 인정되지 않고 있다. 이 외에 연륜형성의 정도를 나타내는 척도로서 연륜밀도, 평균연륜폭 등이 사용된다. 연륜폭의 광협(廣狹) 등의 연륜패턴에 따라 연륜폭이 좁은 목재를 고운 목재, 연륜폭이 넓은 목재를 거친 목재라고 부르기도 하는데, 이들 사이에서도 건조특성이 다르게 나타나는 경향을 볼 수 있다.

춘·추재의 구별은 침엽수 대부분과 활엽수 중 환공재는 일반적으로 뚜렷하지만 활엽수의 산공재는 뚜렷하지 못한 경우가 많다. 또한 열대지방에

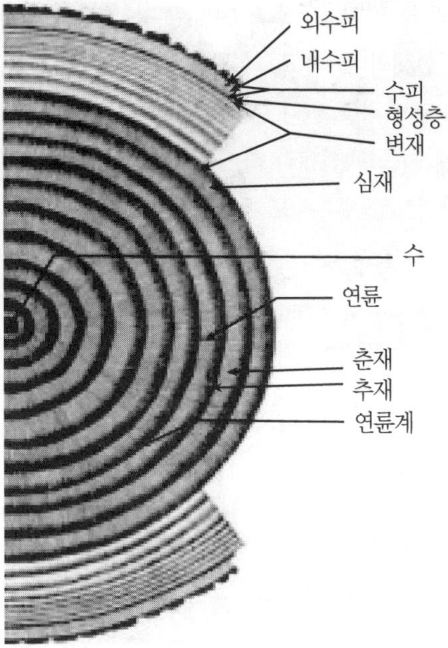

그림 2-3 목재 횡단면의 명칭

서는 생장기와 휴지기, 건기와 우기 등에 따라서 생장륜이 형성되지만 명확하지 않으며 연륜은 생기지 않는다.

침엽수재 중에서 춘재에서 추재로의 이행이 급진적이고 추재폭이 넓은 수종(곰솔, 낙엽송 등)은 재면이 거친 경향을 나타내며, 이행이 점진적이고 연륜폭이 좁은 수종(주목, 비자나무 등)은 재면이 매끈한 경향이 있다.

(3) 심재와 변재

수목이 성숙하고 줄기가 비대생장함으로써 어느 한도 이상의 지름을 가지면 대부분의 수종은 수간 외부와 내부 사이에 색깔이나 함수율이 달라진다. 이 경우 내부의 짙은 색 수목의 부분을 심재(heartwood), 외주부의 엷은 색 수목의 부분을 변재(sapwood)라 한다. 또한 변재가 점차 심재로 이행하는 현상을 심재화라 하고, 심변재의 이행부인 중간부위를 이행재(intermediate wood)라고 한다. 벚나무와 같은 생재에서는 이행재가 희게 보일 때가 있는데 이를 백선대라 하기도 한다.

변재부는 일반적으로 수분통도 등의 생리적 기능을 가지는 살아 있는 조직으로서 수분이 많고 재질이 연하다. 반면에 심재부는 생리적 기능을 가지지 않은 죽은 세포로서 수체(樹體)를 지지하는 역할만 하는데 색소, 수지 등의 각종 유색성 화학물질이 세포내강이나 세포벽 내에 침적하여 수종 고유의 심재색을 띠면서 비교적 재질이 단단하다. 한편 활엽수의 심재도관에서 수종에 따라 타일로시스(tylosis)가 형성되는 현상을 나타내기도 한다.

심 · 변재의 구별은 수종에 따라 명료한 것과 불명한 것이 있다. 일반적으로 심 · 변재를 구별할 수 있는 보통 수종을 심재수(heartwood tree)라 하고, 심재의 빛깔이 엷어서 변재와 거의 구별할 수 없는 가문비나무, 전나무, 단풍나무, 버드나무속 등의 수종을 변재수(sapwood tree)라고 한다. 변재수 중에서 심재부의 생재함수율이 낮고 수분함량의 차이 등에 따라 심 · 변재를 구별할 수 있는 수종을 숙재수(ripewood tree)라고 한다.

한편 일반적으로는 심재가 명확하지 않은 너도밤나무, 자작나무 등과 같은 수종에서 간혹 수목의 외부 상처부위로부터 균이 침입하여 변색되고 정상적인 심재가 형성된 것처럼 보이는 경우가 있는데, 이와 같은 심재를 위심재(僞心材, false heartwood)라고 한다. 이 부분은 타일로시스의 발달이 현저하고, 목재 속으로 약제를 주입하거나 건조하기가 특히 곤란하다. 또한 농색의 심재 중에 변재와 같은 담색의 층을 가지고 있는 내부변재(included sapwood), 변재부의 중간에 심재가 존재하는 중심재(重心材, double heartwood)와 같은 비정상적인 것이 존재할 때도 있다.

변재와 심재의 생재함수율 차이는 수종에 따라 다양한데, 침엽수재의 경우 일반적으로 변재의 생재함수율이 심재보다 훨씬 높다. 그러나 활엽수재에서는 수종에 따라서는 반대로 심재부가 높은 것도 있는데, 이러한 수종을 다습심재(wet heartwood)라 한다. 예를 들면, 물푸레나무속, 느릅나무속, 참나무속, 가래나무속, 사시나무속, 자작나무속 등의 일부 수종은 심재의 생재함수율이 변재보다 높다. 이들 수종의 직경부위별 방사방향 생재함수율의 변동은 변재부위에서 심재 쪽으로 이행하면서 급격하게 증가하지만, 심재 내에서의 변동은 변재 내 변동보다 적다. 그 이유는 생장시 심재부위 내의 수분이동은 변재에 비해 미미하기 때문이다.

한편 심재는 화학물질이 다량 침적되어 있어서 투과성이 변재보다 떨어지는데, 투과성이 낮으면 건조속도가 느리고 목재 내 각종 약제의 주입 또는 펄프화에도 어려움을 준다. 심재와 변재는 동일 함수율을 가질 경우에도 심재는 수분이동이 잘 안 되므로 건조시간이 더 소요되고 할렬과 찌그러짐 등의 건조결함이 유발되기 쉽다. 그러나 변재는 심재보다 함수율이 다소 높을지라도 투과성이 좋기 때문에 건조가 빨리 진행된다. 따라서 심재는 변재보다 완만한 건조스케줄을 적용하는 것이 바람직하다.

일반적으로 심재부에는 여러 가지 물질이 침적하고, 특히 전분이 거의 없거나 소량 함유되어 있다 하더라도 이들은 타닌(tannin) 유도체로 변화되어 있다. 따라서 심재는 변재에 비해 균이나 곤충에 대한 저항성이 크고 내구성도 풍부하며 변형이 적다. 반면에 변재보다 투과성이 떨어지므로 약제 주입이나 건조가 곤란하고 가공상 불리한 경우도 많다.

(4) 기타

① 목리

목리(grain)는 목재를 구성하는 세포나 조직의 배열상태를 나타내는 용어로서, 입목의 생장조건에 의해서도 달라지지만 일반적으로는 그 수종의 유전적 요인에 지배되고 있다. 목리는 섬유의 주행에 의해 다음과 같이 구분한다.

- 통직목리(straight grain): 구성세포가 재축에 대해 평행하게 배열되어 있는 목리로서 구조용 부재에 적합하다.
- 교주목리(cross grain): 구성세포의 배열이 재축과 평행하지 않고 어떤 각도를 이루고 있는 목리를 총칭하여 교주목리라 하며, 여기에는 사주목리, 나선목리, 교착목리, 파상목리 등이 포함된다. 이러한 교주목리를 포함하는 목재는 강도가 떨어지며, 건조시 할렬이나 뒤틀림과 같은 건조결함이 쉽게 발생한다.
- 사주목리(diagonal grain): 구성세포가 수간축 또는 재축에 대해 일정한 각도로 배열되어 있는 목리
- 나선목리(선회목리, spiral grain): 구성세포가 수간축 또는 재축의 주위에 나선상으로 배열되어 있는 목리
- 교착목리(interlocked grain): 구성세포가 일정 두께의 층을 이루고, 이 층이 수간축에 대해 경사지게 배열하며, 인접하고 있는 다른 세포의 층이 이와 반대로 경사지게 교착배열되어 있는 목리
- 파상목리(wavy grain): 구성세포가 수간축에 대해 일정한 방향으로 배열하지 않고 집단적으로 물결모양의 배열을 이루고 있는 목리

일반적으로 구성세포가 재축에 평행한 통직목리를 가진 목재는 구성세포가 재축과 특정한 각도를 갖는 교주목리를 가진 목재보다 재축방향의 수축률이 작아서 건조 중에 길이굽음(bow), 측면굽음(crook), 비틀림(twist) 등의 건조결함이 적게 나타난다. 교주목리를 갖는 목재는 생장 중에 생긴 교주목리에 의해서뿐만 아니라 제재를 하는 과정에서 교주목리를 갖게 되는 경우도 있다.

② 문리

문리(문양, wood figure)는 재면에 나타난 연륜층, 목리, 재색, 방사조

직, 세포의 배열, 옹이, 기타 이상조직 등에 따라 다양한 형태의 무늬를 형성하고 있는 것을 말하며, 특별한 공예적 가치를 가지고 있다. 그 모양에 따라 권모문리(curly figure), 포상문리(blister figure), 조안문리(bird's eye figure), 절류문리(burls figure), 파상문리(wavy figure), 리본문리(ribbon figure, stripe figure), 운상문리(cloud-like figure) 등으로 구분한다.

③ 나무갗

나무갗(texture)은 목재를 구성하는 세포의 크기, 정조, 배열, 분포 등의 차이에 따라 생기는 재면의 상태를 말하며, 주로 세포의 지름 크기에 의해 좌우된다. 이들은 표면의 상태에 따라 구분되는데, 평균 이상의 큰 세포로 구성되어 있는 거친나무갗(coarse texture), 평균 이하의 작은 세포로 구성되어 있는 고운나무갗(fine texture) 외에 세포의 크기에 있어서 거의 같은 크기로 구성된 균질나무갗(even texture)과 대소 차이가 큰 불균질나무갗(uneven texture) 등으로 구분한다. 통상적으로 고운나무갗을 가진 목재가 거친나무갗을 가진 목재보다 건조속도가 느리며, 균질나무갗을 가진 목재보다 불균질나무갗을 가진 목재에서 건조결함이 많이 발생하고 있다.

④ 방사조직

목재 중에서 수를 중심으로 하여 방사방향으로 배열하는 대상의 세포군을 방사조직(wood ray)이라 하며, 목부를 방사상으로 관통하고 있다. 수목의 방사방향으로 수분 또는 양분을 이동시키거나 저장하는 역할을 하며, 변재부에 있는 방사조직은 생활세포로서의 기능을 가지고 있다. 주로 방사유세포(ray parenchyma cell)로 구성되어 있지만, 침엽수의 몇몇 수종은 방사가도관(ray trachied)을 포함하고 있는 경우가 있다.

횡단면에서 보면, 수를 기점으로 하여 사부까지 방사상으로 발달하는 1차 방사조직(primary ray)과, 직경생장에 따라 동심원상으로 넓어진 간격을 채우는 것으로서 목부의 임의의 부위에 기점을 두고 마찬가지로 사부까지 연결되는 2차 방사조직(secondary ray)의 두 종류를 관찰할 수 있다.

따라서 동일 횡단면에서는 목재의 어느 부분을 측정하더라도 방사조직의 분포밀도가 거의 같다. 이 조직은 방사단면에서는 방사방향에 긴 대상 또는 리본 모양을 나타내고, 접선단면에서는 각 세포의 절단구가 축방향에 대해 선상 또는 방추상을 나타낸다.

접선단면에서의 방사조직의 나비는 1세포폭(0.02mm)으로부터 수십 폭(0.5mm 이상)의 것까지 다양하고, 높이도 1세포고(細胞高)로부터 30~40세포고까지 변동되지만, 특수한 경우를 제외하고는 수종 고유의 나비, 형상, 배열상태 등을 가지므로 수종을 식별할 때 중요한 인자가 된다. 특히 열대산 수종 중에서 콩과식물에 속하는 목재의 접선단면에는 같은 높이, 같은 나비의 방사조직의 단면 또는 축방향 세포가 규칙적이면서 수평상으로

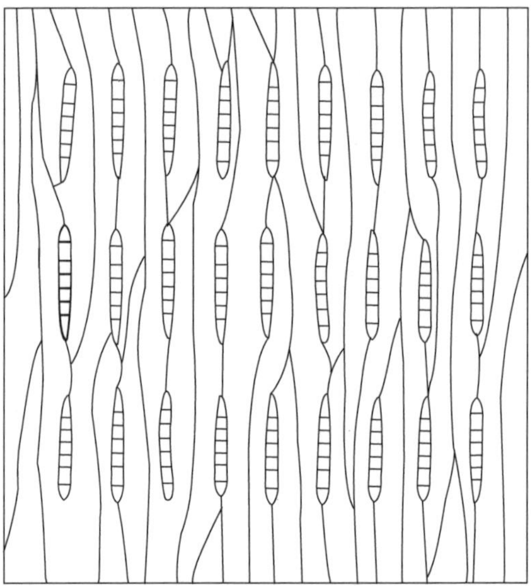

그림 2-4 리플마크의 모식도

밀집배열하여 층계상배열을 할 때가 있는데, 이것을 리플마크(ripple mark)라고 하며, 공예적으로 중요시되고 있다(그림 2-4).

또한 방사조직은 한 번 형성되면 도중에 소실되는 경우는 거의 없고, 형성층의 안쪽과 바깥쪽에서 계속 발달한다. 이때 사부에 형성된 방사조직을 사부방사조직(phloem ray), 목부에 형성된 방사조직을 목부방사조직(wood ray)이라고 한다.

방사조직은 수목에 있어서 유일한 수평조직이며 재질과 밀접한 관계가 있다. 방사조직은 매우 약하고 빨리 건조되기 때문에 그 양이 많으면 목재 강도의 약화는 물론이고, 건조시 발생하는 건조응력에 의해 쉽게 터지기 때문에 건조할렬을 유발하는 요인으로 작용한다. 따라서 참나무류와 너도밤나무와 같이 넓은 방사조직을 가진 목재는 건조 초기에 할렬 예방을 위한 특별한 주의가 필요하다.

2) 현미경적 구조

현미경을 이용하면 목재의 미세한 구조를 관찰할 수 있는데, 이와 같이 현미경을 이용한 목재해부를 현미경적 해부라고 하고, 이때 관찰된 구조를 현미경적 구조라고 한다. 광학현미경, 전자현미경 등을 사용하면 세포벽, 벽공 등의 미세한 구조의 관찰이 가능하다.

(1) 세포벽

수목의 조직은 방추형 시원세포 및 방사조직 시원세포의 분열에 의해 형성된 각종 세포가 모여 이루어진 집합체인데, 세포가 그 모양을 유지할 수 있는 것은 세포벽(cell wall)을 지니고 있기 때문이다. 세포벽은 셀룰로오스, 헤미셀룰로오스 및 리그닌이라는 주성분과 세포벽 사이에 침지되어 있거나 세포내강 표면이나 세포벽 내 공극에 퇴적되어 있는 수지, 회분, 타닌

등의 부성분으로 구성되어 있다. 세포벽을 구성하고 있는 화학적 성분은 세포벽 내에 균일하게 분포되어 있지 않고 세포벽의 여러 층에 따라 각기 다르게 분포되어 있다.

세포벽은 형성 초기에 매우 얇고 연약하지만, 그 내면과 표면에 새로운 미립자가 추가되어 두께를 증가시키게 되는 비후생장에 따라 강화되므로 결국 수체가 강고성을 유지할 수 있게 된다. 목재를 구성하고 있는 세포벽은 인접한 세포와의 사이에 중간물질의 층인 세포간층 또는 진정중간층(intercellular layer; true middle lamella)이 존재하며 이 세포간층을 중심으로 1차벽과 2차벽이 차례로 안쪽을 향해 존재하고 있다.

세포간층은 인접한 세포의 1차벽 사이에 존재하는 것으로 진정중간층이라고도 한다. 이와 같은 세포간층에는 세포벽과는 달리 등방성의 성질을 지니는 주로 펙틴(pectin)질이 내포되어 있으나, 세포가 성숙함에 따라 리그닌으로 변하게 된다. 한편 세포간층과 1차벽은 실제로 쉽게 구별이 되지 않기 때문에 세포간층과 인접하는 양쪽 2개의 1차벽을 통틀어 편의상 복합중간층(compound middle lamella)이라 한다.

1차벽은 세포분열의 결과로 형성된 벽이며, 세포가 증대함에 따라 어느 정도 변화가 일어난다. 1차벽의 구조와 성분은 세포가 성숙함에 따라 약간 변화되는데, 살아 있는 세포의 1차벽의 두께는 약 0.1μm이며, 그 성분은 헤미셀룰로오스(hemicellulose), 펙틴질, 리그닌, 셀룰로오스(cellulose)와 수분 등이다. 세포의 성숙 초기에는 리그닌보다 펙틴질이 많으나, 세포가 점차로 성숙해 감에 따라 펙틴질보다 리그닌의 양이 많아진다. 셀룰로오스 분자의 집합체는 마이크로피브릴(microfibril)이다. 1차벽을 구성하고 있는 마이크로피브릴은 엉성하고 느슨하게 짜여진 그물 모양으로 되어 있으며, 이것이 수분의 흡습에 따른 세포벽의 지나친 팽윤을 억제하는 역할을 하게 된다.

2차벽은 마이크로피브릴의 배열방향에 따라 3개의 층으로 구분한다. 즉

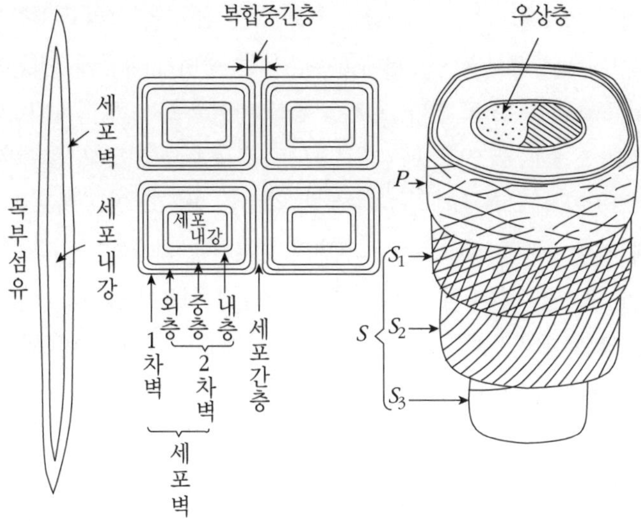

그림 2-5 가도관 세포벽 구조의 모식도

세포에 거의 직각으로 마이크로피브릴이 배열되어 있는 얇은 층을 외층(outer layer)이라 하고, 마이크로피브릴의 배열이 세포축에 대해 거의 평행으로 배열되어 있는 두꺼운 층을 중층(middle layer)이라고 하며, 그리고 마이크로피브릴의 배열이 외층의 것과 매우 비슷한 얇은 층을 내층(inner layer)이라고 한다. 이와 같이 2차벽은 3개의 층으로 구성되어 있는데, 학술적인 용어로는 외층을 S_1층(S_1 layer), 중층을 S_2층(S_2 layer), 그리고 내층을 S_3층(S_3 layer)이라고 한다.

2차벽을 구성하는 층간에 있어서 가장 현저한 차이를 나타내는 것은 마이크로피브릴의 각도로 알려져 있다. S_1층은 두께가 0.1~0.2μm로 매우 얇지만 이것이 마이크로피브릴속(microfibril bundle)이 배열과 두께가 각기 다른 여러 박층으로 구성되어 있음이 최근에 증명되었다. S_1층의 특징은 마이크로피브릴이 S 나선(S helix) 방향을 가지며 마이크로피브릴이 세포축에 대해 평균각도가 50~70°를 이루고 있는 점이다. 그리고 S_1층은 1차벽으로부터 S_2층으로의 이행상태를 나타내는 층이기 때문에 이행층(transitional layer)이라고도 한다. 한편 S_1층을 마이크로피브릴이 S 및 Z 나선의 방향(S & Z helix)으로 배열하는 교차구조를 이루고 있다. S_2층은 마이크로피브릴이 세포축에 대해 10~30°의 각도를 이루고 있는 층으로 2차벽 가운데 가장 두꺼운 층으로서 세포벽의 대부분을 차지하고 있다. 따라서 2차벽은 세포벽의 물리적 성질과 기계적 성질을 좌우하게 된다. 이와 같은 S_2층은 그 두께의 변이가 매우 다양한데, 춘재를 구성하는 세포와 추재를 구성하는 세포 사이의 차이는 특히 현저하다. 춘재의 S_2층은 30~40박층, 추재의 S_2층은 150 이상의 박층으로 되어 있다. 그리고 S_3층은 그 두께가 S_1층보다도 더 얇은 것으로서 마이크로피브릴은 세포축에 대해 60~90°의 각도를 이루고 있다.

복합중간층은 세포벽 전체 부피의 2% 정도를 차지하며, S_1층, S_2층, S_3층은 세포벽 전체 부피에 대해 각기 평균 16%, 74%, 8% 정도를 차지하고 있다.

수체를 구성하고 있는 세포에 있어서 나타나는 현저한 특징은 세포의 성숙에 따른 세포벽의 목화(lignification)현상이다. 일반적으로 세포벽 가운데 리그닌이 침적하게 되면 세포벽의 강고성이 증가하게 된다. 세포벽은 목화현상으로 인하여 그 강고성을 나타내게 된다. 이와 같이 강고성을 유지할 수 있는 것은 철근-콘크리트 복합재를 예로 들어보면 쉽게 이해할 수 있다. 셀룰로오스는 세포벽 내에서 철근과 같은 기질의 역할을 하고, 헤미셀룰로오스는 철근을 붙들어 매어 주는 가는 철사와 같은 매질의 역할을 하고 있으며, 리그닌은 시멘트와 같은 충전제의 역할을 하게 되어 세포벽이 강고성을 유지할 수 있는 것으로 알려져 있다.

세포벽의 미세구조를 살펴보면, 세포벽 내에서 셀룰로오스 분자가 분자 간 수소결합에 의해 규칙적으로 밀집 배열되어 있는 결정영역(길이가 600Å 정도)과 셀룰로오스 분자가 분자 간 수소결합을 이루지 못해 불규칙적으로 배열된 비결정영역을 통과하게 되는데, 이러한 셀룰로오스 분자가 모여 실 모양의 구조체인 피브릴(fibril)상 구조를 이루고 있음을 알 수 있다. 엘리멘터리피브릴(elementary fibril)은 세포벽을 구성하는 셀룰로오스 분자속(束) 사상 집합체의 최소단위로서 36~40개 정도의 셀룰로오스 분자사슬로 이루어진 속상(束狀)의 집합체인데, 폭 약 35Å, 두께 약 30Å, 길이가 일정하지 않은 것을 일컫는다. 마이크로피브릴(microfibril)은 전자현미경을 통해 일반적으로 관찰되는 사상(絲狀)의 셀룰로오스 분자속(束)으로서 엘리멘터리피브릴이 헤미셀룰로오스에 의해 접착되어 형성되는데, 폭 100~300Å, 두께 50~100Å, 길이가 일정하지 않은 것을 일컫는다. 마크로피브릴(macrofibril)은 광학현미경으로 해체된 세포벽을 관찰할 때 나타나는 폭 0.4~1.5μm 정도의 셀룰로오스 분자속(束) 사상 집합체로서 마이크로피브릴이 헤미셀룰로오스와 리그닌에 의해 접착되어 형성된다. 마크로피브릴이 모여 박층(薄層, lamella)을 형성하고, 박층이 모여 세포벽의 층을 이루고, 세포벽의 층이 모여 세포벽을 이루게 된다.

(2) 세포벽에 존재하는 벽공

목부를 구성하고 있는 모든 세포벽에는 인접한 세포 상호 간의 물질이동 교환을 위해 서로 연결할 수 있는 통로가 필요하다. 이와 같은 목적으로 세포벽에 비후하지 않고 1차벽이 변형된 소공, 즉 작은 공극이 생기는데 이것을 벽공(pit)이라고 하며, 형태상의 차이를 가지고 단벽공과 유연벽공으로 대별된다. 이와 같은 벽공간은 일반적으로 인접한 2개의 세포가 서로 대응하여 대를 형성하는데, 이것을 벽공대(pit pair)라고 한다. 벽공은 주로 방사벽에 존재하고, 춘재가도관의 벽공은 추재가도관보다 크고 많다.

① 단벽공

단벽공(simple pit)은 그림 2-6에서 보는 바와 같이 내벽공구와 외벽공구의 지름이 거의 동일한 벽공으로서 유세포 진정목섬유 등에서 볼 수 있으며, 2차벽의 변형 없이 그 통로가 세포내강으로 향함에 따라 거의 같거나 약간 변화되어 있으므로 정면에서 보면 하나의 공구(pit aperture)로 나타난다. 전술한 것처럼 인접세포와 대칭으로 이루어진 벽공대를 단벽공대(simple pit pair)라고 한다.

② 유연벽공

유연벽공(bordered pit)은 그림 2-6에서 보는 바와 같이 2차벽이 비후하지 않고 아치(arch) 모양으로 상당히 변형되어서 벽공구를 형성한다. 벽공연과 벽공실로 구획되며, 세포내강 쪽에서 보면 벽공구와 벽공연이 이루는 이중원을 나타내어 공구가 2개로 중복되어 관찰된다. 이것은 가도관 및 도관에만 존재하는 특유한 벽공으로서 수종에 따라 크기 및 형태의 차이가 현저하며, 단벽공에 비해 구조도 복잡하다.

침엽수재의 유연벽공에는 벽공벽의 중앙에 토러스(torus)라고 불리는 볼록렌즈 모양의 비후부가 존재하며, 토러스 주위의 비후하지 않은 얇은 부분

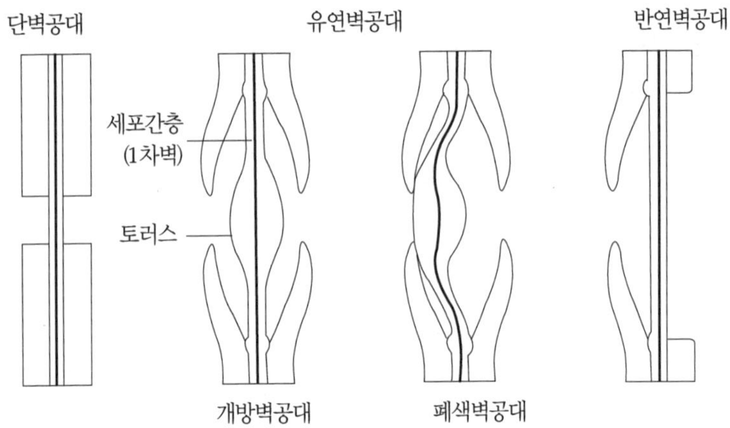

그림 2-6 벽공의 종류

이 존재하는데 이것을 마르고(margo)라 한다. 토러스는 세포 사이의 액압 차이가 과대해지면 한쪽으로 치우쳐서 공구를 폐쇄시키므로 액체의 통과를 저지시키게 되는데, 세포가 고사할 경우나 심재에서 잘 나타나며, 벽공벽에 추출물의 퇴적으로 피각이 형성되는 경우와 함께 목재건조나 약제 주입시 장애요인으로 작용하기도 한다. 서로 대칭으로 형성된 유연벽공을 유연벽공대(bordered pit pair)라 한다.

이(Lee, 1998) 등은 저압증기 폭쇄처리에 의해 잎갈나무수심재의 폐쇄된 벽공의 일부를 개열할 수 있으며, 이를 통해 목재투과성이 개선되어 고주파진공건조성을 개선할 수 있다고 보고하였다.

③ 반연벽

반연벽공(half bordered pit)은 그림 2-6에서 보는 바와 같이 한쪽은 유연벽공, 나머지 한쪽은 단벽공으로 형성된 것을 말하며, 서로 대칭으로 형성되기 때문에 반연벽공대(half-bordered pit pair)라고 부른다. 반연벽공대는 유연벽공을 가진 가도관 및 도관과 단벽공을 가진 섬유 및 유세포가 서로 접촉하는 부위의 세포에서 나타난다.

④ 베스처드 벽공

베스처드 벽공(vestured pit)은 벽공실의 전면 또는 일부가 2차막의 돌기물로 덮여 있는 유연벽공으로서 돌기물이 분기하고 있는 경우가 많으며, 콩과나 이우시과 등에서 볼 수 있다.

(3) 타일로시스

도관(vessel)이 심재화됨에 따라서 수분통도의 역할이 정지되고 도관내강의 압력이 낮아지게 되면 인접한 방사유세포 또는 축방향의 목부유세포는 팽압이 생겨 도관과 도관 사이의 벽공벽을 누르게 된다. 팽압이 차츰 커

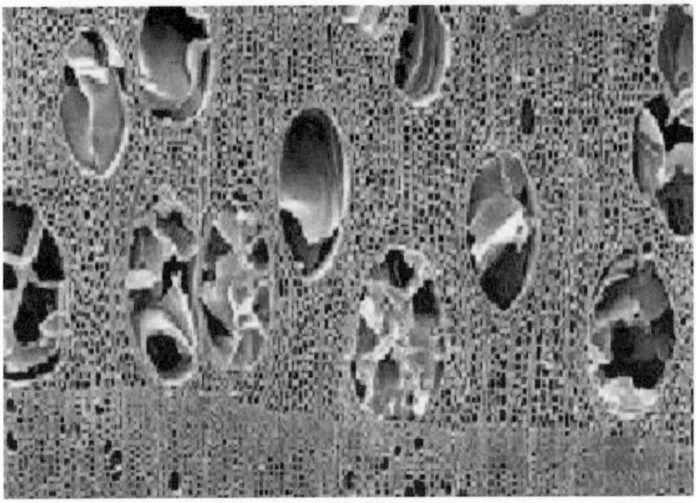

그림 2-7 도관에 형성된 타일로시스

지면 벽공벽이 파괴되면서 다수의 포상돌기가 생겨 도관 내로 원형질체에 의해 생장이 계속된다.

시간이 지나면 도관 내부는 돌기부(bud)가 서로 맞닿아서 도관 전체 또는 일부를 폐쇄해 버린다. 이때 방사유세포 또는 목부유세포의 원형질체로 구성된 돌기부의 집합을 타일로시스(전충체, tylosis)라고 한다. 타일로시스의 벽은 세포벽과 같이 1, 2차벽으로 구성되며, 인접한 타일로시스의 벽 사이는 세포간층과 비슷하고, 때로는 단벽공을 가진다. 타일로시스는 벽공의 크기가 지름 8~10μm 이상일 때에만 생기며, 심재화되기 전의 이행재부에서 형성되기 시작하여 심재부에서 잘 볼 수 있다.

타일로시스의 내용물은 주위의 유세포와 큰 차이가 없으며, 전분, 수지, 고무질 등이 포함되는 경우도 있고, 활엽수 중에 참나무과, 뽕나무과, 콩과 옻나무과 등 환공재의 대형 도관에서 특히 현저하게 나타난다.

타일로시스가 존재하면 물이나 약제의 통과가 저지되므로 용기의 도장에는 유리하지만 목재건조나 약제 주입 등에는 불리하다.

(4) 유조직

축방향의 유세포는 양분을 저장하고 배분하는 기능을 갖고 있는 세포이다. 가도관보다는 일반적으로 세포벽이 얇은데, 축방향 유세포로는 수지를 지니는 수지세포, 결정 등을 지니는 이형세포 및 수직수지구 주위에 존재하며 수지를 생성하게 되는 에피데리얼 세포 등 세 종류가 있다.

활엽수재를 구성하고 있는 세포 가운데에서 도관요소, 가도관, 목섬유는 주로 수분의 통도 및 수체를 지지하는 작용을 지니고 있는 데 비해, 양분의 저장과 운반을 맡고 있는 중요한 세포가 바로 축방향 유세포와 방사유세포이다. 축방향 유세포는 축방향으로 배열하는 세포이며, 방사유세포는 방사조직을 구성하는 수평방향의 세포이다. 방추형 유세포는 그 형태가 진정목섬유와 비슷하나 벽이 얇고 내용물이 존재하므로 쉽게 구분되며, 스트랜드 유세포는 방추형 유세포와 마찬가지로 전체적인 모양은 긴 방추형을 나타내고 있으나 스트랜드로 구성되어 있다. 활엽수재의 경우 침엽수재보다는 축방향 유세포의 양도 많고 수종에 따라 독특한 배열형을 나타내기도 하는데, 관공과 접촉되어 있는 수반유조직(paratracheal parenchyma)과 독립유조직(apotracheal parenchyma)으로 크게 나뉜다. 이 외에도 축방향으로 배열하는 세포로서 수직검구 주위에 존재하며 검을 생성하게 되는 에피데리얼 세포 등이 있다.

(5) 수지구

수지구는 수지를 분비하는 세포간구로서 에피데리얼 세포로 이루어져 있다. 에피데리얼 세포(cpithelial cell)는 수지구를 둘러싸고 있는 유세포로서 수지를 분비하는 세포이다. 따라서 수지구는 1개의 세포가 아니라 에피데리얼 세포로 둘러싸인 세포간구이다.

수지구는 형성원인에 따라 정상수지구(normal resin canal)와 상해수지구(traumatic resin canal)로 구분되고, 배열되어 있는 방향에 따라 수직수지구(longitudinal resin canal)와 수평수지구(transverse resin canal)로 구분된다. 전자는 축방향으로 존재하므로 횡단면에서, 그리고 후자는 접선단면의 방추형 방사조직의 중앙부에서 관찰할 수 있다.

3) 목재의 자연적 결점

입목은 벌채하기 전 생육기간 동안에 여러 가지 요인의 영향이나 생물의 피해를 받아서 많은 자연적 결점이 생기게 된다. 목재의 결점이란 목재의 강도를 저하시키거나 목재의 품질을 떨어뜨리고 가공, 마무리 작업, 외관 등에 불리한 영향을 끼치는 이상조직을 말한다. 이 중에는 수목의 생장 과정에서 생기는 결점, 목재의 성질상 물리적으로 생기는 결점 등이 있다.

(1) 옹이

옹이(절, knot)는 나무의 직경생장에 의해 줄기나 가지의 목부(xylem)에 파묻힌 대소 가지의 기부이며, 목재의 피할 수 없는 결점 중의 하나이다. 재면상에서 옹이와 인접부위의 조직은 재면의 조직배열과는 달리 국부적으로 일그러져서 불규칙한 목리를 나타내기 때문에 옹이와 인접목재 사이에 수축률 차이로 인해 옹이의 할렬, 옹이와 인접목재 간의 분리, 또는 옹이의 빠짐 등이 나타나고, 건조시 뒤틀리기 쉬우며 옹이를 포함하는 목재는 강도가 저하되고 절삭공구의 마모를 심하게 하는 등 가공을 어렵게 하는 요인으로 작용한다.

옹이의 분류는 형성층이 줄기와 연결되어 살아 있는 산 옹이(live knot, intergown knot), 가지가 말라 떨어져서 형성층이 연결되지 않고 줄기 내부에 파묻힌 죽은 옹이(dead knot, encased knot)로 나뉜다. 죽은 옹이는 옹이가 빠지는 유리옹이(loose knot), 옹이가 썩은 부후옹이(decayed knot), 기타 절단면의 형태에 따라 원절(round knot), 타원절(oval knot), 스파이크 옹이(spike knot) 등으로 구분된다. 이러한 옹이는 종류, 크기, 수량, 모양 등에 따라 정도의 차이는 있으나 건조결함 발생의 원인으로 작용한다.

(2) 선회목리

구성세포의 배열이 재축과 평행하지 않고 어떤 각도를 이루고 있는 목리를 총칭하여 교주목리라 한다. 특히 선회목리(spiral grain)는 구성세포가 수간축 또는 재축의 주위에 나선상으로 배열되어 있는 목리로서 건조시 할렬이나 뒤틀림과 같은 건조결함이 쉽게 발생한다.

(3) 미성숙재

생장한 줄기의 횡단면은 수 부근(수에서 10~15연륜까지)에 형성된 목재의 물리적 성질의 변화가 심하고 불안정한 부분을 가지게 된다.

이 부분은 섬유의 길이의 증가가 계속되는 부분으로서 세포가 적고 구조적으로 발육이 덜된 조직, 즉 미성숙 기간에 형성된 목부를 말하며, 이를 미성숙재(juvenile wood, immature wood, core wood)라고 한다. 미성숙 기간은 수목의 초기생장의 속도에 영향을 받는데, 개체, 수종 및 환경조건에 따라 달라지며 보통 10년 또는 15년 이하(반경 5~7cm)이다. 미성숙재는 성숙재보다 재질이 떨어지는데, 치수가 불안정하고 강도가 약해서 특히 구조용재로서는 적합하지 않으며, 재질저하의 정도는 침엽수재가 활엽수재보다 심한 것으로 알려져 있다.

활엽수의 미성숙재는 비중, 수재율, 인장강도 등이 작으며 피브릴(fibril) 경사각이 커서 섬유방향 수축률이 크다. 따라서 미성숙재는 건조시에 쉽게 틀어지는 경향이 있으므로 상당한 주의를 필요로 한다. 미성숙재와 성숙재

표 2-1 침엽수의 수령에 의한 섬유장 변이와 재부의 재질적 차이의 경향

구분	유령목 시기 (미성숙재)	장령목 시기 (성숙재)
연륜폭	현저히 넓다.	비교적 좁고 균일하다.
추재율	작다.	크다.
옹이	생옹이가 나타난다.	죽은 옹이가 있거나 아니면 옹이가 없다.
비중	일반적으로 작다.	일반적으로 크다.
세포길이	매우 짧고 변동이 있다.	일반적으로 크고 일정하다.
틀어짐	틀어지기 쉽다.	틀어짐이 적다.
강도	약한 경향이 있다.	강한 경향이 있다.
기타	이상재의 출현이 많고 수종에 따라 나선목리가 생긴다.	이상재의 출현이 적고 수종에 나선목리가 적게 생긴다.
펄프수율	조금 적다.	많다.

의 개략적인 재질 차이는 표 2-1과 같다.

(4) 이상재

수목은 중력의 방향으로 똑바로 자라서 생산된 목재를 정상재(normal wood)라 하고, 경사지 또는 평지에서 생육하더라도 바람 등 어떤 원인에 의해 수간이 기울게 자란 수목은 만곡부분의 수간부위 또는 수간과 일정한 각도를 이루는 가지부위에 수를 중심으로 하여 기울어진 쪽의 위쪽 또는 아래쪽으로 편심생장(eccentric growth)을 한 부분을 이상재(응력재, 반응재, reaction wood)라고 한다.

이상재는 정상재와 조직구조가 매우 다르고 물리적 · 화학적 성질도 매우 다른데, 통상적으로 정상재에 비해 여러 가지 좋지 못한 결점을 가지고 있

표 2-2 압축이상재와 인장이상재의 특성 비교

구분	압축이상재	인장이상재
육안 및 물리적 특성	1) 만곡된 줄기 또는 가지의 횡단면 아래쪽으로 편심생장 2) 재색이 정상재보다 농색 3) 제재목의 표면이 매끄러움 4) 섬유방향의 수축률이 최대 1%	1) 만곡된 줄기 또는 가지의 횡단면 위쪽으로 편심생장 2) 재색이 정상재보다 담색 또는 은백색 3) 제재목의 표면이 거침 4) 섬유방향의 수축률이 6~7%
조직적 특성	1) 횡단면상의 가도관의 외형이 원형 2) 세포간극 존재 3) 춘 · 추재의 경계가 불명	1) 목섬유의 젤라틴(gelatin) 섬유화 2) 정상재에 비해 도관의 수가 적고 크기가 작음
현미경적 특성	1) S_2층의 세포벽 째짐 2) 간재에 컴프레션 페일러가 생기지 않음	1) G층 존재 2) 간재 · 지재 모두 컴프레션 페일러가 생김
미세구조	1) S_3층이 없음 2) S_2층이 정상재보다 두꺼움 3) S_1층의 마이크로피브릴의 경사각이 45° 전후임	1) S_3층이 있는 경우와 없는 경우가 있음 2) S_1층은 정상재보다 얇음 3) G층의 마이크로피브릴의 경시각이 세포축과 거의 평행함
화학성분	1) 셀룰로오스의 함량이 적고, 리그닌의 함량이 많음	1) 거의 목화되지 않으며, 셀룰로오스와 펜토산(pentosan)의 함량이 많고, 리그닌의 함량이 적음

다. 이상재는 특히 섬유방향 수축률이 커서 정상재의 경우 건조시 수축에 의한 길이손실은 통상적으로 무시되고 있으나, 이상재의 경우 섬유방향 건조수축량이 크기 때문에 재단시 건조재의 길이방향 여척도 고려해야 하며, 건조시에 길이굽음, 측면굽음, 비틀림 등의 건조결함을 유발하기 때문에 세

심한 주의가 요구되기도 한다.

이상재는 침엽수나 활엽수 모두 생기지만 침엽수는 기울어진 길이나 가지의 횡단면 아래쪽(압축측)에 생기고, 활엽수는 침엽수와는 반대로 경사된 수간의 위쪽(인장측)에 생기는 특징이 있다. 아래쪽에 생기는 침엽수의 이상재를 압축이상재(compression wood)라 하고, 위쪽에 생기는 활엽수의 이상재를 인장이상재(tension wood)라고 한다(표 2-2).

이상재의 형성 원인에 대해서는 여러 가지 설이 있으나 굴지성에 기인하는 것으로 생각되며, 직접적으로는 식물생장 조절물질 또는 옥신(auxin)과 같은 식물 생장 호르몬 분비의 불균형에 의해 생성되는 것으로 생각된다.

(5) 수식재

목재에서 수액의 이동통로가 되는 통도기능은 변재가 맡고 있기 때문에 변재가 심재보다 함수율이 높은 것이 일반적인데, 심재의 외주부 등이 박테리아의 침입과 같은 원인에 의해 함수율이 높아지는 경우 이러한 심재를 수식재라고 한다. 수식재는 주위의 조직보다 다소 재색이 진하며 불쾌한 냄새나 가스를 방출하기도 한다. 수식재는 침엽수재보다는 활엽수재에서 더 자주 관찰되고, 살아 있는 수목 내에 발생하게 되는 할렬(割裂)이나 냉해에 의해 수목의 근주부에서 목재와 수피가 방사방향 및 축방향으로 갈라터지게 되는 상렬(霜裂, frost crack, frost shake)의 원인이 되는 것으로 알려져 있다. 수식재부의 함수율은 71~200%이며, 때로는 300%에 달할 때도 있는데, 수식재를 지니는 판재는 정상재와의 함수율 차이로 인해 건조가 불균일해지고, 접착시 문제점을 유발하며, 강도적 성질도 열등하다. 한편 수식재를 건조할 때에는 건조 초기와 중기에 저온을 적용하거나 열기건조 전에 천연건조를 적용하는 것이 수식재에 의한 목재손실을 줄이는 것으로 보고되어 있다.

(6) 취심재

열대산 수목의 수심부에서는 기계적 성질이 정상재보다 떨어지며 심한 취약성을 지니는 특이한 부가 형성되는 경우가 있는데 이를 취심재(脆心材, brittle heart, brash center, soft heart)라고 한다. 취심재가 있는 부분은 주위의 재부보다 담색으로서 광택이 별로 없으며 재면이 거칠다. 또한 이 부분에서 목편을 떼어 관찰해 보면 압축파괴가 생긴 것을 확인할 수 있다. 이런 목재를 펄프화하면 이 부분에서 세포가 절단되므로 종이의 강도가 매우 떨어진다. 취심재는 조직이 파괴된 부분이 존재하므로 압축강도 등의 기계적 성질이 저하되며 목재건조시 결함을 야기한다.

(7) 기타

수목은 생장 과정에서 생기는 생장응력(growth stresses), 또는 바람이나 외력으로 인해 발생하는 응력 등에 의해 조직이 파괴된다. 이 수간의 할렬에는 연륜과 직각방향으로 생기는 심렬(heart shake), 서리의 해를 받아서 생기는 상렬 등이 있으며, 또한 강풍이나 적설 또는 섬유방향의 생장응력에 의해 생기는 압축파괴(compression failure) 등이 있다.

수목이 어떤 원인으로 외상을 입어 그 부분의 형성층이 손상되거나 사멸되면 그 부분에 상해유조직이 만들어져 그곳이 아물게 되면 상해조직(traumatic tissue)이 생기게 된다. 이 상해조직에는 입목이 생육과정에서 줄기의 표면에 상처를 받아 그 부분의 형성층이 죽고 다른 부분이 활동한 결과 수피의 일부가 목부 속으로 파묻히게 되는 입피(bark pocket), 수지가 너무 많이 삼출되어 생기는 수지조선(pitch streaks), 목부에 수지가 주머니 모양으로 부분집적되어 가공했을 때 얼룩으로 나타나는 부분인 수지낭(resin pocket, pitch pocket)이 있다. 또한 곤충 등의 침해로 형성층에 상처가 생겨 이상조직이 발달된 수반점(pith fleck), 광물질이 목재 내의 한 곳에 많이 집적되어 암갈색 또는 암녹색으로 나타나는 광물질 줄무늬

(mineral streak) 등도 목재건조시 결함을 야기하는 목재의 자연결점이다.

2. 목재의 물성

1) 목재의 밀도와 비중

목재비중은 단위부피에 존재하는 세포벽질(목질)의 양을 나타내는 척도로서 목재의 물리적 성질 중에서 매우 중요한 성질이다. 목재비중은 강도와 강성, 수축률과 팽윤율, 열전도율, 건조속도와 건조결함의 발생 정도 등과 관련된다.

목재비중은 목재밀도에 대한 물의 밀도의 비로 정의한다. 목재밀도는 목재부피당 전건중량의 비로 정의된다. 목재밀도는 전건무게와 어떤 특정 함수율일 때 부피, 즉 생재(섬유포화점 이상), 기건재(함수율 12%), 전건재(함수율 0%)의 부피를 이용하여 구한다. 또한 함수목재의 무게와 부피로 구한 전밀도(total density)는 목재밀도와 구분된다. 생재부피와 전건무게로 구한 기본비중(basic specific gravity)이 널리 이용된다.

목재비중은 목재의 함수율, 목재구조, 추출물의 함량과 화학조성에 따라 달라진다. 목재비중은 수종에 따라 차이가 있어 온대산 목재의 기본비중은 대략 0.3~0.9 범위에 속하나, 열대산 목재비중의 변이는 크다. 목재비중은 섬유포화점 이하에서 함수율이 감소할수록 증가한다. 함수율이 M일 때 부피에 의한 목재비중(S_m)은 기본비중(S_g)을 이용하여 다음 공식에 의해 계산할 수 있다.

$$S_m = S_g/(1 - 0.265\,\alpha\,S_g) \qquad (2\text{-}1)$$

$$\alpha = (30 - M)/30,\ M < 30\%$$

표 2-3 우리나라산 수종의 전건비중(정희석 등, 1972; 조재명 등, 1975)

수종	전건비중	수종	전건비중	수종	전건비중
잣나무	0.43±0.01	느릅나무	0.62±0.06	거제수나무	0.69±0.03
소나무	0.44±0.06	다릅나무	0.53±0.06	들매나무	0.70±0.07
곰솔	0.49±0.03	찰피나무	0.47±0.09	은백양	0.40±0.02
리기다소나무	0.49±0.03	신갈나무	0.75±0.02	사시나무	0.45±0.01

표 2-4 북미산 수종의 평균 기본비중과 범위(Bowyer et al., 2003)

침엽수	기본비중	활엽수	기본비중
미송(태평양연안)	0.45 (±0.09)	흑호두나무	0.51 (±0.1)
테다소나무	0.47 (±0.09)	북부적참나무	0.56 (±0.11)
롱리프소나무	0.54 (±0.09)	퀴킹 아스팬	0.35 (±0.07)
폰데로사소나무	0.38 (±0.07)	당단풍나무	0.56 (±0.11)
서부솔송나무	0.42 (±0.08)	백물레나무	0.60 (±0.12)
백전나무	0.37 (±0.07)	백합나무	0.42 (±0.08)

*변이계수 10% 가정.

일반적으로 목재비중(또는 목재밀도)은 목재무게와 건조의 난이도를 나타내는 물리적 성질이다. 목재비중이 높을수록 세포벽이 두꺼워지고 공극률이 작아지기 때문에 건조속도(drying rate)가 느리고 건조 중에 건조결함이 생기기 쉽다. 목재비중이 높을수록 생재의 단위부피당 전건목질의 무게가 커지기 때문에 동일 함수율에서 고비중의 수종(또는 목재)은 저비중의 수종(또는 목재)보다 더 많은 수분을 함유하고 건조시간도 길어진다.

함수목재의 무게(W_m)는 전건무게(W_o)와 함수율(M)을 이용하여 구할 수 있고 함수율이 증가함에 따라 무거워진다.

$$W_m = W_o(1 + 0.01M) \tag{2-2}$$

또한 목재의 함수율 M과 목재비중(S)을 이용하여 M 함수율인 목재무게 (W_m)를 구할 수 있다.

$$W_m = V \times S \times \rho_w \times \left(1 + \frac{M}{100}\right) \quad (2\text{-}3)$$

V = 목재 부피(cm^3)
ρ_w = 물의 밀도(1.00g/(cm^3)

목재비중은 동일 수종에서도 개체변이, 수고와 직경생장부위 변이, 연륜 내 변이를 나타낸다. 개체 간 비중의 변이계수는 10% 정도이다. 춘재비중 대 추재비중의 비는 수종에 따라 차이가 크다. 라디에타소나무는 1 : 1.8이고, 미송은 1 : 5 정도이다. 춘재와 추재 간의 비중의 차이가 크면 부위 간에 수축률의 차이가 커지고 연륜을 분리시키고 내부할렬을 발생시킬 수 있는 건조응력이 발생할 수 있다. 특히 고온건조에서 저비중의 춘재는 찌그러질 수 있다.

2) 목재수분

(1) 목재수분의 종류

목재에 함유된 수분은 세포내강에 존재하는 자유수(free water)와 세포벽에 존재하는 결합수(bound water)로 구분한다. 자유수는 액상으로 존재하는 수분으로서, 모세관을 통해 이동하고 쉽게 제거할 수 있으며 목재의 물리적 · 기계적 성질에 끼치는 영향이 적다. 자유수가 없는 세포내강에는 수증기가 존재한다. 결합수는 세포벽질(셀룰로오스와 헤미셀룰로오스)에 흡착되어 존재하는 수분으로서 주로 확산에 의해 이동하고, 제거하는 데 자유수보다 열이 더 소요된다. 결합수는 목재의 여러 성질에 크게 영향을 준다.

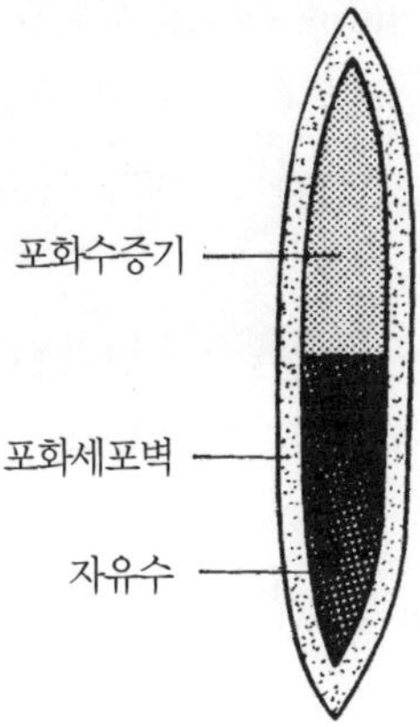

그림 2-8 생재 세포 내 수분

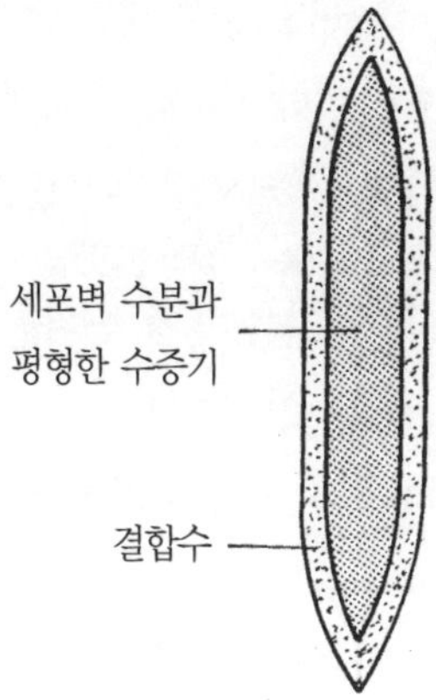

그림 2-9 건조목재 세포 내 수분

(2) 함수율

목재의 함수율(moisture content)은 목재의 함유수분의 무게에 대한 전건무게(목질무게)의 비율로 정의된다. 함수율은 백분율 함수율(M)과 분율 함수율(m)로 나타내고, 구하는 식은 다음과 같다.

$$M(\%) = \frac{W_g - W_o}{W_o} \times 100 \qquad (2\text{-}4)$$

$$m = \frac{W_g - W_o}{W_o} \qquad (2\text{-}5)$$

W_g = 건조하기 전 무게(g)
W_o = 전건무게(g)

① 함수율의 측정법

목재건조에서 함수율의 측정은 목재에서 수분을 분리해 내는 전건법

(oven drying method)과 목재의 전기적 성질이 함수율에 따라 변화하는 성질에 근거하여 만든 수분계(moisture meter)를 이용하여 측정한다. 수분계에는 저항식 수분계(resistance meter)와 고주파 수분계(high-frequency meter)가 있다.

전건법은 함수율의 표준측정방법으로서 제재목의 횡단면에서 최소한 45cm 이상 되는 곳에서 결점이 없는 부분을 길이 1.5~2.5cm 되게 시험편을 절취하여 즉시 무게를 측정한다. 다음에 공기순환이 잘 되는 건조기(oven)에 넣고 100~105°C에서 항량이 될 때까지 전건시키고 전건무게를 측정하여 함수율을 계산한다.

저항식 수분계는 전기저항과 함수율의 관계에 근거하여 만든 수분계로서, 함수율 6~30% 범위에서 유용하고, 전건법에 의한 측정치보다 덜 정확하다. 또한 비중의 영향은 적고 수종과 온도에 의해 영향을 받기 때문에 수종보정과 온도보정을 해야 한다. 목재는 건조됨에 따라 수분경사를 나타내기 때문에 목재의 평균함수율을 알기 위해서는 전극을 제재목 두께의 1/4~1/5까지, 소경원목의 경우에는 지름의 1/6까지 박아서 측정 한다.

고주파 수분계는 목재수분과 유전적 성질의 관계를 이용한 용량식 수분계(capacitance meter)와 목재수분과 파워로스(power-loss)의 관계를 이용하여 만든 파워로스형 수분계(power-loss meter)가 있다. 이들 수분계는 제재목과 단판의 표면과 접촉할 수 있는 판형 전극을 갖기 때문에 목재의 손상 없이 신속하게 측정할 수 있다. 함수율 측정범위는 30% 이하이고, 수분경사가 작은 제재목이나 단판의 함수율 측정에 적당하며, 수종보정이 필요하다.

② 생재함수율과 섬유포화점

벌목한 직후의 목재(통나무)의 함수율을 생재함수율(green moisture content)이라 부른다. 생재함수율은 수종, 산지, 벌목계절, 수간의 부위 등

표 2-5 우리나라산 수종의 생재함수율(정희석 등, 1972; 조재명 등, 1975)

수종명	생재함수율 (%)	수종명	생재함수율 (%)	수종명	생재함수율 (%)
잣나무	84±8	층층나무	113±13	거제수나무	64±10
소나무	94±20	느릅나무	87±16	들매나무	55±12
곰솔	91±10	다릅나무	72±15	고로쇠나무	50±13
강송	91±8	찰피나무	66±13	양버들	117±20
리기다소나무	99±15	신갈나무	64±7	사시나무	82±10

표 2-6 미국산 수종의 심재와 변재의 생재함수율(US FPL, 1999)

활엽수종	심재	변재	침엽수종	심재	변재
백물푸레나무	46	44	서부적삼나무	58	249
사시나무	95	113	미송	37	115
황자작나무	74	72	백전나무	98	160
느릅나무	95	92	폰데로사소나무	40	148
당단풍나무	65	72	테다소나무	33	110
북부적참나무	80	69	레드우드	86	210
백참나무	64	78	동부가문비나무	34	128
흑호두나무	90	73	시트카가문비나무	41	142

에 따라 다르다. 활엽수의 생재함수율은 45~160% 정도이나, 대부분 수종은 30~200% 범위에 속한다. 침엽수 변재의 생재함수율은 심재보다 3~4배 정도 더 크나, 활엽수의 경우는 차이가 작다. 생재함수율이 수목의 개체 간, 생장부위 간의 차이가 적은 수종은 균일한 건조가 가능하다. 삼나무와 웨스턴 헴록의 생재함수율은 생장부위 간 차이가 크기 때문에 건조에 어려움을 준다.

섬유포화점(fiber saturation point, FSP)은 세포벽에는 수분으로 완전히 포화되어 있으나 세포내강에는 액상의 수분(자유수)이 존재하지 않는 상태

표 2-7 수종별 섬유포화점의 함수율

수종	섬유포화점	수종	섬유포화점
남부황소나무	29	레드우드	22
시트카가문비나무	28	티크	18
서부적삼나무	18	로즈우드	15

를 의미한다. 생재는 섬유포화점 이상의 함수율을 가진 목재를 의미한다. 섬유포화점의 함수율은 수종, 목재 성분과 밀도에 따라 차이가 있다. 상온에서 대체로 25~35% 범위이고, 일반적으로 28% 또는 30%로 인정하고 있다. 추출물의 함량이 많은 수종은 섬유포화점이 낮다. 목재는 섬유포화점 이하에서 건조하면 수축하고 물리적 · 기계적 성질이 변한다. 섬유포화점 이하에서 건조속도는 느려지고 건조에 소요되는 에너지는 증가한다.

③ 기건함수율과 평형함수율

목재의 함수율은 공기의 온도와 습도의 영향을 받는다. 생재는 습도가 낮거나 온도가 높으면 탈습하고, 건조재는 습도가 높거나 온도가 낮으면 흡습한다.

상대습도가 동일하더라도 온도가 상승하면 평형함수율(equilibrium moisture content, EMC)은 낮아진다. 목재는 대기 속에 장기간 두면 대기의 습도와 온도에 따라 평형상태에 도달하고, 이때의 목재와 함수율을 각각 기건재(air dried wood)와 기건함수율이라고 부른다.

기건함수율은 대기의 온도와 습도 조건에 따라 변하기 때문에 장소와 기후조건에 따라 변한다. 우리나라의 기건함수율은 12~16% 범위이고 평균치는 14.2% 정도이다. 옥외 기건함수율은 지역에 따라 차이가 있다. 지구상에서 고온저습 지역(예: 사막)에서는 6% 정도이고, 저온다습한 지역에서는 24%이다. 온대지방에서는 대체로 12~18% 범위이다. 우리나라의 옥외

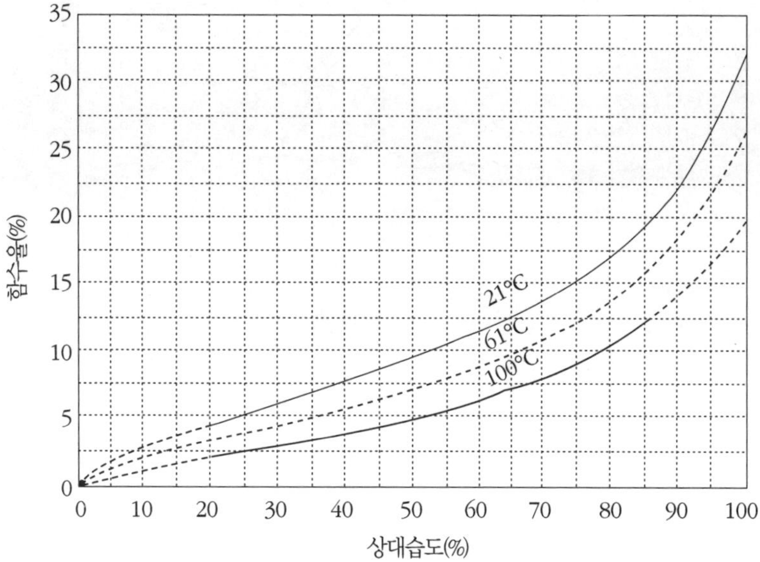

그림 2-10 온도별 수착등온선(US FPL, 1991)

기건함수율은 중부지방이 남부지방보다 약간 높다. 사계절 중에 봄에 가장 낮고 여름에 가장 높다. 옥외에 사용할 목재는 사용장소의 기건함수율까지 건조하여 사용한다.

옥내의 기건함수율은 난방의 설치 여부와 그 정도에 따라 차이가 있다. 수원지방에서 단독주택의 안방과 마루는 각각 11.1%와 12.6%이고, 사무실은 10.3%이다. 서울지방에서 아파트의 침실과 거실은 각각 9.7%와 10.1%이다.

생재가 건조 과정에서 일정한 온도와 상대습도에서 평형상태에 도달한 함수율을 평형함수율이라 부른다. 생재의 건조 과정에서 얻어지는 평형함수율은 건조재의 흡습 과정에서 얻어지는 평형함수율보다 약간 높다. 흡습평형함수율 대 탈습평형함수율의 비는 0.85 정도이다. 평형함수율은 상대습도 55%에서 온도 21°C와 85°C에서 각각 10.5%와 6.4%이다. 또한 목재

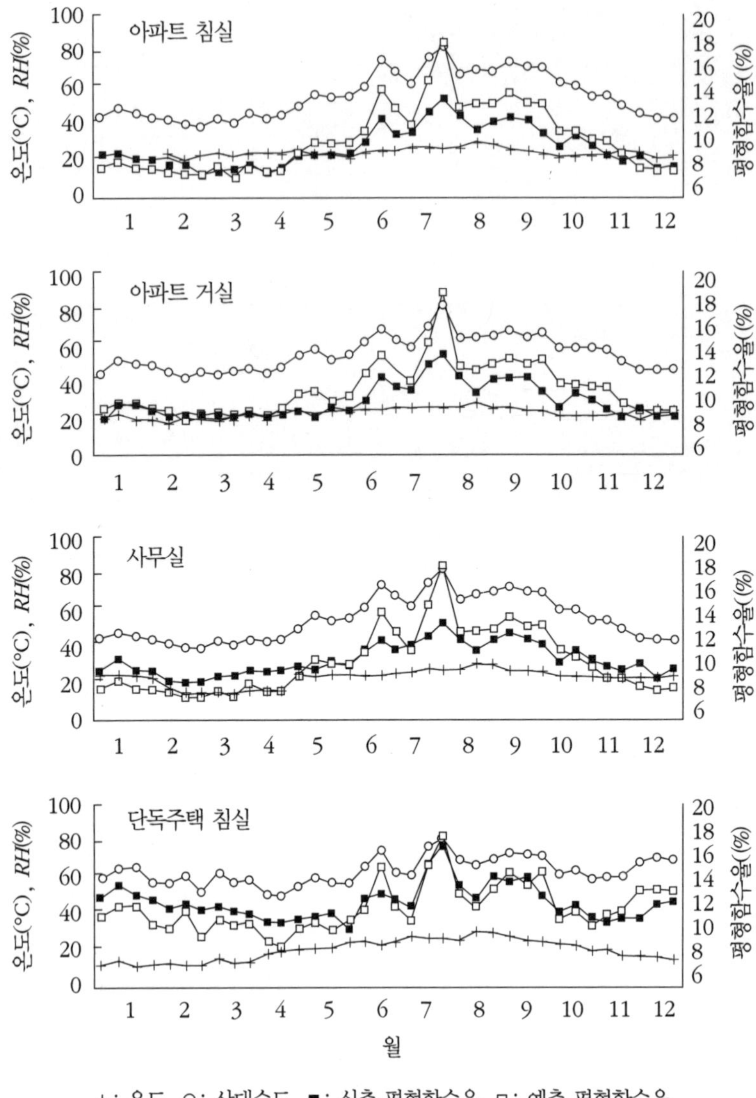

그림 2-11 실내온도와 상대습도 변화에 따른 평형함수율의 연중 변동(정희석 등, 1994)

표 2-8 온도 21℃에서 대표적인 목질재료의 평형함수율(Heebink, 1966)

상대습도 (%)	목재 (%)	침엽수합판 (%)	삭편판 (%)	기름처리 경질섬유판 (%)	고압 라미네이트 (%)
30	6.0	6.0	6.6	4.0	3.0
42	8.0	7.0	7.5	4.6	3.3
65	12.0	11.0	9.3	6.9	5.1
80	16.1	15.0	11.6	9.5	6.6
90	20.6	19.0	16.6	10.8	9.1

가공 중에 열처리를 받거나, 흡습성이 적은 접착제와 사이즈제(sizing material)가 사용된 목제품의 평형함수율은 일반목재보다 낮다.

④ 자유함수율과 한계함수율

자유함수율(free moisture content)은 건조 과정 중 어떤 물체의 평형함수율 이상의 함수율을 의미한다. 즉 자유함수율은 임의함수율(M)에서 평형함수율(M_e)을 뺀 함수율($M - M_e$)이다.

한계함수율(critical moisture content)은 건조 중에 항률건조기간 또는 상(phase)에서 감률건조기간(또는 상)으로 전환될 때의 함수율이다. 또는 자유수와 결합수 사이에 전환점을 나타내기도 한다.

⑤ 실재함수량과 증발수분잔존율

어떤 부피(V)의 목재가 함유하고 있는 수분의 양(실재함수량)은 함수율(M)과 기본비중(S_g)을 이용하여 계산할 수 있다.

$$\text{실재함수량} = \frac{M \times S_g \times V}{100} \tag{2-6}$$

건조 과정 중에 아직도 제거할 수분이 아직도 얼마나 잔존하는지의 정도는 증발수분잔존율(evaporable moisture remaining)로 나타낸다.

$$증발수분잔존율 = \frac{건조중함수율 - 평형함수율}{초기함수율 - 평형함수율} \times 100 \qquad (2\text{-}7)$$

(3) 흡착열

목재가 물분자를 흡착할 때 발생하는 열을 흡착열이라 부른다. 어떤 함수율을 가진 목재가 단위무게(g)의 수분을 흡착할 때에 발생하는 열을 미분흡착열(differential heat of adsorption)이라 부른다. 반대로 목재건조에서 목질로부터 단위무게의 결합수를 이탈시키는 데에도 미분흡착열과 같은 양의 열에너지가 요구된다. 미분흡착열은 섬유포화점에서 0이나 함수율이 감소할수록 증가하고 전건상태에 이르면 269cal이다. 물 1g의 기화에 요구되는 기화열은 569cal이기 때문에 섬유포화점 이상에서 자유수 증발에는

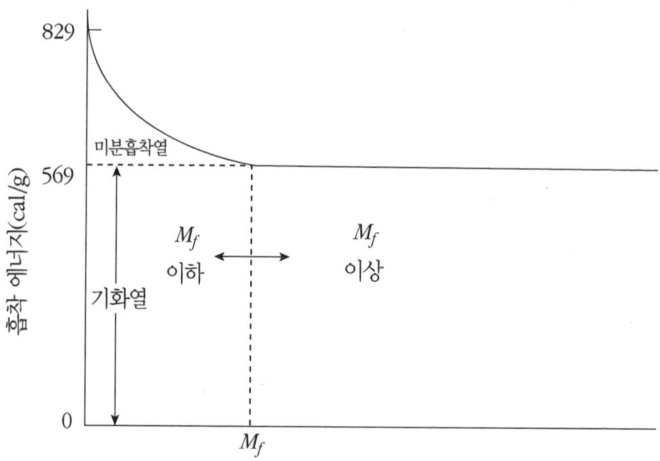

그림 2-12 섬유포화점(M_f) 이상과 이하에서 수분흡착 에너지(Skarr, 1972)

기화열만 소요되지만, 결합수 증발에는 기화열과 미분흡착열이 소요된다. 따라서 섬유포화점 이하에서 건조될수록 더 많은 열에너지가 요구된다.

3) 목재의 수축

목재는 섬유포화점부터 수분이 세포벽에서 빠져나오면 수축하고, 반대로 세포벽으로 들어가면 팽윤한다. 수축은 목재의 건조, 가공과 이용에서 중요한 성질 중의 하나이다. 목재의 치수와 부피는 세포벽에서 제거된 수분의 부피에 비례하여 수축한다. 수축률(shrinkage)은 수축하기 전에 치수(또는 부피)를 측정하여 다음 공식으로 구한다.

$$수축률(\%) = \frac{D_g - D_m}{D_g} \times 100 = \frac{\Delta D}{D_g} \times 100 \qquad (2\text{-}8)$$

D_g = 수축 전 치수(또는 부피)
D_m = M 함수율까지 수축 후 치수(또는 부피)
ΔD = 수축량

(1) 수축률의 종류

목재의 수축률은 선수축률과 부피수축률로 나눈다. 선수축률은 측정하는 목리방향에 따라 섬유방향 수축률(longitudinal shrinkage), 방사방향 수축률(radial shrinkage)과 접선방향 수축률(tangential shrinkage)로 나눈다. 또한 건조되는 함수율에 따라 전수축률(total shrinkage), 기건수축률, 평균수축률로 구분된다. 전수축률은 생재에서 전건까지 일어나는 수축률이고, 기건수축률은 생재에서 기건재(함수율 12%)까지 일어나는 수축률이다. 평균수축률은 함수율 1% 감소에 따른 수축률이다. 섬유포화점의 함수율을 30%로 가정하면 평균수축률은 전수축률을 30으로 나눈 값과 거의

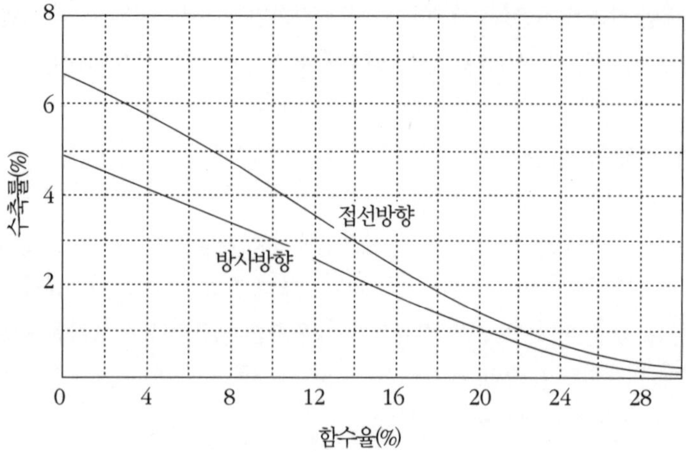

그림 2-13 미송의 함수율과 수축률의 관계곡선(US FPL, 1991)

표 2-9 외국산 수종의 전수축률(US FPL, 1999)

북미산 수종	방사방향 (%)	접선방향 (%)	열대 활엽수종	방사방향 (%)	접선방향 (%)
백물푸레나무	4.9	7.8	아피통	5.2	10.9
황자작나무	7.3	9.5	발사	3.0	7.6
느릅나무	4.2	9.5	마호가니	3.0	4.1
당단풍나무	4.8	9.9	티크	2.5	5.8
북부적참나무	4.0	8.6	아프리칸 마호가니	2.5	4.5
흑호두나무	5.5	7.8	인디언 에보니	5.4	8.8
서부적삼나무	2.4	5.0	아프리칸 에보니	9.2	10.8
미송(태평양연안)	4.8	7.6	제루통	2.3	5.5
백전나무	3.3	7.0	카폴	4.6	10.2
서부솔송나무	4.2	7.8	켐파스	6.0	7.4
테다소나무	4.8	7.4	케루잉	5.2	10.9
시트카가문비나무	4.3	7.5	적라왕	3.8	7.9

표 2-10 우리나라산 수종의 방사방향과 접선방향 전수축률(정희석 등, 1972; 조재명 등, 1975)

수종	방사방향 (%)	접선방향 (%)	수종	방사방향 (%)	접선방향 (%)	수종	방사방향 (%)	접선방향 (%)
잣나무	2.82	7.41	신갈나무	5.13	9.50	다릅나무	2.40	6.44
소나무	4.88	9.11	층층나무	5.49	9.99	찰피나무	6.62	9.75
곰 솔	4.39	8.33	들매나무	5.30	11.22	느릅나무	5.20	9.28
강 송	4.57	8.39	박달나무	7.35	9.23	미류나무	2.81	7.88

같다. 부피수축률은 목리방향에 따른 세 가지 종류의 수축률을 합하여 구할 수 있다. 또한 개략적인 부피수축률은 방사방향 수축률과 접선방향 수축률을 더하여 구한다.

(2) 수축의 영향인자

목재의 수축률은 함수율, 목재비중, 목리방향, 목재성분, 건조응력, 건조속도 등의 영향을 받는다.

① 함수율

수축률은 함수율이 감소할수록 증가한다. 섬유포화점의 함수율을 30%로 가정하면 전수축률(α_{max})을 이용하여 M 함수율까지의 수축률(α_m)은 다음 공식으로 계산한다.

$$a_m = a_{max} \frac{(30 - M)}{30} \tag{2-9}$$

또한 기본비중(S_g)을 이용하여 M 함수율까지 부피수축률을 다음 공식으로 계산한다.

$$\alpha_m = S_g(30 - M) \quad (2\text{-}10)$$

② 목재비중

목재비중이 높을수록 수축률은 증가한다. 기본비중을 이용하여 개략적인 수축률을 구할 수 있고 기본비중(S_g)과 수축률의 관계식을 이용하여 계산한다. 수용성 추출물을 많이 함유한 목재의 실제 수축률은 섬유포화점이 낮기 때문에 계산치보다 적다.

$$\text{방사방향 전수축률}(\%) = 9.5 \times S_g \quad (2\text{-}11)$$

$$\text{접선방향 전수축률}(\%) = 17.0 \times S_g \quad (2\text{-}12)$$

$$\text{부피 전수축률}(\%) = 28.0 \times S_g \quad (2\text{-}13)$$

③ 목리방향

일반적으로 정상적으로 생장한 성숙재의 섬유방향 전수축률은 0.5% 이하이고, 방사방향 전수축률은 4% 정도이며, 접선방향 전수축률은 8% 정도이다. 나선목리, 사주목리, 파상목리를 갖는 목재세포의 배열방향이 제재목에 평행하지 않기 때문에 섬유방향 수축률은 매우 커진다.

④ 이상재, 수식재와 미성숙재

압축이상재의 섬유방향 수축률은 정상목재보다 크고, 극단적인 경우에는 5~6%에 이른다. 인장이상재의 섬유방향 수축률은 정상목재보다 크지만 압축이상재보다는 적다. 수식재의 섬유방향 수축률은 정상목재보다 크고 건조될 때 찌그러지기 쉽다. 미성숙재의 섬유방향 수축률은 정상재보다 크다.

⑤ 건조속도

목재는 급속건조함에 따라 내부응력이 발생함으로써 정상수축보다 적게 수축한다. 그러나 어떤 수종에서 고온건조에 의한 급속건조는 세포의 찌그러짐이 발생하기 때문에 정상수축보다 더 커진다.

4) 목재의 열적 성질

목재건조에서 열적 성질(thermal properties)은 건조온도까지 가열시간과 에너지 요구량에 관계된다. 건조와 관련되는 주요 열적 성질은 비열, 열전도율, 열확산율 등이 있다.

(1) 비열

재료의 비열(specific heat)은 재료의 온도를 1°C 상승시키는 데 요구되는 에너지의 척도이다. 목재의 비열은 온도와 함수율에 따라 변하지만, 비중과 수종에는 실제적으로 무관하다.

① 온도의 영향

전건재는 온도 0~100°C 조건에서 평균비열은 0.324cal/g°C이다. 전건재의 비열(C)은 온도(t)에 정비례하여 증가한다.

$$C = 0.266 + 0.00116 \times t \qquad (2\text{-}14)$$

② 함수율의 영향

함수목재의 비열(C_m)은 분율함수율(m)이 높아짐에 따라 증가한다.

$$C_m = \frac{m + 0.324}{1 + m} \qquad (2\text{-}15)$$

어떤 양의 목재 초기온도(t_0)에서 최종온도(t_1)까지 상승시키는 요구되는 열에너지(E)는 목재의 무게(W), 비열(C)과 상승온도($t_1 - t_0 = \Delta t$)를 곱하여 구할 수 있다.

$$E = W \times C \times \Delta t \tag{2-16}$$

(2) 열전도율

열전도율(thermal conductivity)은 재료를 통과하는 열유동률의 척도이다. 열전도율은 밀도, 함수율, 추출물 함량, 목리방향, 온도, 옹이와 같은 구조적 불규칙 변화 등에 의해 영향을 받는다. 열전도율은 방사방향과 접선방향 간에는 거의 같다. 섬유방향 열전도율은 횡단방향보다 2~3배 정도 더 크다. 열전도율은 목재비중, 함수율, 온도, 추출물 함량이 증가하면 커진다.

함수율 40% 이하와 이상인 경우에 횡단방향 열전도율(K_{gT})은 전건비중(S)과 함수율(M)의 관계식에서 구할 수 있다.

표 2-11 여러 재료의 열전도율(Siau, 1995)

재료	K (W/mK)	재료	K (W/mK)
기건재(비중 0.45) 횡단방향	0.13	자유수	0.59
기건재(비중 0.45) 섬유방향	0.31	정지공기	0.024
기건재(비중 0.70) 횡단방향	0.18	시멘트, 일반벽돌	0.72
기건재(비중 0.70) 섬유방향	0.44	콘크리트	0.93
세포벽질 횡단방향	0.44	석면시멘트보드	0.58
세포벽질 섬유방향	0.88	돌, 석회, 모래	1.80
미송 합판	0.12	섬유유리	0.039
중밀도 하드보드	0.10	알루미늄	202
중밀도 파티클보드	0.13	스테인리스 강	16.3

함수율 40% 이하인 경우,

$$K_{gT} = \{S(4.80 + 0.090M) + 0.57\} \times 10^{-4} \text{cal/cm °C s} \quad (2\text{-}17)$$

$$K_{gT} = S(0.200 + 0.0038M) + 0.024 \text{W/mk} \quad (2\text{-}18)$$

함수율 40% 이상인 경우,

$$K_{gT} = \{S(4.80 + 0.125M) + 0.57\} \times 10^{-4} \text{cal/cm °C s} \quad (2\text{-}19)$$

$$K_{gT} = S(0.200 + 0.0052M) + 0.024 \text{W/mk} \quad (2\text{-}20)$$

(3) 열확산율

열확산율(thermal diffusivity)은 재료가 주위로부터 열을 얼마나 빨리 흡열할 수 있느냐를 나타내는 척도이다. 열확산율(b)의 정의는 열전도율(K), 열용량(C), 전밀도(D) 간의 다음 식으로 표시한다.

$$b = \frac{K}{CD} \quad (2\text{-}21)$$

목재의 열확산율은 다른 재료에 비해 열전도율은 낮고, 목재는 전밀도와 열용량이 보통이기 때문에 기타 구조용 재료(예: 금속이나 벽돌 등)보다 훨씬 낮다. 강철의 열확산율 $12.9 \times 10 \text{m}^2/\text{sec}$에 비해 목재의 열확산율은 $0.161 \times 10^{-6} \text{m}^2/\text{sec}$로서 매우 낮다.

5) 목재의 전기적 성질

목재의 전기적 성질은 함수율에 따라 변하기 때문에 함수율을 측정하는 데 사용된다. 주로 전기저항과 유전적 성질을 이용하여 함수율을 추정한다. 목재의 직류저항은 섬유포화점 이하에서 함수율이 감소할수록 증가한다. 그리

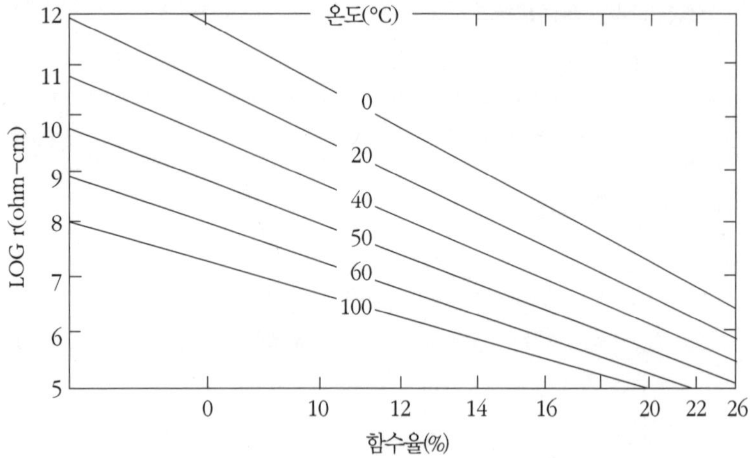

그림 2-14 온도와 함수율(log 스케일)에 따른 목재의 직류비 저항(r)의 변화

고 수종, 목리방향, 온도에 의해 영향을 받으나 비중의 영향은 적다. 저항식 수분계는 수종에 따라 보정해야 하고, 기준온도는 21℃이기 때문에 온도변화에 따라 보정해야 한다. 유전적 성질을 이용한 수분계는 용량(capacitance)형과 파워로스(power-loss)형으로 분류한다. 흡수되는 파워의 양은 함수율에 따라 변한다. 측정시에 수종보정과 온도보정이 필요하다.

제3장

목재의 건조 메커니즘

1. 건조이론

1) 기본 메커니즘

목재건조란 목재 내의 수분을 제거하는 공정이다. 목재건조는 목재의 표면수분(surface water)이 증발하고 내부수분이 표면으로 이동하면서 이루어진다. 목재건조의 기본 메커니즘으로 건조 제1단계의 모세관 유동(capillary flow), 건조 제2단계의 결합수 확산, 건조 제3단계의 결합수와 수증기 확산(vapour diffusion) 등을 들 수 있다. 건조 제1단계에서 고함수율 목재는 목재 내부에서 표층으로 수분이 원활히 공급되어 목재 표면이 습윤상태를 쉽게 유지하기 때문에 잘 증발된다. 증발속도는 건습구온도차, 풍속, 건조실 내의 증기압에 의해 결정된다. 건조 제2단계에서 목재 표층의 함수율은 섬유포화점 이하로 낮아졌으나 내부는 아직 섬유포화점 이상을 유지하고 있기 때문에 내부에서는 모세관 유동, 표층에서는 확산에 의해 건조가 이루어진다. 섬유포화점선(fiber saturation point line)이 내부 중심층으로 이동함에 따라 건조저항(resistance to drying)은 증가한다. 표면의 증발속도는 섬유포화점선에서 표층까지 수분확산속도에 의해 좌우된다. 건조 제3단계는 제2단계와 유사하며, 건조는 전적으로 확산에 의해 이루어진다. 표층과 중심층도 섬유포화점 이하가 되면 표층과 중심층 간에 함수율 차이가 적어져 건조저항은 커지고 건조속도는 낮아진다. 일반적으로 목재의 표층과 중심층의 수증기압 차이가 클수록 건조를 유발하는 추진력이 커진다. Bramhall(1976) 등이 제시한 다음의 건조저항 산출 모델은 목재 내 수분 이동 평가시 사용될 수 있다.

$$R = \frac{(P_D - P_W)\Delta t}{\Delta M} \tag{3-1}$$

R = 건조저항(mb · hr)

P_D = 건구온도에서 수증기압(mb)

P_W = 습구온도에서 수증기압(mb)

Δt = 경과시간(hr)

ΔM = 함수율 차이

2) 수분 이동 통로

목재 수분은 세포공극을 통해 유동하거나 세포벽을 통해 확산된다. 목재가 세포벽과 이들을 연결하는 공극으로 복잡하게 연결되어 있기 때문에 목재 수분의 이동경로도 매우 복잡하다. 활엽수재는 조직이 다양한 세포로 구성되어 있고 각 세포의 용적률(volumetrical fraction) 등이 다르기 때문에 이동경로도 침엽수재에 비해 복잡하다.

(1) 침엽수재

침엽수재의 통도세포는 가도관(tracheid)과 방사가도관이다. 가도관(용적률 90% 이상)은 지름(평균 33μm)과 길이(평균 3.5mm)의 변이가 심하다. 가도관의 유연벽공대(bordered pit pair)가 주로 방사면에 있기 때문에 인접 가도관 사이의 유체유동은 접선방향으로 일어난다. 유연벽공의 수는 춘재 가도관 1개당 50~300개 정도이며, 추재 가도관의 경우는 그보다 적다. 또한 가도관과 방사가도관 사이의 유연벽공대, 가도관과 방사유세포 사이의 반연벽공대를 통해 유체유동이 일어난다. 유체의 방사방향 유동은 주로 방사조직과 가도관 사이 또는 방사조직을 통해 이루어진다. 방사조직과 유세포 사이 단벽공대, 방추조직과 유세포 사이 반연벽공대, 방사조직, 가도관과 방사조직 유세포 사이 벽공대 등도 유체 이동의 통로가 된다. 방사조직(평균용적률 7%)과 수지구는 용적률은 적지만 유동의 중요한 요소이다.

(2) 활엽수재

활엽수재의 방추조직에는 도관(vessel), 목섬유, 가도관 등이 있다. 가도관은 비천공이고 유연벽공을 지닌다. 용적률은 도관과 목섬유가 가장 크며, 따라서 유체 유동에 있어 매우 중요하다. 유세포 요소는 수선유세포와 수지구 주위에 에피데리얼 세포(epithelial cell)를 포함한다. 도관의 용적률은 5~60%이며, 종축 이동통로를 이루고 지름은 20~300μm이다. 산공재의 도관은 연륜 내 크기와 분포가 균일하며, 횡단면상에 평균 15,000개/cm^2 정도 분포한다. 환공재의 경우 춘재 도관은 추재 도관보다 훨씬 크다. 도관요소는 비교적 짧고 끝부분이 천공판으로 서로 연결되어 있다. 천공판의 관공은 천공판의 종류와 무관하게 크기 때문에 유체유동의 저항이 작아 가늘고 긴 모세관 역할을 한다.

도관과 목섬유 또는 가도관 사이에는 유연벽공이 있고, 도관과 유세포 사이에는 반연벽공 또는 단벽공이 있어 유체유동의 통로가 된다. 그러나 침엽수재와는 달리 벽공에는 토러스가 없으며, 벽공막이 벽공실에 가로놓여 있다. 토러스가 없는 벽공막은 폐색되지 않는다. 인접 유세포에서 벽공대를 통해 도관 속으로 들어와 주머니 모양으로 형성된 타일로시스(tylosis)는 도관의 유동저항을 크게 증가시켜 수분 이동을 방해한다. 타일로시스는 주로 심재에 존재하며, 특히 참나무류 심재의 투과성을 저하시키는 주요 원인이다. 타일로시스 외에 도관 속에 차 있는 아카시아나무 심재의 적색 퇴적물, 에보니(ebony)의 흑색 물질, 마호가니와 티크의 백악 퇴적물(chalky deposits) 등도 도관을 막아 유동을 방해한다.

목섬유는 목재의 50% 이상을 차지하며, 길이(평균 1.5mm 정도), 지름(5μm 정도), 벽두께의 변이가 심하다. 섬유상 가도관은 유연벽공을 가지며, 단벽공을 갖는 진정목섬유보다 세포내강이 넓다. 유체는 도관과 유세포에서 벽공대를 통해 목섬유로 이동할 수 있다. 활엽수재의 가도관 용적률은 작고 유동통로로서는 중요하지 않다. 유세포는 목섬유보다 투과성이 좋다.

활엽수 변재의 유동은 주로 도관을 통해 일어나고, 방사조직, 수직유세포, 목섬유 등이 유체 유동에 기여한다. 방사조직에서는 벽공대를 통해 인접 목섬유로 유동한다. 활엽수재는 침엽수재와 달리 춘재세포와 추재세포 사이의 유동에는 큰 차이가 없다. 활엽수재의 방사조직은 용적률이 큼에도 불구하고 침엽수재의 것보다 유동 기여도는 낮으며, 유체 유동에 미치는 영향도 다양하다. 유동속도는 일반적으로 변재가 심재보다 크고, 환공재가 산공재보다 크다.

3) 수분 이동 요인

목재 내에서 이루어지는 수분의 이동은 크게 두 종류로 구분할 수 있다. 첫 번째는 정적 또는 모세관 장력에 의해 목재 세포의 공극을 통해 일어나는 액상의 수분, 즉 자유수의 이동이다. 자유수의 이동은 주로 운동량 경사에 의해 이루어지기 때문에 운동량 전달(momentum transfer)로 표현하기도 한다. 두 번째로 확산을 들 수 있는데, 목재에서의 확산은 세포내강의 공기를 통해 이루어지는 수증기 확산과 세포벽을 통해 이루어지는 결합수 확산으로 구분된다. 자유수 이동이 실제로 적용되는 경우로는 염색제, 치수 안정제, 방부제 등의 목재 주입 과정이나 펄프 제조시 펄프 칩으로 주입되는 약제의 이동 등을 들 수 있다. 반면에 결합수의 확산은 천연건조 또는 인공건조에서 수분의 이동이나 사용 중인 목조주택의 외벽이나 내장재 또는 실내가구에서 주위 온·습도의 변화로 발생되는 수분의 이동을 예로 들 수 있다. 여기서는 자유수 이동을 결정하는 목재의 투과성과 자유수 이동을 유발하는 모세관에 대해 알아보고 정상상태와 비정상상태에서의 결합수 확산에 대해 설명한다.

(1) 투과성

자유수 이동의 정도는 투과성에 의해 결정된다. 자유수의 이동을 이해하기 위해서는 투과성과 공극의 관계를 알 필요가 있다. 어떤 재료가 투과성을 갖기 위해서는 공극이 존재해야 하지만, 공극이 존재하는 모든 재료가 투과성을 갖는 것은 아니다. 투과성을 갖기 위해서는 공극이 서로 연결되어야 한다. 예를 들어, 침엽수는 가도관의 내강이 벽공으로 연결되어 있기 때문에 투과성이 있지만, 벽공폐쇄가 일어나 벽공이 막히게 되면 투과성은 없어진다.

① Darcy 법칙

정상상태(steady state)에서 목재나 다공성 재료를 통한 유체의 이동은 일반적으로 Darcy 법칙으로 설명할 수 있다. 이때 투과성은 유체의 압력경사에 대한 비로 표시한다. 정상상태에서 투과성은 일정하다고 가정한다. Darcy 법칙을 목재에 적용할 때 목재 투과성의 변이로 인해 예외적인 경우가 많이 있기 때문에 다음과 같은 몇 가지 일반적인 가정을 하게 된다. 유체의 흐름은 선형 층류(linear viscous)이다. 따라서 유체의 이동속도와 유

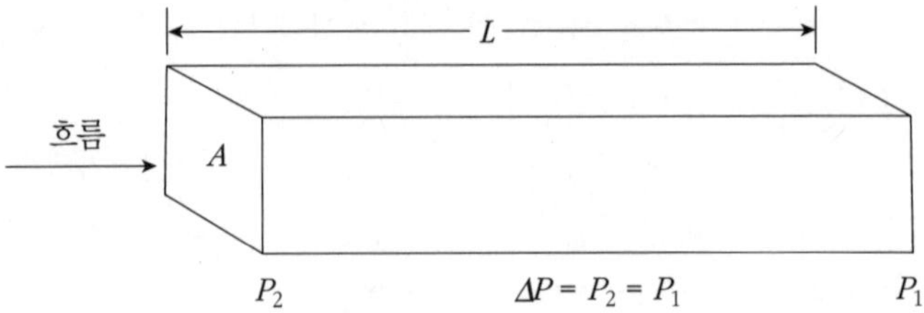

그림 3-1 Darcy 법칙이 적용되는 투과체 모형

량의 흐름은 압력경사에 정비례한다. 유체는 균질이고 비압축성이며, 투과체는 균일하다. 유체와 투과체 사이의 상호작용은 없으며, 유체 흐름 방향으로의 투과성은 투과체의 길이와 무관하다. 이상과 같은 가정은 기체나 유체의 목재 내 흐름에 적용할 때 많은 경우에 어긋나지만, Darcy 법칙은 유속과 압력경사에 관한 기본적인 관계를 설정해 준다.

그림 3-1과 같은 투과체를 가정할 때 액체에 대한 Darcy 법칙은 다음 식으로 표현된다.

$$k = \frac{\text{플럭스}}{\text{압력경사}} = \frac{Q/A}{\Delta P/L} = \frac{QL}{A\Delta P} \qquad (3-2)$$

k = 투과성(cm^3(liquid)/cm atm s)

Q = 유체의 속도(cm^3/s)

L = 유체 흐름 방향으로의 길이(cm)

A = 흐름 방향의 직각인 투과체의 단면적(cm^2)

ΔP = 압력 차이(atm)

위 식으로부터 투과성은 투과체 양 단면에서 단위부피의 투과체에서 단위 압력 차이에 의해 발생하는 유체의 속도와 같음을 알 수 있다. Darcy 법칙을 기체에 적용할 경우 기체가 투과체를 통과하면서 발생하는 부피팽창으로 인해 유속과 유속경사에 연속적인 변화가 발생한다. 이러한 점을 보완하기 위해 Darcy 법칙은 다음의 미분방정식 형태로 표현할 수 있다.

$$k_g = -\frac{Q}{A\ dP/dx} \quad \text{또는} \quad k_g dP = -\frac{Qdx}{A} \tag{3-3}$$

k_g = 이상기체의 투과성(cm³(gas)/(cm atm s))

x = 유속 방향으로의 거리(cm)

기체의 투과성을 이상기체 투과성이라 하는 이유는 점성과 slip 흐름을 모두 고려할 때 기체의 투과성이 액체에 비해 크기 때문이다. 압력감소로 인한 이상기체의 부피증가를 고려할 경우 기체에 대한 Darcy 법칙은 다음과 같다.

$$k_g = \frac{VLP}{tA\Delta P\overline{P}} = \frac{QLP}{A\Delta P\overline{P}} \tag{3-4}$$

단면이 고리형태인 그림 3-2와 같은 원형의 관의 경우에도 Darcy 기본법칙을 적용할 수 있다. 반경을 R, 축방향 길이를 h라 할 때 표면적은 $A = 2\pi Rh$이고, 이때 $Q = (k2\pi RhdP)/(dR)$로 표시된다. 각각의 변수에 대해 $Q\int_{ri}^{r}\frac{1}{R}dR = k^2\pi h\int_{P_1}^{P_2}dP$ 적분하게 되면 액체의 경우와 기체의 경우에 각각 다음과 같은 식을 얻을 수 있다.

$$Q = \frac{2\pi kh\Delta P}{\ln\ r/r_i} \quad \text{(원통의 경우 액체에 대한 Darcy 법칙)} \tag{3-5}$$

$$Q = \frac{2\pi k_g h\overline{P}\Delta P}{P\ln r/r_i} \quad \text{(원통의 경우 기체에 대한 Darcy 법칙)} \tag{3-6}$$

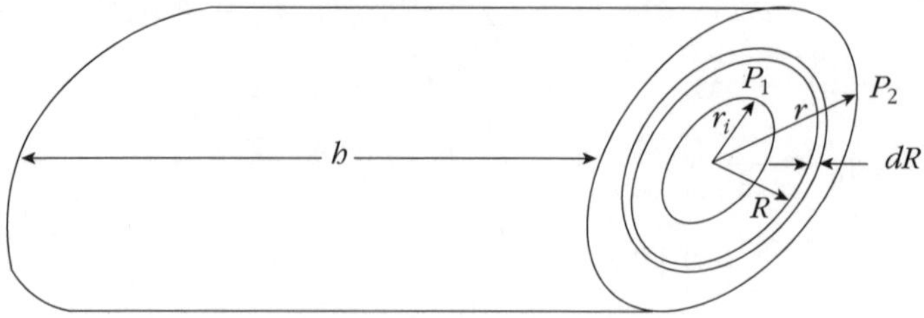

P_2 = 반경 r 에서의 압력, P_1 = r_i에서의 압력

그림 3-2 실린더 직각 방향으로의 유체 흐름

목재에서 발생하는 유체의 흐름에는 몇 종류가 있는데, 층류(viscous 또는 laminar flow)와 난류(turbulent flow), 작고 짧은 모세관을 통과할 때 운동에너지의 손실로 발생하는 비선형류(non-linear flow), 분자의 미끄러짐 때문에 발생하는 Knudsen 확산 등이다. 점성 또는 점도(viscosity)는 유체의 한 층에 힘을 가해 흐르게 할 때 유체 층간에 상호작용하는 마찰력이다. 기체와 액체 모두 점도를 갖는다. 유체가 마찰력을 극복하고 유선형으로 균일하게 흐르는 것을 층류라 부른다. Darcy 법칙에 따르면, 압력경사에 의해 발생한 마찰력은 유속에 정비례한다. 모세관의 크기에 관계 없이 표준화한 유속을 무차원의 Reynold 수라 하고 다음과 같이 정의한다.

$$Re = \frac{2\rho Q}{\pi r \eta} = \frac{2r\bar{v}\rho}{\eta} \tag{3-7}$$

Re = Reynold 수
ρ = 유체의 밀도(g/cm^3)
r = 모세관 반경(cm)
η =점도(dyne s/cm^2)
$\bar{v}$ = 유체의 평균속도(cm/s)

곧고 긴 관에서 Reynold 수가 2,000을 넘으면 층류가 파괴되기 시작하여 소용돌이 또는 난류가 유발되며 유속의 제곱에 비례하는 압력경사가 발생하는 것으로 알려져 있다. 따라서 유체에 발생한 난류로 인해 같은 양의 유체를 이동시키는 데 필요한 에너지의 양도 훨씬 증가한다. 이 경우에는 Q와 ΔP 사이에 비례관계가 성립하지 않으므로 Darcy 법칙을 적용할 수 없다. 따라서 층류 발생이 가능한 임계 Reynold 수는 $Re' = 2{,}000$이다. 비선형류는 유체가 짧고 좁은 모세관을 통과할 때 운동에너지의 손실로 발생한다. 이때 압력 차이는 난류의 경우와 비슷하게 유량의 속도의 제곱에 비례한다. 비선형류는 모세관의 길이와 직경의 비에 비례하는 특정 Reynold 수에서 발생한다고 알려져 있다. 즉 $Re' \approx 0.8L/r$의 관계가 비선형류를 유발시키는 임계 Reynold 수이고 그 이하에서는 층류가 발생한다. 위의 관계에서 비선형류는 다공체에 따라 매우 낮은 Reynold 수에서 발생할 수 있음을 알 수 있다. 유량과 경사에 의해 비선형류와 난류를 구분하기는 매우 곤란한데, 이는 두 경우 모두에서 압력경사가 유속의 제곱에 비례하기 때문이다. Petty(1970)의 연구에 의하면, 목재에서 유체가 가도관의 내강이나 활엽수 도관으로부터 벽공으로 진입할 때 Reynold 수가 0.04~16 범위에 있으면 비선형류가 발생하는 것으로 알려져 있다. 이때 벽공의 반지름은 0.005~2μm이고 벽공막의 두께는 0.1μm으로 가정하였다. Knudsen 확산은 압력차이로 발생한 압력경사로 인해 모세관 내로의 분자확산에 의해 발생한다. 대개 기체의 평균자유행로(mean free path)가 모세관의 반지름과 유사한 경우에 발생한다. 평균자유행로는 압력에 반비례하기 때문에 Knudsen 확산은 압력이 낮은 경우에 두드러지며, Darcy 법칙에서 크게 어긋난다.

② 비투과성

비투과성(specific permeability)은 투과성에 점도를 곱한 값과 같다. 따라서 비투과성은 투과성을 측정하는 유체에 대해 무관하고 단지 다공체의

표 3-1 투과성 및 비투과성과 관련된 단위

기호		단위
K	(비투과성)	darcy, cm^3/cm, m^3/m
η	(점　도)	centipoise, dyne s/cm^2, N s/m^2
k	(투 과 성)	cm^3(fluid)/(cm atm s), cm^3(fluid)cm/dyne s, m^3(fluid) m/N s

(환산계수)

20.0°C 물의 점도 = 1 cp = 0.01 poise = 0.01 dyne s/cm^2

20.0°C 공기의 점도 = 0.018 cp = 1.81×10^{-4} dyne s/cm^2

1 darcy = 9.87×10^{-9} cm^3/cm = 9.87×10^{-13} m^3/m

1 cm^3/cm = 1.013×10^8 darcy

1 darcy = 55.3 cm^3 (air)/(cm atm s)

1 cm^3 (air)/(cm atm s) = 0.0181 darcy

1 cm^3 (fluid) cm/dyne s = 1.013×10^6 cm^3 (fluid)/(cm atm s)

구조에 의한 영향만을 받는다.

$$K = \eta k \tag{3-8}$$

K = 비투과성(cm^3/cm)

η = 점도(dyne s/cm^2, N s/cm^2)

비투과성은 주로 액체의 경우에 적용된다. 종종 Knudsen 확산을 고려하지 않는 경우 기체에도 적용할 수 있다. 비투과성은 그 정의로부터 단위 점도를 갖는 유체가 단위 압력 차이에 의해 단위 부피를 통과하는 속도를 의미한다. 따라서 비투과성에 영향하는 유일한 변수는 다공체의 내부구조이다. 투과성의 계산에 필요한 여러 가지 변환 상수를 표 3-1에 정리했다.

③ 층류에서의 Poiseuille 법칙

그림 3-3과 같이 2개의 평행한 판 사이를 점성의 유체가 이동할 때 아

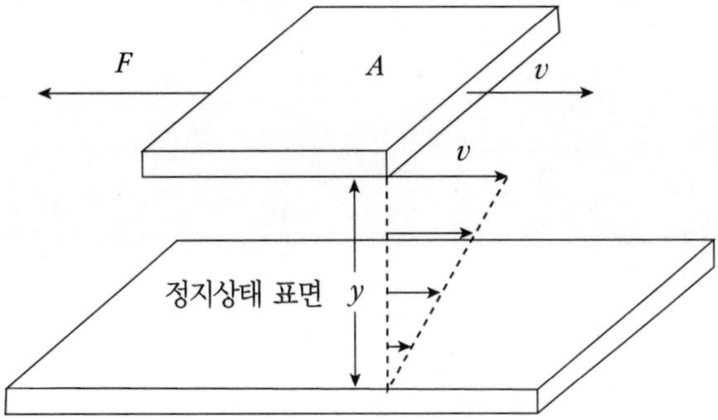

그림 3-3 평행한 두 표면에서 발생하는 층류

랫면은 정지상태이고 윗면은 일정한 속도(v)로 이동한다고 가정한다. 유체의 점성에 의해 윗면에 작용하는 힘(F)은 유체의 점도(η)와 표면적(A), 속도(v)에 비례하고 두 판 사이의 거리(y)에 반비례하므로 $F = -\eta Av/y$의 관계를 유추할 수 있다. 이때 (−) 부호는 힘과 속도가 서로 반대방향이기 때문이다. 위의 관계에서 v/y는 두 판 사이에 발생하는 속도경사를 의미한다. 파이프나 모세관의 경우에는 이 값이 변수로 작용하므로 미분의 형태인 dv/dy 또는 dv/dR로 나타내고, 이때 R는 반경 방향의 변수이다.

그림 3-4처럼 반경 r인 원형의 모세관에서 압력 차이 ΔP에 의한 점성 유체의 흐름을 고려할 때, 유체 흐름으로부터 발생하는 힘은 모세관 중심으로부터 반경거리 R에서의 압력 차이를 고려하여 $-\eta A\ dv/dR = \Delta P\pi R^2$로 표시할 수 있다. 이때 R는 속도경사 dv/dR이 나타내는 점까지의 반경이다. 또한 압력 차이가 적용되는 길이를 L이라 할 때 표면적은 $A = 2\pi RL$이고, 이를 위 식에 대입하면 $dv = -(\Delta P/2\eta L)R\ dR$의 관계를 얻을 수 있다. 모세관 벽면의 속도는 0이기 때문에 반경거리 R에서의 속도는 위 식을 적분하여, $\int_0^v dV = -\frac{\Delta P}{2\eta L}\int_r^R R dR$, 다음과 같이 구할 수 있다.

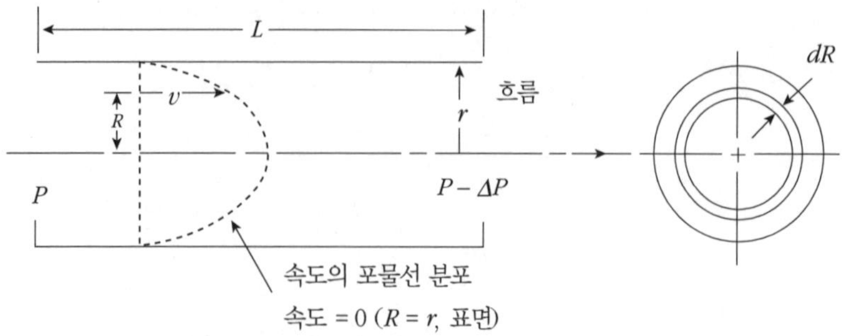

그림 3-4 모세관에서 발생하는 층류

$$v = \frac{(r^2 - R^2)\Delta P}{4\eta L} \tag{3-9}$$

위 식에서 유체의 최대속도는 R가 0인 모세관 중심부에서 일어남을 알 수 있다. 또한 유량의 속도는 모세관의 단면적과 속도의 곱이므로 $dQ = v2\pi R\ dR$의 관계가 성립하고, 이를 위의 식에 대입한 후 적분하면 액체에 대한 Poiseuille 법칙을 다음의 식으로 표현할 수 있다.

$$Q = \frac{N\pi r^4 \Delta P}{8\eta L} \quad \text{(액체에 대한 Poiseuille 법칙)} \tag{3-10}$$

N = 평행으로 배열된 균일한 크기의 원형 모세관 개수

길이가 짧은 모세관에서는 모세관 끝에서 점성의 손실로 인한 압력강하 현상을 고려하여 다음과 같이 표현할 수 있다.

$$Q = \frac{N\pi r^4 \Delta P}{8\eta L'},\ L' = L + 1.2r \quad \text{(짧은 모세관 액체의 Poiseuille 법칙)} \tag{3-11}$$

Poiseuille 법칙을 기체에 적용할 때는 기체의 팽창을 고려하여 다음과 같이 나타낸다.

$$Q = \frac{N\pi r^4 \Delta P \overline{P}}{8\eta LP} \quad \text{(기체에 대한 Poiseuille 법칙)} \qquad (3-12)$$

Darcy 법칙과 Poiseuille 법칙의 유사성은 앞의 식을 Q에 대해 정리함으로써 확인할 수 있다.

$$Q = \frac{kA\Delta P}{L} \quad \text{(액체에 대한 Darcy 법칙)} \qquad (3-13)$$

$$Q = \frac{k_g A\Delta P \overline{P}}{LP} \quad \text{(기체에 대한 Darcy 법칙)} \qquad (3-14)$$

위의 식으로부터 액체 및 기체 모두의 경우에 Q가 압력경사 $\Delta P/L$에 비례하기 때문에 층류의 경우 Darcy 법칙이 액체와 기체 모두에서 적용될 수 있음을 확인할 수 있다. Darcy 법칙과 Poiseuille 법칙으로부터 Q를 없애고 투과성 k에 관해 정리하면 다음 관계를 얻을 수 있다.

$$k = \frac{N\pi r^4}{A8\eta} = \frac{n\pi r^4}{8\eta} \qquad (3-15)$$

n = 단위면적당 모세관의 개수

위의 식은 원형의 모세관이 균일하게 평행으로 분포된 목재의 투과성을 계산하는 데 적용할 수 있다. 특히 피나무 같은 산공재의 경우에 실험치와 이론적으로 추리한 값이 잘 일치하는 것으로 알려져 있다. 산공재 이외에도 유체 흐름이 주로 춘재의 도관을 통해 일어나는 참나무와 같은 환공재에도 위의 식을 적용할 수 있다.

Poiseuille 법칙으로부터 유체의 유속과 투과성이 모세관 직경 r가 증가함에 따라 급격히 증가함을 알 수 있다. 예를 들어, r를 2배로 크게 하면 Q는 16배, r를 3배 크게 하면 Q는 81배 증가한다. 단면적이 r^2에 비례하기 때문에 Q는 A^2에 비례하고, 따라서 단면적이 2배로 증가하면 Q는 4배 증가한다. 이는 모세관 직경 증가에 따라 모세관 단면적에 대한 모세관 부피의 비율이 증가하고, 이로 인해 유체 단위부피당 작용하는 점성마찰이 줄어들기 때문이다. 모세관 직경이 증가하고 이로 인한 유체의 속도와 유량이 지속적으로 증가하여 Reynold 수가 2,000을 초과하면 난류가 발생한다.

④ 난류

난류(turbulent flow)는 Reynold 수가 2,000을 초과할 때 발생한다. Reynold 수 2,000 이상에서 유체의 흐름이 층류에서 난류로 완전히 변화했을 때 실린더 형태의 모세관에서 유속은 다음의 식으로 나타낸다.

$$Q = \frac{14.79 r^{19/7} \Delta P^{4/7}}{\eta^{1/7} L^{4/7} \rho^{3/7}} \qquad \text{(액체의 난류)} \qquad (3\text{-}16)$$

층류의 경우 평균속도에 대한 최고속도의 비가 2.0인 반면에 난류에서는 약 1.22 정도이다. 부피팽창을 고려한 기체의 난류 특성은 다음의 관계로 표시할 수 있다.

$$Q = \frac{14.79 r^{19/7}}{\eta^{1/7} \rho^{3/7}} \left(\frac{\Delta P \bar{P}}{PL} \right)^{4/7} \qquad \text{(기체의 난류)} \qquad (3\text{-}17)$$

⑤ 건조 진행에 따른 투과성 변화

건조의 진행에 따라 목재 표면에서의 자유수 이동으로 인해 높은 모세관 장력이 발생한다. 이 힘에 의해 벽공 토러스의 투과성이 나쁜 경우 벽공폐쇄가 일어난다. 토러스를 갖지 않는 수종에서는 벽공폐쇄로 인해 투과성이 낮아지는 일은 거의 없다. 춘재부의 세포는 함수율이 섬유포화점에 이를 때 벽공폐쇄가 급격히 증가하는 것으로 알려져 있다. 추재부의 세포는 춘재부 세포에 비해 벽공폐쇄에 대한 저항이 다소 크고, 특히 춘·추재의 이행이 급격한 수종일수록 저항력이 크다. 이는 추재부 토러스의 반지름이 작고 두꺼워 기계적인 강성이 크기 때문이다. Bolton과 Petty(1978)가 벽공폐쇄가 일어난 구주적송의 벽공구조를 회복하는 데 필요한 압력을 측정한 결과 춘재부의 세포에서는 약 5.6기압, 추재부의 세포에서는 560기압 정도가 필요한 것으로 조사되었다. 따라서 건조한 목재에서는 추재부 세포의 투과성이 훨씬 크다. 건조온도를 증가하면 온도증가에 의한 세포의 강도저하로 벽공폐쇄가 더 쉽게 일어날 수 있다.

⑥ 투과성의 개선

건조 중에 자유수 이동으로 인해 발생하는 표면장력을 감소시키거나 없앨 수 있게 건조방법을 개선하여 벽공폐쇄를 줄임으로써 투과성을 개선할 수 있다. 이러한 방법으로 냉동건조와 용매치환건조 방법 등이 있다.

냉동건조는 생재를 냉동시킨 후 절대압력 0.46cmHg 이하로 감압하면 얼음이 액체상태를 거치지 않고 곧바로 기체로 승화된다. 따라서 액체상태의 물과 공기의 접촉에 의해 발생하는 표면장력을 없앨 수 있다.

표면장력은 목재에 포함된 수분을 표면장력이 작은 용매로 치환하여 크게 줄일 수 있다. 용매치환은 저농도의 용매로부터 고농도의 용매로 순차적으로 침지하여 처리할 수 있지만 많은 시간이 소요된다. 용매치환에 의한 투과성의 개선은 주로 춘재부 세포의 벽공폐쇄가 감소되기 때문이다.

기건재의 투과성은 용매치환으로 건조한 경우의 1~25% 정도로 알려져 있다. 용매치환에 의한 투과성 개선은 실험실 규모에서 작은 시험편에 대해 건조재의 투과성 감소 원인을 구명하는 데는 매우 효과적이지만, 실용적으로 적용하기에는 곤란하다.

벽공폐쇄 이외의 다른 요인에 의해 투과성이 감소될 경우에는 미생물학적 또는 화학적 처리방법을 적용하여 투과성을 개선시킬 수 있다. 오존처리를 하면 세포 2차벽의 리그닌과 벽공을 채우고 있는 침적물질의 일부가 분해되어 투과성이 약 100배 증가하는 것으로 알려져 있다. 일부 효소(*pectinase, hemicellulase* 등)는 벽공의 토러스를 분해하여 투과성 개선에 기여하기도 한다. 호수나 연못에 저목하는 과정 중에 박테리아 등의 공격으로 변재의 투과성이 개선된다는 연구보고도 있다. 특히 벽공막과 토러스가 미생물에 의해 집중적으로 파괴되는 것으로 알려져 있다. 미생물에 의해 투과성은 개선되나 강도가 감소할 수 있으며, 투과성이 크게 개선되면 방부처리시 액제 침투가 과도하게 일어나 방부 약제 과다소비의 원인이 되기도 한다. 증자처리를 통해 투과성을 개선시킬 수 있다. 증자처리는 벽공의 미세구조, 즉 토러스의 일부와 마르고 부분을 약화시키고 가수분해를 유발하여 벽공폐쇄를 방지하는 것으로 밝혀지고 있다. 증자처리는 적은 비용으로 적용할 수 있는 실용적인 방법이지만, 세포벽의 가수분해로 인한 강도 저하에 유의해야 한다.

⑦ 투과성의 변이

침엽수의 경우에 함수율이 감소함에 따라 투과성은 일반적으로 증가하지만 약제처리의 개선효과는 매우 작다. 함수율이 24%에서 6%로 감소될 경우 투과성의 개선효과는 2~3배이다. 활엽수에서는 종종 반대의 현상이 관찰되기도 한다. 즉 함수율이 증가함에 따라 섬유방향의 투과성이 증가하는 경향이 있는데, 이는 활엽수 도관의 용적률이 증가하기 때문인 것으로 알려

표 3-2 목재 투과성의 변이

투과성($\mu m^3/\mu m$)		섬유방향 투과성
100	10^2	루브라 참나무 $r \approx 150\mu m$
10	10^1	피나무 $r \approx 20\mu m$
1	10^0	단풍나무, 소나무 변재
0.1	10^{-1}	가문비나무 변재
		삼나무 변재
0.01	10^{-2}	더글러스퍼 심재(미국 태평양 연안산)
		너도밤나무 심재, 화이트오크 심재
0.001	10^{-3}	삼나무 심재
		더글러스퍼 심재(미국 Intermountain)
0.0001	10^{-4}	
0.00001	10^{-5}	횡단방향 투과성
0.000001	10^{-6}	

져 있다. 세포벽의 투과성은 0으로 알려져 있지만, 극성의 물분자는 세포벽으로 확산될 수 있다. 세포내강을 파라핀 왁스로 치환한 후 측정한 전나무 세포벽의 투과성은 섬유방향이 $68 \times 10^{-17}cm^3/cm$, 반경방향과 접선방향이 각각 7×10^{-17}, $4 \times 10^{-17}cm^3/cm$였다. 이 값은 목재의 전체 투과성에 비해 너무 작기 때문에 세포벽의 투과성은 0으로 가정할 수 있다. 주요 수종별 투과성의 변이는 표 3-2와 같다.

레드오크는 춘재부 도관의 직경이 크기 때문에 투과성이 200darcy에 이른다. 미국산 피나무도 산공재의 특성으로 인해 투과성이 양호한 수종이다. 침엽수에서는 소나무의 변재가 투과성이 가장 양호한 것으로 알려지고 있다. 침엽수에서 접선방향에 대한 섬유방향 투과성의 비는 수종에 따라 500~80,000 범위이고, 평균 10,000 정도이다. 섬유방향과 반경방향에 대한 투과성의 차이는 방사조직의 영향을 크게 받는다. 가도관의 벽공이 주로 방사면에 분포하기 때문이 방사방향의 투과성이 불량하면 그 차이가 크다.

활엽수에서 반경방향과 접선방향의 투과성 간의 차이는 극히 적고, 섬유방향과 횡단방향 간의 투과성의 비는 30,000~4 × 10^8 : 1 범위에 있으며, 춘재부 도관이 큰 레드오크의 경우에 그 비가 상당히 크다.

(2) 모세관 이동

모세관 장력(capillary tension)은 액체와 기체, 예를 들어 물과 공기 또는 수은과 공기 사이에 발생하는 현상으로 분자 간에 작용하는 인력(van der Waal's force)의 불균형 때문에 생긴다. 표면에서 액체는 위로 작용하는 힘은 없는 반면에 액체 내에는 힘의 균형이 유지된다. 실질적으로는 액체 표면에 수직으로 중력 방향으로 작용하는 힘이 존재하고 액체의 표면은 인장응력 상태에 있다(그림 3-5).

액체 표면을 따라 생긴 선을 가정해 볼 때, 한쪽 면에 발생한 힘은 반대쪽에서 발생하는 힘과 균형을 이루게 되고, 이때 표면장력의 크기는 선을

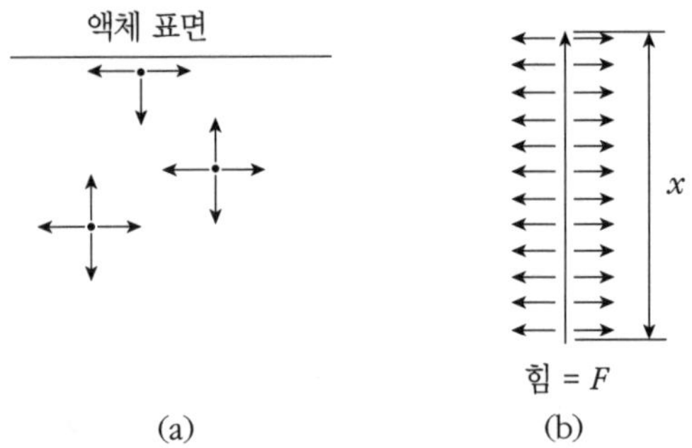

(a) 액체 분자는 분자 간 힘의 평형 유지, (b) 가상선 좌우의 힘, 표면장력 $\gamma = F/x$

그림 3-5 표면장력의 모식도

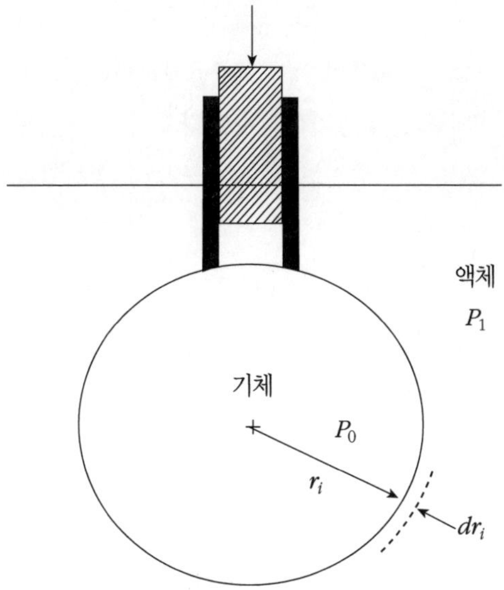

그림 3-6 액체 속 기체 방울의 확장

따라 발생한 모든 힘을 선의 길이로 나눈 값이 된다. 따라서 표면장력은 단위길이당 작용하는 힘 또는 단위면적에 작용하는 표면에너지로 다음의 식으로 표시한다.

$$\gamma = F/x \qquad \text{또는} \qquad \gamma = dW/dA \tag{3-18}$$

γ = 경계면에서의 표면장력(dyne/cm 또는 erg/cm^2)
F = 길이 x(cm)를 따라 작용하는 힘(dyne)
dW = dA(cm^2)만큼 표면적을 증가시키는 데 필요한 에너지(erg)

표면장력 때문에 액체는 가장 낮은 에너지를 갖도록 표면적을 최소화하려고 한다. 따라서 액체 방울이나 거품은 다른 외부 힘이 존재하지 않는 한 항상 구(球) 형상을 하게 된다. 경계면의 표면적을 증가시키기 위해서는 외부의 에너지가 필요하고 표면적이 원래대로 회복되면 에너지도 함께 회복된다. 그림 3-6처럼 구 형상의 액체 거품을 가정할 때 거품의 크기를 증가시키기 위해서는 외부의 힘이 가해져야 한다.

이때 필요한 일의 양은 증가된 거품의 부피와 압력 차이의 곱으로 표현되며 식 (3-18)로부터 표면에너지를 다음과 같이 계산할 수 있다.

$$\gamma = \frac{dW}{dA} = \frac{(P_0 - P_1)dV}{dA} \tag{3-19}$$

P_0 = 기체의 압력(dyne/cm^2)

P_1 = 경계면에서의 액체의 압력

표면적은 $A = 4\pi r_i^2$, $dA = 8\pi r_i dr_i$이므로 압력 차이는 $P_0 - P_1 = 2\gamma / r_i$이다. 이때 r_i는 기체와 액체 경계면의 반지름이다.

그림 3-7처럼 모세관을 따라 액체가 상승하거나 잠기는 경우에 액체에 작용하는 힘으로부터 모세관 압력을 계산할 수 있다. 액체가 모세관을 따라 상승하는 이유는 액체가 모세관 벽을 적시고 이때 발생하는 모세관 벽과 액체 사이의 강한 결합력 때문이다. 이때 위로 작용하는 표면장력은 압력 차이 $P_0 - P_1$에 의해 발생하는 수직방향의 힘과 균형을 이루게 되고, 이를 식으로 표현하면 다음과 같다.

$$2\pi r\gamma cos\theta = (P_0 - P_1)\pi r^2 \quad \text{또는} \quad (P_0 - P_1) = \frac{2\gamma\cos\theta}{r} \tag{3-20}$$

θ = 접촉각

r = 모세관 직경

$r_i = r/\cos\theta$이고, 모세관에서 위로 작용하는 표면장력이 모세관을 상승한 액체의 무게와 평형을 이루어야 하기 때문에 $2\pi r\gamma\cos\theta = wg$임을 알 수

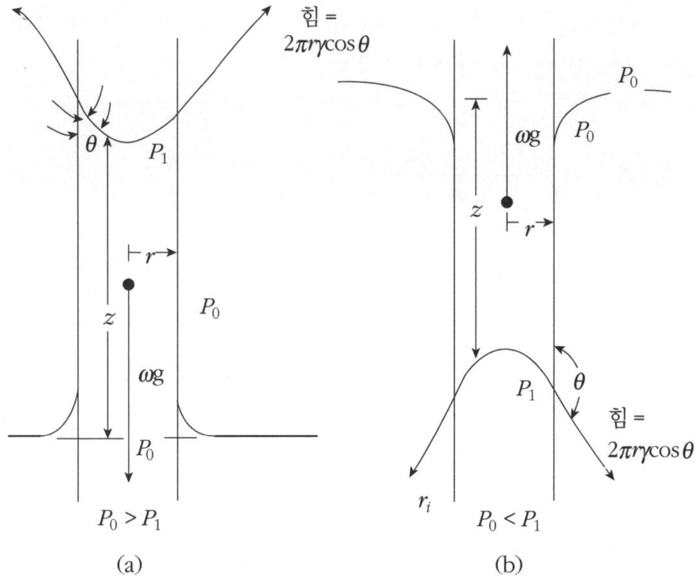

그림 3-7 모세관의 상승

있다. 이때 w는 액체의 질량이고 g는 중력가속도(980cm/s^2)이다. 모세관 상승 높이를 z라 할 때 액체의 질량을 밀도(ρ)와 부피(V)로 표현하면 $2\pi r\gamma\cos\theta = \rho Vg = \rho\pi r^2 zg$이다. 따라서 모세관 상승 높이로부터 표면장력을 다음의 식으로 계산할 수 있다.

$$\gamma = \frac{r\rho gz}{2\cos\theta} \tag{3-21}$$

액체가 모세관을 적시는 경우의 접촉각(θ)은 90° 이하이고 물의 경우는 거의 0°이다. 유리관을 수은에 담글 경우 수은이 유리벽을 적시지 않으며, 이때의 접촉각은 약 130°이고, cosine 값이 −0.64이며, 양수의 표면장력을 갖기 위해서 모세관 상승 높이는 음수의 값이어야 한다. 식 (3-21)에서 물의 접촉각을 0°로 하고 물의 표면장력 γ = 73dyne/cm를 적용하면 다음과 같이 단순한 형태로 나타낼 수 있다.

$$P_0 - P_1 = \frac{1.46\ \text{atm}\ \mu\text{m}}{r} \tag{3-22}$$

위의 식으로부터 침엽수 가도관의 평균 반경 10μm를 적용하면 $P_0 - P_1$ = 0.146atm, 벽공의 미세공극 반경 1μm을 적용하면 $P_0 - P_1$ = 1.46atm이 된다. 대기압을 1atm이라고 하면, 이때 모세관에 작용하는 압력은 −0.46atm이 된다. 이 음수의 압력을 모세관 장력(capillary tension)이라 한다. 미세공극의 직경이 작을수록 모세관에 작용하는 압력이 커지며, 이러한 원리로부터 건조 과정에서 발생하는 세포의 찌그러짐이나 벽공 폐쇄, 살아 있는 나무의 수액상승 등의 원인을 설명할 수 있다. 모세관의 액체에 작용하는 압력(P_1)이 음수인 반면에, 반대쪽 기체에 작용하는 압력(P_0)은 항상 양수이다. 진공펌프 등을 이용해서 기체에 작용하는 압력을 낮출 수는 있지만 음수의 압력으로 바꿀 수 없기 때문에 전체 시스템은 항상 절대양수의 압력상태에 있게 된다.

건조 과정에서 발생하는 세포의 찌그러짐은 일차적으로 모세관 장력 때문이다. 건조 과정의 모세관 장력은 목재의 수분을 표면장력이 작은 용매로 치환하여 감소시킬 수 있다. 표 3-3에 나타난 바와 같이 주요 용매의 표면장

표 3-3 20°C에서 주요 용매의 표면장력

용매	표면장력(dyne/cm)	용매	표면장력(dyne/cm)
Aceton	23.32	Methanol	22.6
Benzene	28.88	Pentane	16
Ethanol	22.32	Toluene	28.55
Mercury	485	Water	72.75

력은 물의 1/3 정도로 낮은 값을 갖기 때문이다. 그러나 유기용매 치환에 의한 찌그러짐을 감소시키는 방법은 경제성을 고려할 때 실용적이지는 못하다.

(3) 결합수 확산

① 정상상태의 수분확산(등온상태의 Fick의 1차 법칙)

확산은 농도경사에 의해 발생되는 분자의 흐름이다. 정상상태에서 목재의 수분확산에 적용되는 Fick의 1차 법칙은 Darcy 법칙 또는 Fourier 법칙에서 유도되며, 다음의 식으로 표현된다.

$$D = \frac{w/tA}{\Delta C/L} \quad (3-23)$$

D = 수증기 확산계수(m_w^2/s)

w/t = 수증기 전달속도(kg/s)

A = 확산이 일어나는 시험편의 횡단면적(m^2)

ΔC = 농도 차이(kg/m_w^3)

L = 유체 이동거리(m)

목재의 수분이동을 설명할 때 편의상 함수율 차이를 농도 차이로 해석할 수 있다. 이때 농도차이는 다음의 식으로 계산할 수 있다.

$$\Delta C = \frac{G\rho_w \Delta M}{100} \quad (3-24)$$

M = % 함수율

G = 평균함수율 조건에서의 목재 비중

ρ_w = 물의 밀도(1,000kg/m^3)

식 (3-24)를 식 (3-23)에 대입하여 함수율 차이에 의한 수분확산계수를

표 3-4 정상상태에서의 수분확산 방정식(Siau, 1995)

수분확산 방정식	확산계수	포텐셜(단위)
$J = -D\, \partial C/\partial X$	$D = K_M\, \partial M/\partial C$, m_w^2/s	C, kg/m^3
$J = -K_M\, \partial M/\partial X$	$K_M = D\, \partial C/\partial M$, kg/m s %	M, %
$J = -K_m\, \partial m/\partial X$	$K_m = 100K_M$, kg/m s	m = M/100
$J = -K_p\, \partial p/\partial X$	$K_p = K_M\, \partial M/\partial p$, kg/m Pa s	p, Pa
$J = -K_\Psi\, \partial \psi/\partial X$	$K_\Psi = K_M\, \partial M/\partial \Psi$, kg/m Pa s	Ψ, Pa
$J = -K_\Phi\, \partial \phi/\partial X$	$K_\Phi = K_M\, \partial M/\partial \Phi$, kg/N s	Φ, N/m
$J = -K_G\, \partial G_s/\partial X$	$K_G = K_M\, \partial M/\partial G_s$, kg mol/m s	G_s, J/mol

계산할 수 있다.

$$D = \frac{100\,wL}{tA\rho_w G\Delta M} \tag{3-25}$$

등온상태에서 수분확산에 Fick의 1차 법칙을 적용할 경우 여러 형태의 농도경사 및 확산계수를 활용할 수 있다. 위의 식에서 적용한 함수율 경사 및 확산계수 이외에 부분증기압(p), 수분 포텐셜(Ψ), 자유에너지(G_s), 확장압력(Φ) 등을 적용할 수 있으며, 이들을 이용한 정상상태의 수분확산 방정식을 표 3-4에 정리하였다.

a. 세포벽의 결합수 확산계수

Stamm(1959)이 *Picea sitchensis* 세포내강을 용융점이 낮은 비스무스, 납, 주석 등으로 치환한 후 26.7°C에서 섬유방향의 결합수 확산계수를 측정하였다. 이 결과는 결합수 확산계수와 함수율 사이에 지수적인 증가 관계를 나타낸다. 함수율 증가에 따른 확산계수의 증가는 고함수율 범위에서 결합수 분자와 흡착지 사이의 결합력이 약해져서 물분자가 쉽게 흡착지에서 이탈할 수 있기 때문이다. 섬유포화점 이상이 되면 흡착지와의 결합력은 없어지고 자유수로 존재하게 된다. 확산계수를 측정하기 위해서는 목재를 초기조건에서 평형상태에 도달하게 한 후 높은 상대습도 조건에 노출시킨다. 이때의 확산계수는 수분흡착에 의한 결과이다. Comstock(1963)의 연구결과에 의하면, 함수율 12% 이상에서 흡착에 의한 확산계수가 탈착에 의한 확산계수보다 낮으며, 이는 흡착시 발생하는 압축응력에 의해 평형함수율이 감소하기 때문이다. 비정상상태에서 평형상태와 평형도달 시간의 제곱근과의 관계는 평형도달 2/3 지점까지 거의 직선적인 관계를 나타낸다. 따라서 확산계수를 결정하기 위해서는 일정한 범위의 함수율을 적용해야 하고 이때의 평균함수율을 알아야 한다. 이를 위해 다음과 같은 평균함수율 계산식을 적용할 수 있다.

$$\overline{M} = M_1 + \frac{2}{3}(M_2 - M_1) \tag{3-26}$$

M_1, M_2는 낮은 조건과 높은 조건의 함수율

확산계수가 함수율에 따라 변하는 함수이기 때문에 시험편 내부에 함수율 변이가 있는 경우 확산계수 자체도 연속적인 변수가 된다. 수분 유동량(flux)은 확산계수와 수분경사의 곱이므로 평균 확산계수와 함수율 변수에 의한 확산계수 사이에 다음과 같은 관계가 성립된다.

$$\overline{D}_T(M_2 - M_1) = \int_{M_1}^{M_2} D_T dM \tag{3-27}$$

함수율 분포에 관한 정보가 없는 경우, 위의 식을 적분할 수는 없지만 일반적으로 함수율은 목재의 두께 방향으로 포물선 형태로 분포한다.

그림 3-8에서 곡선과 M_1 및 M_2에 의한 면적은 $\overline{D}_T(M_2 - M_1)$에 의한 사

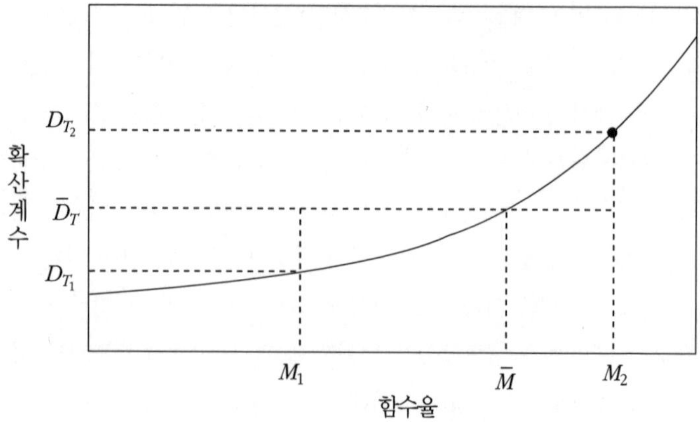

그림 3-8 등온상태에서 함수율과 확산계수의 관계

각형 면적과 같다. 이는 평균 확산계수가 단순한 산술평균 함수율 이상에서 얻을 수 있음을 의미하며, 함수율이 포물선 형태로 분포하는 경우 함수율 차이($M_2 - M_1$)의 약 60% 조건에 해당한다.

섬유방향에서 세포벽을 통한 결합수 확산계수는 횡단방향에 비해 2~3배 크고, 방사방향은 접선방향보다 17~25% 크다고 알려져 있다. 이들의 평균값으로부터 횡단방향에 대한 결합수 확산계수를 다음과 같이 추정할 수 있다.

$$D_{BL} = 2.5D_{BT} \tag{3-28}$$

D_{BL} = 세포벽을 통해 일어나는 섬유방향 결합수 확산계수
D_{BT} = 횡단방향 결합수 확산계수

b. 세포내강을 통한 수증기 확산

목재 확산계수를 이론적으로 계산하기 위해서는 세포벽을 통한 결합수 확산 이외에 세포내강을 통한 수증기 확산계수(D_a)를 반드시 고려해야 하고, 이를 위해 다음 실험식을 이용할 수 있다.

$$D_a = 2.2 \times 10^{-5}\left(\frac{1.013 \times 10^5}{P}\right)\left(\frac{T}{273}\right)^{1.75} = \frac{2.2}{P}\left(\frac{T}{273}\right)^{1.75} \qquad (3-29)$$

P = 공기와 수증기 압력(Pa)

T = 절대온도

결합수 확산 모델에 수증기 확산계수를 활용하기 위해서는 세포벽 결합수의 농도로 환산해야 하고, 다음과 같이 표시할 수 있다.

$$D_V = D_a \frac{\partial C_a}{\partial C^w} \qquad (3-30)$$

D_V = 세포벽 결합수 농도에 의해 발생하는 세포내강의 수증기 확산계수(m^2/s)

C_a = 세포벽과 평형상태인 세포내강의 수증기 농도(kg/m_a^3)

C^w = 세포내강의 수증기와 평형상태인 세포벽의 결합수 농도(kg/m_w^3)

그림 3-9에서와 같이 수분이 왼쪽에서 오른쪽으로 확산될 때 $M_2 > M_1$이고 또한 $H_2 > H_1$이다. H_1과 M_1, H_2와 M_2가 평형상태라고 가정하면 M과 H는 세포내강의 직경 dL에 걸쳐 분포하고, 이때 상대습도와 함수율 경

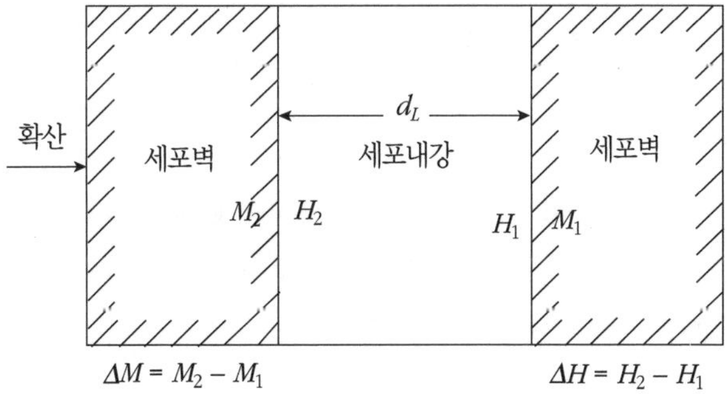

그림 3-9 세포벽과 내강에서 수분경사 모식도

사는 수착등온선과 관련지을 수 있다. H/M 값이 아주 작은 경우 이를 편미분의 형태 $\partial H/\partial M$으로 변환할 수 있고, 이 값은 수착등온선 기울기의 역수이다. 세포내강의 수증기 농도는 이상기체 방정식에 부분증기압을 적용하여 다음과 같이 계산할 수 있다.

$$C_a = \frac{w}{V} = \frac{0.018 P_0 H}{100RT}, \qquad \partial C_a = \frac{0.018 P_0}{100RT} \partial H \tag{3-31}$$

P_0 = 포화증기압(Pa)

세포벽에서의 농도경사는 위의 식으로부터 다음과 같이 얻을 수 있다.

$$\partial C^W = \frac{G_M^W \rho_w}{100} \partial M \tag{3-32}$$

G_M^W = 함수율 M에서 세포벽의 비중

이상의 편미분 값을 이용하여 수증기 확산계수를 다음과 같이 얻을 수 있다.

$$D_V = \frac{0.018 D_a P_0}{G_M^W \rho_w RT} \frac{\partial H}{\partial M} \tag{3-33}$$

그림 3-10은 평균함수율 변이에 따른 D_V와 D_{BT}의 변화를 나타내고 있다. 세포벽에서 수분의 농도가 훨씬 높기 때문에 D_V는 D_a에 비해 매우 작다. D_V는 온도와 함수율이 낮은 경우 함수율이 증가함에 따라 약간 증가하지만, 고함수율 범위에서는 함수율 증가에 따라 급격히 감소한다. 이 원인은 저함수율 범위에서는 $\partial M/\partial H$가 감소하기 때문이며, 고함수율 범위에서는 $\partial M/\partial H$가 급격하게 증가하는 수착등온선의 특성을 반영하기 때문이다.

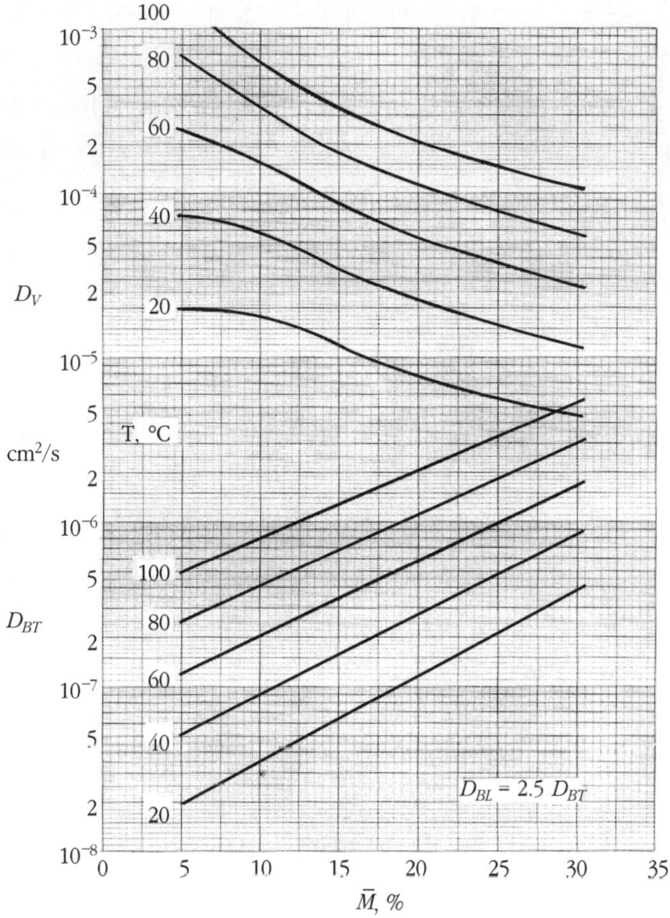

그림 3-10 온도와 함수율에 따른 D_V 및 D_{BT}의 변이

c. 확산 경로

확산의 경로는 기본적으로 자유수의 이동경로와 동일한 것으로 알려져 있지만, 목재의 구성요소가 확산과 자유수 이동에 미치는 상대적인 기여도는 서로 다르다. 이는 모세관을 통한 확산속도는 단면적 πr^2에 비례하는

반면에 자유수 이동은 πr^4에 비례하여 미세 모세관이 투과성보다 확산에 기여하는 정도가 크기 때문이다. 예를 들어, 반지름 r의 모세관 100개($A = \pi\Sigma r^2 = 100\pi r^2$)를 통한 확산은 반지름 $10r$($A = \pi(10r)^2 = 100\pi r^2$)인 모세관과 동일한 확산효과를 보이는 반면에, 투과성에서는 반경 r의 경우가 $100\pi r^2$인 데 비해 반지름이 $10r$이면 투과성은 $10{,}000\pi r^2$에 비례하기 때문에 그 기여도는 10^{-2}으로 감소한다. 또한 팽윤된 세포벽의 경우에 확산에 기여하는 세포벽의 유효면적이 벽공막의 미세공극보다 크기 때문에 세포벽을 통한 확산이 매우 중요하다.

생재상태의 횡단방향 확산에서 세포내강을 통한 수증기 확산속도는 세포벽을 통한 결합수 확산에 비해 10배 정도 크지만, 건조한 상태(함수율 5%)에서는 약 1,000배 빠르다. 세포벽이 세포내강에 비해 확산에 제한요소로 작용하기 때문에 횡단방향 확산계수는 세포벽의 두께 등에 의해 크게 영향받는다. 벽공과 벽공막의 상태가 확산에 미치는 영향은 상대적으로 작다. 그러나 함수율이 낮거나 비중이 큰, 즉 세포벽이 아주 두꺼운 경우에는 확산에 미치는 벽공의 역할이 증가한다. 횡단방향 확산은 세포벽과 세포내강이 병렬로 이루어진 모델로 설명할 수 있으며, 벽공의 역할은 상대적으로 낮다.

표 3-5 횡단방향 수분확산 경로의 기여도

온도 (°C)	밀도 (kg/m^3)	확산 경로		
		세포내강+세포벽(%)	세포내강+벽공(%)	세포벽(%)
50	200	95	4.2	0.8
	400	86	10.1	3.9
	800	55	22.2	22.8
120	200	94	5.3	0.7
	400	85	11.7	3.3
	800	57	24.8	18.2

벽공을 통한 확산이 전혀 이루어지지 않을 때 확산계수의 감소는 약 10%에 불과하며, 벽공막이 모두 제거된다 해도 확산계수의 증가는 3배에 불과하다. 세포내강과 세포벽 및 벽공이 확산에 기여하는 정도는 표 3-5와 같다.

d. 횡단방향 수분확산 모델

횡단방향 수분의 확산은 열전달과 유사한 방법으로 설명할 수 있다.

그림 3-11과 같은 단순화한 세포모형에서 횡단방향의 열전도도는 횡단벽과 세포내강 각각의 열전도도의 병렬조합으로 다음과 같이 설명할 수 있다.

$$\frac{1}{g_T} = \frac{1}{g_1} + \frac{1}{g_2} \tag{3-34}$$

위의 식을 수분확산에 적용할 경우에는 각각의 열전도도를 확산계수로 치환하여 횡단방향 수분확산계수를 이론적으로 계산할 수 있다. 열전도도가 세포벽의 실질률에 따라 영향을 받기 때문에 위의 식을 확산계수 측정에 이용할 경우엔 실질률로 나눈 값을 적용한다. 따라서 $g_T = D_T$, $g_1 = D_{BT}/(1-a)(1-a^2)$, $g_2 = D_V/(1-a^2)$을 위의 식에 대입하면 다음과 같이 횡단방향 확산계수 D_T를 얻을 수 있다.

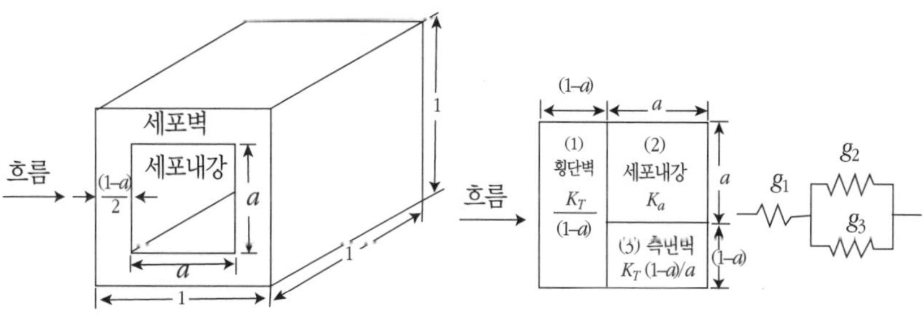

그림 3-11 횡단방향으로의 열전도를 응용한 수분이동 모형

$$D_T = \frac{1}{(1-a^2)} \frac{D_{BT} D_V}{D_{BT} + D_V(1-a)} \tag{3-35}$$

$a^2 = v_a$ = 공극률

함수율이 15% 이하에서는 세포내강을 통한 전도도가 세포벽을 통하는 경우에 비해 충분히 커지기 때문에 세포벽을 통한 확산계수를 무시할 수 있으며, 이로부터 다음의 관계를 유추할 수 있다.

$$D_T = \frac{D_{BT}}{(1-a^2)(1-a)} \tag{3-36}$$

이상의 모델은 횡단방향으로의 수분이동이 세포벽과 세포내강에서 균일하다는 가정으로 얻어진 결과이다. 그러나 실제로는 세포중심에서 안쪽으로 휘어지는 현상이 일어나는데, 이는 세포내강에서의 확산이 훨씬 크기 때문이다. 위의 식을 목재건조 과정에 적용할 경우 실제의 경우와 상이한 확산계수가 얻어지는데, 이는 위의 모델이 낮은 풍속조건에서의 흡착 과정을 전제로 했기 때문이다. 확산계수가 함수율에 관계 없이 일정하다면 흡착속도와 탈착속도는 동일할 것으로 예상된다. 그러나 확산계수가 함수율에 따라 증가하면 흡착시간은 탈착시간에 비해 훨씬 짧을 것이며, 따라서 흡착에 의한 확산계수는 탈착에 의한 경우보다 클 것이다. 그러나 고함수율 범위에서는 그 반대의 현상이 발생할 수 있는데, 이는 흡착 과정에서 표면의 압축응력에 의해 평형함수율이 감소하는 현상 때문으로 이해된다.

e. 섬유방향 확산 모델

섬유방향으로의 수분확산에서 세포벽의 확산계수가 아주 낮기 때문에 양끝 세포벽의 확산저항을 반드시 고려해야 한다. 그림 3-12처럼 길이와 횡단방향의 비가 100인 세포를 가정할 때, 세포내강과 측면 세포벽은 양끝

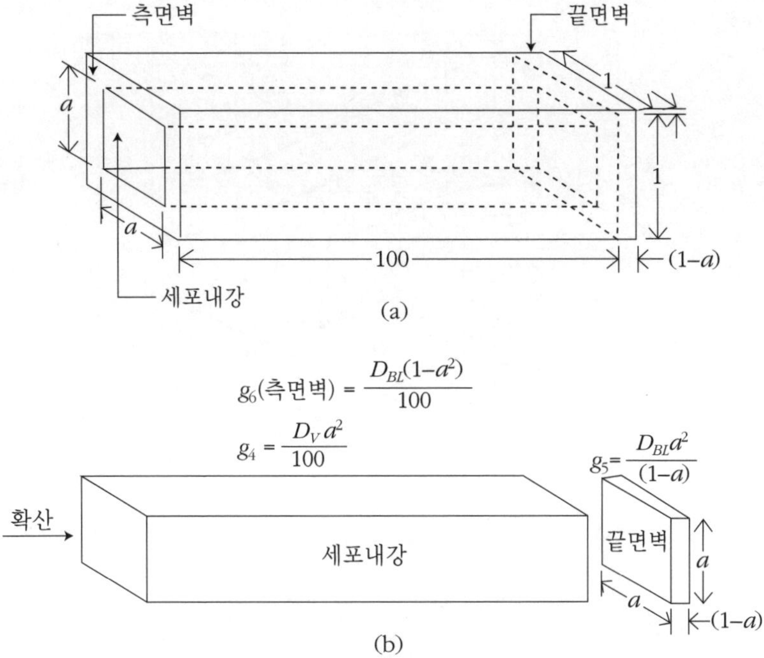

그림 3-12 열전도를 응용한 섬유방향 수분이동 모형

세포벽과 병렬로 연결되어 있으며, 열전도도 모형을 적용하여 다음과 같은 모델을 설정할 수 있다.

$$\frac{1}{g_L} = \frac{1}{g_4 + g_6} + \frac{1}{g_5} \tag{3-37}$$

g_L = 섬유방향 전도도

함수율 20% 이하에서는 측면 세포벽을 통한 수분확산이 세포내강을 통하는 경우에 비해 아주 작기 때문에 위의 식에서 g_6를 생략할 수 있으며,

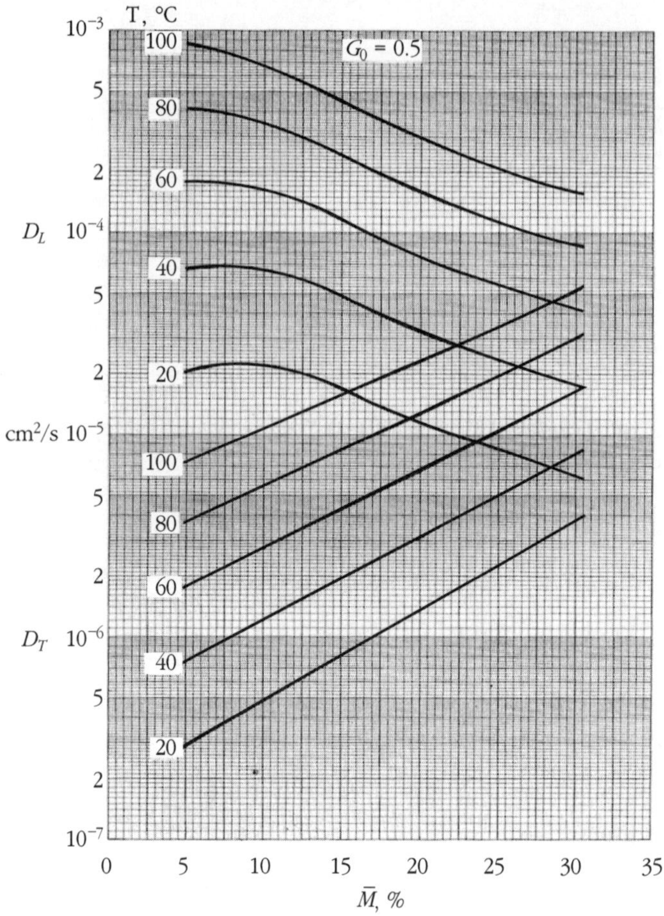

그림 3-13 전건비중 0.5일 때 섬유방향 및 횡단방향 수분확산계수의 변이

각각의 전도도를 세포 모델의 실질률을 고려하여 $g_L = D_L/100$, $g_4 = D_v a^2/100(1 - a^2)$, $g_5 = D_{BL} a^2/(1 - a)(1 - a^2)$로 환산하면 섬유방향 확산계수를 다음과 같이 계산할 수 있다.

$$D_L = \frac{a^2}{1-a^2} \frac{D_V D_{BL}}{D_{BL} + 0.01(1-a)D_V} \quad (3-38)$$

고함수율 범위에서는 D_V와 D_{BL}의 차이가 작아져 측면 세포벽이 확산에 미치는 영향이 커진다. 따라서 측면 세포벽의 기여도를 무시하면 확산계수가 낮아진다. 위 모델의 모든 요소를 고려하면 수분확산계수를 다음의 역수 형태로 계산할 수 있다.

$$\frac{1}{D_L} = (1-a^2) \left[\frac{1}{D_V a^2 + D_{BL}(1-a^2)} + \frac{(1-a)}{100 D_{BL} a^2} \right] \quad (3-39)$$

그림 3-13은 전건비중 0.5인 목재에 대해 함수율과 온도변이에 의한 섬유방향 및 횡단방향 수분확산계수 변이를 나타낸다. 그림 3-10과 비교할 때 횡단방향 확산계수(D_T)는 세포벽 결합수 확산계수(D_{BT})와 거의 유사한 형태의 변이를 나타낸다. 반면에 섬유방향 확산계수(D_L)는 세포내강에서의 수분확산이 크기 때문에 수증기 확산계수(D_V)를 상회한다. 두 방향 간의 확산계수 비(D_L/D_T)는 함수율 5%에서 100 정도이고, 함수율 30%에서는 2~4 정도이다.

f. 정상상태의 확산계수 측정

정상상태의 수분확산계수는 그림 3-14와 같은 확산컵(diffusion cup, vapormeter)을 이용해서 측정할 수 있다. 확산컵에서 특정한 상대습도를 얻기 위해 포화염용액을 이용할 수 있으며, 100% 상대습도가 필요한 경우 증류수를 이용할 수 있다. 시험편의 측면은 왁스나 에폭시로 코팅한다. 완성된 확산컵은 항온항습실에 넣고 정상상태에 도달할 때까지 주기적으로

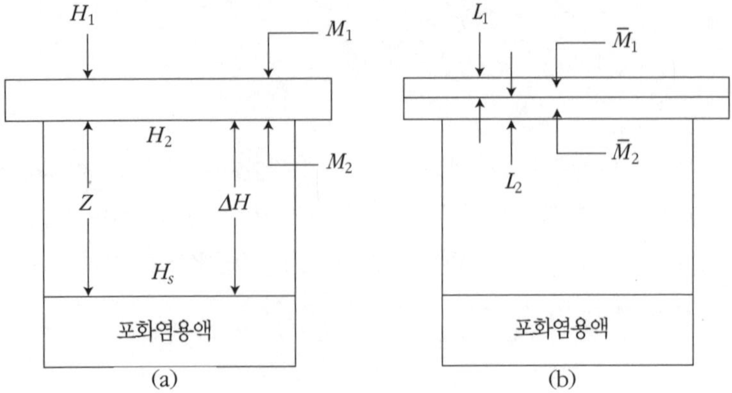

그림 3-14 정상상태에서 확산계수 측정을 위한 확산컵

중량 변화를 점검한다. 정상상태의 도달은 확산컵의 중량 변화과 시간과의 직선적인 관계로 확인할 수 있다. 이때 수분 유동량(flux)은 중량 변화를 확산면적으로 나눈 값과 같다.

하나의 시험편을 사용할 경우 시험편 양 표면의 상대습도 조건으로부터 함수율을 계산하기 위해 수착등온선이 필요하다. 정상상태는 시험편이 확산컵 바깥쪽과 내부의 상대습도 H_1, H_2와 평형상태인 함수율 M_1, M_2에 도달했을 때로 가정한다. 먼저 Fick의 법칙을 이용해서 수분경사를 계산한다.

$$\frac{\Delta(w/V)}{z} = \frac{Flux}{D_a} \tag{3-40}$$

$\Delta(w/V) = \Delta C_a$ = 수증기 농도 차이 또는 용액과 시험편 표면 사이의 절대습도 차이 (kg/m_a^3)

z = 용액으로부터 시험편까지 거리(m)

D_a = 확산계수(m_a^2/s)

정상상태에 도달한 후 시험편을 분리하여 함수율과 두께(L), 비중 등을 측정하고 계수(K_M)를 flux와 $(M_2 - M_1)/L$로 계산한다.

2개의 시편을 사용하는 경우도 앞의 경우와 시험방법은 동일하다. 평형에 도달한 후 각각의 시험편의 함수율을 측정하고 수분경사를 $(M_2 - M_1)/\bar{L}$로 계산한다. 이때 $\bar{L}$은 시험편의 평균 두께이다. 시험편의 평균함수율은 $\bar{M} = (M_1 + M_2)/2$이다.

목조건축에 사용되는 차습재(vapor barrier)의 수분 이동 정도는 확산컵을 사용해 ASTM에서 규정한 방법으로 측정할 수 있다. 외부조건은 여러 상태의 상대습도를 적용할 수 있으나 일반적으로 23°C에서 상대습도 50% 조건을 적용하며, 확산컵 내부는 증류수를 이용한 100% 상대습도 또는 흡습재를 이용한 0% 상대습도를 적용한다. 이때 확산계수는 permeance로 표시하고 다음과 같이 계산하며, 단위는 metric perm(g/day m^2 mmHg)이다.

$$\text{Permeance} = \frac{w}{tA\Delta p} \tag{3-41}$$

주요 건축재료에 대한 permeance와 단위 환산계수는 표 3-6과 같다. 일반적으로 1perm 이하이면 훌륭한 차습재로 인정된다. 따라서 폴리에틸렌 시트나 알루미늄 포일 등은 수분차단 효과가 아주 양호하다. 목재도 10mm 이상의 두께면 적절한 차습재 역할을 한다. 외벽이 두꺼운 경우에는 이슬점이 목재 내에 존재하게 되어 벽 안쪽에 차습재를 추가할 필요가 없다.

정상상태에서 수증기 확산계수는 Fick의 1차 법칙을 따르며, 이때 함수율, 상대습도, 부분증기압, 자유에너지 등이 확산 포텐셜로 적용될 수 있다. 앞은 차습재의 확산계수 측정에 일반적으로 사용되며, 목재 외벽처럼 두껍고 온도경사가 존재하는 경우에는 적용할 수 없다. 또한 목재 표면에서 발생하

표 3-6 주요 건축재료의 permeance

주요 재료	Permeance		
	metric perm	perm	kg/s m² Pa × 10^{10}
Aluminum foil(1mm)	0.0	0.0	0.0
Polyethylene(2mm)	0.11	0.16	0.09
Polyethylene(6mm)	0.04	0.06	0.03
Still air(2.5cm)	79	120	68
콘크리트(2.5cm)	2.1	3.2	1.8
콘크리트(20cm)	1.6	2.4	1.4
섬유판(3mm)	7.3	11.0	6.3
목재(2.5cm, 함수율 15%, 20°C)	2.7	4.0	2.3
목재(20cm, 함수율 15%, 20°C)	0.3	0.5	0.3

(환산계수)

1 metric perm = 1.52 perm = 8.67 × 10^{10} kg/m² s Pa

1 kg/m² s Pa ($perm_{SI}$) = 1.15 × 10^{10} metric perm = 1.75 × 10^{10} perm

1 perm = 0.66 metric perm = 5.72 × 10^{-11} kg/m² s Pa

여 수분 이동에 큰 영향을 미치는 대류현상도 정상상태에서는 무시된다. 이러한 조건은 비정상상태의 수분 이동에서는 반드시 고려되어야 한다.

② 비정상상태의 수분확산 해석

정상상태에서 flux와 경사가 일정한 반면, 비정상상태에서는 이들이 시간과 공간의 변수이다. 비정상상태는 목재가 가열되거나 건조하는 과정에서 열전달 또는 수분 이동에서 발생한다. 비정상상태의 수분 이동은 Fick의 2차 법칙으로 설명되며, 수분 이동속도는 확산계수와 수분경사의 곱으로 나타낸다. 실제의 목재건조에서는 표면에서 지속적인 증발이 일어나고 내부의 수분이 모세관 이동 또는 확산에 의해 표면으로 이동한다. 목재 표면의 함수율은 주위의 온습도에 의해 급속히 평형상태에 도달하지만, 내부의 수분이동속도가 이에 미치지 못하기 때문에 표면에서 내부로 포물선 형태의 수분경사가 나타난다.

수분확산이 함수율 차이에 의해 발생한다고 가정하고 확산계수를 함수율 변화에 따른 변수로 할 때 비정상상태의 수분확산은 다음의 지배방정식으로 표시할 수 있다.

$$\frac{\partial M}{\partial t} = \frac{\partial}{\partial x}\left(D\frac{\partial M}{\partial x}\right) \tag{3-42}$$

t = 확산시간(sec)

x = 확산거리(cm)

D = 확산계수(cm²/sec)

위의 지배방정식은 확산계수가 일정하고, 목재의 초기함수율이 균일하며, 목재 표면이 주위 온습도에 의해 신속하게 평형상태에 도달하며, 확산이 목재의 양 표면에서 대칭으로 발생한다는 가정에 의해 근사해(analytical solution)를 얻을 수 있다.

a. 근사해

확산계수를 상수로 가정할 때 변수분리법 또는 라플라스 변환법에 의해 그 해를 구할 수 있다. 목재의 초기함수율이 M_i로 균일하고, 표면의 평형함수율이 M_e이고, 목재 두께의 절반이 a라면 지배방정식의 해는 다음과 같이 얻어진다.

$$\frac{M - M_e}{M_i - M_e} = \frac{8}{\pi^2} + \sum_{n=0}^{\infty} \frac{1}{(2n+1)^2} \exp \frac{-D(2n+1)^2\pi^2 t}{4a^2} \tag{3-43}$$

짧은 시간 동안에 이루어지는 확산에 유효한 해를 Boltzman 변환에 의해 다음과 같이 얻을 수 있다.

$$\frac{M - M_e}{M_i - M_e} = 2\sqrt{\frac{Dt}{a^2}}\frac{1}{\sqrt{\pi}} + 2\sum_{n=0}^{\infty}(-1)^n ierfc\frac{na}{\sqrt{Dt}} \qquad (3-44)$$

$ierfc(z)$ = 표준오차함수 $erf(z)$함수의 적분함수

이러한 분석적 해석의 문제점은, 이들이 비선형적 무한함수의 형태이면서 동시에 전제조건인 일정한 확산계수 및 표면농도의 유지가 현실적이지 못하다는 사실이다. 그러나 위의 해석은 확산계수의 추정에 매우 유효하게 활용될 수 있다. 식 (3-43)과 식 (3-44)를 확산계수 D에 관해 정리하면 다음과 같이 확산계수를 얻을 수 있다.

$$D = -\frac{4a^2}{\pi^2 t}\cdot\ln\left(\frac{\pi^2}{8}\cdot\frac{M - M_e}{M_i - M_e}\right)$$
$$D = \frac{\pi a^2}{4t}\cdot\left(1 - \frac{M - M_e}{M_i - M_e}\right)^2 \qquad (3-45)$$

분석적 방법에 의해 확산법칙을 이용하여 확산계수를 구할 수 있지만, 위 식은 확산계수가 함수율에 따라 변하는 함수임을 의미한다. 비정상상태에서 함수율 변이에 의한 확산계수를 추정할 수 있는 일반화된 수식은 없지만, 확산계수는 함수율 증가에 따라 직선적 · 지수적 또는 포물선적 증가를 하는 것으로 알려져 있다.

b. 수치해석

비정상상태 수분이동 지배방정식을 수분확산에 적용할 경우 유한차분석법(finite difference analysis)을 이용한 수치해석이 가장 일반적으로 이용

된다. 수치해석을 위해서 두 가지 경계조건을 설정하는데, 첫째는 목재 표면에서 발생하는 표면증발과 목재 내부에서 발생하는 대칭확산이다. 격자형 2차 평면을 가정하고 수분확산이 한 방향으로 발생할 때 수분이 이동하는 두께를 단위거리 1의 무차원수로 변환한 경계조건을 수식으로 표현하면 다음과 같다.

$$-D\left(\frac{\partial M}{\partial x}\right) = S(M_e - M_s),\ x = \pm 0\ (\text{표면의 경계조건}) \qquad (3-46)$$

$$\frac{\partial M}{\partial x} = 0,\ x = 0\ \ (\text{중심부의 대칭확산}) \qquad (3-47)$$

S = 대류에 의해 표면에서 발생하는 표면전달계수

M_s = 목재 표면의 실제 함수율

M_e = 온습도와의 평형함수율

지배방정식과 경계조건을 이용한 유한차분석법에는 전진식 분석법(forward-difference method, 또는 explicit-difference method)과 후진식 분석법(backward difference method 또는 implicit-difference method)이 있다. 전자의 경우 수치해석 모형은 시간과 거리의 증분 Δt와 Δx의 관계가 $D\Delta t/(\Delta x)^2 \leq 0.5$를 만족하는 경우에 조건적으로 안정화되는 단점이 있는 반면 후자의 경우는 시간과 거리의 증분에 무관하게 안정화된다. 각각의 경우 지배방정식의 수치해석 모형은 다음 식과 같다.

$$\frac{M_i^{p+1} - M_i^p}{\Delta t} = D\frac{M_{i+1}^p - 2M_i^p + M_{i+1}^p}{(\Delta x)^2} \qquad (3-48)$$

$$\frac{M_i^{p+1} - M_i^p}{\Delta t} = D\frac{M_{i+1}^{p+1} - 2M_i^{p+1} + M_{i-1}^{p+1}}{(\Delta x)^2} \qquad (3-49)$$

앞의 두 방법을 특정 시간 p단계에서 평균하는 Crank-Nicolson 방법 또한 사용되는데, 이때의 수치모형은 후진분석법과 마찬가지로 Δt와 Δx에 무관하게 안정화되는 장점이 있다. 이 방법을 이용할 경우 지배방정식의 수치해석 모형은 다음과 같다.

$$\frac{M_i^{p+1} - M_i^p}{\Delta t} = \frac{D}{2}\left[\frac{M_{i+1}^p - 2M_i^p + M_{i-1}^p}{(\Delta x)^2} + \frac{M_{i+1}^{p+1} - 2M_i^{p+1} + M_{i-1}^{p+1}}{(\Delta x)^2}\right] \tag{3-50}$$

2. 건조속도

목재는 먼저 표면수분이 증발하여 표면함수율이 내부보다 낮아지면 그 함수율 차이에 의해 내부수분이 표면으로 이동하면서 건조된다. 건조속도(drying rate)는 단위시간당 제거된 함수율(%/dt)을 의미하며, 여러 가지 표시법이 있다. 예를 들면, R_w(kg$_{수분}$/hr · kg$_{전건중량}$) 또는 R(kg$_{수분}$/hr · m$^2_{건조면적}$) 등의 표시방법이 있으나 목재건조에서는 전자를 건조속도로, 후자를 증발속도로 흔히 사용하고 있다. R_w와 R의 관계는 목재의 전건무게 W_o(kg)와 그것이 지닌 건조면적을 A(m^2)로 하여 환산할 수 있다. 실례를 들면, 항률건조기간 중에 1시간당 20%의 함수율 감소가 있었다면 R_w = 0.20이고, $R = R_w(W_o/A)$ 관계에서 구할 수 있다. 그리고 건조속도 비교시험을 할 경우, 천연건조에서는 상온(20°C), 상대습도 65%, 풍속 0.4m/sec 조건에서 실시하고, 관행열기건조에서는 온도 60°C, 풍속 1m/sec 조건에서 실시하며, 아울러 건조결함도 측정한다.

1) 항률건조와 감률건조

생재를 일정한 건조조건, 즉 일정한 온도, 상대습도 및 풍속을 지닌 다량의 열기 속에서 정상적인 건조를 실시할 경우 건조시간별 함수율, 건조속도, 건조재의 온도 변화를 측정하여 모식도로 나타내면 대체로 세 기간으로 대별할 수 있다.

(1) 가열기간

이는 예열기간이라고도 부르며, 어떤 임의 온도의 목재를 정상적인 어떤 건조조건하에 두면 목재의 온도는 건조조건과 평형이 되는 온도에 도달하는데, 열기로부터 열을 받을 때 목재온도가 근사적으로 열기의 습구온도에 도달할 때까지 기간을 말한다. 이 기간 중 열기의 수증기는 목재 표면에 응축하고 표면증발은 일어나지 않는다. 표면온도가 습구온도에 도달한 이후부터 증발속도는 급격히 커진다. 항률건조기간과 감률건조기간이 길게 연속되는 재료에 대해서는 가열기간(heating period)을 고려하지 않는다.

(2) 항률건조기간

가열기간에 뒤이어 목재표면에 자유수가 존재하는 한 재면온도는 습구온도를 유지하며, 열기에서 목재에 전달되는 열은 수분증발에 소모되므로 목재 온도는 일정한 온도에 미무른다. 열의 전달속도가 일정하므로 건조속도도 일정하며 항률건조(constant rate of drying)를 나타낸다. 이 기간은 매우 짧다. 건조속도는 건조 초기에 표면증발에 의해 좌우되고, 중기와 말기에는 내부수분의 이동에 지배된다. 그래서 건조속도는 항률건조기간(constant drying rate period) 중의 항률건조속도와 감률건조기간 중의 감률건조속도로 구분하여 설명할 수 있다. 전자의 경우 증발속도는 일정하며, 이 기간의 증발속도는 전적으로 외부조건에 의해 지배된다. 즉 수종과 판재 두께 등의 목재조건과는 관계가 없고, 건습구온도차에 비례하고 풍속의 영향은 크나 온도의 영향은 적다. 건조속도는 비중과 판재 두께에 반비례한다. 일반적으로 다음 식으로 나타낼 수 있다.

$$-\frac{dw}{A \cdot dt} = K_p(P_w - P_o) = K_\theta(\theta_d - \theta_w) \qquad (3-51)$$

dw/dtA = 증발속도

A = 증발면적(cm^2)

P_w = 표면의 증기압(mmHg)

P_o = 공기의 증기압(mmHg)

θ_d = 건구온도(°C)

θ_w = 습구온도(°C)

K_p, K_θ = 증발계수(g/hr cm^2 mmHg, g/hr cm^2 °C)

증발계수(evaporation coefficient)는 주로 풍속에 의해 변화하는데, 무풍상태에서 일반적으로 $K_p = 4 \times 10^{-3}$g/hr cm^2 mmHg, $K_\theta = 2 \times 10^{-3}$ g/hr cm^2 °C 정도이다. 따라서 K_θ/K_p는 대략 0.5mmHg/°C의 관계에 있다.

(3) 감률건조기간

목재의 표면함수율이 섬유포화점 이하로 떨어지면 건조의 주체는 내부수분의 이동에 의해 이루어진다. 목재 내부로부터 수분이동이 표면증발을 따르지 못하게 되면 목재 표면에 마른 곳이 생긴다. 목재에 전달된 열량은 점차 감소하고 건조속도도 차차 저하된다. 목재에 전달된 열은 수분증발과 목재온도 상승에 소모된다. 그래서 목재온도는 건구온도에 접근하게 되고 결국 건조조건과 평형을 이루는 함수율에 도달하면 건조는 끝난다. 이 기간을 감률건조기간(falling drying rate period)이라 부르고, 일반적으로 직선적으로 감소하는 감률건조 제1기와 감률건조 제2기로 구별한다. 전자는 표면함수율이 섬유포화점부터 건조조건에 대응하는 평형함수율에 이르기까지의 기간이다. 후자는 전자에 이어 내부수분의 확산이 건조의 주체가 되는 기간을 말하며, 전 건조시간의 절반 정도를 차지한다. 전 건조시간은 이 기간의 건조속도에 의해 크게 지배된다. 실제는 목재 내부 건조 차이에 의해 감률건조 제1기와 제2기의 구별이 그리 명확하지 않은 경우가 있고, 감률건조기간 중에 2~3개의 건조속도 변화점이 나타나는 경우가 있다.

항률건조와 감률건조의 경계가 되는 재료의 평균함수율을 한계함수율(critical moisture content)이라 부른다. 얇은 판재나 수분 이동이 용이한 목재일수록 한계함수율은 낮다. 한계함수율은 목재 표면세포가 섬유포화점에 도달했으나 투과성이 낮은 목재일수록 내부함수율이 높은 상태에서 나타난다. 한계함수율에 도달할 때까지는 최대의 건조속도로 건조되고 목재 온도도 습구온도로 유지된다.

건조기술 면에서 본다면 건조시간의 단축과 품질열화를 예방하는 의미에서 한계함수율을 낮추는 것이 바람직하다. 또한 목재건조에서 임의의 함수율에서 평형함수율을 뺀 자유함수율을 이용하여 건조할 때 제거할 수분량을 계산할 수 있다.

2) 건조속도의 영향인자

건조속도에 영향을 주는 인자는 외주조건과 목재조건을 들 수 있다. 건조 과정 중 각종 인자는 상호 밀접한 연관이 있으나, 다른 건조조건을 일정하게 했을 때의 건조속도와 각 인자의 관계를 살펴보자.

(1) 외주조건

외주조건은 목재 주위의 공기조건으로, 중요한 인자는 온도, 습도 및 풍속을 들 수 있다.

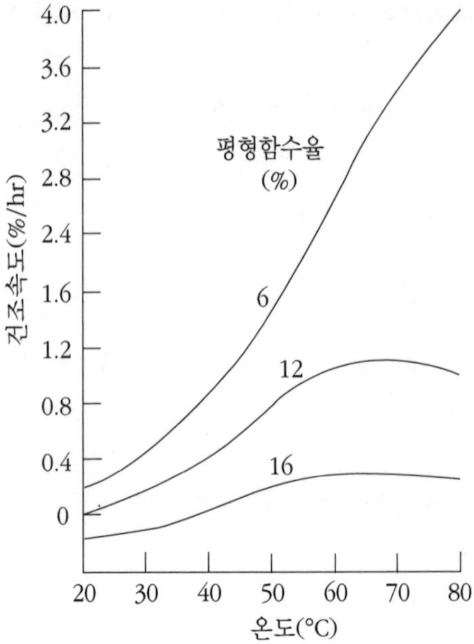

그림 3-15 온도와 건조속도의 관계(소나무 변재 생재에서 20%까지)

① 건구온도

건구온도가 상승하면 건조속도는 증가하고 건조시간은 단축된다. 항률건조에서 증발계수가 증가하며, 감률건조에서는 목재 내부 증기압차를 높이고 내부확산저항을 감소시켜 내부확산속도의 증가로 건조속도는 빨라진다. 건구온도가 건조속도에 미치는 효과는 판재 두께가 두껍고 함수율이 낮을수록 크다.

② 건습구온도차

건습구온도차(psychrometric difference 또는 wet bulb depression)가 크면 상대습도는 낮아진다. 건조할 목재는 상대습도가 낮으면 건조속도가

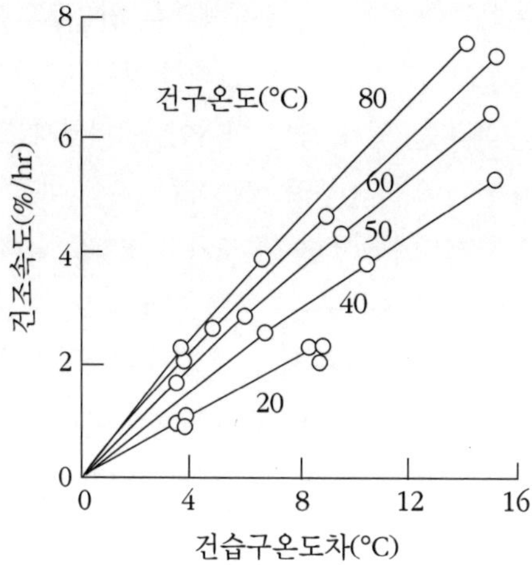

그림 3-16 건습구온도차와 건조속도의 관계(소나무 변재 비중 0.42, 함수율 140~40%까지)

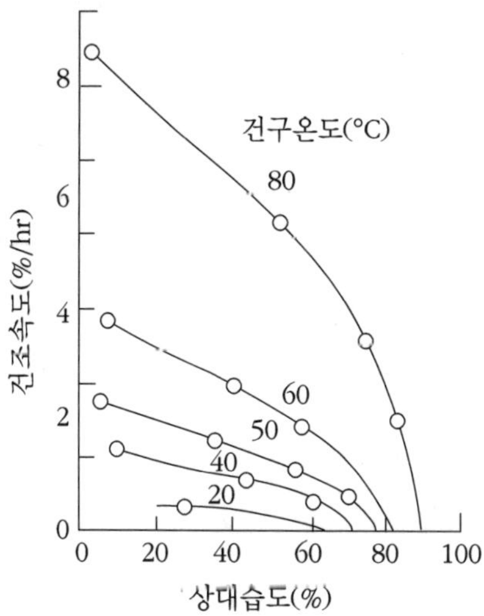

그림 3-17 상대습도와 건조속도의 관계(소나무 변재 함수율 20~15%까지)

증가한다. 건조 초기 항률건조시에 증발계수는 건습구온도차에 비례하여 증대하므로 건조속도도 따라서 커진다. 그래서 항률건조기간의 건습구온도차는 건조속도를 지배하는 인자 중의 하나이다. 따라서 고함수율 영역의 건조시간은 온도에 관계 없이 건습구온도차의 역수에 비례하나 항률건조기간은 극히 짧다. 감률건조에서 건습구온도차의 영향은 극히 적으므로 표면함수율이 저하됨에 따라서 건습구온도차를 크게 해도 그 비율만큼 건조속도가 빨라지지 않는다. 또한 건습구온도차를 크게 할 때 건조시간의 단축 비율은 고온일수록 크다. 그리고 건습구온도차는 판재 두께에 따라 그 미치는 영향이 다른데, 두꺼운 판재일수록 효과는 적다.

③ 풍속

풍속은 건조실의 온도를 균일하게 할 뿐만 아니라 열전달률과도 밀접한 관계가 있다. 풍속은 항률건조에서 증발속도를 증가시키므로 건조속도가 빨라진다. 풍속은 건습구온도차 다음 가는 영향인자이다. 함수율이 저하되면 풍속의 영향도 점차로 저하되고 감률건조 제2기에서 풍속의 영향은 거의 없다. 또한 풍속은 판재 두께가 얇을수록 건조시간의 단축에 미치는 영향은 커진다. 일반적으로 열기건조실의 풍속은 1.5~2.0m/sec가 적당한 것으로 여겨져 왔으나, 열기건조 기술의 발전에 따라 건조실의 풍속이 4~5m/sec에 이르는 것도 있다.

(2) 목재조건

목재 수분의 이동속도는 세포벽 두께, 벽공의 크기와 수량, 세포 내에 포함된 충진물 등에 의해 달라진다. 이와 같은 성질은 수종별로 고유의 특성을 지니고 있기 때문에 일반적으로 설명하기는 어렵다. 그러나 동일 수종이나 다른 수종에 있어서도 비중, 판재 두께, 함수율, 목리방향 등이 다르면 건조속도는 달라진다.

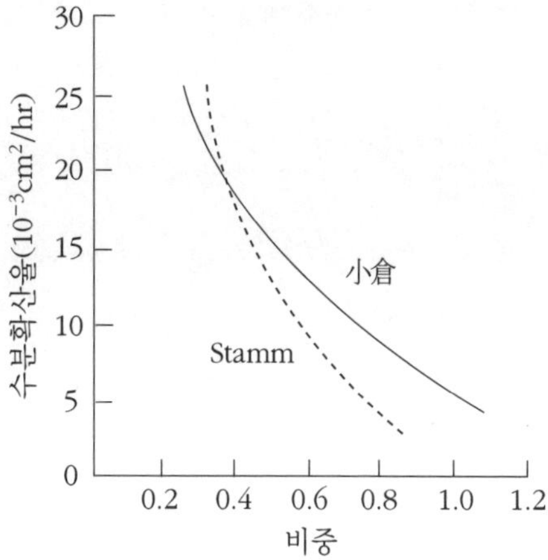

그림 3-18 수분확산율과 비중의 관계(50℃, 상대습도 63%)

① 비중

건조속도는 비중에 반비례한다. 비중은 건조에 의해 제거될 수분의 이동거리와 비례관계가 있다. 비중이 크면 세포벽의 두께가 두꺼워지므로 결합수의 확산거리가 커져서 건조가 느려진다. 또한 동일 함수율이더라도 비중이 크면 함수량이 커지기 때문에 비중이 크면 건조에 의해 제거될 수분량도 많아진다. 항률건조에서는 표면증발이 일정하므로 건조속도는 비중과 반비례한다. 건조하는 함수율 범위가 낮고 판재 두께가 2cm 정도 이상일 때 내부확산이 건조의 주체가 되는 감률건조기간에서는 수종과 두께 등에 따라 다르나 건조속도는 1.3~2.0제곱에 반비례하는 것으로 알려져 있다.

② 목재 두께

건조할 목재의 두께가 두꺼우면 목질량은 증가하고 내부수분의 이동거리도 증가한다. 확산계수는 증기압경사에 비례하고, 증기압경사는 두께에 반비례하므로, 결국 확산계수는 두께에 반비례하게 된다. 항률건조기간의 증

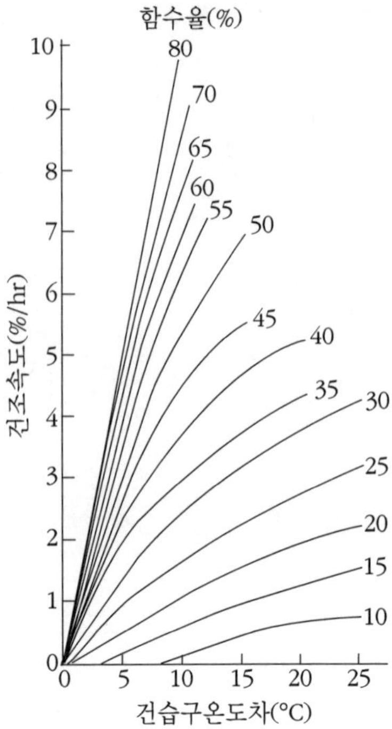

그림 3-19 함수율, 건습구온도차와 건조속도의 관계(너도밤나무 변재, 판목재, 두께 2.1cm, 건구온도 50°C, 풍속 70cm/sec)

발속도는 일정하나, 건조속도는 판재 두께에 반비례하여 저하한다. 감률건조기간에는 함수율이 저하됨에 따라서 두께의 영향은 증대한다.

③ 함수율

함수율의 건조속도와 건조시간에 대한 영향에 대해서는 많은 실험식이 여러 학자에 의해 유도되었다. 이들 모든 실험식은 간단한 가정에 근거를 두고 유도되었으며, 결과는 단지 개산에 불과하다. 그럼에도 불구하고 이러한 개산은 열기건조를 하는 건조자에게 유용한 자료가 될 수 있으며, 함수

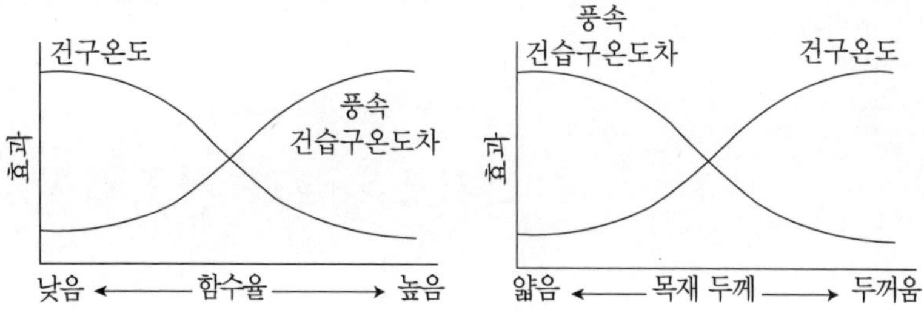

그림 3-20 임의의 목재조건에서 외주조건이 건조속도에 미치는 효과

율이 높으면 확산계수는 커진다.

④ 목리방향

항률건조기간에서 건조속도는 판재 두께와 비중 등이 같으면 목리방향에 따른 차이는 나타나지 않는다. 그러나 감률건조기간에서 건조속도는 목리방향에 의한 차이가 나타난다. 변재는 심재보다 건조속도가 크고 참나무와 너도밤나무 등에서도 뚜렷한 차이를 나타낸다. 그리고 온대산 목재의 방사방향 확산은 접선방향 확산보다 방사조직의 영향 때문에 20~25% 정도 더 크다. 방사조직량이 많은 어떤 활엽수재에서 방사확산이 접선방향 확산보다 2배 이상되는 경우도 있다. 그러나 매우 균일한 조직을 가진 비중이 큰 목재는 방향 간의 확산속도의 차이는 거의 나타나지 않는다.

목재의 건조속도를 이상과 같이 건조의 영향인자별로 알아보았으나, 실제 건조에서는 각 인자들이 복합적으로 작용하기 때문에 더욱 복잡해진다. 목재건조가 표면증발과 내부확산에 의해 좌우되는바, 건조 초기에는 주로 표면증발이 건조의 주요 조절인자가 되며, 건조 후기에는 내부확산이 주요 조절인자가 된다. 그리고 목재건조는 열기에서 목재로 열전달, 목재의 표면증발, 자유수의 모세관 이동, 내부수분의 확산이동 등 사이의 동적 평형(dynamic balance) 상태에서 이루어진다.

제4장

건조응력과 건조결함

1. 건조응력

1) 건조응력의 발생경과

목재의 수축과 그 결과로 발생하는 치수 변화는 목재에서 발생하는 역학적 응력에 의해 영향을 받는다. 역학적 응력은 수분경사, 기계적인 억제력, 목재 조직이나 세포벽 미세구조의 이방성 등에 의해 발생한다. 수분경사나 기계적 억제력은 응력 발생에 직접 또는 간접적으로 영향을 미치는데, 수분이 변화하는 상태에서 발생하는 응력이 목재 조직 또는 세포벽 미세구조의 이방성과 관련된 경우 이를 완전하게 제거하는 것은 거의 불가능하다.

수분경사는 정상적인 조건에서는 항상 목재에 발생하는 현상으로 건조 초기뿐 아니라 사용 중인 목재에서도 주기적으로 변하는 주위의 온도와 습도의 변화에 따라 생길 수 있다. 건조 과정에서 발생하는 건조응력은 건조 스케줄을 작성할 때 실질적으로 고려해야 하는 기준이 되기도 한다. 건조 중인 목재의 횡단방향 응력을 측정하는 방법은 다음 항에서 자세히 설명되

겠지만, 길이 약 2mm의 시험편을 건조 중인 판재에서 채취하여 두께별로 얇게 잘라내어(slice) 폭의 변화를 측정하는 슬라이스법이 널리 적용되고 있다. 이때 잘라내기 전과 후의 폭의 변화를 원래 폭의 길이로 나누면 각 층에서의 변형률을 알 수 있으며, 이를 재료역학의 탄성법칙을 적용하여 각 층에 형성된 응력을 계산할 수 있다.

그림 4-1은 건조 진행 과정에서 응력의 발생과 변화 및 응력역전 현상을 잘 나타내고 있다. 건조 초기에 판재의 표면은 빠른 속도로 섬유포화점 이하로 건조되고 이로 인한 수축이 발생한다. 그러나 표층에서 발생하는 수축은 아직 섬유포화점 이상인 내층에 의해 억제된다. 이러한 현상은 그림 4-1에서 5일째에 해당되는 상황이다. 따라서 수축하려는 표층은 내층에 의해 그 수축이 억제되고 있어 아주 심한 인장응력 상태에 놓이고, 동시

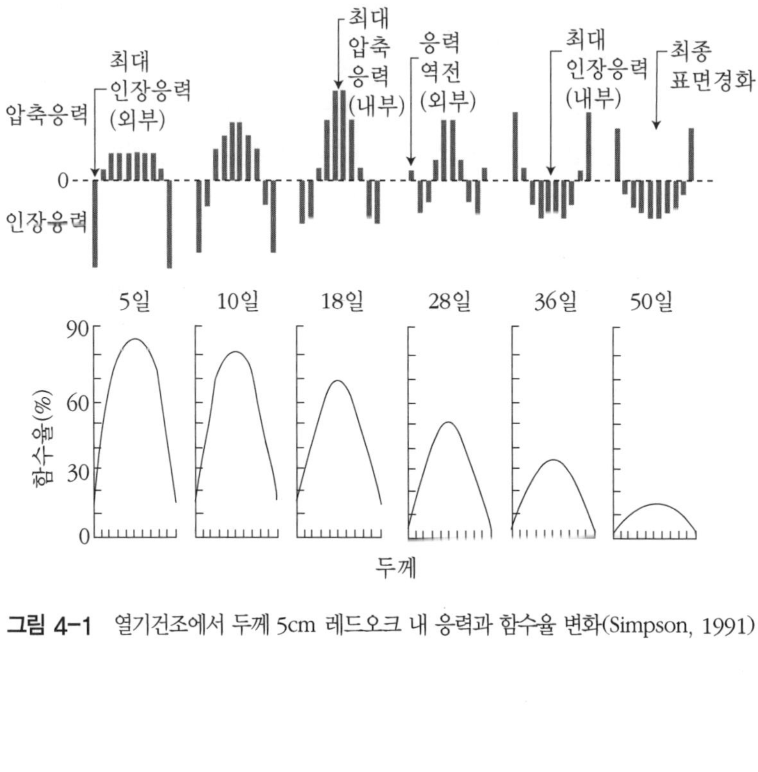

그림 4-1 열기건조에서 두께 5cm 레드오크 내 응력과 함수율 변화(Simpson, 1991)

에 내층은 표층에서 발생한 수축의 영향으로 압축응력 상태에 놓인다. 표층에 발생한 인장응력은 건조의 진행에 따라 장기간 계속되기 때문에 장기하중에 노출된 목재에서 나타나는 크리이프 영향을 받으며, 그 영향으로 인해 응력이 이완되어 더 이상 수축하려는 힘을 잃고 억제된 상태로 고정화되는 '인장세트'가 된다. 인장세트가 되면 억제력이 없어지더라도 실제 수분경사에 해당되는 만큼의 수축을 할 수 없다. 건조 초기에 발생하는 표층의 인장응력은 판재 표면에서 표면할렬을 유발하기도 한다. 이때 발생한 표면할렬은 건조 후기에 닫혀져서 육안으로 식별이 곤란하지만, 사용 중 주기적인 환경 변화에 노출될 때 문제점을 야기한다. 특히 표면 도장 공정에서 도료가 닫힌 할렬 속으로 다량 침투함으로써 표면의 미적 효과를 떨어뜨리는 영향이 있다.

건조가 더 진행되어 그림 4-1의 10일 또는 18일 정도가 되면 판재 내층의 압축응력이 증가하고 표층에 인접한 내층에서도 건조가 진행되어 수축이 발생한다. 이때 표층의 수축도 아직 섬유포화점 이상인 내층에 의해 억제되므로 인장응력을 나타낸다. 이 인장응력의 영향으로 표층의 인장응력은 감소한다. 28일이 경과한 후에는 표층이 압축응력으로 변화되고 남은 건조기간 동안 동일한 형태의 응력상태에 놓이게 된다. 표층이 압축응력 상태로 전환하는 것은 표층이 건조 초기의 심한 인장응력 상태에서 크리이프 효과에 의한 인장세트가 발생하고, 동시에 인접 내층의 수축으로 인한 치수 변화를 오히려 표층이 억제하는 역할을 하기 때문이다. 마지막으로 목재가 거의 균일하게 건조되는 50일이 경과하면 표층과 건조응력은 초기와 비교하여 완전히 역전된 압축응력 상태가 된다. 건조가 종료된 시점에서 목재에 응력이 잔류하는 상태를 표면경화(case hardening)라고 한다. 이 용어는 금속공학에서 유래된 것으로 추측되며, 수분경사에 의한 목재의 응력 발생과 온도경사에 의한 금속의 응력 발생 과정이 거의 같기 때문에 목재의 잔류응력을 표현하는 데 적용된 것으로 사료된다.

표면경화가 발생한 목재는 아주 얇은 두께의 판재로 제재하는 경우를 제외하면 사용상 문제가 되지 않는다. 또한 일반적인 건축부재로 사용하는 경우에도 거의 문제가 되지 않는다. 표면경화가 발생한 목재는 필요한 경우 건조가 끝나는 시점에서 짧은 시간 동안 높은 온도와 습도 조건을 적용해 응력을 제거할 수 있다. 이렇게 처리하면 표면의 압축응력이 더욱 커져서 최초에 표면경화를 유발한 것과 정반대되는 크리이프 현상이 발생할 수 있으며, 적절하게 처리되면 응력이 완전하게 제거된 판재를 얻을 수 있다. 그러나 잘못 처리할 경우에는 오히려 역표면경화(reverse case hardening)를 일으킬 수 있다. 용어에서 유추할 수 있듯이 건조재의 응력상태가 역전된 경우를 말하며, 이때 표층은 '압축세트'가 발생하여 인장응력 상태에 놓이게 된다.

정상적으로 건조되어 표면경화를 포함하는 목재의 표층은 '인장세트' 된 상태로 실제보다 늘어나 있는 상태이다. 따라서 표층은 무응력 상태에서 건조된 목재보다 폭 수축률이 작다. 그러나 내층의 목재는 건조 초기에 어느 정도 압축된 상태이고 따라서 무응력 상태의 목재에 비해 수축률이 더 클 수 있다. 용적으로 비교하면 압축세트가 발생한 내층의 부피가 인장세트가 발생한 표층에 비해 훨씬 더 많다. 따라서 표층의 인장세트가 압축세트에 비해 그 발생효과가 현저히 크지만, 전체적인 폭방향 수축률은 압축세트의 발생정도에 의해 결정된다. 압축세트의 발생과 이로 인한 수축률의 크기는 건조 과정에서 온도와 습도를 낮추어 최소화할 수 있다.

목재에서 물리적인 억제력이 수분 변화로 인한 치수 변화에 미치는 영향은 목재가 지닌 점탄성적 또는 비탄성적 성질 때문에 매우 크다. 앞에서 설명된 표면경화도 치수변화가 물리적으로 억제된 까닭이며 점탄성 또는 비탄성적 성질이 작용하기 때문이다. 물리적 억제력과 이로 인한 점탄성 또는 비탄성적 변형은 주어진 상황에 따라 유리하게 또는 불리하게 작용한다. 예를 들어, 물리적 억제력을 적용하여 너비굽음이나 뒤틀림, 길이굽음,

열곱음 등 수축이방성이나 교주목리에 의해 건조 과정에서 발생하는 결함을 줄일 수 있다. 역학적 응력이 수축에 미치는 영향 중 가장 부정적인 경우는 물리적으로 억제된 목재가 주기적으로 수분 변화에 노출되는 경우이다. 가장 대표적인 예가 계절별로 습도 차이가 심한 온대지방에서 실내에 설치한 마루판이다. 마루판의 설치 당시 습도가 최고치보다 낮은 조건이고 이때 너무 꼭 맞게 시공하면, 이후 높은 습도에 노출될 때 마루판은 횡단방향으로 팽윤하여 압축응력을 받게 된다. 이로 인해 마루판이 들고 일어나는 경우가 있다. 마루판이 장선에 양호하게 고정된 경우에는 점탄성에 의한 응력완화가 생기고 이로 인해 압축세트가 발생한다. 이 결과로 각 마루판의 치수는 어떠한 함수율 조건에서도 설치 당시에 비해 작아지고 이로 인해 마루판 사이에 간격이 생긴다. 주기적으로 수분 변화에 노출된 목재가 느슨해지는 현상은 팽윤을 억제하여 생기는 압축세트에 의해 더욱 촉진될 수 있다. 치수 변화에 미치는 팽윤 억제 효과가 가장 대표적인 경우는 각종 도구의 손잡이로 결합력을 크게 하기 위해 물에 침수처리한 목재를 이용하는 경우이다. 도구 머리부분에 팽윤에 의해 단단히 박혀 있는 목재자루는 시간이 지남에 따라 점탄성적 성질에 의한 응력완화가 일어나고 이로 인해 압축세트가 발생한다. 따라서 도구자루가 정상적인 대기조건에 노출되면 원래의 치수보다 작아져서 쉽게 빠지는 현상이 생긴다.

2) 건조응력의 해석

수분경사와 이로 인한 불균일한 두께 수축에 의해 유발되는 건조응력은 앞에서 설명한 바와 같이 수축억제에 의한 탄성응력과 시간의 경과에 따른 응력이완과 이로 인한 인장세트 또는 압축세트 발생 등 매우 복합적인 요인들에 의해 결정된다. 기존에 알려진 탄성과 점탄성 이론 이외에 지속적으로 변하는 수분상태와 관련된 응력이완 요소도 고려되어야 한다. 따라서

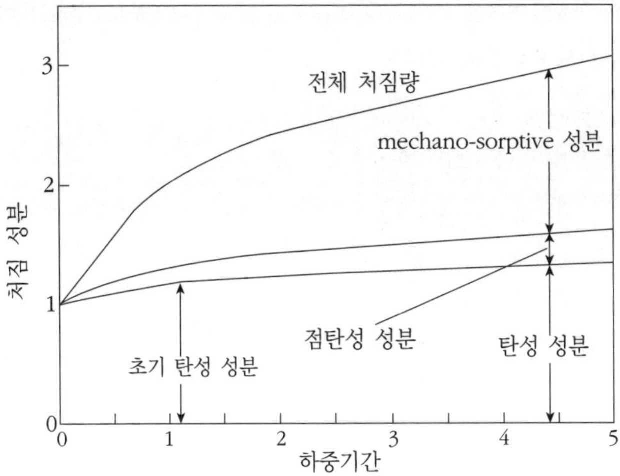

그림 4-2 비정상상태 장기하중의 처짐 성분

건조응력의 해석을 위해서는 건조 과정에서 발생할 수 있는 모든 형태의 변형과 응력을 설명할 수 있는 모델을 설정해야 한다. 예를 들어, 생재상태의 무결점 시험편의 중앙에 하중을 가하고 건조시간의 경과에 따른 처짐을 측정했을 때, 시험편의 수분상태가 지속적으로 변하기 때문에 일반적인 크리이프 곡선과 전혀 다른 형태의 처짐 형태를 관찰할 수 있다.

그림 4-2로부터 장기하중에 노출된 비정상상태에서의 목재의 변형은 탄성 요소와 점탄성 요소 그리고 수분 변화와 응력과의 상호작용으로 발생하는 mechano-sorptive 요소 등으로 구성되어 있음을 알 수 있다. 탄성 요소는 다시 짧은 하중기간 동안 반응하는 요소와 하중기간 동안 지연되어 반응하는 요소로 구분된다. 건조응력의 발생도 이와 유사한 형태의 변형 요소들로 해석할 수 있다. 먼저 수축에 의한 변형과 이들이 억제됨으로써 발생하는 탄성 변형, 억제된 변형이 시간의 경과에 따라 이완되는 점탄성 및 mechano-sorptive 변형 등으로 구분할 수 있다.

이러한 변형요소들을 중첩원리(superposition principle)를 이용하여 수식으로 표현하면 다음과 같다.

$$\varepsilon_t = \varepsilon_S + \varepsilon_I + \varepsilon_C + \varepsilon_M \qquad (4-1)$$

ε_t = 건조 과정의 총변형
ε_S = 수축에 의한 변형
ε_I = 탄성에 의한 변형
ε_C = 점탄성에 의한 변형
ε_M = mechano-sorptive에 의한 변형

수축에 의한 변형은 함수율과 수축률의 관계로부터 쉽게 얻을 수 있다. 제3장에서 설명한 바와 같이, 비정상상태에서의 수분 이동에 관한 Fick의 2차 법칙을 수치해석한 결과를 이용하면 건조시간의 경과에 따른 두께별 함수율 변화를 알 수 있고, 이 값을 섬유포화점 이하에서의 함수율과 수축률의 관계에 대입하여 수축에 의한 변형량을 계산할 수 있다. 그러나 실제 건조 과정에서 발생하는 수축은 전체 두께가 수축하는 평균 수축률이고 그 결과로 표층과 내층의 건조응력이 발생한다. 따라서 억제된 수축에 해당하는 만큼의 탄성응력과 이에 대응하는 변형이 발생한다. 표층 또는 내층에 형성된 인장응력 또는 압축응력이 장기간 지속되면 목재의 점탄성적 성질로 인해 초기응력에 대응하여 발생한 변형량이 변화된다. 변형량의 변화는 응력의 감소를 의미한다. 따라서 초기에 발생한 건조응력은 건조가 진행됨에 따라 점차 감소한다. 대부분의 목재에서는 건조 초기에 심한 표면할렬이 발생되어야 하지만, 실제로는 목재의 점탄성에 의한 응력 완화로 할렬의 발생이 심하지 않다. 목재의 건조는 끊임없이 수분이 증발하여 함수율이 변하는 비정상상태이기 때문에 일반적인 점탄성 이론만으로 건조응력을 해석하기는 곤란하다. 수분의 변화와 응력의 완화가 동시에 발생하는 현상을

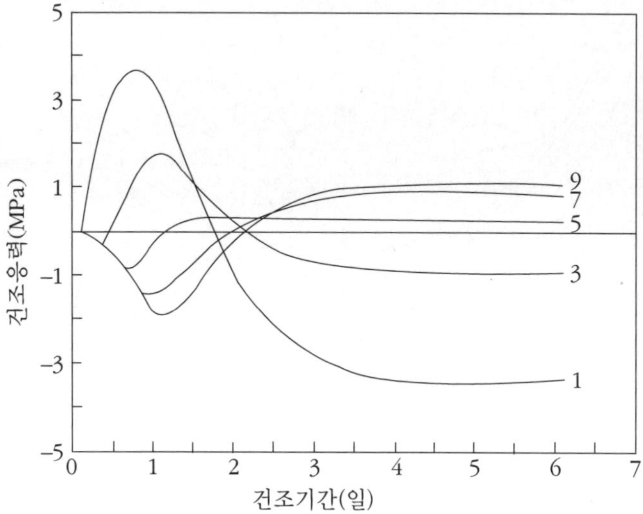

그림 4-3 두께 25mm 레드오크 판재(55°C, 상대습도 54%)의 두께별 건조응력 변화 (Park, 1995)

mechano-sorptive라 한다.

이상에서 얻어진 네 종류의 변형을 일반화된 Hook의 법치을 적용하여 plane stress 경우로 해석하면 접선방향과 방사방향에서의 건조응력을 얻을 수 있다. 식 (4-1)을 지배방정식으로 할 경우에는 두 종류의 경계조건을 가정한다. 첫째는 기하학적 조화성(geometrical compatibility)으로 건조가 모든 두께에서 일정하게 진행되어 판재의 측면이 일정한 평면을 유지하는 조건이다. 두 번째는 외부에서 작용하는 힘이 없기 때문에 수축, 탄성, 점탄성 및 mechano-sorptive에 의해 발생하는 모든 응력의 합이 0이 되는 조건이다. 이상의 경계조건들은 실제의 건조 과정에서 발생할 수 있는 합리적인 상황이다. 두께 25mm 레드오크 판재를 온도 55℃, 상대습도 54%(평형함수율 8.3%)의 등온조건에서 건조했을 때 식 (4-1)을 유한차분

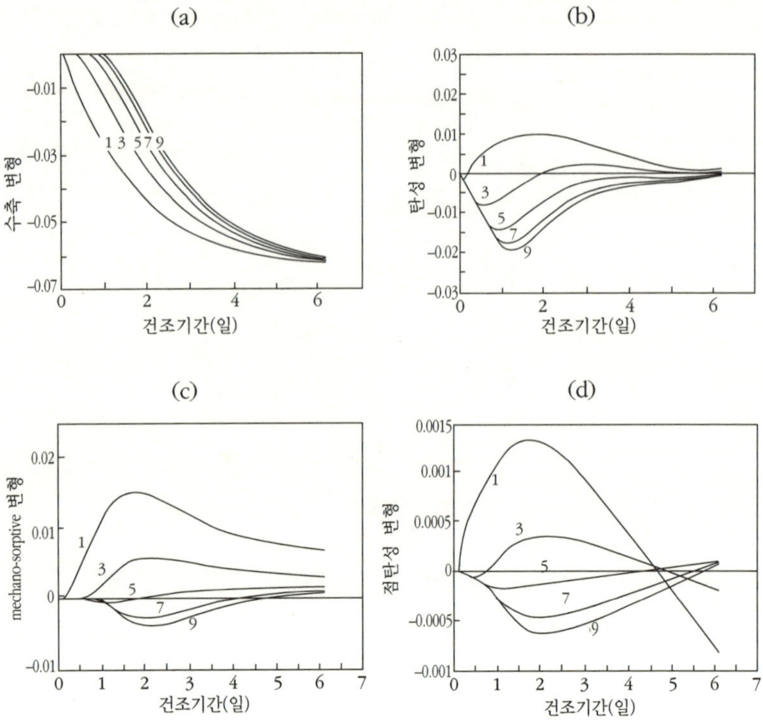

그림 4-4 55°C, 상대습도 54% 조건에서 두께 25mm 레드오크 판재의 접선방향으로 발생하는 변형성분(Park, 1995)

법으로 수치해석하여 분석한 건조응력의 변화는 그림 4-3과 같다.

이미 알려진 바와 같이 건조 초기에 판재의 표층에서는 급격한 인장응력이 발생하고 내층은 압축응력을 나타낸다. 건조가 진행됨에 따라 표층과 내층의 응력상태는 인장과 압축이 역전되어 최종적으로 표층은 압축응력, 내층은 인장응력을 나타내는 표면경화가 발생됨을 알 수 있다. 그림 4-4는 동일한 건조조건에서 발생하는 변형성분을 나타낸다. 그림 4-4의 (a)처럼 억제력이 없을 경우에 발생 가능한 수축변형은, 앞에서 언급한 바와 같이 균일한 두께 수축에 의해 억제되어 (b)와 같이 탄성변형을 유발하고, 이때의 변형은 응력완화 효과에 의해 그림 (c) 및 (d)와 같은 점탄성 및 mechano-sorptive 변형을 나타낸다.

3) 건조응력의 탐지

건조응력을 정량적으로 정확히 파악하는 것은 매우 어렵지만, 슬라이스법(slice test), 프롱법(prong test), 분할법(strip test) 등의 실험적인 방법을 통해 그 발생 정도를 개략적으로 추정할 수 있다.

(1) 슬라이스법

슬라이스법은 응력과 변형 사이의 비례관계를 이용하여 건조응력을 추정하는 방법이다. 건조 중인 목재에서 길이 1~2cm 되는 시험편을 채취한 다음 절단할 각 슬라이스에 표시를 하고 폭 방향의 길이를 정확하게 측정한다. 다음에 칼 또는 적당한 방법으로 각각의 슬라이스를 절단한 후 순간적인 길이 변화(순간회복 변형도)를 측정한다. 절단 전보다 길이가 감소하면 인장응력, 그리고 증가하면 압축응력이 각각 작용함을 나타낸다. 이와 같은 측정을 적당한 시간 간격으로 반복해서 각 슬라이스의 변형도(strain)와 함수율을 구하면 목재가 건조됨에 따라 나타나는 건조응력의 변화를 알 수 있다. 목재건조시 순간회복 변형과 응력의 관계는 목재의 탄성계수 또는 변형계수가 일정할 경우 비례관계가 성립되므로 변형의 크기로 응력의 크기를 알 수 있다. 그러나 목재 각 부분의 온도와 함수율이 시시각각으로 변화하므로 변형과 응력 사이의 완전한 일치는 기대하기 어렵다.

(2) 프롱법

건조응력을 측정하기 위한 프롱법(prong test)에는 폭방향에서 횡단방향

건조응력을 측정하는 횡방향 프롱법(transverse prong test)과 섬유방향으로 발생한 건조응력을 측정하기 위한 섬유방향 프롱법(longitudinal prong test)이 있다. 프롱법은 건조응력의 탐지에 가장 널리 사용되는 방법이며, 건조응력이 두께방향의 수분경사에 의해 횡단방향으로 많이 발생하기 때문에 횡방향 프롱법이 가장 일반적으로 사용된다.

횡단방향 건조응력을 측정하기 위한 횡방향 프롱법 시험편은 판재의 끝에서부터 최소한 42mm 또는 건조 중에 운용하는 시험재의 끝에서 30mm 이상 떨어진 곳에서 길이 12.7~25.4mm 정도로 채취한다. 채취한 시험편은 측면으로부터 약 6mm가 남도록 몇 개의 프롱을 만든다. 프롱의 수는 판재의 두께에 따라 다르다. 일반적으로 두께 38mm를 기준으로 그보다 얇은 경우에는 3개의 프롱을 만든 다음 중앙의 것을 제거한다. 그리고 그

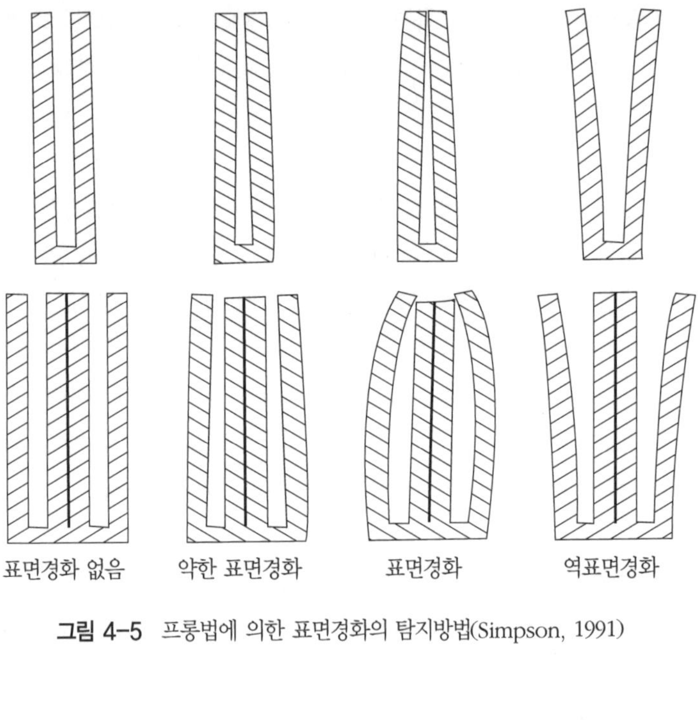

그림 4-5 프롱법에 의한 표면경화의 탐지방법(Simpson, 1991)

보다 두꺼운 경우에는 6개의 프롱을 만든 다음 두 번째와 다섯 번째의 것을 제거한다(그림 4-5). 프롱을 제거한 직후 프롱의 거동으로 각 층에 존재하는 응력을 알아낸다. 예를 들어, 바깥쪽의 프롱이 바깥쪽으로 휘면 인장응력을 나타낸다. 즉 이 시험편의 바깥쪽이 내부에 비해 더 많이 수축하려고 하지만 내부에 의해 억제되어 있어 인장응력이 발생한 상태이며, 안쪽 프롱의 제거로 인해 내부의 억제력이 없어져 원래 수축되려던 바깥쪽으로 휘게 되는 것이다. 반대로 프롱의 바깥쪽이 늘어나고 내부가 수축하면 프롱은 안쪽으로 휘게 된다. 이때 프롱의 바깥쪽인 판재의 표면은 압축응력, 내부는 인장응력을 나타낸다. 모든 프롱이 통직하면 응력이 존재하지 않는 상태이다. 건조가 종료된 후에 잔류응력을 알아보기 위해 프롱시험을 했을 때 표층이 압축응력, 내층이 인장응력을 나타내는 경우를 표면경화(casehardening)되었다고 한다. 반대로 표층이 인장응력, 내층이 압축응력을 나타내면 이를 역표면경화(reverse casehardening)라 한다.

건조응력이 심하게 발생한 경우에 기존의 프롱법으로 건조응력을 측정하면 바깥쪽 프롱이 안쪽 프롱과 서로 부딪쳐서 응력의 크기를 추정하기 곤란한 경우가 있다. 이런 경우에는 응력을 나타내는 프롱을 대각선으로 만들어 건조응력이 얼마나 심하게 발생되었는지를 알 수 있다.

그림 4-6처럼 시험편을 3개의 프롱으로 절삭한 후 중간층과 양 바깥층의 대각선 프롱을 각각 제거하면, 남아 있는 프롱은 응력의 발생 정도에 따라 서로 교차할 수 있을 만큼 자유롭게 움직인다. 건조응력이 아주 심한 경우에는 2개의 프롱이 서로 교차하는 수도 있다.

건조재 내 수분경사가 심한 경우에는 잔류 건조응력과 수축률이 서로 작용하기 때문에 내부응력 탐지시 혼돈을 일으킬 수 있다. 응력탐지를 위해 자른 시험편의 내부가 주위 공기와 평형상태가 아니면 목재 내부는 수분을 증발하거나 흡수한 결과 표면경화처럼 안쪽으로 휘거나 역표면경화처럼 바깥쪽으로 휘게 된다. 실제로는 내부의 함수율이 높기 때문에 대부분의 경

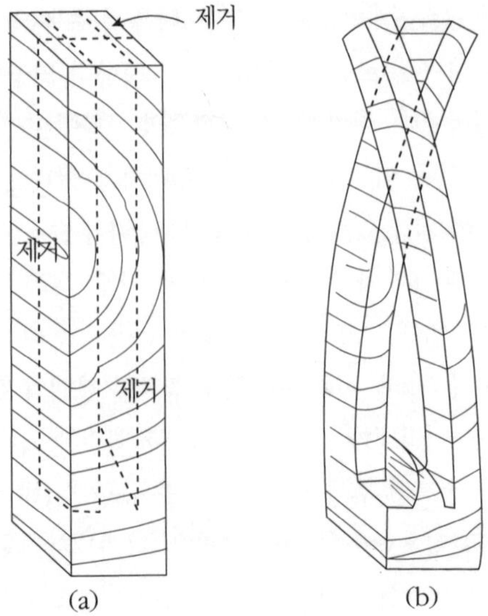

그림 4-6 표면경화가 심한 경우의 건조응력 탐지방법(Simpson, 1991)

우 수축한다. 따라서 프롱의 안쪽 면의 수분이 증발하고 그 결과 수축이 발생하여 마치 표면경화처럼 프롱이 안쪽으로 휘게 된다. 프롱의 움직임에 소요되는 시간으로부터 그 원인이 수분경사에 의한 것인지 표면경화에 의한 것인지를 판단할 수 있다. 잔류응력에 의한 표면경화가 원인이면 프롱의 움직임이 거의 순간적으로 발생하지만, 수분경사에 의한 수축률이 원인이면 프롱의 움직임에 최소한 수 시간이 소요된다. 순간적인 움직임 이외에 지속적으로 프롱이 움직이면 두 경우가 모두 작용하는 것으로 판단할 수 있다.

횡방향 프롱법에서 잔류응력이 관찰되지 않은 판재를 다시 제재할 때 길이굽음이 생기는 경우가 있다. 이는 섬유방향으로 응력이 발생한 결과이며, 그 원인은 표층에 섬유방향으로 인장세트가 생겼거나 표층에 이상재가 있어 수축률에 차이가 있기 때문이다. 이러한 종류의 응력은 건조 후의 조습처리로 해소될 수 있지만, 처리온도와 이때의 평형함수율이 너무 낮거나 처리시간이 짧은 경우에는 해소되지 않는다. 섬유방향 프롱법은 이러한 응력상태를 탐지하는 데 매우 유용하며, 섬유방향 잔류응력이 있는 경우에는 건조 후 조습처리 온도를 최소한 82°C 이상 적용해야 한다. 인장이상재의 비정상적인 수축에 의한 경우에는 조습처리로도 응력을 해소할 수 없다.

(3) 기타 방법

분할법(strip test)의 응력시편은 프롱법과 같은 방법으로 채취한다. 판재의 재면과 평행한 방향으로 2등분 또는 몇 등분을 한 후 분할된 시편의 움직임으로 건조응력의 정도를 추정할 수 있다. 건조 초기에 목재 표층에 인장응력이 설정되므로 분할된 시편은 분할 즉시 외측으로 구부러진다. 그러나 이들 시편을 실내에 12~24시간 방치하여 함수율이 균일해지면 분할된 시험편 중 함수율이 높은 안쪽 면의 수축이 표층보다 크기 때문에 다시 안쪽으로 휘게 된다. 그러나 건조 후기에 채취한 시험편의 움직임은 다르다. 목재 내 건조응력이 역전되어 내층은 인장, 표층은 압축상태에 있게 된다. 이때 채취한 시험편을 분할하면 분할된 시험편은 안쪽으로 굽게 된다.

2. 건조결함

목재건조의 성공 여부는 건조결함 발생의 원인을 알고 적절하게 예방하는 데 달려 있다. 건조결함의 일부는 생재상태에서는 관찰되지 않고 건조가 진행된 후에 관찰되기 때문에 건조결함이 입목상태부터 발생하였더라도 건조결함이라 부른다. 기계가공이나 접착, 도장 과정의 목제품에서 발생하는 결함도 건조결함으로 분류될 수 있다. 심지어 사용 중인 목재에서 발생하는 결함도 건조의 잘못에 그 원인이 있을 수 있다.

목재를 가공하거나 특정한 용도로 이용할 때 발생하는 건조결함은 목재가 지닌 고유한 특성에 의해 많은 영향을 받는다. 이러한 특성에는 옹이, 윤할, 수피, 수지낭, 이상재, 미성숙재, 나선목리 또는 선회목리 등이 있으며, 이들은 입목상태에서 형성되어 목재의 등급에 직접적인 영향을 미친다. 가공 과정에서 이러한 결점들을 일부 제거할 수 있지만, 목재의 품질을 떨어뜨리는 대부분의 결점은 제재나 건조 도장 등의 가공 과정에서 발생할 수 있다. 건조가공의 근본 목적은 이러한 결점을 최소화하면서 가장 경제적인 방법으로 건조하는 것이다.

건조 과정에서 발생하는 건조결함은 크게 조직의 파괴, 틀어짐, 변색, 함수율 불균일 등으로 구분할 수 있다. 이러한 결함은 목재의 성질과 건조과정의 상호작용에 의해 발생한다. 목재의 수축은 조직의 파괴나 틀어짐에 가장 큰 영향을 미친다. 세포구조와 추출물 등은 변색과 함수율 불균일, 재면 거침 등의 발생에 원인을 제공한다.

1) 수축에 기인한 결함

(1) 조직의 파괴

건조 중에 발생하는 거의 모든 결함은 목재의 수축과 관련이 있다. 특히 방향별로 불균일하게 발생하는 수축이나 판재 내에서 부위별로 다르게 발생하는 수축이 건조결함을 유발한다. 조직의 파괴도 이러한 수축과 관련된 결함이다. 따라서 언제 어떻게 조직의 파괴가 발생하는지를 예측하여 이를 건조 과정에서 최소화해야 한다. 조직의 파괴에 의한 건조결함은 인공건조 또는 천연건조 과정에서 모두 발생한다. 인공건조에서는 공기의 조건을 조절하여 이를 최소화할 수 있으며, 천연건조에서는 쌓는 방법을 적절히 조절하여 결함을 예방할 수 있다.

① 표면할렬

표면할렬(surface check)은 주로 판목재의 표면에서 방사조직을 따라 발생하는 조직의 파괴를 말한다. 표면할렬은 건조 과정에서 표면에 발생한 건조응력이 목재의 횡단방향 인장강도를 초과할 때 발생한다. 표면할렬은 수지구를 통해 발생할 수도 있다. 표면할렬은 주로 건조 초기에 발생하지만, 침엽수의 경우에는 건조 초기 이후에도 발생할 수 있다. 두껍고 넓은 판목재일수록 표면할렬의 발생 위험이 크다. 대부분의 표면할렬은 건조 후기에 닫혀진다. 이는 목재의 표면에 발생한 건조응력이 건조 초기의 인장응력에서 건조 후기에 압축응력으로 전환되기 때문이다. 닫힌 표면할렬은 사용 중에 주위의 상대습도 변화로 인해 다시 열릴 수 있기 때문에 가구재나 내장재로 이용되는 고가의 목제품에 매우 부정적인 영향을 미친다. 대패가공과 같은 2차 가공공정에서 제거할 수 있는 표면할렬은 큰 문제가 되지 않지만, 운동기구나 도구 손잡이 등으로 이용되는 목재의 경우에는 표면할렬이 열려 있거나 닫혀 있는 것에 관계 없이 사용 중에 갈라질 위험이 있다. 내장재나 가구 내장, 샛기둥, 마루판 등으로 이용되는 목재에서는 가벼운 대패가공만으로 사용 중에 표면할렬 때문에 발생하는 문제점을 제거할 수 있다.

② 횡단면 할렬과 갈라짐

횡단면 할렬(end check)도 표면할렬과 같이 목재의 방사조직을 통해 발생한다(그림 4-7). 표면할렬과 같이 건조 초기에 발생하며, 고습조건을 적용하거나 횡단면 엔드코팅을 하여 최소화시킬 수 있다. 수분은 횡단방향보다 섬유방향으로 더 빨리 이동하기 때문에 판재의 양쪽 끝 부분이 판재 중앙보다 더 빨리 건조되고 이로 인해 응력이 발생하여 횡단면 할렬이 생긴다. 횡단면 할렬이 발생했을 때 고습을 적용하면 할렬이 더 깊어질 수 있다. 두껍고 넓은 판재일수록 횡단면 할렬이 발생할 위험이 크다. 따라서 두

그림 4-7 참나무재에서 발생한 횡단면 할렬(Simpson, 1991)

껍고 넓은 판재는 엔드코팅을 해야 한다. 엔드코팅은 생재상태에서 횡단면 할렬이 없는 경우에 해야 예방효과가 있다. 갈라짐(split)은 횡단면 할렬이 판재 안쪽으로 더 진행한 경우이다. 갈라짐은 생장응력에 의해서도 발생할 수 있으며, 원목상태 또는 제재 직후에도 발생할 수 있다. 갈라짐을 방지하기 위해 잔목을 판재의 양끝에 설치하는 방법이 있다.

③ **찌그러짐**

찌그러짐(collapse)은 세포가 틀어지거나 납작해지고 찌그러져 발생한다. 얇은 판재에서 찌그러짐이 심하게 발생하면 빨래판이나 골판지 형태가 된다. 약간의 찌그러짐은 감지하기가 매우 어려운데, 사용상 심각한 문제를 일으키지는 않는다. 찌그러짐의 발생원인은 판재 내부에 발생한 압축응력

그림 4-8 심하게 발생한 찌그러짐(Simpson, 1991)

이 목재의 압축강도를 초과할 때, 또는 세포내강의 자유수가 이동하면서 유발되는 모세관 장력이 압축강도를 초과할 때 발생한다. 두 가지 경우 모두 건조 초기에 발생하지만, 표면에서 찌그러짐 발생은 건조가 끝난 후까지 감지하기 어렵다. 찌그러짐은 건조 초기에 고온의 조건을 적용할 때 발생하기 쉽다. 따라서 찌그러짐이 발생하기 쉬운 목재는 건조 초기에 낮은 온도 조건을 적용해야 한다. 특히 수식재가 있는 목재에서 찌그러짐이 발생하기 쉽다. 매우 드물게 천연건조 과정에서 찌그러짐이 발생하는 경우도 있다.

찌그러짐은 아주 심한 건조결함이므로 가능하면 그 발생을 억제해야 한다. 따라서 찌그러짐 발생이 우려되는 수종을 건조할 때는 특별한 건조스케줄을 적용해야 한다. 이러한 수종은 인공건조 전에 천연건조를 하는 것이 바람직하다. 종종 심하게 발생한 찌그러짐을 조습처리나 증습처리를 하여 회복시킬 수 있다. 이 방법은 약 100°C의 온도에서 상대습도가 거의 100% 되는 조건에서 증습처리하는 방법이다. 함수율이 15% 정도에 도달했을 때 4~8시간 증습처리를 하는 것이 가장 효과적이다.

④ 내부할렬

내부할렬(internal check, honeycomb)은 방사조직을 통해 목재 내부에서 횡단방향으로 발생한다. 이 결함은 목재 내부에 인장응력이 발생하기 때문에 생긴다. 주로 목재 내부의 함수율이 높은 상태에서 고온으로 장시간 건조할 때 발생한다. 따라서 내부할렬은 목재 내부의 모든 자유수가 증발할 때까지, 즉 섬유포화점 이하로 건조될 때까지 고온에 노출시키지 않음으로써 방지할 수 있다. 판재 전체의 평균함수율만을 측정할 수 있을 때 목재 내부의 함수율은 알기는 매우 힘들다. 함수율 경사가 아주 심한 경우에는 평균함수율이 낮고 표면도 상당히 건조되어 있지만 목재 내부는 높은 함수율을 유지하는 경우가 있다. 그러나 평균함수율에 의해 건조스케줄을 변경하기 때문에 건조온도가 증가하고, 목재 내부는 아직 상당히 높은 함수율을 유지할 수 있기 때문에 내부할렬이 발생할 수 있다. 이러한 위험을 피하기 위해 건조스케줄을 바꿀 때는 판재의 표면과 내부의 함수율 상태를 점검해야 한다. 표면할렬이나 횡단면 할렬이 깊게 발생한 후 건조가 진행되어 닫혀진 경우 그 내부는 열려 있기 때문에 이를 내부할렬이라고 부르는 경우도 있다. 내부할렬이 발생하면 목재의 손실이 크다. 그러나 이 결점

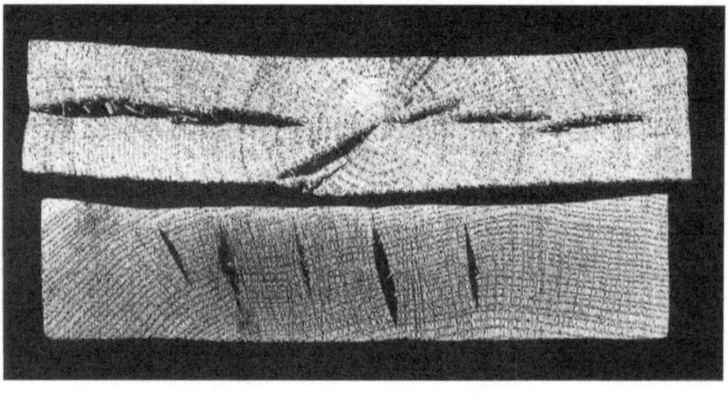

그림 4-9 레드오크재에서 발생한 내부할렬(Simpson, 1991)

그림 4-10 레드오크재에서 발생한 윤할, 찌그러짐 및 내부할렬(Simpson, 1991)

의 발생 여부는 표면에서 감지할 수 없고 가공단계에서 알 수 있다. 내부할렬이 심한 경우에는 판재의 단면이 찌그러짐 발생처럼 요철 형태로 나타날 수 있다.

⑤ 윤할

윤할(ring failure)은 연륜을 따라 또는 연륜과 연륜 사이를 따라 발생한다(그림 4-10). 결함의 형상은 입목상태나 벌채 과정에서 발생하는 shake와 유사하고 또 이와 밀접한 관계가 있다. Shake에 의해 취약해진 부분이, 고온건조를 적용할 경우, 건조응력이 역전된 후 내부에서 발생한 인장 건조응력에 의해 파괴된다. 파괴는 한 연륜에서 시작하여 방사조직을 타고 다음의 몇 개의 연륜으로 확대될 수 있다. 또한 건조 초기에 횡단면에서 발생하여 건조가 진행됨에 따라 내부로 확산된다. 윤할은 엔드코팅을 하거나 건조 초기에 저온고습 조건을 적용하여 최소화할 수 있다.

⑥ 수심 갈라짐

수심 갈라짐(boxed-heart splits)은 건조 초기에 발생하여 건조가 진행될수록 점차 확대된다(그림 4-11). 주로 목재의 수(pith) 부분의 접선방향

그림 4-11 레드오크재에서 발생한 수심 갈라짐(Simpson, 1991)

과 방사방향 수축률 차이로 인한 응력이 발생원인이다. 건조 과정에서 이를 방지하기는 매우 곤란하다.

⑦ 기타

이 밖에 옹이 갈라짐(checked knot)과 옹이 빠짐(loose knot) 등도 조직의 파괴로 인한 건조결함으로 분류된다. 옹이 갈라짐은 옹이의 횡단면이 방사조직을 따라 횡단면 할렬처럼 갈라지는 것을 말한다(그림 4-12). 그 원인은 옹이 횡단면에서 발생하는 수축률 차이 때문이다. 옹이 갈라짐은 건조 초기에 너무 낮은 습도를 적용할 때 발생하며, 고습조건을 적용하거나 최종함수율을 높게 설정하여 조절할 수 있지만 근본적인 예방은 거의 불가능하다.

옹이 빠짐은 산옹이가 건조에 의해 수축하는 양이 판재의 표면보다 크기

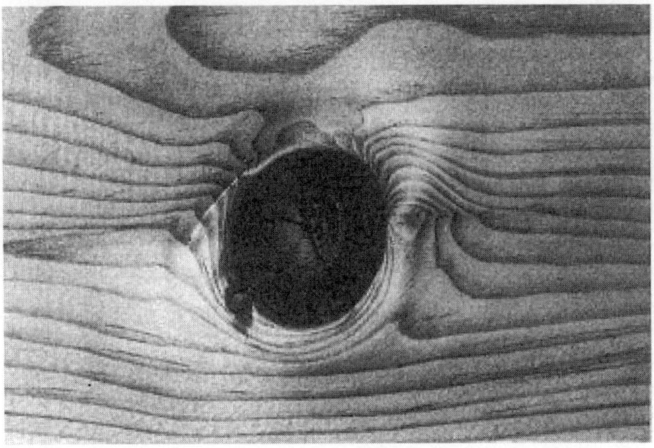

그림 4-12 옹이 갈라짐(Simpson, 1991)

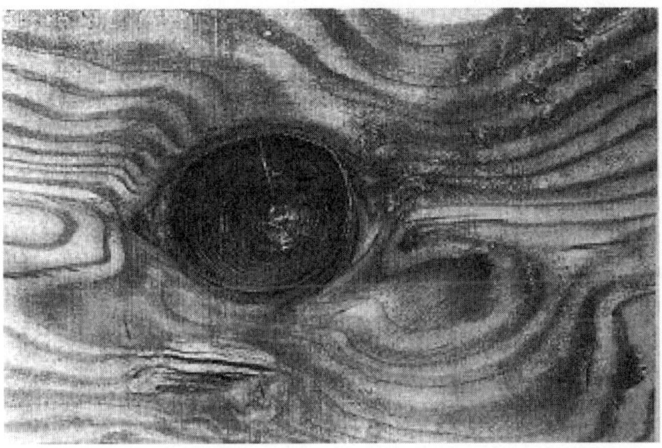

그림 4-13 옹이 빠짐(Simpson, 1991)

때문에 발생한다(그림 4-13). 따라서 건조된 옹이는 옹이 구멍보다 크기가 작아지고 건조 후 취급 또는 가공 중에 빠지게 된다. 건조 과정에서 이를 예방할 수 있는 방법은 거의 없다. 최종함수율을 높게 설정한 경우에는 옹이 빠짐의 발생 정도를 줄일 수 있다.

(2) 틀어짐

틀어짐(warp)은 판재의 한쪽 모서리나 한 면이 다른 면과 수평을 유지하지 않거나, 한쪽 모서리가 인접한 모서리 또는 면과 직각을 유지하지 못하는 경우를 말한다. 틀어짐이 발생하면 목재의 손실이 많아진다. 모든 형태의 틀어짐은 건조 과정에서 발생한 방향별 수축이방성이나 생장응력 때문에 생긴다. 틀어짐은 목리가 불규칙하거나 비정상적으로 생장한 목재조직, 예를 들어 미성숙재나 이상재 등이 판재 내에 정상재와 같이 혼재될 때 더욱 심하게 나타난다. 수축이방성에 의한 틀어짐은 적절한 쌓기 방법을 통해 최소로 줄일 수 있다. 그러나 생장응력에 의해 발생되는 틀어짐은 건

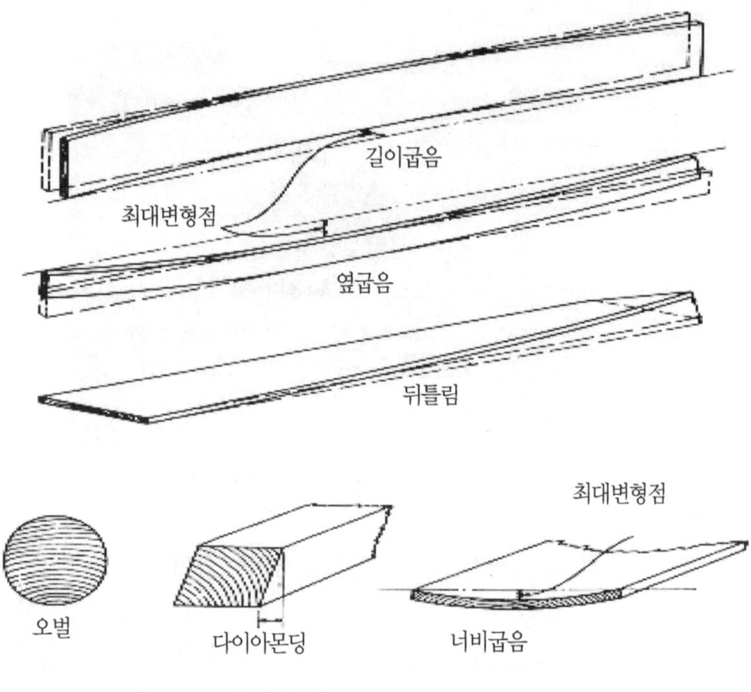

그림 4-14 틀어짐의 종류(Panshin and DeZeeuw, 1983)

조 과정에서 조절이 곤란하며, 특별한 제재방법을 이용하여 그 발생을 줄일 수 있다.

틀어짐의 종류에는 너비굽음(cup), 길이굽음(bow), 옆굽음(crook), 뒤틀림(twist), 다이아몬딩(diamonding) 등이 있다. 너비굽음은 판재의 폭이 폭방향으로 휜 경우를 말한다. 건조 초기에 발생하며 건조가 진행될수록 더 심해지는 경향이 있다. 너비굽음은 판재 양 표면의 연륜에서의 수축률이 다르기 때문에 발생한다. 일반적으로 접선방향과 방사방향 간의 수축률 차이가 크고 판재의 두께가 얇을수록 너비굽음의 발생이 심하다. 접선방향의 수축률이 방사방향보다 크기 때문에 판목재는 수피 쪽으로 너비굽음이 발생한다. 수피 쪽에 가까운 판재가 수에 가까운 판재보다 연륜각도가 더 크기 때문에 너비굽음의 정도가 작다. 이와 같은 이유로 소경재에서 채취한 판재는 대경재에서 채취한 판재에 비해 너비굽음이 심하다. 정목재에서는 너비굽음이 발생하지 않는다. 너비굽음이 발생하면 판재를 가공하는 과정에서 손실이 매우 크다. 또한 기계대패로 가공할 때 롤러에 의한 압력 때문에 판재가 쪼개지는 경우도 있다. 너비굽음은 건조 과정에서 적절한 쌓기나 잔적 위에 하중을 가하여 예방할 수 있다.

그림 4-15와 같이 판재의 바깥 면이 수(pith)로부터 r 만큼 떨어져 있을 때 너비굽음의 정도는 판재의 폭(w)에 대한 굽음의 깊이(d)의 비로 나타낸다. 판재가 어떠한 외부하중이 노출되지 않고 자유롭게 수축하고 건조과정에서 수분경사가 없다고 가정하면, 판목재에서 너비굽음의 발생정도는 다음의 식으로 계산할 수 있다.

$$d/w = 0.005(s_t - s_r)\ \arctan(w/2r) \qquad (4\text{-}2)$$

위에서 s_t와 s_r는 접선 및 방사방향 수축률이고 acrtan($w/2r$)는 그림 4-15의 각도 ϕ이다. 식 (4-2)로부터 너비굽음의 정도는 접선방향과 방사방

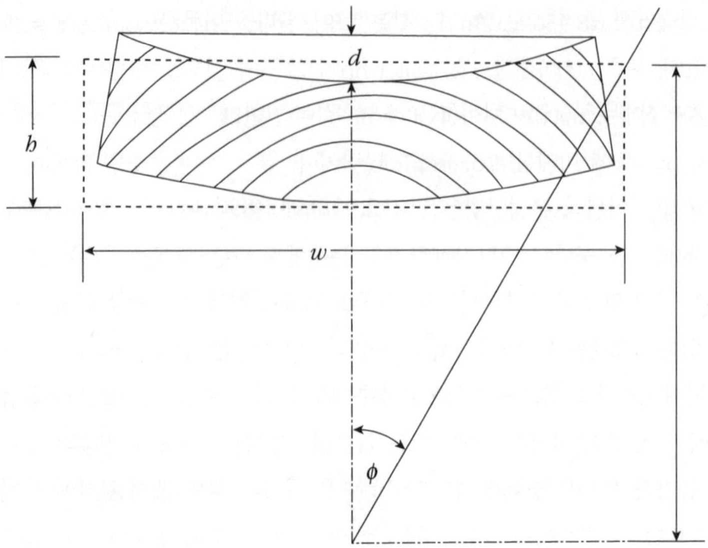

그림 4-15 너비굽음의 측정방법(Hsu and Tang, 1975)

향 수축률 차이와 각도 ϕ에 정비례함을 알 수 있다. 따라서 판재의 폭이 일정하다면 r 값이 커질수록 너비굽음의 발생 정도가 감소함을 알 수 있다. 식 (4-2)는 수(髓)를 포함하지 않는 판목재에 대해서만 적용할 수 있다. 그림 4-15의 판목재 횡단면을 보(beam)로 가정하면 너비굽음을 억제하는 데 필요한 압체 하중을 이론적으로 계산할 수 있다. 너비굽음의 중앙에 굽음 억제를 위해 중앙집중 하중을 가할 때 보의 처짐 이론으로부터 판재 표면에 작용하는 응력은 다음의 식으로 계산된다.

$$S_{max} = [0.03Eh(s_t - s_r)/w][\arctan(w/2r)] \qquad (4\text{-}3)$$

E = 접선방향 목재의 탄성계수

h = 판재의 두께

식 (4-3)은 S_{max}를 추정하는 데 사용 가능하지만, 실제로 목재에 압체를 가할 때는 목재의 점탄성에 의한 응력완화 때문에 계산된 하중보다 적은 값을 적용해도 충분하다.

길이굽음은 판재의 양 끝이 넓은 재면 쪽으로 휜 것을 말한다. 주로 수부근의 미성숙재나 이상재(압축이상재 또는 인장이상재)가 판재의 앞뒷면에 정상재와 혼재되어 있을 때 두 조직 사이의 섬유방향 수축률 차이로 인해 발생한다. 목리가 곧은 경우에 판재의 앞뒷면 수축률에 차이가 없다면 길이굽음은 발생하지 않는다.

옆굽음은 길이굽음과 유사한 틀어짐이지만 판재의 측면방향으로 휜 것을 말한다. 발생원인은 길이굽음과 거의 같다. 판재의 양 측면에 정상재와 미성숙재 또는 이상재가 같이 혼재해 있는 경우, 섬유방향 수축률의 차이로 인해 옆굽음이 발생한다.

뒤틀림은 판재의 한쪽 모서리가 다른 모서리와 같은 평면상에 위치하지 않는 경우를 말한다. 주로 판재에 선회목리, 사주목리, 파상목리 등이 있는 경우에 발생한다. 이러한 목리가 있는 판재라도 쌓는 방법을 개선해서 뒤틀림을 예방할 수 있다. 침엽수 구조재의 경우 모든 형태의 틀어짐에 대한 허용한계가 있기 때문에 이러한 결점을 최소화되도록 건조하는 것이 바람직하다. 다이아몬딩은 정각재나 두꺼운 판재에서 발생하는 틀어짐의 한 종류이다. 정각재에서 연륜이 대각선 방향으로 배열할 때 접선방향과 방사방향 간의 수축률 차이로 인해 건조 과정에서 다이아몬드 형태로 횡단면이 변한다. 다이아몬딩은 제재방법의 개선이나 예비건조를 통해 어느 정도 예방할 수 있다.

2) 변색

최종 건조 재의 품질은 변색(discoloration)에 의해 가치가 손상될 수 있다. 변색은 입목상태나 저목 및 건조 과정에서 발생할 수 있으며, 햇빛이나 수분 또는 화학적인 반응을 통해서도 생길 수 있다. 변색의 원인은 화학적인 작용과 균에 의해 발생하는 것으로 알려져 있다. 그러나 최근 들어 일부의 변색은 박테리아의 화학적 작용에 의해 발생하는 것으로 알려지고 있으며, 일반적으로 변색은 수종과 목재의 조직, 건조조건 등이 복합적으로 작용하여 발생하는 것으로 이해되고 있다. 변색의 조절은 건조 실무자가 최종 건조재의 재색 변화를 감지할 수 있고 변색을 유발하는 건조 조건을 숙지하고 있을 때만 조절이 가능하다. 변색을 예방하기 위해 건조 실무자는 수종과 판재의 종류(변재, 심재, 수식재 등)를 명확히 알아야 하지만, 변색의 원인이 화학적인 작용에서 기인하는 경우는 예방이 매우 곤란하다.

(1) 변재 변색

생재상태 목재의 변재는 살아 있는 유세포를 가지고 있으며, 이들 세포가 죽으면서 생성되는 효소와 화학 부산물에 의해 목재의 재색이 짙게 된다. 이들 물질이 건조 과정의 가열에 의해 산화되거나 곰팡이 균 또는 공기 중의 박테리아에 의해 침해를 받아 재색의 변화가 심해진다. 변재는 전분과 당을 포함하기 때문에 균이나 박테리아에 필요한 양분을 제공하는 역할을 한다.

① 화학적 변재 변색

화학 변색은 주로 변재의 화학성분이 산화나 효소작용에 의해 발생된 결과이다. 이러한 결과로 생긴 재색의 변화는 색상별로는 청색, 홍색, 황색 등으로 다양하며, 색의 명암으로는 회색, 적갈색 및 짙은 갈색까지 그 범위가 매우 넓다. 일반적으로 활엽수재는 침엽수재에 비해 표면산화에 의한 변색 발생이 심하다. 오리나무류와 같은 활엽수재는 생재상태의 목재를 공기 중에 노출시키면 한 시간 이내에 변색이 발생하기도 한다. 산화에 의한 변색의 대부분은 그 깊이가 약 1.5mm(1/16인치) 이하이며 대패가공으로 제거할 수 있다. 하지만 더글러스퍼 변재에 발생하는 화학 갈변색은 그 깊이가 훨씬 깊다. 이러한 변색은 산화방지제를 표면에 처리해 쉽게 예방되지 않는다. 일부 연구에 의하면, 건조 전에 100°C 증기로 목재를 처리하면 산화효소의 작용을 무력하게 하여 내부 갈변색을 예방할 수 있다는 보고도 있다.

건조 과정에서 함수율이 섬유포화점보다 높을 때 변재 변색의 발생 정도는 변재의 화학성분과 건조온도 등에 의해 크게 좌우된다. 건조온도가 너무 높으면 화학변색의 침투깊이가 깊어진다. 단풍나무나 자작나무, 오리나무 등은 온도가 60°C를 넘으면 변재의 갈변색이 심해진다. 단풍나무나 물푸레나무를 추천 건조스케줄로 건조해도 재색이 핑크 또는 황색으로 변하는 경향이 있는데, 밝은 재색이 요구되는 경우에는 이 정도의 약한 변색도 사용상의 문제점으로 작용할 수 있다. 밝은 재색이 필요한 목재의 건조온도는 초기에 43°C 정도를 적용하며, 함수율이 15%에 도달할 때까지 54°C를 넘지 않는 것이 바람직하다. 잣나무와 미국산 SYP(southern yellow pine) 변재는 건조온도가 71°C를 넘으면 갈변색이 발생한다. 특히 건조온도가 100°C를 초과하면 짙은 갈변색이 생기고 그 깊이도 약 3mm 정도 침투한다.

산화에 의한 변색은 표면을 대패가공하기 전까지 감지할 수 없는 경우가 있다. 이는 목재의 표면이 산화작용이 발생하기 전에 이미 섬유포화점 이하로 건조되어 목재 내부에서만 산화작용이 진행되었기 때문이다. 이러한 경우는 인공건조 전에 천연건조를 먼저 한 목재에서 종종 생길 수 있다. 고온에서 주로 발생하는 화학변색과 달리 천연건조 또는 예비건조를 할 때와 같이 건조온도와 건조속도가 낮은 조건에서 짙은 회갈색 화학변색이 발생할 수 있다. 이러한 변색은 참나무, 물푸레나무, 단풍나무, 감나무, 피나무 등에서 종종 발견된다. 이때에는 천천히 건조되는 유세포에 의해 효소가 생성되고 이로 인해 재색이 짙어지는 산화가 진행되기 때문이다. 이러한 변색을 예방하기 위해서는 제재 즉시 목재를 쌓고 온도 21°C 이상에서 건조하는 것이 바람직하다. 통풍을 양호하게 유지하는 것도 매우 중요하며, 100°C 이상으로 건조하여 효소의 작용을 무력화시키는 방법도 제한적으로 적용할 수 있다.

② 균에 의한 변재 변색

종종 청변으로 불리는 균에 의한 변색은 변재 유세포의 전분이나 당을 양분으로 섭취하는 균의 성장에 의해 생긴다. 청변균은 변재를 부후시키지는 않으며, 양분이 충분치 않은 심재나 수식재 등에서는 활동하지 않는다. 그러나 건조조건이 아주 불량해서 청변균이 생활하기 좋은 조건이 조성되면 청변균이 또 다른 부후균을 감염시킬 수 있다. 청변균에 감염된 목재는 목재의 인성(toughness)을 제외하면 강도에 별다른 영향을 미치지 않는다.

청변을 예방하기 위해서는 청변균의 활동조건을 만들지 않는 것이 중요하다. 청변균은 바람이나 곤충에 의해 전파되는 포자에 의해 목재로 감염된다. 목재의 함수율이 20% 이하이거나 온도가 43°C 이상이면 청변균이 생활할 수 없으며, 온도가 65°C 이상이면 청변균에게는 치명적이다. 여름철에는 적절한 건조스케줄의 적용 이외에 살균제를 도포하는 것이 청변 예방에 바람직하다.

청변 예방에 가장 효과적인 방법은 살균제 처리이다. PCP(sodium pentachlorophenol)가 가장 널리 사용되는 청변 방지용 살균제이지만, 최근 들어 환경문제와 인체에 대한 독성문제 등으로 사용이 규제되고 있다. 새로운 형태의 살균제가 많이 개발되어 있지만, 살균효과를 극대화하기 위해서는 제재 직후에 살균제 처리를 하는 것이 바람직하다. 그러나 장기간 야적되어 이미 청변에 감염된 목재에는 효과가 없다. 따뜻하고 습기가 높은 환경조건에서 청변균 포자는 아주 빠른 속도로 목재에 퍼진다. 살균제 처리를 할 경우에는 제재 직후 36시간 이내에 하는 것이 바람직하다. 살균제 처리는 표면에서 대략 0.8mm 깊이 이하로 하는 것이 일반적이다. 따라서 살균처리한 목재는 표면에서 더 깊게 침투한 포자가 활동하기 전에 65°C 이상의 온도로 열기건조하는 것이 바람직하다. 변색균이 1.5°C 이하에서 활동할 수 없기 때문에 겨울철이나 추운 지방에서는 경제적인 이유로 인해 살균제 처리를 생략한다. 그러나 건조 과정에서 건조온도가 낮고 습한 조건에서 표면의 함수율이 신속하게 20% 이하로 건조되지 않으면 표면에서 청변이 발생할 수 있다. 특히 침엽수재를 제습건조할 경우 이와 같은 문제가 쉽게 발생할 수 있다.

③ 박테리아 변색

공기를 통해 감염되는 박테리아에 의해 재색이 밝은 목재에 변색이 생길 수 있다. 이 박테리아는 변재의 일부 화학성분에 의해 성장하고 이때 발생하는 대사산물에 의해 재색이 변하는 것으로 알려져 있다. 특히 잔목과 접촉하는 부분에서 많이 발생한다. 이를 예방하기 위해서는 프로피온 산과 같은 유기산을 아주 낮은 농도로 조제하여 건조 전에 목재에 도포하는 방법이 있다. 유기산은 알칼리 조건을 선호하는 박테리아의 활동을 저해하는 역할을 한다.

④ 잔목에 의한 변색

잔목 자국(sticker mark)과 잔목 변색(sticker stain)은 잔목과 목재의 접촉에 의해 생긴다. 잔목 변색은 목재에 잔목 자국이 짙게 나타나는 것을 말하고, 잔목 자국은 목재보다 엷게 잔목 자국이 남는 것을 말한다. 잔목에 의한 변색은 심재에서도 발생하지만 변재에서 더욱 심하다. 발생원인은 화학적 작용, 균의 작용 또는 이들 모두의 복합적 작용이다.

잔목 변색은 잔목 밑부분의 목재가 다른 부분보다 오래 젖어 있거나 다시 수분을 흡수하기 때문에 생긴다. 잔목 변색은 오염되었거나 젖어 있는 잔목에 의해 발생한 균이 원인이 되기 때문에 균에 의한 변색으로 구분될 수 있다. 잔목이 건조되었다 하더라도 잔목과 접촉하는 잔목밑의 목재 건조조건이 불량하기 때문에 균에 의한 변색이 생길 수 있다.

잔목 자국은 잔목과 접촉하는 부분보다 목재 표면의 산화가 훨씬 쉽게 진행되기 때문에 화학적 변색으로 구분된다. 잔목 자국의 발생 정도는 목재가 포함하는 추출물의 화학적 특징과 건조조건에 따라 결정된다. 고온건조에서도 목재 표면의 추출물 열화가 잔목과 접촉하는 부분보다 빨리 진행되기 때문에 잔목 자국이 생길 수 있다. 특히 산화되는 추출물 함량이 많은 오리나무 변재에서 잔목 자국이 많이 발생한다.

잔목에 의한 변색은 불가피하지만 건조 후 표면을 대패가공하여 대부분 제거할 수 있다. 잔목에 의한 변색을 예방하는 수단은 건조 과정을 조절하여 그 발생 정도와 침투 깊이를 조절하는 데 초점을 맞추고 있다. 이러한 수단 중에는 충분히 건조된 잔목을 사용하는 것과 얇고 홈이 파인 잔목를 사용하여 목재와의 접촉면을 줄이는 방법 등이 있다.

(2) 심재 변색

심재 변색(heartwood discoloration)은 대부분 화학적인 원인으로 발생하지만 변재처럼 발생빈도가 많지는 않다. 건조조건이 양호하면 균에 의한 변색은 발생하지 않는다. 심재에서는 박테리아로 인한 문제점도 거의 없지만, 수식재에서는 문제가 될 수 있다.

① 화학적 심재 변색

대부분 수종에서 심재는 건조가 진행되면서 재색이 짙어지며, 그 정도는 건조온도와 추출물의 특성에 따라 결정된다. 건조온도를 높이면 재색의 짙어짐이 심해진다. 특히 티크의 경우 짙은 갈색의 불균일한 반점이 생긴다. 이 반점은 표면에 발생하며, 화학적으로는 티크의 갈색을 유발하는 추출물과 거의 동일하다. 티크 반점은 43°C 정도의 건조조건에서도 발생하며, 건조온도가 높으면 더욱 심해진다. 티크 반점의 발생원인은 명확히 알려진 바 없으며, 산지에 따라 반점이 생기는 경우와 그렇지 않은 경우가 있다. 반점을 햇빛에 노출시키면 엷어지는 경향이 있다.

② 균에 의한 심재 변색

변재의 청변을 유발하는 것과 같은 곰팡이류의 균은 심재의 화학적 특성 때문에 심재에서 성장할 수 없다. 예외적으로 *Paecilomyces varioti*라 알려진 곰팡이는 참나무 심재의 타닌이나 유기산을 양분으로 생활하기 때문에 제습건조나 예비건조 과정에서 공기순환이 불량하여 습하고 따뜻한 환경이 조성되면 표면에 황갈색의 변색을 유발한다. 그러나 변색은 표면에서만 발생하여 대패가공으로 쉽게 제거되지만, 표면함수율이 20% 이상이면 표면에서 내부로 침투할 수 있다. 이를 예방하기 위해서는 적절한 공기순환과 건조스케줄을 적용해야 한다. 참나무에서 종종 엷은 갈색 줄무늬 형태의 변색이 관찰되는데, 입목상태에서 심재가 균에 감염되기 때문에 발생하는 것으로 알려져 있다. 외관상으로는 잔목 변색과 유사하지만 다른 점은 판재 전체 두께에서 발생하여 대패가공만으로 제거할 수 없다는 점이다. 이러한 변색은 마무리 도장을 하면 두드러지기 때문에 가공 최종단계까지 감지할 수 없는 어려움이 있다.

(3) 수식재에 의한 변색

수식재는 심재 일부가 물로 포화된 비정상적인 조직을 말한다. 수식재는 생리적인 원인보다 병리적인 원인에 의해 발생되며, 혐기성 박테리아가 건조 과정에서 추출물의 화학적 성분을 변화시켜 변색을 유발하는 것으로 알려져 있다. 수종마다 수식재를 형성하는 박테리아와 이들에 의한 수식재 형성 기작이 다르기 때문에 모든 수식재가 건조에 의해 변색되지는 않는다.

예를 들어, 화이트파인 수식재는 수식재 형성에 기여하는 박테리아의 종류에 따라 짙은 갈색의 변색이 발생할 수도 또는 발생하지 않을 수도 있다.

수식재에 의해 발생하는 변색은 산화작용이나 금속과 타닌의 상호작용에 의해 발생한다. 두 경우 모두 목재 추출물은 박테리아(주로 호기성 박테리아)에 의해 화학적으로 열화되고, 이들이 산화되거나 금속과 접촉하여 재색을 짙게 하는 변색물질을 생성한다. 소나무류나 포플러류 수식재를 포함한 목재를 열기건조할 때 생기는 짙은 갈색의 변색은 산화효소의 작용이 그 원인이다. 이를 예방하기 위해 화학처리를 하거나 특수 건조스케줄을 적용할 수 있다. Sodium azide 또는 중아황산나트륨(sodium bisulfite) 등 항산화제를 생재에 처리하면 효과적이다. 화학처리를 하지 않는 경우에는 낮은 건구온도와 큰 건습구온도 차이를 적용한다. 수식재에서 생장하는 박테리아에 의해 유기산이 형성되고 이들이 금속과 접촉할 때 타닌과의 화학반응을 촉진시켜 재색을 검게 변하게 한다. 생재상태의 참나무나 헴록 등은 금속 접촉에 의한 변색 위험이 크다. 금속 변색의 위험이 큰 수종을 생재상태에서 포장할 때 사용하는 철끈은 아연도금한 것을 사용하는 것이 유리하다. 금속 변색은 그 침투깊이가 깊지 않으면 수산(oxalic acid)으로 처리하여 쉽게 제거할 수 있다.

(4) 금속 및 알칼리 변색

수식재에서 유기산이 변색을 촉진하는 것과 달리 정상재는 타닌 또는 폴리페놀 함량이 많은 경우 금속과의 접촉을 통해 변색이 발생할 수 있다. 대부분의 금속 변색은 타닌과 금속의 작용에 의한 결과로 참나무, 밤나무, 호두나무 등에서 많이 발생한다. 또한 건조 과정 중에 응축된 증기가 금속관이나 기타 금속부분을 타고 목재에 떨어지는 경우에도 변색이 발생한다. 알칼리 변색은 목재와 접촉하는 콘크리트에서 유출된 수산화칼슘이나 수산화칼륨과 목재의 추출물이 반응하여 생긴다. 알칼리 변색은 암모니아 수용액과 목재가 접촉하는 경우에도 발생한다.

(5) 변색 제거 방법

앞에서 몇 가지 변색 예방법이 언급된 바 있지만 종종 대패가공만으로 제거할 수 없는 변색을 없애야 할 필요가 있다. 어떤 종류의 변색은 간단한 표백제만으로 제거할 수 있지만, 경우에 따라서는 적정한 약제의 선발을 위해 많은 시행착오가 필요할 수도 있다. 표백에 의한 변색 제거는 취급과 재건조 등을 고려할 때 경비가 많이 소요되는 방법이다. 표백이 심하면 천연 재색마저 제거될 수 있다. 변색 깊이가 깊지 않으면 과산화수소를 사용하여 변색을 제거하거나 옅게 할 수 있다. 수산 수용액을 이용하면 화학적 변재 변색을 어느 정도 제거할 수 있다. 그러나 균에 의한 변재 변색의 제거에는 효과가 없다. 일반 세탁용 표백제인 차아염소산나트륨(sodium hypochlorite)도 어느 정도 표백효과가 있다.

3) 강도저하

목재가 고온에 노출되면 강도가 감소하는데, 온도가 내려갈 때 강도가 회복되는 일시적인 경우와, 고온에 장기간 노출되어 온도가 내려가도 강도 회복이 안 되는 영구적인 강도감소 등 두 경우가 있다. 고온에 의한 강도감소는 함수율이 높을수록 심하며, 강도의 감소는 온도와 함수율, 노출시간 등에 의해 결정된다. 회복이 가능한 일시적인 강도감소는 세포파괴에 의한 건조결함을 발생시키는 데 매우 큰 역할을 한다. 건조응력이 세포의 강도보다 크면 세포의 파괴로 인한 결함이 발생하기 때문에 건조 초기에 고온을 적용하는 경우에는 많은 주의가 필요하다. 또한 건조 초기 고온과 고함수율 조건에 장기간 목재를 노출하면 세포파괴에 의한 결함의 발생위험이 줄어드는 대신에 영구적인 강도감소가 발생한다.

일반적으로 고온에 의한 탄성계수의 감소는 미미하지만 휨강도는 20%가량 감소하는 것으로 알려져 있다. 구조재로 사용되는 목재에서는 고온건조에 의해 휨강도가 20%가량 감소할 경우 문제가 될 수 있다. 특히 사다리나 항공기, 스포츠용품 등으로 사용되는 목재는 고강도가 요구되기 때문에 이러한 점을 반드시 고려해야 한다. 방부제나 난연제를 처리한 목재는 고온건조로 인한 강도감소에 아주 민감하다.

4) 불균일 함수율

목재는 건조 후의 가공 과정이나 사용되는 조건에 알맞는 특정 평균함수율까지 건조한다. 목표함수율은 지역이나 국가, 계절에 따라 다르다. 불균일 함수율이란 건조가 종료된 잔적에서 개개의 판재가 목표함수율에서 크게 어긋난 함수율을 갖는 경우를 말한다. 건조 이후의 가공을 위해 판재의 평균함수율은 일정 함수율 허용범위 내에 들어야 하고, 또한 전체 판재의 평균함수율도 일정 함수율 허용범위 내에 들어야 하기 때문에 불균일 함수율이 발생한 판재는 건조 이후의 가공 과정에서 제외되어야 한다.

마무리 함수율이 지나치게 높거나 낮은 경우 가공상의 문제점을 유발한다. 침엽수 구조재 평균함수율이 19% 정도면 건조재로 분류되지만, 20% 이상이면 건조하지 않은 것으로 구분한다. 10% 이하로 건조된 경우는 지나치게 건조된 상태로 기계가공, 특히 대패가공에서 쪼개지는 문제점이 발생한다. 지나치게 건조된 목재는 등급 분류 과정에서 제외되지는 않지만, 구조재를 이용하는 과정에서 많은 불평을 유발할 수 있다.

건조 후에 목표함수율보다 과도한 수분을 함유한 목재는 사용 중에 수축하여 실제로 가공된 치수보다 더 작아지는 경우가 발생한다. 또한 접착 과정에서 접착불량을 유발하기도 한다. 목재함수율이 건물 실내의 평형함수율보다 높을 때 가구의 경우에는 결합부가 헐거워지고 문짝이 틀어지는 등의 결점이 발생한다.

판재의 전체 평균함수율이 목표함수율에 도달한 경우에라도 판재의 일부분은 목표함수율보다 10%가량 높은 국부적인 고함수율을 나타내는 경우가 있다. 이를 물주머니 또는 수낭(水囊, water pocket)이라 한다. 목재 표면에 수낭이 있으면 건조가 진행되면서 표면이 함몰되는 경우가 있다. 수낭이 있는 판재를 재제재하면 노출된 내부가 건조하면서 길이굽음이나 뒤틀림이 생길 수 있다. 또한 수낭이 있는 목재를 문이나 패널의 심재로 사용하면 많은 문제가 발생하는데, 비록 수낭 크기가 연필 정도로 좁더라도 고주파 가열에 의한 접착시 표면의 판을 분리시킬 만큼 수증기압을 발생시킨다. 수낭이 있을 때 전기수분계를 사용하면 많은 오차가 생긴다.

불균일 함수율은 초기함수율에 큰 차이가 있거나 투과성의 차이가 큰 경우에 발생한다. 또한 심재와 변재의 함수율 차이가 아주 큰 경우, 예비건조한 목재와 생재를 혼합해서 건조하는 경우에도 불균일 함수율이 생길 수 있다. 초기함수율의 차이가 큰 판재를 섞어서 함께 건조하는 경우 함수율이 높은 목재를 기준으로 건조스케줄은 적용하기 때문에 초기함수율이 낮은 목재는 필요 이상으로 건조되는 결과를 초래한다. 건조 전에 판재의 중량을 측정하여 함수율별로 판재를 선별하여 건조하는 방법으로 이러한 문제점을 해결할 수 있지만, 상업적으로 적용하는 데는 한계가 있다. 여러 수종을 혼합하여 함께 건조하는 경우에는 각 수종의 투과성을 기준으로 건조속도를 예측하여 함께 건조할 수 있는 수종을 선별하는 데 이용할 수 있다. 함께 건조할 수 있는 수종을 선별했더라도 보다 약한 건조조건의 수종을 기준으로 건조스케줄을 적용해야 한다.

참고문헌

박상진, 이원용, 이화형. 1994.『목재조직과 식별』. 향문사.

엄영근. 2002.『한국목조건축연구포럼 발표자료집』: 195-218.

이남호, 정희석, 강춘원. 1998.「저압증기폭쇄처리에 의한 잎갈나무수심재의 고주파진공건조성 개선」.『한국가구학회지』9(2): 55-63.

정희석, 강욱, 이재원. 2000.「수출용 멸균살충 목재포장기술 개발」.『2000년도 포장기술개발결과보고서 개발』00-96호: 1-10.

정희석, 이남호. 1994.「옥내의 온도, 상대습도와 목재 평형함수율의 연중변이」.『한국임학회지』83(4): 504-544.

조재명, 강선구, 심종섭, 정희석. 1982.「한국의 목재 평형함수율」.『한국목재공학회지』10(2): 3-11.

조재명, 강선구, 안정모, 이찬호, 조남석, 심종섭, 정희석. 1975.「소나무속의 재질에 관한 시험」.『임업시험장 연구보고』제22호.

松本文三. 1941.『木材乾燥法』. 工業圖書.

島地 謙, 佐白 浩, 原田 浩, 鹽倉高義, 石田茂雄, 重松賴生, 須藤彰司. 1985.『木材の構造』. 文永堂出版.

Bolton, A. J. and J. A. Petty. 1978. A model describing axial flow of liquids through conifer wood. *Wood Science Technology* 12: 37-48.

Bowyer, J. L., R. Shmulsky and J. D. Haygreen. 2003. *Forest Products and Wood Science*. Iowa State Press.

Bramhall, G. 1976. Fick's Laws and Bound-Water Diffusion. *Wood Science* 8(3): 153-161.

Bramhall, G. and R. W. Wellwood. 1976. Kiln Drying of Western Canadian Lumber. Canadian Forestry Service, Western Forest Products Lab. Information Rep. VP-X-159: 1-112.

Butterfield, B. G., B. A. Meylan and Y. G. Eom. 2000. *Three Dimensional Structure of Wood: An ultrastructural approach*. WIT Consulting, Seoul.

Comstock, G. L. 1963. Moisture diffusion coefficients in wood as calculated from adsorption, desorption, and steady-state data. *For. Prod. J.* 13: 97-103.

Dinwoodie, J. M. 1975. Timber-a review of the structure-mechanical property relationship. *Journal of Microscopy* 104(1): 3-32.

Heebink, B. G. 1966. Thoughts on the term EMC. *Soc. Wood. Sci. Tech Log* V: 1-3.

Hsu, N. N. and N. C. Tang. 1975. Distortion and internal stresses in lumber due to anisotropic shrinkage. *Wood Science* 7: 298-307.

Keey R. B., T. A. G. Langrish and J. C. F. Walker. 2000. *Kiln-Drying of Lumber.* Springer-Verlag.

Panshin, A. J. and C. de Zeeuw. 1983. *Textbook of Wood Technology.* McGraw-Hill Book Company, New York.

Park, J. H. 1995. Mechanisms of Mass Transfer, Drying Stress Development and Fracture Behavior of Red Oak in Lateral Directions. Ph. D. Dissertation, State University of New York, Syracuse, NY.

Petty, J. A. 1970. Permeability and structure of the wood sitka spruce. Proc. Roy. Soc. Lond. B175: 149-166.

Siau, J. F. 1995. *Wood: Influence of Moisture on Physical Properties.* Department of Wood Science and Forest Products, Virginia Polytechnic Institute and State University, Blacksburg, VA.

Simpson, W. T. 1991. Dry Kiln Operator's Manual. USDA Agriculture Handbook No. 188. USDA Forest Service Madison, WI.

Skaar, C. 1972. *Water in Wood.* Syracuse Univ. Press.

Skaar, C. 1988. *Wood-Water Relations.* Springer-Verlag.

Stamm, A. J. 1959. Bound-water diffusion into wood in the fiber direction. *For. Prod. J.* 9: 27-32.

U. S. Forest Products Lab. 1991. Dry Kiln Operator's Manual. Agricultural Handbook No.188: 1 274.

U. S. Forest Products Lab. 1999. Wood Handbook: Wood as an Engineering Material. USDA For. Ser. FPL-GTR: 1-554.

제II부

목재 열기건조장치

제5장

건조실의 공기와 소요열량

1. 건조실의 공기

목재의 건조에 소요되는 시간은 목재의 건조 전 초기함수율과 건조 후 목표함수율의 수준과 목재 자체의 심변재율에 따라서 달라진다. 또한 건조실 내부 공기의 온도와 상대습도(relative humidity) 및 건조하고자 하는 목재의 양(규모)과도 관련이 있으며, 건조실 내부의 풍속과 공기의 유동거리에 의한 영향도 받게 된다. 따라서 건조실의 효율적인 설계나 운영을 위해서는 이와 같은 인자들의 여러 가지 조합에 대한 연구가 필수적이다.

1) 공기 요구량

목재건조 과정은 단열포화 과정(adiabatic saturation process)이다. 건조 과정 중 가열기간이 지나고 나면 건조실 내부에 유동되고 있는 공기가 포화된 상태라고 가정할 때 목재 표면의 온도와 증발되고 있는 수분의 온도는 주위 공기의 습구온도와 같게 된다. 그러나 포화되지 않은 경우, 예를 들어 75%의 포화도를 나타낼 때 목재 표면의 온도는 습구온도에 건습구온도차의 25%를 더한 값이 된다. 한편 외부와의 열교환이 없어 열의 유입이나 손실은 없다. 그러므로 건조 과정은 단열 과정(adiabatic process)인 것이다.

목재로부터 수분을 증발시키는 데 소요되는 열은 가열된 공기가 잔적을 통과하면서 공급되며, 상대적으로 가열공기는 냉각된다. 그렇다면 필요한 공기의 양은 얼마일까? 이 문제에 접근하는 한 가지 방법은, 먼저 목재로부터 1kg의 수분을 증발시키는 데 필요한 공기의 양을 계산한 다음, 이 값에 증발된 수분의 총량을 곱하여 요구되는 공기의 총량을 구하는 것이다. 따라서 먼저 $1m^3$의 공기가 이동시킬 수 있는 열용량(heat carrying capacity)을 구하기 위해 단위무게의 공기 중에 포함된 수분의 무게, 즉 비습도(specific humidity)를 구해야 한다. 온도 T℃ 공기의 비습도와 상대습도 간의 관계식은 식 (5-1)과 같다. 즉 증기와 건조공기가 혼합되어 있는 습윤공기에서 증기의 무게는 물의 분자량에 증기의 분압을 곱한 값으로 표현되는 반면, 건조공기의 무게는 공기의 분자량에 건조공기의 분압을 곱한 값으로 표현되며, 이때 습윤공기의 비습도는 증기의 무게를 건조공기의 무게로 나눈 값이 된다.

$$G = \frac{Hp_v}{1.608(p_{at} - Hp_v)} \qquad (5-1)$$

G = 비습도(kg/kg)
(단위중량의 건조공기당 포함된 증기의 중량: 공기의 함수율(분율))
H = 상대습도(분율)(= p/p_v)
p_{at} = 대기압(1atm = 14.7psi = 76cmHg)
p_v = 온도 T℃에서 물의 포화증기압(cmHg)

한편 상대습도는 포화증기압에 대한 혼합공기 중 증기분압의 비이므로 Hp_v는 혼합공기 중 물의 증기압을 의미하며, p_v는 온도에 따라 식 (5-2)와 같이 변화한다. 그리고 1.608이라는 수치는 공기의 분자량 28.97을 물의 분자량 18.02로 나눈 값이며, 참고로 절대습도(absolute humidity)는 단위 체적의 공기 중 포함된 증기의 중량을 의미하며, 단위는 g/m^3이 된다.

$$p_v = 8.75 \times 10^7 \exp\left[\frac{-10400}{R(273+T)}\right] \tag{5-2}$$

R = 기체상수(2cal/mol K)

10400 = 탈출에너지(cal/mol)

공기를 이상기체로 가정하면 공기의 밀도는 온도에 반비례하고 압력에는 비례하게 된다. 따라서 건조공기와 습윤공기의 온도와 압력을 알 수 있다면 공기의 밀도를 쉽게 구할 수 있다. Avogadro의 가정에 의하면 1gram mole의 기체는 0°C, 1기압에서 22.414리터의 체적을 갖게 되므로 28.97그램의 공기는 22.414리터의 체적을 갖게 된다. 그러므로 건조공기의 밀도는 식 (5-3)에 의해 구할 수 있다.

$$D_a = \frac{273 D_o p_a}{p_{at}(273+T)} = \frac{4.6428\, p_a}{273+T} \tag{5-3}$$

D_o = 표준상태에서 건조공기의 밀도(= 28.97/22.414 = 1.2925kg/m³)

D_a = 온도 T℃, 압력 p_a인 건조공기의 밀도(kg/m³)

p_a = 건조공기의 압력(cmHg)(= $p_{at} - p_v$)

습윤공기의 밀도 역시 같은 방법으로 구할 수 있다. 비습도를 이용, 식 (5-4)에서처럼 공기 중에 포함된 증기의 밀도를 구하면 된다. 그리고 습윤공기의 밀도는 단위체적당 공기와 증기의 무게의 합과 같으므로 식 (5-5)로 표현된다.

$$D_v = GD_a \tag{5-4}$$

$$D_m = D_a + D_v = D_a(1 + G) \tag{5-5}$$

D_v = 공기에 포함된 증기의 밀도(kg/m^3)

D_m = 습윤공기의 밀도(kg/m^3)

따라서 온도강하(Temperature Drop Across the Load, TDAL) 1°C당 단위체적의 혼합공기로부터 얻을 수 있는 열량은 건조공기와 증기의 혼합공기 단위체적당 무게에 각각의 비열을 곱하여 둘을 합산하면 된다. 여기서 온도강하란 고온건조한 공기가 잔적된 목재로 유입되어 열을 공급하는 동시에 목재로부터 증발된 수분을 포함하여 목재잔적을 빠져나가면서 발생된 공기의 유입 전과 후의 온도차를 의미한다(그림 5-1 참조).

$$Q = 1000(D_aC_{pa} + D_vC_{ps}) \tag{5-6}$$

Q = 온도강하(TDAL) 1°C당 단위체적의 혼합공기로부터 얻을 수 있는 열량 (cal/m^3°C)

C_{pa} = 건조공기의 비열(= 0.24cal/g°C)

C_{ps} = 증기의 비열(= 0.45cal/g°C)

1000 = kg 단위로 변환

건조 과정을 단열 과정이라고 가정했으므로 목재와 수분을 분리하는 데 많은 양의 열이 소요되지는 않을 것이므로 습윤열(heat of wetting)은 무시할 수 있다. 따라서 필요한 열은 기화열(heat of vaporization)뿐이라고 할 수 있다. 기화열은 당시의 온도에 따라 변화하므로 실험에 의해 구한 값들을 바탕으로 회귀분석하여 온도에 의한 함수(0.01~130°C)로 나타낼 수 있다. 필요한 기화열의 양을 단위체적의 혼합공기로부터 얻을 수 있는 열량으로 나누면 요구되는 공기의 체적을 얻게 되므로 풍량과 풍속도 각각 구할 수 있다.

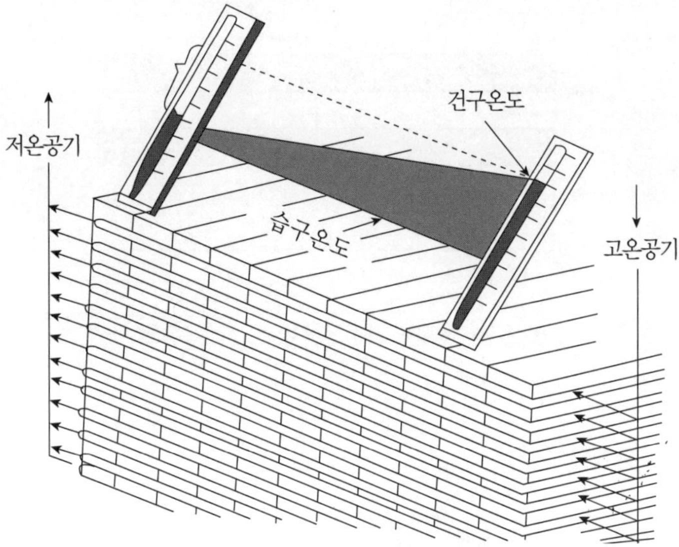

그림 5-1 온도강하(TDAL)

$$V_m = \frac{1000h_{fg}}{Q} \tag{5-7}$$

V_m = 온도 T°C, 상대습도 H에서 온도강하 1°C당 목재로부터 1kg의 물을 증발시키는 데 필요한 혼합공기의 체적(m³/kg°C)

h_{fg} = 기화잠열(cal/g)(회귀분석 결과 = 598.25 − 0.6T)
(R = 0.9996198)

$$V_{ar} = \frac{V_m R_r}{T_d} \tag{5-8}$$

V_{ar} = 원하는 건조속도를 유지하기 위해 요구되는 풍량(m³/min)

R_r = 원하는 건조속도(kg/min)

T_d = 온도강하(°C)

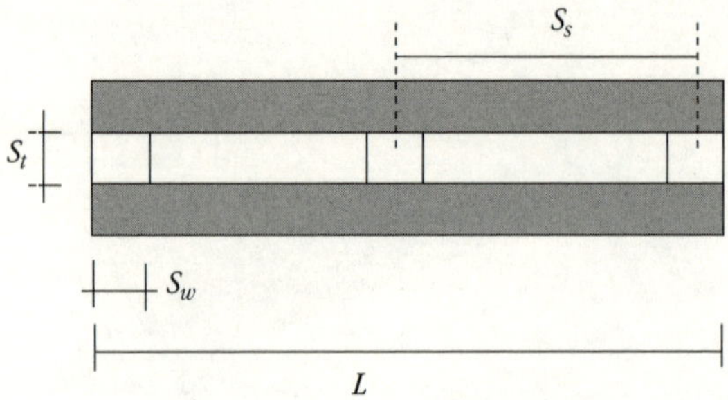

그림 5-2 잔목에 의해 얻어지는 공기유동통로

$$V_a = \frac{V_{ar}}{60A} \tag{5-9}$$

V_a = 요구되는 풍속(m/sec)

A = 잔목에 의해 얻어지는 공기유동통로 단면적의 총합(m^2)

잔목에 의해 얻어지는 공기유동통로의 단면적은 식 (5-10)을 이용하면 된다. 식에서 LS_t는 한 층의 공기유동통로 단면적이고 다음 항인 $S_tS_w(1 + L/S_s)$는 잔목의 단면에 의해 가려지는 면적을 뜻한다. 따라서 한 층의 공기유동통로에서 잔목이 차지하는 면적을 제외하고 총 층수를 곱하면 된다.

$$A = N\left[LS_t - S_tS_w\left(1 + \frac{L}{S_s}\right)\right] \tag{5-10}$$

N = 잔적의 층수

L = 잔적의 길이(또는 판재의 길이)(m)

S_t = 잔목의 두께(m)

S_w = 잔목의 폭(m)

S_s = 잔목 간 간격(m)

2) 공기의 순환

건조실 내 공기의 순환은 건조실 내 조건을 균일하게 유지할 뿐만 아니라 증발열을 공급하고 목재로부터 증발된 수분을 제거하는 데 매우 중요하다. 잔적 내 풍속의 범위는 0.36~2.03m/sec 또는 그 이상이며, 대개 1~2m/sec이다. 그러나 최근에는 기술의 발달로 4.0m/sec 이상의 고풍속도 적용되고 있다.

표 5-1은 세 가지 수종의 함수율 단계별 풍속에 따른 건조속도의 차이를 풍속 2m/sec인 경우의 건조속도를 100으로 기준하여 보여 주고 있다. 일반적으로 풍속이 높을수록 건조속도는 촉진된다. 그러나 4.5m/sec를 적용하면 당연히 전체적 건조속도는 증가되나 에너지 소모량도 고려해야 하며, 일반적으로 건조 초기 함수율 25% 수준까지는 고풍속이 유리하고 함수율이 낮아질수록 그 효과는 감소됨을 알 수 있다. 즉 건조가 진행될수록 함수율이 낮아짐에 따라 건조속도가 느려지고 요구되는 공기의 양도 줄어들어 낮은 풍속으로도 건조가 충분하다. 따라서 최근에는 속도 가변형 모터를 이용, 회전수를 제어함으로써 풍속을 마음대로 조절할 수 있게 되어 건조 후기에 낮은 풍속을 채용하여 전기에너지를 절감하는 효과를 얻고 있다. 또한 역회전도 가능하여 주기적 역순환으로 건조 후 불균일 함수율 현상도 방지할 수있다.

전술한 방법을 이용하면 목재의 건조에 요구되는 풍량과 풍속을 정확하게 계산하여 잔적에 공급할 수 있을 것이다. 그러나 잔적의 규모가 커지면 통과하는 공기의 이동거리가 길어지게 되어 유입 당시의 공기가 증기수용능력이 크다고 할지라도 잔적 내부를 이동 중 포화되고, 포화된 이후에는 증기를 잔적으로부터 제거할 수 있는 능력이 소멸될 것이다. 따라서 그 후에는 건조가 이루어지지 않게 되므로 잔적 내 고함수율 영역(wet-zone)이 발생하고 불균일 함수율의 원인이 된다. 주기적인 공기 역순환을 시행한다

표 5-1 풍속에 따른 3수종의 함수율 단계별 건조속도의 비교(Salamon & McIntyre, 1969)

수종	풍속 (m/sec)	함수율 단계			
		생재~25%	25~20%	20~15%	생재~15%
웨스턴 헴록	2.0	100	100	100	100
	3.0	119	132	104	119
	4.5	138	210	70	137
웨스턴 화이트 파인	2.0	100	100	100	100
	3.0	125	107	95	111
	4.5	142	107	113	125
미송	2.0	100	100	100	100
	3.0	255	77	92	128
	4.5	200	120	112	152

*풍속은 잔적의 취출구에서 측정하였음(상온).
적용 건조스케줄: 생재~25% … 82°C, 상대습도 78% (EMC = 12.2%)
25~20% … 82°C, 상대습도 76% (EMC = 10.6%)
20~15% … 82°C, 상대습도 74% (EMC = 9.0%)

고 하더라도 잔적의 중앙부위는 항상 높은 함수상태가 될 것이다. 그러므로 유입공기가 포화되는 이동거리를 미리 예측하여 풍속의 결정에 고려해야 한다.

우선 잔적의 폭을 30cm 단위로 나누어 원하는 건조속도에 따라 1분당 제거되어야 할 수분의 무게를 구한 후 1분당 공급되는 공기의 무게로 나누면 단위무게의 공기가 제거해야 할 수분의 무게를 구할 수 있다. 이 값이 유입공기가 수용할 수 있는 증기의 무게와 같다면 그 공기는 포화되었다고 말할 수 있다. 이때 공기의 이동거리를 구하면 그 값이 유입된 공기가 포화되기 전까지 이동할 수 있는 최대거리가 된다.

$$W_1 = \frac{\Delta M}{100 \times 24 \times 60} \times \frac{0.3 L_l L_t S_g}{1000} \tag{5-11}$$

W_1 = 1분당 제거되는 수분의 무게(kg-water/min)
ΔM = 건조속도(%/day)
L_l = 공기의 이동거리(cm)
L_t = 건조재의 두께(cm)
S_g = 건조재의 비중

$$F_a = 0.3 S_t \times 60 V_a \times D_m \tag{5-12}$$

F_a = 1분당 공급되는 공기의 무게(kg-air/min)

$$\Delta W = \frac{W_1}{F_a} = 1.1574 \times 10^{-8} \frac{\Delta M S_g L_l L_t}{S_t V_a D_m} \tag{5-13}$$

ΔW = 단위무게의 공기가 제거해야 할 수분의 무게(kg-water/kg-air)

한편 유입된 공기가 포함할 수 있는 증기의 양은 ΔG로 표현할 수 있다.

$$\Delta G = G_s - G = \frac{\dfrac{p_v}{p_{at} - p_v} - \dfrac{Hp_v}{p_{at} - Hp_v}}{1.608} \tag{5-14}$$

ΔG = 단위무게의 유입공기가 수용할 수 있는 증기의 무게(kg-water/kg-air)
G_s = 포화상태에서의 비습도(kg/kg)

만일 ΔW를 ΔG와 같다고 한다면, 다음과 같이 유입된 공기가 포화되는 지점을 계산할 수 있다.

표 5-2 포화 전 공기의 이동거리(두께 2.5cm 레드오크; 건조스케줄 T3-D1)

(단위: m)

풍속 (m/s)	잔목두께 (mm)	1단계(°C) (건구43, 습구41)	2단계(°C) (건구43, 습구40)	3단계(°C) (건구43, 습구39)	4단계(°C) (건구43, 습구35)	5단계(°C) (건구49, 습구32)
0.5	12	1.27	1.61	2.58	4.48	9.30
	19	1.91	2.39	3.85	6.73	13.94
	25	2.58	3.21	5.12	8.97	18.57
1.0	12	2.58	3.21	5.12	8.97	18.57
	19	3.85	4.82	7.70	13.45	27.88
	25	5.12	6.39	10.24	17.94	37.18
1.5	12	3.85	4.82	7.70	13.45	27.88
	19	5.76	7.21	11.54	20.18	41.81
	25	7.70	9.61	15.39	26.91	55.75
2.0	12	5.12	6.39	10.24	17.94	37.18
	19	7.70	9.61	15.39	26.91	55.75
	25	10.24	12.82	20.51	35.88	74.33
2.5	12	6.39	8.00	12.82	22.42	46.45
	19	9.61	12.03	19.21	33.63	69.69
	25	12.82	16.03	25.63	44.84	92.90
3.0	12	7.70	9.61	15.39	26.91	55.75
	19	11.54	14.42	23.06	40.36	83.63
	25	15.39	19.21	30.75	53.81	111.50
3.5	12	8.97	11.21	17.94	31.39	65.02
	19	13.45	16.82	26.91	47.09	97.57
	25	17.94	22.42	35.88	62.78	130.08
4.0	12	10.24	12.82	20.51	35.88	74.33
	19	15.39	19.30	30.75	53.81	111.50
	25	20.51	25.63	41.00	71.75	148.65
4.5	12	11.54	14.42	23.06	40.36	83.63
	19	17.30	21.63	34.60	60.54	125.44
	25	23.06	28.85	46.15	80.75	167.23
5.0	12	12.82	16.03	25.63	44.84	92.90
	19	19.21	24.03	38.45	67.27	139.38
	25	25.63	32.03	51.27	89.72	185.83

*계산의 편의를 위해 건조속도는 4%/일로 일정한 것으로 가정하였으며, 잔적의 취출구에서 측정하였음.

$$L_l = 8.64 \times 10^7 \times \frac{S_t V_a D_m \Delta G}{\Delta M S_g L_t} \quad (5-15)$$

표 5-2는 Bois 등(1981)이 두께 2.5cm 레드오크를 건조스케줄 T3-D1을 적용하여 건조하는 경우의 계산 예로, 잔목의 두께와 풍속이 증가할수록, 그리고 상대습도가 낮아질수록 공기가 포화되는 거리가 증가함을 알 수 있다.

3) 공기의 환기

건조실 내 적정한 상대습도를 유지하려면 환기구를 통해 신선한 공기를 유입시키거나 습윤한 공기를 외부로 방출하는 작업이 필요하며, 다음의 식들에 의해 요구되는 흡입공기의 양을 간단히 계산할 수 있다.

$$dG = G - G_o \quad (5-16)$$

$$W_w = \frac{R_r}{dG} \quad (5-17)$$

$$V_{in} = V_{to} W_w \quad (5-18)$$

dG = 외부로부터 유입되는 공기가 수용할 수 있는 건조공기 단위무게당 증기의 무게(kg/kg)

G_o = 유입공기의 비습도(kg/kg)(= $H_o p_{vo} / (1.608(p_{at} - H_o p_{vo}))$)

H_o = 유입공기(또는 건조실 외부공기)의 상대습도(분율)

p_{vo} = 유입공기(또는 건조실 외부공기)의 포화증기압(cmHg)

W_w = 단위시간당 요구되는 흡입공기의 양(kg/min)

V_{in} = 요구되는 총흡입공기의 양(m^3/min)

V_{to} = 1kg의 외부공기가 차지하는 총부피(m^3/kg)

물론 위의 과정은 psychrometric chart를 이용하면 쉽게 해결할 수 있으나, 건조실 제어부가 점차 자동화되어 가는 현 상황에서는 계산식을 이용하여 프로그램화하는 것이 필수적이다.

적절한 환기구의 크기는 시행착오를 거쳐 결정되어 왔으며, 일반적으로 활엽수재 건조의 경우 1,000BF(2.36m^3)당 127cm × 153cm(=1.9431m^2), 침엽수재 건조의 경우 1,000BF당 224cm × 292cm(=6.5408m^2)를 적용하고 있다. 또는 수종에 관계 없이 1,000BF당 102cm × 153cm(=1.5606m^2)의 흡기구와 배기구를 각각 두기도 한다.

[예제]

문제 1 목재건조 과정을 단열포화 과정이라 가정했을 때 목재 표면 주위 공기의 포화도 75%, 건구온도 50°C, 습구온도 45°C라면, 이때 목재 표면의 온도는 몇 °C로 추정되는가? (단, 대기압 = 76cmHg)

풀이 목재 표면 온도 = 습구온도 + (1 − 0.75) × (건구온도 − 습구온도)
= 45 + 0.25 × (50 − 45) = 46.25°C

문제 2 어느 습윤공기의 건구온도가 60°C, 상대습도가 82%라면, 이때 이 습윤공기의 비습도와 온도강하 1°C당 단위체적(1m^3)의 습윤공기로부터 얻을 수 있는 열량을 각각 계산하라. (단, 표준상태에서 건조공기의 밀도 = 1.2925kg/m^3; 건조공기의 비열 = 0.24cal/g°C; 증기의 비열 = 0.45cal/g°C)

풀이 $P_v = 8.75 \times 10^7 \exp(-10400/(2 \times (273 + 60))) = 14.4621\text{cmHg}$

$G = 0.82 \times 14.4621/(1.608 \times (76 - 14.4621 \times 0.82)) = 0.1150\text{kg/kg}$

$D_a = 4.6428 \times (76 - 14.4621)/(273 + 60) = 0.8580\text{kg/m}^3$

$D_v = 0.1150 \times 0.8580 = 0.0987\text{kg/m}^3$

$D_m = 0.8580 \times (1 + 0.1150) = 0.9567\text{kg/m}^3$

$Q = 1000 \times (0.8580 \times 0.24 + 0.0987 \times 0.45) = 250.3350\text{cal/m}^3\text{°C}$

문제 3 두께 5cm 국산 소나무(비중 0.41) 8.64m³를 건조하기 위하여 폭 1.2m의 잔적을 쌓았다. 건조목재(잔적)의 길이는 3.6m로 하였으며, 잔적시 사용한 잔목의 규격은 폭 3cm, 두께 2cm였으며, 잔목 간 거리는 120cm였다. 건조 초기 건구온도 60°C, 상대습도 82%의 공기로 함수율 90%에서 60%까지 1일 동안에 건조하고자 한다면, 이때 필요한 풍속은 몇 m/sec가 되겠는가? 단, 이때 평균적인 온도강하(TDAL)는 2°C로 가정한다.

풀이 $V_m = 1000 \times (598.25 - 0.6 \times 60)/250.3350 = 2245.9904\text{m}^3/\text{kg°C}$

$R_r = W_l = (30/(100 \times 24 \times 60)) \times (8.64 \times 0.41 \times 1000) = 0.7380\text{kg/min}$

$V_{ar} = 2245.9904 \times 0.738/2 = 828.7705\text{m}^3/\text{min}$

$A = 40 \times (3.6 \times 0.02 - 0.02 \times 0.03 \times (1 + 3.6/1.2)) = 2.784\text{m}^2$

$V_a = 828.7705/(2.784 \times 60) = 4.9615\text{m/sec}$

문제 4 문제 3과 같은 조건에서 포화 전 공기의 이동거리를 계산하라.

풀이 $\Delta AH_s = 1.4078 \times 10^{-4} \times (60 - 56) = 5.6312 \times 10^{-4}$

$L_l = 8.64 \times 10^7 \times 0.02 \times (4.9615 \times 60) \times 0.9567 \times 5.6321 \times 10^{-4}/(30 \times 0.41 \times 5) = 4506.19\text{cm} = 45.0619\text{m}$

문제 5 현재 건조실의 건조조건은 문제 3과 같으며, 건조실 외부의 조건은 온도 27°C, 상대습도 90%라면, 이때 흡기구를 통해 유입해야 할 외부공기의 적정량은 얼마인가? 또한 이 건조실에는 흡기구 6개가 있으며, 각 흡기구에서는 0.2m/sec의 풍속이 유지된다면, 각 흡기구의 적절한 면적은 얼마가 되겠는가?

풀이 $G = 0.1150$

$p_{vo} = 8.75 \times 10^7 \exp(-10400/(2 \times (273 + 27))) = 2.5956\text{cmHg}$

$G_o = 0.9 \times 2.5956/(1.608 \times (76 - 2.5956 \times 0.9)) = 0.0197\text{kg/kg}$

$dG = 0.1150 - 0.0197 = 0.0953\text{kg/kg}$

$W_w = 0.738/0.0953 = 7.7440\text{kg/min}$

$D_{ao} = 4.6428 \times (76 - 2.5956)/(273 + 27) = 1.1360\text{kg/m}^3$

$D_{mo} = 1.1360 \times (1 + 0.0197) = 1.1584\text{kg/m}^3$

$V_{in} = 7.7440/1.1584 = 6.6851\text{m}^3/\text{min}$

$A_v = 6.6851/(60 \times 0.2 \times 6) = 0.09285\text{m}^2\ (30 \times 30\text{cm})$

2. 건조실의 소요열량

1) 열 요구인자

에너지 고갈과 가격상승으로 목재건조에 사용되는 에너지의 절감에 대한 연구는 이미 오래전부터 목재산업의 관심의 대상이었다. 미국의 경우 연간 소비되는 에너지의 약 40%가 산업용이며, 이 중 약 60%인 10×10^4MJ의 에너지가 임산공업에 쓰이고 있다. 그리고 그 60~70%에 달하는 $6 \sim 7 \times 10^4$MJ이 목재건조에 소요되고 있는 실정이다. 표 5-3은 몇몇 목재산업에서 전체 투입에너지 중 목재건조에 소요되는 에너지의 양을 나타내는 것으로, 특히 제재나 2차 가공산업에 있어 목재건조에 70% 이상의 상당한 에너지가 소요되므로 건조 과정 중 사용되는 열에너지를 정량적으로 정확하게 분석하는 방법이 요구된다.

물론 이론적 분석이 실제 상황을 정확히 예측할 수는 없다. 수많은 시행착오와 경험을 토대로 건조 전문가들은 활엽수재의 경우 1,000BF당 1boiler hp를 추천하며, 침엽수재에는 약간 높은 에너지를 적용한다. Boiler hp란 열 전달매체로 증기를 사용할 때 쓰이는 단위로 100°C에서 15.65kg의 물을 증발시킬 때 소요되는 열량과 같다. 따라서 1boiler hp는

표 5-3 목재산업의 전체 투입 에너지 중 건조에너지의 비율(Kininmonth et al., 1980)

항목	투입에너지	건조에너지	비율(%)
제재(원목으로부터 핑거접합한 완성품까지)	179MJ	158MJ	88
제재(원목으로부터 평삭한 제재목까지)	117MJ	93MJ	79
삭편판(3층)	250MJ	142MJ	57
기계펄프(수출용 건조된 refiner 기계펄프)	1,400MJ	450MJ	32

*이 수치는 대규모 공장의 일부 공장만을 대상으로 한 자료임.

33,475Btu/hr(8,436kcal/hr)와 같은 양이 된다. 일례로, southern yellow pine의 경우 1,000BF당 2.27boiler hp가 요구될 것으로 추정된다. 그리고 고온건조에는 1,000BF당 10boiler hp를 추천한다. 결국 요구되는 에너지는 건조속도에 비례하여 증가하기 마련이다.

이러한 이론적 분석방법은 건조실과 건조방법의 효율에 대한 상대적 비교평가를 가능하게 하고, 생산단가의 분석에도 많은 도움을 줄 수 있을 것이다. 그리고 보다 효율이 높은 건조실 설계나 건조방법 개발의 시작이 될 수 있다.

목재건조의 목적은 근본적으로 목재 내 수분의 양을 특정 수준까지 감소시키는 것이다. 따라서 열에너지는 기본적으로 건조실 내 공기의 온도를 높여 공기가 수분을 함유할 수 있는 능력을 증가시키는 데 사용된다. 그리하여 평형함수율이라고 불리는 평형상태까지 수분이 목재로부터 공기 중으로 이동하게 하고 원하는 평형함수율에 도달하면 건조 과정은 끝나게 된다.

그러므로 가장 중요한 것은 공기를 가열하는 일이지만, 여러 가지 원인에 의해 건조실에 공급된 열에너지 모두가 공기의 가열에 사용되는 것은 아니다. 일부는 목재 자체나 물, 건조실 벽 또는 건조실 내 장치물들에 의해 흡수된다. 또한 일단 수분을 공기 중으로 이동시켰다고 하더라도 공기가 냉각되면 수분은 다시 목재로 돌아가게 되므로 목재 주위의 습윤공기를 제거하고 신선하고 건조한 공기를 유입, 가열해야 한다. 이 외에도 건조 과정에 쓰이지는 않으면서 손실되는 열에너지도 있게 마련이다.

전술한 기본적인 열 요구인자들을 정리하면 다음과 같다.

① 건조실 내 공기와 유입공기의 가열에 소요되는 열에너지

② 건조실 내 존재하는 모든 물질의 가열에 소요되는 열에너지

③ 목재로부터 수분을 제거하기 위해 요구되는 열역학적 에너지

④ 시스템으로부터의 열손실을 보상하기 위한 열에너지

건조공학자는 새로운 건조실이나 건조방법 등을 설계하거나 개발할 때 이와 같은 열 요구인자들을 정확히 계산해야 한다. 일반적인 건조기술자들에게는 이처럼 정확한 계산이 요구되지 않지만, 건조 과정에서 열에너지가 어떻게 사용되고 있는가를 추정할 수 있다면 매우 유익할 것이다.

모든 건조실은 형태나 구조에 상관 없이 서로 다른 특성을 지니고 있으며, 어느 곳에도 완벽하게 같은 특성의 건조실은 존재하지 않을 것이다. 따라서 동일한 건조실을 이용하여 수종, 스케줄 및 목표함수율에 따른 소요 열에너지를 비교할 수 있을 것이며, 소요된 총에너지 중 손실된 에너지의 비율을 추정하여 서로 다른 건조실의 효율을 비교할 수도 있을 것이다.

네 가지의 기본적인 열 요구인자들을 계산의 편리를 위해 6개의 요소로 나누어 분석하도록 한다.

(1) 목질(木質)의 온도상승을 위한 열에너지

모든 물질은 열을 흡수할 수 있는 능력이 있다. 온도상승을 위해 흡수해야 할 열에너지의 양은 가열 전과 후의 온도차, 가열할 물질의 양 및 그 물질의 비열(specific heat)에 따라 변화한다. 물질의 열용량은 실험적으로 구해지며, 일정 온도에서는 변함이 없다.

Skaar(1972)에 따르면, 목질 또는 전건목재의 열용량은 식 (5-19)와 같으며, 일정 온도범위에서는 식 (5-20)과 같이 표현된다.

$$c_w = 0.268 + 0.0011T \tag{5-19}$$

$$c_w = 0.268 + 0.00055(T_1 + T_0) \tag{5-20}$$

c_w = 목질의 비열(cal/g°C)

T_1 = 목질의 가열 전 초기온도(°C)

T_0 = 목질의 가열 후 온도(°C)

실제 현장에서 T_1은 야적장에서의 목재의 온도 또는 건조실 외부의 온도가 될 것이며, T_0는 건조 과정 중 최고온도가 될 것이다. 목재의 전건중량은 잔적된 목재의 총체적에 그 수종의 비중을 곱하면 얻을 수 있다. 따라서 목질의 온도상승을 위한 열에너지는 식 (5-21)로 구하게 된다.

$$H_1 = 1000 W_o c_w (T_0 - T_1) \tag{5-21}$$

H_1 = 목질의 가열에 소요되는 열에너지(cal)

W_o = 잔적 전체의 전건중량(kg)

(2) 흡습력 극복을 위한 열에너지

목재는 수증기가 쉽게 부착되어 비교적 약한 결합으로 유지될 수 있는 화학적 구성을 하고 있다. 목재가 거의 전건상태인 경우에는 그 결합은 상대적으로 강인해지지만, 섬유포화점 이상에서 자유수의 흡습력은 없다. 1파운드의 목질이 생재상태에서 전건될 때까지 흡습력(hygroscopic force)을 극복하기 위해 소요되는 열에너지는 평균 34Btu(18.889cal/g)임이 실험을 통해 밝혀진 바 있다. 이 열에너지는 탈착열(heat of desorption)로 알려져 있다.

탈착열은 함수율에 따라 달라지므로 Skaar(1972)가 제시한 식 (5-22)를 이용하여 구한 후 잔적의 전건무게를 곱하면 된다.

$$H_{de} = 10^{1.2335\text{-}5.408 m_e} \tag{5-22}$$

$$H_2 = 1000 W_o H_{de} \tag{5-23}$$

H_{de} = 목질의 단위무게당 탈착열(cal/g)

m_e = 목표(최종)함수율(분율)

H_2 = 흡습력을 극복하기 위한 열에너지(cal)

(3) 목재 내 잔존수분의 가열을 위한 열에너지

열기건조란 목재를 전건상태까지 건조하는 것은 아니므로 항상 목재 내에는 약간의 수분이 남아 있게 마련이다. 건조 과정 중에 건조실 온도는 상승되기 마련이므로 잔존수분의 온도상승에도 약간의 열에너지가 소모되며, 그 열량은 목질가열의 경우와 같은 방법으로 구하면 된다. 물의 열용량은 온도에 따라 변화하나, 대개의 경우 1cal/g°C를 적용한다.

$$H_3 = 1000\,W_o M_R (T_0 - T_1) \times 1 \qquad (5\text{-}24)$$

H_3 = 목재 내 잔존수분의 가열을 위한 열에너지(cal)

M_R = 잔존수분의 양(분율)

1 = 물의 비열

(4) 목재로부터 제거될 수분의 가열과 증발을 위한 열에너지

목재로부터 제거될 수분에 의해 흡수된 열도 H_3의 경우와 같은 방법으로 구할 수 있다. 그러나 공기순환에 의해 이 수분이 목재로부터 분리되기 위해서는 액체상태에서 기체상태로 상변환을 해야 하며, 이와 같은 상변환에는 주어진 온도에 따라 상당한 열에너지가 요구된다. 따라서 이 열 요구인자는 건조스케줄 각 단계의 온도조건마다 계산해야 하며, 각 단계별 열량을

표 5-4 함수율별 20°C 기준의 흡착열과 물 1g을 목재로부터 제거하는 데 소요되는 에너지(Skaar, 1972)

함수율 (%)	0	2	4	6	8	10	12	15	20	25	30	40	50	100
흡착열 (cal)	278	210	159	120	91	68	52	34	17	8	4	1	0	0
에너지 (cal)	863	795	744	705	676	653	637	619	602	593	589	586	585	585

모두 종합하면 요구되는 총 열에너지를 얻을 수 있다.

$$H_4 = \sum_{i=1}^{n} H_{4i} = 1000W_o \sum_{i=1}^{n} [\Delta mc_i(\Delta T_i \times 1 + h_{fgi})] \qquad (5-25)$$

H_4 = 목재로부터 제거될 수분의 가열과 증발을 위한 열에너지(cal)

Δmc_i = 건조스케줄의 각 단계별 감소되는 함수율(분율)

ΔT_i = 각 단계별 건구온도와 외기온도와의 차(°C)

1 = 물의 비열

(5) 외부로부터 유입되는 공기의 가열과 조습을 위한 열에너지

목재로부터 제거된 수분은 수증기의 상태로 건조실 내부를 순환하게 된다. 건조실 내 공기가 증기로 포화되면 새로운 건조공기가 유입되어야 하며, 만일 유입되지 않으면 건조는 진행되지 못한다.

새로 유입되는 건조공기는 당시의 건조실 내 온도까지 가열되어야 한다. 그리고 유입공기는 당시의 외기조건에 따라 이미 어느 정도의 수분을 함유하고 있으므로 이 수분 역시 약간의 열을 흡수하게 된다. 또한 유입되는 공기는 건조실 내 습도조건에 맞게 조습되어야 하며, 일반적으로 증기를 직접 분무하여 건조실 내 상대습도를 적정한 수준으로 유지한다.

실제 조습을 위한 증기분무에 사용되는 증기의 양은 가열관을 가열하기 위한 양의 25~100%에 이른다. 그러므로 본 열 요구인자는 유입공기의 무게, 유입공기에 포함된 수분의 무게, 온도변화량, 증기발생을 위한 기화잠열 등에 따라 변한다. 따라서 우선 식 (5-26)과 (5-27)을 통해 유입공기와 그에 포함된 수증기의 가열에 필요한 열량을 구한다.

$$H_a = 1000W_o C_{pa} \sum_{i=1}^{n} \frac{\Delta mc_i \Delta T_i}{dG_i} \qquad (5-26)$$

$$H_b = 1000W_o C_{ps} G_o \sum_{i=1}^{n} \frac{\Delta mc_i \Delta T_i}{dG_i} \qquad (5-27)$$

한편 건조실 내로 유입되는 공기의 양을 필요한 만큼만 정확하게 제어하기란 쉽지 않으므로 필요 이상의 공기가 과도히 유입되는 것이 일반적이다. 과도한 공기 유입의 비율은 대개 5~25% 정도로 각 건조실의 구조와 성능에 따라 다르다. 과도히 유입된 공기의 가열과 조습에 소요되는 열에너지는 식 (5-28)과 (5-29)를 각각 이용해서 구할 수 있으며, 결국 전 건조 과정에 걸친 유입공기의 가열과 조습에 소요되는 열에너지는 식 (5-30)과 같이 표현된다.

$$H_e = (H_a + H_b)E \tag{5-28}$$

$$H_b = 1000W_oE\sum_{i=1}^{n}[\Delta mc_i((T - S_o)_i \times 1 + h_{fgi})] \tag{5-29}$$

$$H_5 = H_a + H_b + H_e + H_b \tag{5-30}$$

E = 과도 유입공기의 비율(분율)

S_o = 보일러로 공급되는 냉수의 온도(°C)

(6) 시스템의 손실열을 보충하기 위한 열에너지

일정량의 열은 건조실 구조물 자체에 의해 흡수되어 열전달에 의해 외부로 빠져나간다. 따라서 건조실 내 온도를 원하는 조건에 맞추려면 이와 같은 열 손실을 보충해 주어야 한다. 이러한 방식으로 손실되는 열은 건조실 벽체, 지붕, 바닥이나 출입문 등을 이루는 재료들의 열전달률(coeffici-ent of heat transfer)에 따라 변화한다. 만일 벽과 같이 여러 가지 종류의 재료들이 모여 하나로 구성되었을 경우, 각각의 열전달률을 적용하기란 쉽지 않은 일이다. 그러므로 그림 5-3에서처럼 열관류율(coefficient of heat transmission)을 이용하여 여러 가지 재료들로 이루어진 구성물을 하나의 재료로 취급하는 것이 편리하다. 벽체, 지붕, 바닥 등과 같은 구성요소에 관한 정보는 건조실 제작업자로부터 얻을 수 있다.

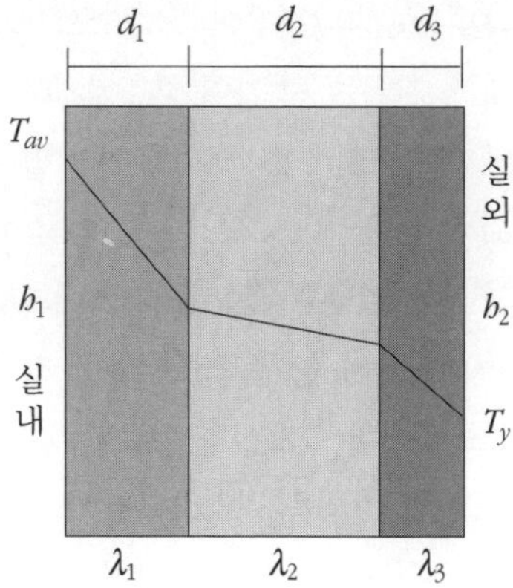

h_1 = 외기와 벽 표면과의 열전달률 ($cal/m^2hr°C$)

h_2 = 실내공기와 벽 표면과의 열전달률 (cal/mhr°C)

λ_i = 각 구성재료의 열전도도 (cal/mhr°C)

$$U = \frac{\lambda}{1,\ \sum_{i=1}^{n} d_i,\ 1}$$

그림 5-3 열관류율의 분석방법

손실열의 규모는 전술한 바와 같이 각 구성요소의 열관류율과 표면적, 온도변화량과 누적시간 등의 영향을 받는다. 특히 건조실 내 온도는 스케줄에 따라 항상 변화하므로 건조 중 가중평균을 구하여 평균온도를 사용하는 것이 편리하다.

$$T_{avg} = \frac{\sum_{i=1}^{n} T_i n_i}{\sum_{i=1}^{n} n_i} \tag{5-31}$$

$$H_6 = \sum_{i=1}^{n} [U_i A_i (T_{avg} - T_y)] \times \sum_{i=1}^{n} n_i \tag{5-32}$$

T_{avg} = 건조 중 건구온도의 가중평균(°C)
T_i = 건조스케줄의 각 단계별 건구온도(°C)
n_i = 건조스케줄의 각 단계별 경과시간(hr)
U_i = 각 구성요소의 열관류율(cal/m^2hr)
A_i = 각 구성요소의 표면적(m^2)
T_y = 당시의 지면 또는 외부공기의 온도(°C)
(벽체, 지붕, 출입문 등은 외부공기를, 그리고 바닥의 경우는 지면의 온도를 기준으로 한다.)

따라서 전반적인 열 요구량은 $\Sigma(H_1 + H_2 + H_3 + H_4 + H_5 + H_6)$으로 계산될 수 있으나, 벽체뿐만 아니라 레일, 대차, 잔목 등의 가열에도 열에너지가 소요되고, 송풍기의 가동에도 전기에너지가 소모되며, 배기에 의한 열손실도 고려해야 하므로 실제 건조에 소요되는 총에너지는 식 (5-34)와 같이 표현할 수 있을 것이다. 일반 열기건조의 경우 송풍기에 의한 전기에너지 소모와 배기에 의한 열손실은 전체 에너지의 약 8~10%와 약 5%를 각각 차지한다.

$$H_7 = \sum_{i=1}^{n}[C_i W_i(T_0 - T_1)] \tag{5-33}$$

$$H_{total} = \sum_{i=1}^{7} H_i + E_f + H_v \tag{5-34}$$

C_i = 각 부속물(벽, 지붕, 바닥, 출입문, 레일, 대차, 잔목 등)의 비열(cal/g°C)
W_i = 각 부속물의 무게(g)
E_f = 송풍기 가동에 소요된 전기에너지(cal)
H_v = 배기에 의한 열손실(cal)

2) 열효율

실제 상황에 전술한 방법을 적용하여 그 결과를 살펴보면 약 90% 이상의 열에너지가 목재 내 수분의 가열과 증발, 유입공기의 가열과 조습 및 시스템의 열손실 보충에 사용되는 것을 알 수 있다. 한편 외부공기의 온도가 높아지면 열 요구량은 당연히 감소될 것이며, 같은 함수율 수준이라도 비중이 높은 수종의 건조에는 보다 많은 열에너지가 소요된다. 또한 동일한 수종과 규모의 목재를 동일한 조건에서 건조하는 경우에도 시스템의 열 손실량은 건조시간에 따라 달라질 수 있다. 따라서 이 경우 일정량의 열에너지만을 공급하려 한다면 낮은 온도에서 장시간 건조하거나 높은 온도에서 짧

표 5-5 1,000BF(2.36m³)의 목재를 20° C에서 함수율 M_w로부터 M_d까지 건조하는 데 소요되는 에너지(Shottafer & Shuler, 1974)

수종	상태	비중	M_w(%)	M_d(%)	Q(cal/g)	kcal/m³
참나무	생재	0.55	80	7	595	239,183
	기건	0.55	30	7	616	77,481
북미산 소나무	생재	0.50	80	15	589	191,133
미송	생재	0.45	80	15	589	171,913

은 시간 내에 건조함으로써 시간에 따른 변이를 조정할 수도 있다.

목재건조에 소요되는 총에너지는 사용된 증기의 양으로도 나타낼 수 있는데, Davis(1954)는 미국 서부산 침엽수재의 건조시 1kg의 수분제거에 2.57kg의 증기가 평균적으로 사용되었음을 확인하였으며, Mathewson (1954)도 침엽수 생재의 열기건조에 제거수분 1kg당 2~2.75kg의 증기가 사용됨을 보고한 바 있다.

각기 다른 형태의 건조실이나 건조방법의 효율은 엄격히 계산한다면 식 (5-35)처럼 투입된 전체 에너지 중 목질과 수분의 가열, 흡착열의 극복, 제거될 수분의 가열과 증발 및 유입공기 중 과도한 양을 뺀 필요량만의 가열과 조습 등 주요 열 요구인자로 사용된 에너지가 차지하는 비율을 뜻한다. 따라서 이를 바탕으로 각 건조실이나 건조방법의 열효율을 비교하게 되며, 표 5-7에서는 각 건조방법의 열 요구량과 그 열효율을 비교하고 있다.

$$\eta_t = \frac{\sum_{i=1}^{4} H_i + H_a + H_b}{H_{total}} \times 100 \qquad (5-35)$$

η_t = 건조열효율(%)

그러나 건조실 형태에 따른 열효율 비교에 있어서는 비교대상이 되는 각

표 5-6 두께 2.5cm 당단풍나무 59m³를 함수율 70%에서 10%까지 14일 동안 건조할 때 1,000BF(2.36m³)당 열 요구인자(건조스케줄: T8-C3) (Shottafer & Shuler, 1974)

열 요구인자	BTU/1,000BF	비율(%)
습윤목재의 가열	173,000	4.0
흡습력의 극복	39,000	0.9
수분의 증발	1,955,000	45.3
유입공기의 가열과 조습	719,000	16.7
시스템 열손실의 보충	1,432,000	33.1

표 5-7 두께 5cm 라디에타 소나무 변재 60m³의 각 건조방법별 열 요구량(MJ)과 열효율 (Kininmonth, 1980)

열 요구인자	일반 열기건조	고온건조	과열 증기건조	증기 재압축 건조	제습건조
수분증발	86,202	85,202	82,490	82,490	87,813
환기열손실과 증발수분가열	12,806	16,609	1,400	1,400	590
목질과 목재 내 수분가열	8,791	12,731	1,7582	17,582	4,749
건조실 가열	1,930	3,661	3,859	3,859	1,158
시스템 열손실	20,097	7,637	8,039	8,039	33,763
소계	129,826	125,921	113,370	113,370	128,072
증기 재압축 또는 제습에 의한 에너지 복구	–	–	–	93,261	117,871
증기 재압축 또는 제습에 소요된 열에너지	–	–	–	25,117	36,835
건조매체 순환(제습기 가동) 소요에너지	2,018	1,525	2,624	2,624	679(+630)
소요에너지 총합	131,844	127,446	115,994	47,850	48,536
열효율(%)	65	67	71	172	181

표 5-8 계절별 열 요구량(Little, 1981)

열 요구인자	여름철(29°C, 76%)	겨울철(3°C, 70%)
초기 가열	1.3	4.5
흡착열 극복	1.1	1.3
목질과 목재 내 수분 가열	1.7	2.2
기화열	25.0	31.3
환기 열손실	54.2	32.5
시스템 열손실	16.7	28.2
합계	100.0	100.0

건조실의 규모도 고려해야 한다. 건조실의 수용 가능 재적이 많고 적음에 따라서 전술한 주요 열 요구인자가 변하는 것은 아니나, 손실되는 열에너지가 차지하는 비중은 크게 변화하기 때문이다. 건조실의 규모가 커질수록 건조실의 단위 표면적당 목재의 단위체적은 증가하고, 따라서 단위무게의 물을 목재로부터 제거하는 데 소요되는 에너지의 양은 기하급수적으로 줄고 있다. 반면에 건조실 규모가 커진 데 따른 건조실로부터의 열손실은 감소하는 경향이 보인다. 그러므로 수용가능 재적이 2m³ 미만인 건조실의 열 요구량에 미치는 건조실 조건의 영향을 50m³ 이상의 규모를 지닌 건조실에 그대로 적용할 수는 없는 것이다.

[예제]

문제 1 10,000BF(23.6m³) 목재의 전건중량이 11,340kg이다. 원하는 건조속도는 0.01%/min, 즉 1.134kg/min이다. 건구온도는 54.4°C, 상대습도는 70%, 그리고 온도강하는 2°C이다. 이 건조속도를 유지하기 위해서는 어느 정도의 공기량이 필요한가?

풀이 $P_v = 8.75 \times 10^7 \exp(-10400/(2 \times (273 + 54.4))) = 11.0722(\text{cmHg})$

$G = 0.7 \times 11.0722/(1.608 \times (76 - 0.7 \times 11.0722)) = 0.07062(\text{kg/kg})$

$D_a = 4.6428 \times (76 - 11.0722)/(273 + 54.4) = 0.92073(\text{kg/m}^3)$

$D_v = 0.07062 \times 0.92073 = 0.06502(\text{kg/m}^3)$

$Q = 1000 \times (0.92073 \times 0.24 + 0.06502 \times 0.45) = 250.23506(\text{cal/m}^3\ ^\circ\text{C})$

$h_{fg} = 598.25 - 0.6 \times 54.4 = 565.51(\text{cal/g})$

$V_m = 1000 \times 565.51/261.58 = 2162.28305(\text{m}^3/\text{kg}^\circ\text{C})$

$\therefore V_{ar} = 2162.28305 \times 1.134/2 = 1226.01449(\text{m}^3/\text{min})$

문제 2 예제 1의 조건하에서 건조하고자 하는 잔적의 층수가 78층이고, 두께 2.5cm, 폭 4cm의 잔목을 60cm 간격으로 배치하였다면, 이때 요구되는 풍속은 얼마인가? 단, 잔적의 길이는 480cm이다.

풀이 $A = 78 \times (4.8 \times 0.025 - 0.025 \times 0.04 \times (1 + 4.8/0.6)) = 8.658(\text{m}^2)$

$\therefore V_a = 1226.01449/(60 \times 8.658) = 2.36008(\text{m/sec})$

문제 3 건조실의 규격은 폭 5.5m, 길이(깊이) 10m, 높이 8.2m이다. 건조실의 벽, 지붕 및 출입문은 단열처리된 prefabricated sheet aluminium으로 구성되어 있으며, 바닥의 concrete slab 두께는 15cm이다. 2.5cm 두께의 eastern yellow pine (*P.* strobus)(생재비중 0.34) 25,000BF(59m³)를 건조하고자 한다. 야적장에서의 초기함수율은 120%이며, 미국임산물연구소의 개량 건조스케줄 T7–E6(표 참조)를 적용하여 목표함수율 7%까지 건조하고자 한다. 외부공기의 온도는 2°C, 상대습도는 69%이며, 지면의 온도는 7°C이다. 그리고 보일러에 공급되는 냉수의 온도는 7°C이며, 공기흡입시 약 5%의 공기가 과도하게 유입되는 것으로 나타났다. 이때 각 열 요구인자들을 구하고 이 건조실의 열효율을 계산하라. (단, 건조실 각 구조의 열관류율은 다음과 같으며, 건조실 내 부속품 가열과 배기에 의한 열손실, 그리고 송풍기에 의한 전기에너지 소모량은 전체 에너지 중 5%, 8% 및 9%를 차지하는 것으로 가정한다.)

건조실 벽의 열관류율 = 576.13cal/m²hr°C

건조실 출입문의 열관류율 = 1,074.14cal/m²hr°C

건조실 지붕의 열관류율 = 566.37cal/m²hr°C

건조실 바닥의 열관류율 = 4394.21cal/m²hr°C

함수율 단계(%)	건구온도(°C)	습구온도(°C)	상대습도(%)	경과시간(hr)
초기~60	54.4	46	62	
60~40	54.4	43.3	52	
40~30	54.4	37.8	35	95
30~20	60	40.6	31	25
20~7	71	51.7	37	90

풀이 $c_w = 0.268 + 0.00055(2 + 71) = 0.30815\text{cal/g°C}$

$W_o = 59 \times 0.34 \times 1000 = 20{,}060\text{kg}$

$H_1 = 1000 \times 20060 \times 0.30815 \times (71 - 2) = 426{,}522{,}741\text{cal}$

$H_{de} = 10^{(1.2335 - 5.408 \times 0.07)} = 7.16044\text{cal/g}$

$H_2 = 1000 \times 20060 \times 7.16044 = 143{,}638{,}426\text{cal}$

$H_3 = 1000 \times 20060 \times 0.07 \times 1 \times (71 - 2) = 96{,}889{,}800\text{cal}$

단계	h_{fg}(cal/g)	p_v(cmHg)	G(kg/kg)	dG(kg/kg)	$T-S_o$(°C)	Δmc	$T_0 - T_1$
1	566	11.07	0.0595	0.0565	47.4	0.60	52.4
2	566	11.07	0.0494	0.0464	47.4	0.20	52.4
3	566	11.07	0.0327	0.0297	47.4	0.10	52.4
4	562	14.46	0.0381	0.0351	53.0	0.10	58.0
5	556	23.83	0.0778	0.0748	64.0	0.13	69.0

$H_4 = 1000 \times 20060 \times [(0.6 + 0.2 + 0.1) \times (52.5 + 566) + 0.1 \times (58 + 562) + 0.13 \times (69 + 556)] = 14{,}038{,}188{,}600\text{cal}$

$p_{vo} = 8.75 \times 10^7 \exp(-10400/(2 \times (273 + 2))) = 0.53690\text{cmHg}$

$G_o = 0.69 \times 0.5369/(1.608 \times 76 - 0.69 \times 0.5369) = 0.00304\text{kg/kg}$

$H_a = 1000 \times 20060 \times 0.24 \times [0.6 \times 52.4/0.0565 + 0.2 \times 52.4/0.0464 + 0.1 \times 52.4/0.0297 + 0.1 \times 58/0.0351 + 0.13 \times 69/0.0748] = 5{,}988{,}705{,}213\text{cal}$

$H_b = 1000 \times 20060 \times 0.45 \times 0.00304 \times 1243.91517 = 34{,}135{,}620\text{cal}$

$H_e = (5988705213 + 34135620) \times 0.05 = 301{,}142{,}042\text{cal}$

H_b = 1000 × 20060 × 0.05 × [(0.6 + 0.2 + 0.1) × (47.4 + 566) + 0.1 × (53 + 562) + 0.13 × (64 + 556)] = 696,242,480cal

H_5 = 7,020,225,355cal

T_{avg} = (54.4 × 95 + 60 × 25 + 71 × 90)/(95 + 25 + 90) = 62.18°C

$T_{avg} - T_y$ = 62.18 – 2 = 60.18°C(벽, 지붕, 출입문의 경우)

= 62.18 – 7 = 55.18°C(바닥의 경우)

H_6 = 210 × [60.18 × (576.13 × (2 × 10 × 8.2 + 5.5 × 8.2) + 1074.14 × 5.5 × 8.2 + 566.37 × 5.5 × 10) + 55.18 × 4394.21 × 5.5 × 10]

= 5,328,911,700cal

H_{total} = 27,054,377kcal + H_{total} × (0.05 + 0.08 + 0.09)

∴ H_{total} = 34,685,099kcal

열 요구인자	열에너지(kcal)	비율(%)
H_1	426,523	1.2
H_2	143,638	0.4
H_3	96,890	0.3
H_4	14,038,189	40.5
H_5	7,020,225	20.2
H_6	5,328,912	15.4
H_7	1,734,255	5.0
E_f	2,774,808	8.0
H_v	3,121,659	9.0

∴ η_t = 100 × (426523 + 143638 + 96890 + 14038189 + 5988705 + 34136)/34685099 = 59.8%

제6장

열기건조실의 구조

1. 열기건조실의 종류와 선택

열기건조실은 세계적으로 가장 많이 보급되어 있는 형태인데, 이처럼 목재 열기건조실의 보급률이 높은 것은 다양한 에너지원을 사용할 수 있고, 다양한 제품을 건조할 수 있는 탁월한 융통성 때문이다. 건조실의 규모 역시 소형으로부터 초대형에 이르기까지 매우 다양하게 설계할 수 있다. 목재를 적재할 때도 대차나 지게차(forklift) 등 여러 가지 방법을 적용할 수 있다. 따라서 수종별 적정 건조스케줄 역시 증기가열식 열기건조실에 기초하여 작성되고 있다.

열기건조실은 일반적으로 분실식(compartment-type)으로 단속식 공정(batch process)으로 운영되고 있다. 건조실에 목재를 적재하여 건조가 완료될 때까지 꺼내지 않는다. 건조가 완료되면 적재되었던 모든 목재를 꺼낸 후(出爐) 새로운 목재를 적재한다(入爐). 건조조건은 건조 대상 수종에 따라 결정된 적정한 건조스케줄에 기초하여 온도, 습도 및 풍속을 조절하게 된다.

1) 건조실 제작용 재료

목재 열기건조실의 제작에는 목재, 콘크리트 블록, 강화 콘크리트 및 단열 알루미늄 패널 등 다양한 재료들이 사용된다. 증기가 건조실 벽체로 스며드는 것을 막아 주는 여러 가지 증기차단재료(vapor barrier)를 이용해 구조물을 보호하고 단열재를 건조상태로 유지시켜 준다.

목재로 제작되어 주로 침엽수재를 건조하는 열기건조실의 수명은 대개 20년 이상이다. 그러나 산성 증기를 발생시키는 일부 특수한 수종을 주로 건조할 경우에는 수명이 심각하게 단축될 수도 있다. 목재로 제작한 건조실은 수분의 배출을 원활히 할 수 있도록 설계되어야만 벽체나 지붕에 수분이 침투하는 것을 방지할 수 있다. 가격이 저렴한 목재로 골격을 이룬 건조실은 중·저온에서 운전하는 경우에 적합하며, 건조실을 건축하려는 소규모 업체에 적당하다.

콘크리트 블록 구조를 이용한 건조실은 중간 수준의 비용으로 건축이 가능하다. 그러나 콘크리트 블록 구조의 단열 특성은 그리 우수한 편이 못 되며, 열에 의한 수축을 버틸 수 있는 능력에 한계가 있어 벽에 균열이 발생하기 쉽다. 따라서 건조실 상태가 악화되는 것을 막기 위해서는 상당한 수준의 유지관리가 요구된다. 단열 콘크리트 구조는 콘크리트 블록에 비해 팽창 및 단열 특성이 우수하다. 이와 같은 건조실은 신축이음(expansion joints)을 사용하는 형태로 설계되며, 일반적으로 용량이 클수록 비용적 측면에서 더 효율적이다.

조립식 알루미늄 건조실은 건조실 운영자들이 선호하는 형태이다. 단열 패널의 양쪽 면을 알루미늄으로 강화하여 내부식성이 우수하고 단열 및 증기차단 특성이 뛰어나다. 구조물로 설계할 때는 열에 의한 팽창과 수축을 고려해야 한다. 손상된 패널에는 건조실의 공기가 침투할 수 있으므로 항상 관리를 해야 한다. 철과 알루미늄이 서로 접촉할 경우에는 전해반응

(electrolytic reaction)이 발생할 수 있으므로 알루미늄이 철과 접촉하지 않도록 주의해야 한다. 최근 고가의 알루미늄을 수지로 코팅된 철판으로 대체한 단열패널이 판매되고 있어 비교적 저렴한 비용으로 제작이 가능하다.

2) 적재방법

단속식 건조기는 목재를 건조기에 투입, 적재하는 방법에 따라서 track-loaded와 side-loaded로 구분된다. Track-loaded 건조실은 건조실의 말단부에서부터 목재가 투입된다. 대차 위에 적재된 목재잔적을 레일 시스템을 이용하여 건조실 안으로 밀어 넣는다. 따라서 건조된 목재잔적을 빼내고 다시 새로운 잔적을 투입하는 데 소요되는 시간이 상당히 단축되며, 특히 건조실의 양쪽 말단부에 각각 출입문이 설치되어 있다면 보다 신속한

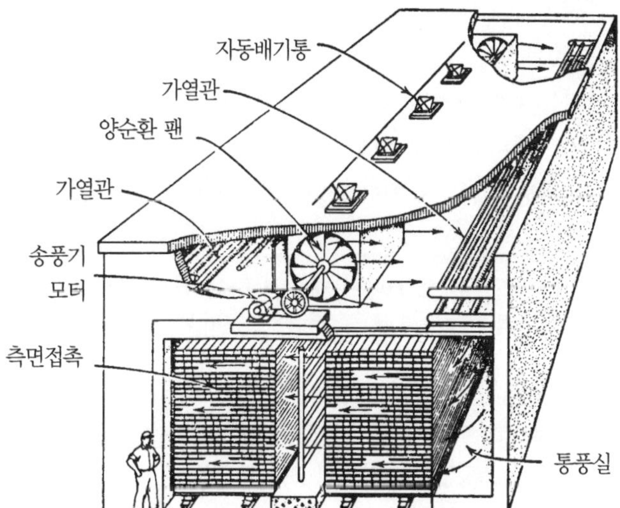

그림 6-1 Track-loaded형 건조실

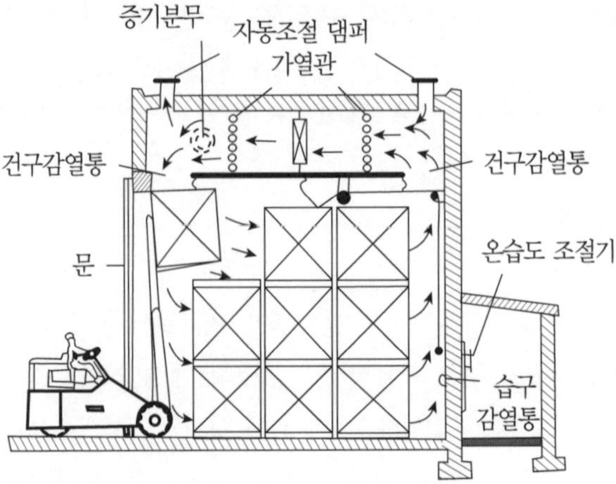

그림 6-2 Side-loaded형 건조실

작업이 가능하다. 즉 한쪽 문을 통해 새로운 잔적을 밀어 넣으면 이미 건조된 잔적이 다른 쪽 문으로 밀려 나오게 된다. 대개의 대형 건조실은 이와 같은 형태로 되어 있다. 한 건조실에 2개 이상의 트랙을 설치할 수도 있고, 공기의 재가열을 위해 트랙과 트랙 사이에 보조 가열장치를 둘 수도 있다. 이 형태의 건조기는 포크리프트에 의한 손상을 최소화할 수 있는 장점도 있다. 그러나 건조실 외부에 레일을 설치해야 하므로 공간 활용도가 불리한 단점이 있다.

Side-loaded 건조실은 포크리프트를 이용하여 건조실의 측면 출입문을 통해 목재잔적을 투입, 적재한다. 따라서 출입문이 상당히 크게 설계되어 밀폐가 어려운 문제가 있다. 한편 track-loaded 건조실에 비해 잔적의 배출과 투입에 소요되는 시간이 길고, 원활한 공기유동과 균일한 건조 및 포크리프트에 의한 손상을 최소화하려면 잔적의 적재에 특별히 주의해야 한다. Side-loaded 건조실의 규모는 작은 것이 보통이나, 경우에 따라서는 깊이 7.5m로 크게 제작되기도 한다. 그러나 이처럼 규모가 커지면 열과 공기의 균일한 공급이 어려워진다.

2. 열기건조실의 구성과 설계

1) 가열 및 가습 시스템

(1) 가열 시스템

건조를 위해 적용할 수 있는 열원은 크게 전기, 화석계 연료와 폐목재, 타 공정의 폐열(열병합발전 등)의 세 가지로 구분할 수 있다.

열원의 선택에는 현재 가격과 미래의 예상 가격 및 지속적인 공급 가능성 등이 주요 변수가 된다. 건조실에서 열원이 이용되는 방법은 열이 건조실에 공급되는 형식에 따라 간접연소식과 직접연소식으로 나뉜다.

직접연소식 건조실에서는 연소 과정에서 생성되는 고온의 가스를 이용하여 열을 공급한다. 고온의 가스를 건조실로 직접 불어 넣어 건조에 필요한 열을 공급한다. 천연가스, 기타 탄화수소 또는 목재를 연소시켜 발생된 고온의 가스를 안전한 온도로 희석하여 사용한다. 건조실에 연소에 의한 부산물들이 가득 차면 인체에 해로우므로 환기가 잘 이루어지지 않은 경우에 건조실에 작업자가 출입하지 않도록 각별히 주의해야 한다. 연료의 종류에 따라서 연소 과정의 부산물들이 목재의 재색에 좋지 못한 영향을 미치기도 한다. 또한 고온의 가스는 비교적 건조한 상태이므로 건조실 내부의 습도를 적정한 수준으로 유지하기 어려운 문제가 있다.

간접연소식 건조실은 열교환기를 이용하므로 고온의 가스가 건조실로 직접 유입되지 않는다. 열교환기의 형식은 공기-대-공기 또는 공기-대-액체 등 여러 가지를 적용할 수 있다. 간접연소식 시스템의 예로는 열기, 증기, 열수 및 thermal oil 등을 들 수 있다. 그러나 이 시스템은 열교환기,

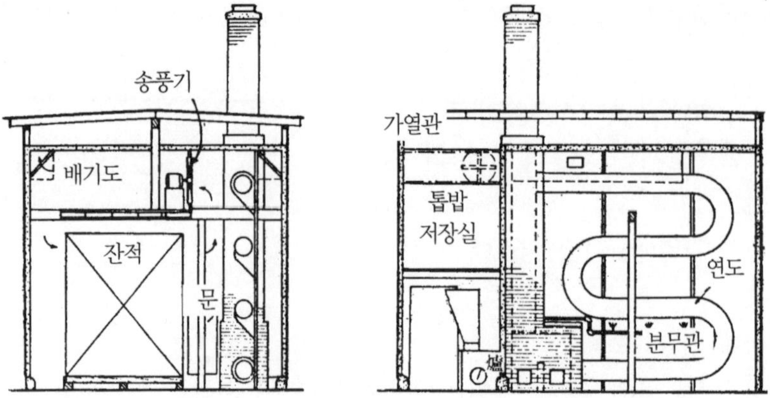

그림 6-3 연도식 건조실

배관, 밸브, 펌프 및 트랩 등의 장치에 비용이 부가되므로 설치에 많은 비용이 소요되는 단점이 있다.

증기식 건조실에서는 보일러를 이용해 증기를 발생시킨다. 증기는 배관을 통해 건조실 내부에 설치된 finned pipe 열교환기로 보내진다. 증기는 finned pipe 안에서 응축되면서 응축수 1kg당 약 556kcal의 열을 공급한다. 응축수는 steam trap을 따라 유동된 후 펌프에 의해 보일러로 다시 돌아간다. 보일러의 관리는 자격을 갖춘 전문가게 맡기는 것이 바람직하다. 보일러의 규모와 압력에 따라 관리인원의 수가 결정된다. 증기보일러 가동에는 목재, 가스, 기름 또는 타 공정의 폐열 등을 사용할 수 있다. 최대압력 약 1kg/cm^{2}인 저압보일러가 가장 많이 사용된다. 활엽수재 건조에서는 효과적인 함수율 균일화 처리와 컨디셔닝이 요구되기 때문에 비교적 낮은 온도의 포화증기를 공급할 수 있는 저압보일러가 적합하다.

열수를 이용하는 건조실에서도 물의 가열에 보일러를 사용한다. 증기 형성을 막기 위해 물을 1~11kg/cm^{2}의 수압조건에서 최고온도 120°C로 가열한다. 열수보일러의 관리에 필요한 인원은 증기보일러보다 적다. 증기식

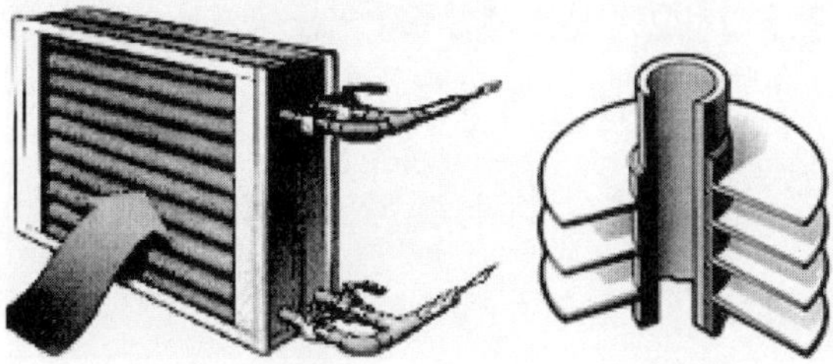

그림 6-4 Finned pipe를 이용한 열교환기

건조실과 마찬가지로 열수는 finned pipe를 순환한다. 그러나 열수의 열용량이 증기보다 작기 때문에 보다 큰 규모의 열교환기가 필요하다. 열수식 건조실이나 저압 증기식 건조실에서 도달할 수 있는 최고온도는 약 82°C이다. 활엽수재 건조에는 그 이상의 온도를 적용하는 경우가 거의 없다.

열수 대신에 뜨거운 thermal oil을 이용하는 시스템도 있다. Thermal oil 시스템은 고온을 얻을 수 있는 한편, 고압 증기식 시스템에서 요구되는 관리인원이 필요하지 않다. 그러나 thermal oil과 부속장치에 소요되는 비용이 높고, 특히 활엽수재 건조에는 고온이 필요치 않으므로 경쟁력이 다소 떨어진다.

건조를 위한 열공급에 전기를 사용할 수도 있다. 그러나 요구되는 전력수준이 높아지면 고가의 수전설비를 다시 해야 하는 문제가 있어 대개 소형 건조기에 제한적으로 적용되고 있다. 그러나 제습건조기의 경우 전기를 주 에너지원으로 사용한다. 제습건조기는 폐쇄형 시스템으로 공기를 외부로 배출하지 않고 습한 공기로부터 열을 회수하여 재활용한다. 따라서 효율이 향상되므로 전기에너지와 타 에너지원 사이의 가격차를 극복할 수 있다. 단, 고온의 적용이 불가능하여 원하는 낮은 함수율까지 신속하게 건조하기가 어렵다.

진공건조기에서는 건조속도를 촉진하기 위해 진공을 적용한다. 그러나 목재에 열을 공급하고 수분을 제거하기 위한 공기의 대류가 불가능하여 고주파(방사가열), 포화증기(대류) 및 heat blanket(전도가열) 등과 같은 에너지 공급을 위한 특별한 방법을 모색해야 한다.

(2) 가습 시스템

건조 과정에서는 상황에 따라 건조실의 상대습도를 높여 주어야 할 시기가 있는데, 저압의 증기가 습도상승에 이상적인 매체로 알려져 있다. 저압증기는 온도가 비교적 낮고 포화의 정도가 양호하기 때문에 건조실 내부의 온도상승을 최소화하면서 많은 양의 수증기를 투입할 수 있다. 저압의 물을 그대로 분사하는 경우도 있으나, 커다란 물방울은 신속하게 기화되지 못하기 때문에 효과적이라고 하기 어렵다. 그러나 물방울을 고압(56~70kg/cm^2)으로 분사하여 원자화(atomization)하면 효율을 높일 수 있다. 이처럼 원자화된 물은 고온의 증기를 사용할 수 없는 상황에서 저압증기의 대안이 될 수 있다.

2) 공기순환 및 환기 시스템

(1) 공기순환 시스템

건조실에서 목재에 열을 공급하고 수분을 제거하기 위해서는 공기의 효과적인 순환이 요구된다. 일반적인 송풍기는 회전속도가 고정되어 있어 목재에 일정한 양의 공기만을 전달한다. 그러나 주파수 변조 방식의 인버터(inverter) 등을 이용하여 송풍기의 속도를 조절할 수 있다면 목재에 공급되는 공기의 양을 제어할 수 있게 된다. 송풍기의 형식은 크게 line-shaft와 cross-shaft로 나뉜다.

Line-shaft형 송풍기는 건조실과 동일한 길이의 단일 회전축에 일정 간격으로 회전날개를 장착한 형태이다. 따라서 회전축에 연결된 하나의 모터

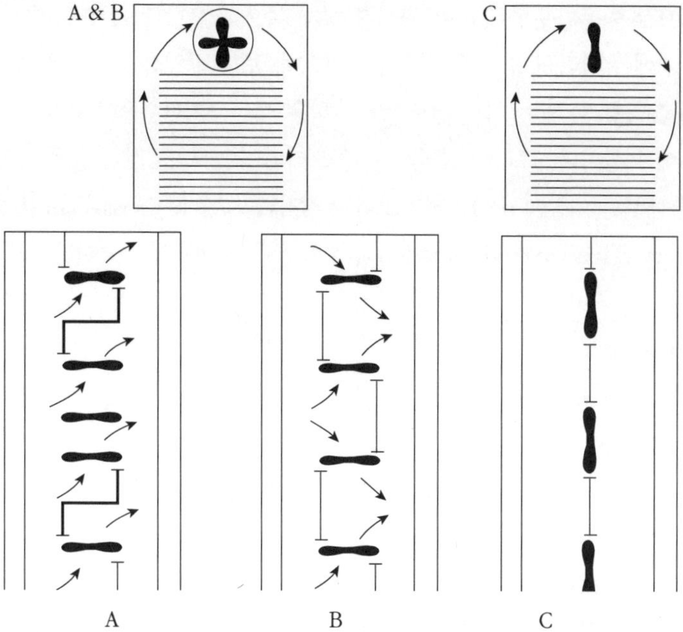

그림 6-5 Line-shaft(A & B)와 Cross-shaft(C)

로 모든 송풍기를 작동시킬 수 있다. 각 송풍기는 회전축에 평행한 방향으로 공기를 유동시키므로 차풍판을 이용하여 공기를 굴절시켜 목재 쪽으로 유도한다. 따라서 건조실 길이 전체에 걸쳐 균일한 공기속도를 얻기 어렵고 공기속도도 비교적 느리다. 그러나 모든 송풍기를 하나의 모터로 운전하므로 모터를 건조실 외부에 설치하기가 용이하다는 점이 중요한 장점이 된다. 건조속도가 낮은 수종들에 적합한 풍속은 대개 1.8~2.8m/sec 수준으로 알려져 있다. Line-shaft형 송풍기는 track-loaded 건조실에 적용하는 것이 일반적이다.

Cross-shaft형 송풍기는 건조실의 폭을 가로질러 설치되며, 건조실 벽을 향해 공기를 유동시킨다. 송풍기는 목재잔적의 측면에 직각으로 정렬되어 있으므로 차풍판을 이용하여 공기를 목재 쪽으로 유도할 필요가 없다. 각 송풍기에는 각각의 모터가 장착되어 있으며, 보다 균일하고도 높은 공기속도를 제공할 수 있어 빠른 건조속도가 허용되고, 초기함수율이 높은 수종의 건조에 적합하다. 그러나 장착해야 할 모터의 수가 많은 것이 단점으로, 건조실 내부나 지붕에 6~12개의 모터를 장착해야 한다. Cross-shaft형 송풍기는 track-loaded와 side-loaded 건조실 모두에 적용이 가능하다.

(2) 환기 시스템

건조실 내부조건을 건조에 알맞은 수준으로 유지하려면 건조 중 목재로부터 제거된 수분을 건조실 외부로 배출해야 한다. 환기구(vents)는 잉여 수분을 배출하는 기능을 하며, 자동으로 운전되는 것이 일반적이다. 제어기에 의한 환기 자동화를 통해 보다 정확한 제어가 가능하고 경제적으로도 유리하다. 여러 개의 환기구가 건조실 지붕에 설치되며, 흡입구와 배기구로 나누어 배치한다. 즉 흡입구는 건조실 내 송풍기가 공기를 끌어당기는 쪽에 배치하여 저온의 건조공기가 유입되도록 하는 한편, 배기구는 습한 공기가 밀려 나갈 수 있는 위치에 설치한다. 열교환기를 이용하면 배출되는 공기의 열을 회수하여 유입공기를 예열하는 데 활용할 수도 있다.

환기용 블로어(blower)를 이용할 수도 있다. 블로어를 이용하여 송풍기의 공기유입 측에 발생하는 공기의 음압(negative air pressure)을 극복하면 목재를 떠난 습한 공기를 즉시 배출할 수 있다. 한 대의 블로어로 이 시스템을 구성할 수 있으며, 환기구의 수를 크게 줄일 수 있다. Power ventilation을 적용하면 유입공기를 보다 철저히 혼합할 수 있기 때문에 습한 공기가 건조실에서 배출되기 전에 아무 의미 없이 재가열될 가능성을 최소화할 수 있다.

3) 측정 및 제어 시스템

(1) 측정 시스템

① 함수율 측정 시스템

건조실의 운전과 제품의 안정적 공급을 위해 가장 먼저 고려해야 할 사항이 바로 건조 중 목재의 함수율이다. 함수율에 기준한 건조스케줄의 적용은 건조조건 변경을 위한 건조 중 목재의 함수율 결정에 기초하고 있다. 생산자와 소비자 역시 최종 함수율의 확인을 통해 제품의 품질을 확인하게 된다. 목재의 함수율을 결정하는 가장 쉽고도 표준이 되는 방법은 전건법이다. 전건법은 어떠한 수준의 함수율이라도 결정이 가능하나, 파괴적이고 단속적이며 측정에 많은 시간이 소요된다.

a. 휴대용 전기식 함수율 계측기

목재의 전기적 성질은 함수율에 따라 달라진다. 전기식 함수율 계측기는 이와 같은 특성을 이용해 목재의 함수율을 측정한다. 대개의 전기식 함수율 계측기는 목재의 전기저항이나 유전 특성을 측정하나, 함수율 이외의 목재 고유의 특성에도 영향을 받으므로 보정이 필요하다. 또한 외부인자에 의해서도 영향을 받으므로 정확도를 보장하기 위해서는 적절한 과정을 거쳐야 한다. 대개 섬유포화점 미만에서 측정할 수 있다.

- 전기저항식 함수율 계측기: 전기저항식 함수율 계측기에는 2개의 침상 전극 사이에 삽입된 목재를 삽입하여 전기저항을 측정할 수 있도록 되어 있다. 미국식은 전극을 목리에 평행한 방향으로 삽입하도록 되어 있는 것이 보통이나, 유럽식은 목리에 직각방향으로 삽입하도록 설계되어 있는 경우도 있다. 전극의 방향이 잘못되면 1~2% 정도의 오차가 발생하므로 제조업체의 지시에 따르는 것이 바람직하다.

그림 6-6 전기저항식(좌)과 유전율식(우) 목재 수분계

목재의 온도 역시 저항식 함수율 계측기의 측정에 영향을 미친다. 대개의 함수율 계측기는 온도 21°C에서 보정되어 있으며, 온도가 상승하면 실제보다 높은 측정값이 표시된다. 계측기는 일반적으로 미송(Douglas-fir)을 기준으로 보정되어 있으므로 다른 수종에 적용하려면 그에 알맞은 보정계수가 필요하다. 보정계수는 제작업체로부터 제공되는데, 함수율이 증가하면 같이 증가한다.

건조재의 평균적인 함수율을 측정하려면 전극을 대상 목재 두께의 1/4에 해당하는 깊이까지 삽입해야 하며, 건조재를 평삭했을 경우에는 두께의 1/5까지만 삽입해도 무방하다. 건조에 의해 형성된 함수율 경사가 심한 목재의 평균적인 함수율을 계측하려면 여러 가지 깊이로 전극을 삽입, 각 지점의 함수율을 측정하여 평균값을 구해야 한다.

- 유전율식 함수율 계측기: 유전율식 함수율 계측기는 목재에 삽입하는 전극 없이 평판형 전극을 목재 표면에 접촉시켜 측정한다. 전극에 의해 생성된 전기장(electric field)을 이용해 깊이 12~25mm까지 측정 가능하며, 그 이상의 깊이에서는 전기장에 미치는 함수율의 영향이 감줄어든다. 따라서 전기장의 침투 깊이가 측정 대상 목재 두께의 1/2에

가깝도록 하는 것이 바람직하다. 이 방법에서는 목재의 표면에서 중심부에 이르기까지 전체 영역에 존재하는 수분이 계측기에 영향을 주나, 두께 100mm 정도의 두꺼운 목재인 경우 그 중심부의 수분에 의한 영향이 배제되므로 실제보다 낮은 함수율이 측정된다. 얇은 목재의 하부에 밀도가 높은 물질이 존재한다면 정확한 측정이 불가능하다.

함수율 측정 정밀도는 약 1% 수준이며, 온도에 의한 영향이 비교적 적어 0~120°C 범위에서는 온도에 따른 별다른 보정 없이 사용이 가능하다. 그러나 밀도에 의한 영향은 매우 크게 작용하므로 수종별 밀도에 따른 보정이 필수적이다.

b. 건조 중 함수율 계측용 센서

전술한 휴대용 함수율 계측기는 대개 건조 후 건조재의 함수율을 측정하여 건조재의 품질을 판정하는 데 사용된다. 그러나 함수율 기준 건조스케줄을 적용하려면 건조 중 목재의 함수율을 연속적으로 측정할 수 있는 함수율 센서(in-kiln moisture sensor)가 필요하다. 또한 완벽한 자동화를 구현하려면 건조 중 측정된 함수율이 제어 시스템에 입력되어 당시의 함수율 수준에 적합한 건조조건이 자동으로 조성되어야 한다.

- 전기식 함수율 계측 센서: 건조 중 함수율의 연속적 측정을 목적으로 미국과 유럽에서는 전기저항식 함수율 계측기의 전극을 건조 중인 목재에 삽입한 방식을 사용해 왔다. 각 전극에 연결된 도선은 건조실 외부의 제어 시스템에 연결되어 정보를 입력해 준다. 그러나 전기저항식의 함수율 계측 가능범위가 섬유포화 점 미만이므로 건조 중 목재의 함수율이 섬유포화점 미만으로 저하된 시점을 확인하여 건조속도 촉진을 위한 건조조건을 적용할 수 있도록 하는 한편, 목표 함수율에 도달하면 건조를 종료하기 위한 기준으로 사용되고 있다. 최근 국내 'ㄱ' 사에서

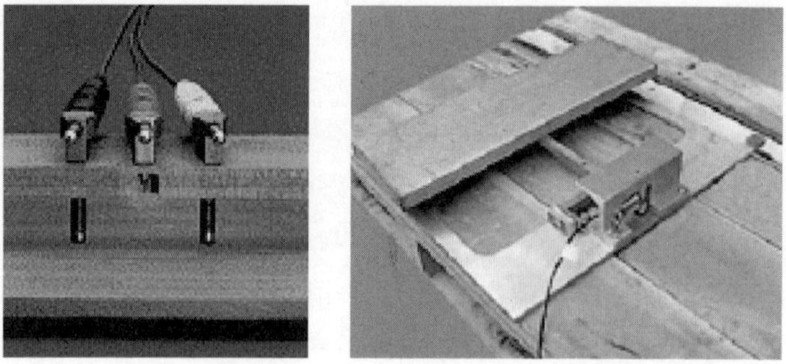

그림 6-7 전기저항식(좌) 및 전자저울식(우) 건조 중 목재 함수율 측정장치

는 고주파를 이용한 함수율 계측 센서를 개발한 바 있으며, 고함수율 영역에서도 계측이 가능하여 건조 과정 전반에 걸쳐 자동 계측과 제어가 가능하다.

- 전자저울(load cell): 건조 중 목재의 무게를 직접 전자저울을 이용하여 측정한다면 함수율의 범위에 상관 없이 지속적으로 함수율 정보를 얻을 수 있다. Faust는 로드셀을 이용, 건조실 내 6개의 저울을 두고 5초 간격으로 무게를 측정하여 함수율로 성공적으로 환산한 바 있다. 그러나 로드셀을 구성하고 있는 strain gauge 자체가 온도에 민감하고 로드셀 재료인 금속마저도 온도 변화에 따라 변동하므로 60°C 이상에서 측정치의 변화가 심해 로드셀 자체의 온도를 일정하게 유지하거나 단열 처리를 하여 그 이상의 온도로 로드셀이 가열되지 않도록 해야 한다. 또한 미세한 진동 역시 무게 측정값을 변화시키므로 이에 대한 대책도 필요하다.

- 온도강하(Temperature Drop Across the Load, TDAL): 일명 Delta T라고도 하며, 그림 5-1에서와 같이 목재잔적으로 더운 공기가 들어

가고 빠져 나올 때 공기의 온도는 낮아지게 마련이며, 이때 목재의 함수율이 높을수록 공기로부터 보다 많은 열량을 빼앗게 되므로 온도강하의 정도가 커진다. 따라서 온도강하를 이용하여 함수율을 추정할 수 있으며, 이론적인 목재 건조공식과 함께 사용하면 비교적 만족할 만한 성과를 기대할 수 있다. 또는 건조실 환기구를 통해 유입되고 배출되는 공기 중의 수분의 양을 측정해도 함수율을 추정할 수 있으나, 각종 수종과 건조실의 조건에 따라 많은 차이가 예상된다.

② 온도 측정장치

건조실 내부 온도의 측정에는 일반적으로 측온저항체(Resistance Temperature Detector, RTD)나 열전대(thermocouple)를 가장 많이 사용하며, 각종 온도 센서들의 특성은 표 6-1과 같다. 특히 측온저항체는 입력전압이 필요하나, 응답속도와 정밀도가 양호하여 가장 많이 사용되고 있다.

한편 목재의 중앙부에 온도 센서를 삽입하여 건조 중 목재 내부의 온도 변화를 함수율 변화와 연관하여 온도 변화만을 기준으로 건조실을 제어하는 방법도 가능하다. 또한 목재건조 초기에는 목재 표면으로부터 수분이

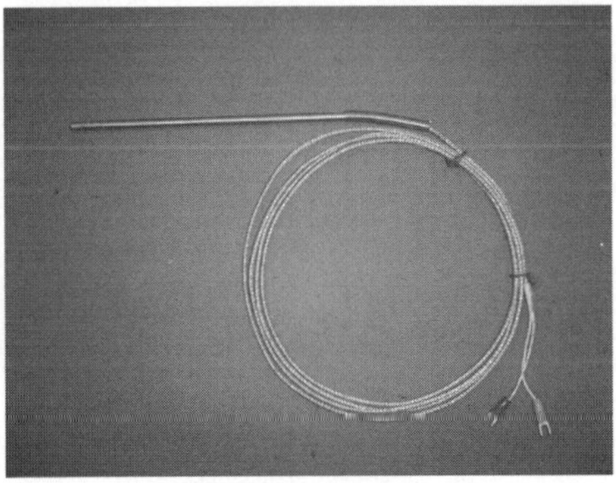

그림 6-8 온도센서

표 6-1 목재건조에 이용 가능한 온도 센서의 특징

종류	재료	온도범위(°C)	특징
측온저항체	백금 구리 니켈	-200~125 -75~120 0~120	입력전압 필요
열전대	J형 K형 T형	-200~600 -200~300	입력전압 불필요
더미스터(thermistor)	반도체	-100~275	저렴하고 자유로운 형태
IC 온도 센서	반도체	-50~150	우수한 정밀도
광섬유 온도 센서	아크릴계	0~140	주위 환경 무관

활발히 증발되어 표면온도가 습구온도를 유지하나, 건조가 진행됨에 따라 표면의 함수율이 떨어지고 증발되는 수분의 양도 감소하여 점차 표면온도가 상승한다는 사실에 착안하여 비접촉식의 적외선 온도 측정장치(infrared radiometer)로 목재 표면온도를 측정, 이를 기준으로 건조실을 제어할 수도 있으나, 아직까지는 실제 산업용 건조실에 적용된 예는 없다.

③ 습도 측정장치

가장 보편적으로 사용되고 있는 측정방법은 건습구온도 측정에 의한 상대습도 추정이다. 그러나 이 방법은 습구에 일정한 물 공급과 주기적 거즈교환 등이 번거롭고, 5m/sec 이상의 높은 풍속으로 공기를 습구에 계속 유동시키지 않으면 신뢰성이 저하되는 문제가 있다.

그림 6-9 전자식 습도 센서

표 6-2 목재건조에 이용 가능한 습도 센서의 특징

분류	센서 명칭	감습재료	작동범위	응답성	검출법
전해질계	염화리듐 센서	염화리듐 유기결합체	20~90% (0~60°C)	2~5분	전기저항
	전해질 습도 센서	오산화인	20~90% (0~60°C)	2~5분	전기량
유기물계	고분자막 습도 센서	도전성 고분자	30~90% (0~50°C)	1분 이내	전기저항
		친수성 고분자	0~100% (–40~80°C)	1분 이내	정전용량
	고분자 결로 센서	흡습성 카본분산형	94~100% (–10~60°C)	10초 이하	전기저항
	수정진동식 센서	흡습성 고분자	1~2,000ppm	–	공진주파수
금속 산화물계	산화알루미늄 습도 센서	산화알루미늄 박막	10~100% (0~150°C)	10초 이하	정전용량 또는 임피던스
	세라믹 습도 센서	$MgCr_2O_4$ $-TiO_4$계	0~100% (10~40°C)	10초 이하	정전용량
기타	더미스터 습도 센서	더미스터	0~100% (10~40°C)	10초 이하	–
	극초단파 습도 센서	유전체 기판	0.3~70% (0~35°C)	수초 이하	–
	지르코니아식 습도 센서	지르코니아식 고체 전해질	0~600°C	–	–

목재의 평형함수율은 주위 공기의 상대습도와 온도의 함수이므로 두께 3mm 정도의 얇은 목재시편을 이용해 평형함수율을 측정함으로써 건조실 내부 상대습도를 조절하는 방법도 있다. 최근에는 전기 · 화학적 방법을 응

용한 습도 센서를 이용하여 상대습도를 직접 측정하는 제어 시스템이 등장하고 있다. 지금까지 개발된 습도 센서의 종류와 특성은 표 6-2와 같다.

④ 풍속 측정장치

대개의 경우 건조실 내 풍속은 건조실이 제작된 직후 측정하고 다시는 재측정하지 않고 있으나, 건조 중 풍속은 당시의 건조조건뿐만 아니라 설비 노후나 잔적시 변이 때문에 계속 변화한다. 그럼에도 불구하고 풍속 측정을 무시할 경우 건조실 내 불균일한 풍속과 공기분포로 건조결함이 발생할 가능성이 높아지며 에너지 낭비도 커진다. 따라서 최소한 잔적의 세 곳에 풍속 센서를 설치하여 계속 측정하는 것이 바람직하다.

한편 건조에 소요되는 열에너지와 전기에너지는 그 비율이 13 : 1로 열에너지가 큰 비중을 차지하나, 비용 면에서는 전기에너지 비용이 건조비용의 14~21%를 차지할 정도로 크다. 물론 이 비율은 열에너지원의 종류에 따라 달라진다. 일반적으로 주어진 풍속을 내기 위해 필요한 전기에너지는 그 풍속의 세제곱에 비례하므로 풍속을 약간만 줄여도 많은 양의 에너지를 절약할 수 있다. 따라서 풍속을 증가시키면 건조속도는 증가될지라도 전기에너지의 소비가 커져 결국 경제성이 떨어지게 된다.

그러므로 증발되는 수분의 양이 많은 건조 초기에는 많은 양의 공기를 요구하게 되므로 풍속을 높이고, 건조가 진행될수록 점차 풍속을 낮추는 방

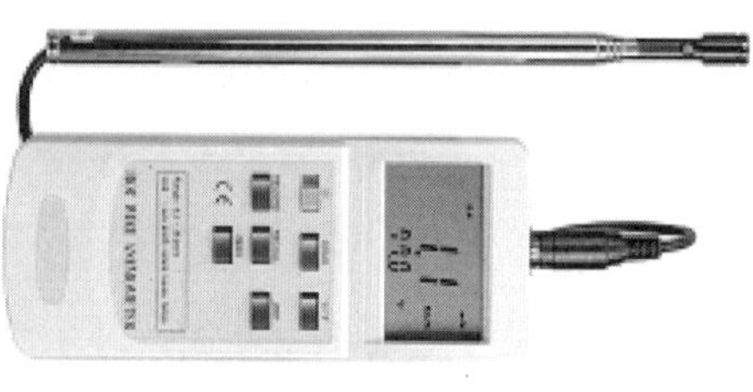

그림 6-10 열선풍속계

법을 생각할 수 있다. 만일 건조 중 지속적인 함수율 측정이 가능하다면 일정 시간마다 단위시간당 필요공기량 V_a를 계산하고 공기유동통로의 단면적 A를 고려한 적정 풍속 V_f를 얻을 수 있으며, 이 풍속을 기준으로 송풍기를 제어한다면 전기에너지를 효과적으로 절감할 수 있을 것이다.

$$V_a = \frac{V_m W_o (M_1 - M_2)}{100 T_d} \quad (6-1)$$

$$V_f = \frac{V_a}{A} \quad (6-2)$$

V_a = 단위시간당 함수율 M_1에서 M_2까지 목재를 건조할 때 요구되는 공기의 양

V_m = 목재로부터 단위무게의 수분을 증발시키기 위해 단위 온도강하당 필요한 증기혼합 공기의 체적

W_o = 목재의 전건무게

T_d = 온도강하(TDAL)

A = 공기유동통로의 단면적(식 (5-10) 참조)

V_f = 요구되는 풍속

(2) 제어 시스템

① 열기건조실 제어

건조실 내부 온습도의 제어는 컨트롤러(controller)에 의해 어느 정도 자동화되어 있는 것이 보통이며, 수동제어의 범위는 가능한 최소화하는 것이 바람직하다. 건조조건을 적절히 제어하지 못하면 건조시간이 지연되고 상당한 수준의 건조결함을 감수해야만 한다. 가장 간단한 자동제어의 예로는 미리 결정되어 있는 건습구온도에 따라 컨트롤러에 의해 제어하는 방법이 있다. 컨트롤러는 가열밸브의 개폐를 통해 건구온도를 조절하는 한편, 습구온도는 분무밸브(spray valve)와 환기구의 개폐에 의해 조절된다. 건조가 진행되면서 컨트롤러의 설정값을 재조정하여 안전하고도 효율적인 건조속

도를 유지하게 된다.

컨트롤러의 설정은 수동으로 또는 기계적 · 전자적으로 수행된다. 각 방법은 장단점이 있으나, 모두 효과적인 방법이 될 수 있다. 소요비용이 30만 원 정도인 간단한 전자식 컨트롤러로부터 3,000만 원이 넘는 컴퓨터화된 최신 컨트롤러에 이르기까지 다양하다.

② 건조실 자동제어 시스템의 구성

목재 열기건조실의 자동제어 시스템은 건조 중 온습도, 풍속 및 목재의 함수율과 건조응력 등의 측정을 위한 센서류와 이들로부터 필요한 정보를 얻어내어 입력된 건조스케줄에 따라 건조실 조건을 통제하는 자동제어장치, 그리고 건조스케줄 등이 저장되어 있는 소프트웨어로 크게 나눌 수 있다. 그리고 보일러나 가열기, 밸브, 송풍기의 모터, 흡배기구 개폐용 모터 등의 하드웨어는 자동제어장치에 연결하게 된다.

위의 각 구성요소들을 연결하면 자동제어 시스템이 완성된다. 우선 건조 중 건조실 내부 공기조건과 목재 자체의 온도 측정을 위한 온도 센서와 습도 센서를 설치하고, 목재의 건조 중 함수율 변화 측정을 위한 함수율 센서를 장착한다. 각 센서로부터 발생되는 전기적 신호(아날로그 형태)를 증폭

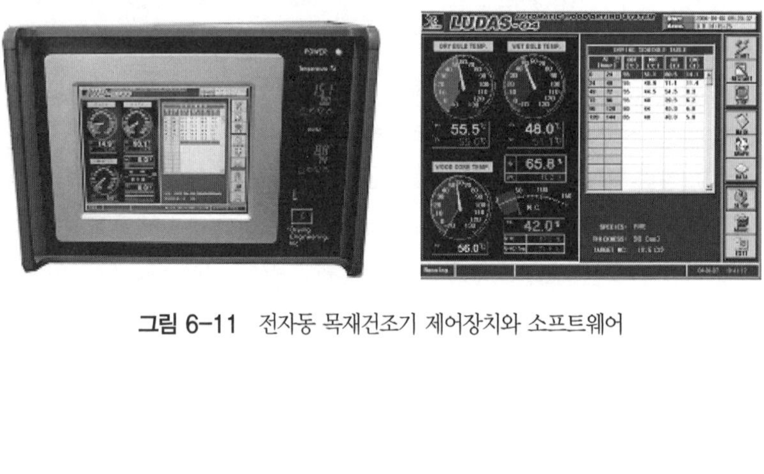

그림 6-11 전자동 목재건조기 제어장치와 소프트웨어

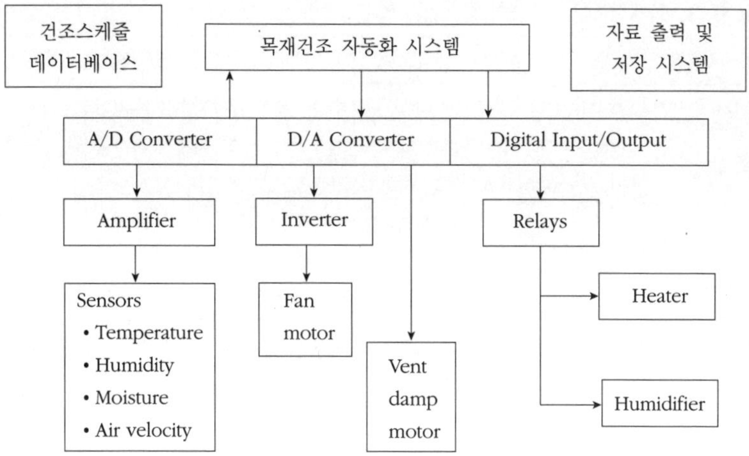

그림 6-12 열기건조장치의 자동화 시스템 모식도

기(amplifier)를 통해 증폭한 후 아날로그-디지털 컨버터에 연결하여 컴퓨터가 인식할 수 있는 디지털 신호로 변환한다. 이때 입력된 정보를 주어진 시간에 따라 모니터상에 계속해서 나타냄과 동시에 저장하면 이후 해당 자료를 다시 불러내어 손쉽게 처리할 수 있다. 한편 컴퓨터에는 이미 적정 건조스케줄이 입력되어 있어 센서로부터 입력된 함수율 및 온습도 조건과 비교하여 건조실 내부조건을 적정 수준으로 유지할 수 있도록 연속적으로 명령을 하달한다. 그에 따라 가열기, 환기구, 밸브 등 각종 장치가 제어되며, 풍속 역시 인버터(inverter)를 이용하면 송풍기 모터의 회전수 제어를 통해 정확히 조절할 수 있다.

③ 목재건조 자동화 시스템의 종류

목재건조용 자동화 시스템을 생산하고 있는 업체는 전 세계적으로 20개 미만이며, 각 제품들을 대별하면 다음의 다섯 가지 종류로 나눌 수 있다. 표 6-3은 대표적인 제품들의 특징을 소개하고 있다.

표 6-3 목재건조실 자동제어 시스템의 예

모델명	제조업체	주요 구성요소	입력자료	함수율 측정	비고
Utec P5000	System Directions Ltd., Sweden	Z80 8bit CPU 16 Digital input 8 Analog output 20 Relay output	수종, 목재 두께, 최기 건습구온도, 건조 전 저목 상황, 초기함수율, 심변재 여부	함수율 수지와 이론적 함수율 추정식	–
F200	Frank Controls Ltd., Canada	Z80 8bit CPU 12 Dry bulbs 1 Wet bulb	목표함수율	온도강하	상대습도 기준
Salton Optimizer	Salton Fabrication Ltd., Canada	–	시간스케줄 이용	온도강하	온도와 환기구 작동빈도 기준
LSA-MP8	Lignomat, USA	습도민감형 cellulose wafer, 평형함수율 센서, 도선 잡음감소를 위한 건조실 내장 증폭기	연속변화형 스케줄, steam optimization program	–	경영정보 제공, 모뎀이용 원격제어
HYDROMAT TK-MP3016	GANN Electronics	건조실 16기 동시 제어	250수종 건조스케줄	–	–
Byronix Kiln-controller	Progressive Industries Ltd., Canada	–	–	–	건조 중 건조속도 기준
LUDAS-04	(주)건조기술	온도 센서 전자식 습도 센서	800수종 건조스케줄	고주파식 함수율 센서	인터넷 원격제어

a. 전자식 온습도 기록계

기존 건조설비에서 가장 보편적으로 이용되어 왔던 기체식(pneu-matic type)을 전자식(electronic type)으로 변경한 것으로, 온도 센서를 이용한 건습구온도계를 사용하며, 부착된 키패드로 건조스케줄의 입력이 가능하고 온습도 정보는 기록장치에 의해 기록된다.

b. 유럽형

지난 20여 년 간 유럽에서 사용되어 온 형태로, 주로 활엽수재를 대상으로 하고 있다. 건조 중 시편의 함수율은 저항식 수분계로 함수율 7~28% 범위에서 측정하며, 습도 센서 · 온도 센서 및 풍속 센서를 이용한다. 10개 정도의 키(key)가 있는 작은 키패드로 명령을 입력하도록 되어 있으며, 컴퓨터를 통한 건조스케줄의 입력과 자료저장이 가능하다.

c. 프로그램형

PLC(Programmable Logical Controller)나 UDC(Universal Digital Controller)를 이용하며, 건조스케줄은 부착된 키패드를 통해 입력한다. 단, 1대의 PLC는 건조실 1기만을 제어할 수 있다.

d. 분산제어형

여러 기의 건조실에 각각 장착된 PLC를 RS-232C나 RS-422C와 같은 통신방법을 통해 1대의 컴퓨터에 연결, 최대 25m까지 떨어져 있는 각 PLC들을 총감독하게 한다. 만일 근거리통신망(LAN) 기술을 이용한다면 10km 정도의 거리도 무방하게 된다. 중앙의 컴퓨터는 건조스케줄의 자동입력, 자료의 수집과 저장, 경영정보 제공 및 경보 기능까지 갖추고 있으며, 건조스케줄 변경이 간편하게 이루어지는 등 운용이 용이하고, 제어실의 규모도 축소할 수 있다.

e. 중압집중제어형

가장 발전된 형태로, 분산제어형의 각 PLC와 컴퓨터의 역할을 중앙 컴퓨터가 모두 수행하여 여러 기의 건조실을 동시에 운용할 수 있다. 특히 근래 컴퓨터의 기능이 비약적으로 발전되고 있는 반면, 가격은 상대적으로 하락하는 상황에서 고가의 PLC를 대체할 수 있기 때문에 가장 많은 관심이 집중되고 있다. 그러나 제어장치가 제 기능을 발휘하려면 청정실에 설치되어야 할 것이다. 최근에는 정보통신기술의 발전으로 인터넷을 이용한 원격 감시 및 제어도 가능해지고 있다.

④ 자동화 시스템의 선택

목재건조용 자동화 시스템의 적용에는 고가의 장비가 따르게 되므로 사전에 신중한 검토가 필수적이다. 그리고 기존의 건조설비에 연결을 원할 경우 대체해야 할 설비가 발생하기 마련이므로 보유하고 있는 설비에 가장 적절하면서도 투자비용을 최소화할 수 있는 자동화 시스템을 선택해야 한다. 선택 전에 일반적으로 고려해야 할 사항들은 다음과 같다.

- 어느 수준의 자동화나 제어를 원하는가를 결정해야 한다. 일례로, 길이 16m 이상의 단일 트랙 건조실의 경우 잔적 상하부와 전후방 네 곳의 공기온도와 잔적 전후방의 습도측정은 기본적으로 이루어져야 한다.
- 지정한 온도나 습도, 또는 풍속에 신속히 그러나 유연하고 정확하게 도달하는가를 확인해야 한다.
- 증기압 부족 등과 같은 작동 중 문제에 효율적으로 대처할 수 있는가를 확인해야 하며, 가능하다면 경보기능이 있는 것이 효율적이다.
- 건조실 조건의 미세한 변화에 너무 민감하지 않은가를 확인해야 한다.
- A/D(Analog/Digital) 변환이나 전기/공압(Electronic/Pneu-matic, E/P) 변환이 효율적으로 수행되는가를 검토해야 한다.

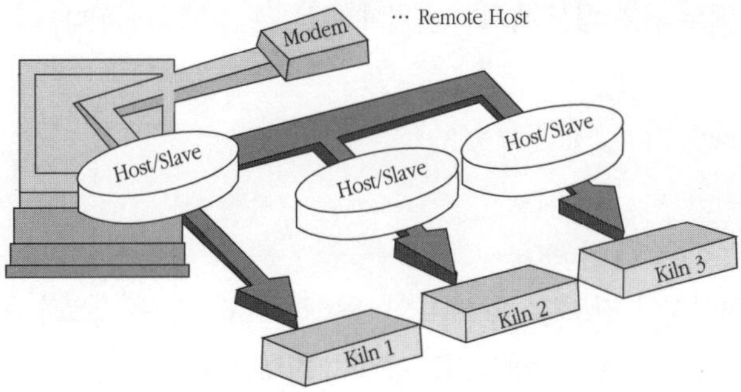

그림 6-13 중앙집중형 제어 시스템

- 보증기간 동안 소프트웨어 및 하드웨어의 철저한 애프터서비스를 보장받아야 하며, 서비스맨의 수준도 고려해야 한다.
- 제조업체나 판매업체의 목재산업과 주요 대상 수종에 대한 이해와 지식수준도 고려해야 한다.
- 기존의 소프트웨어 외에 사용자가 직접 스케줄 등을 작성, 입력할 수 있는 가능성을 검토해야 한다.

⑤ 자료저장 기능

건조 과정과 관련된 자료를 저장할 수 있는 기능도 준비하는 것이 바람직하다. 건조 과정을 기록한 자료는 이후 문제해결(trouble shooting)에 큰 도움이 되며, 건조와 관련된 법적 문제들을 방어하거나 효율적인 건조스케줄 개발에도 필수적이다.

기록장치가 내장된 컨트롤러도 있으나, 경우에 따라서는 건조기 운영자가 손수 기록하는 방법도 가능하다. 그러나 기록장치를 사용하면 건조의 전 과정을 연속적으로 기록할 수 있는 반면, 운영자가 손수 기록하면 주기적으로 단편적인 정보만을 얻을 수 있다. 따라서 자동기록장치가 선호되는 추세이다. 특히 대량의 활엽수를 건조하는 경우 1일 1회 정도의 기록에만 의지하기에는 건조 대상 목재의 가치가 너무 큰 것이 사실이다.

4) 부대설비

(1) 상부하중(top load)

가장 치명적인 건조결함의 하나인 틀어짐(warping)은 건조수율을 심각하게 저하시키므로 그 발생의 정도를 최소화해야만 경제성을 확보할 수 있다. 적절한 건조스케줄의 적용만으로는 틀어짐 발생을 최소화하기 어려우므로 잔적된 목재 위에 무거운 상부하중을 올려놓아 물리적인 방법으로 틀어짐 발생을 억제해야 한다. 상부하중은 대개 콘크리트를 이용하여 350~500kg/m^2 정도로 무겁게 제작하는 것이 보통이다. 건조 중 상부하중의 무게에 의해 틀어짐이 억제되면 건조기간 중 영구변형(permanent set)에 의해 건조 후에도 변형되지 않는다. 다만 억제된 건조응력이 건조재에 잔존하기 때문에 건조 후처리(이퀄라이징이나 컨디셔닝)를 해 주어야만 건조 후 2차 가공에서 변형되는 것을 예방할 수 있다.

(2) 잔적설비(stacking equipment)

일정하고 완벽한 잔적은 신속하고 안전한 건조를 위해 필수적이다. 잔적이 잘못되면 최적의 건조스케줄을 적용해도 틀어짐과 같은 심각한 피해를 수반하기 마련이다. 한편 전체 건조비용 중에서 목재잔적에 소요되는 인건비 비율이 20~30%에 이를 정도로 크며, 이 비율은 지속적으로 상승할 수밖에 없다. 따라서 목재산업의 규모가 큰 북미지역이나 서유럽에서는 경쟁력 확보를 위해 목재잔적을 자동화하는 설비를 도입하는 경우를 많이 볼 수 있다.

컨베이어에 의해 자동이송된 목재는 작업자 앞에 위치한 잔적대에 자동으로 배열되고 작업자는 정해진 정확한 위치에 잔목을 놓아주기만 하면 되

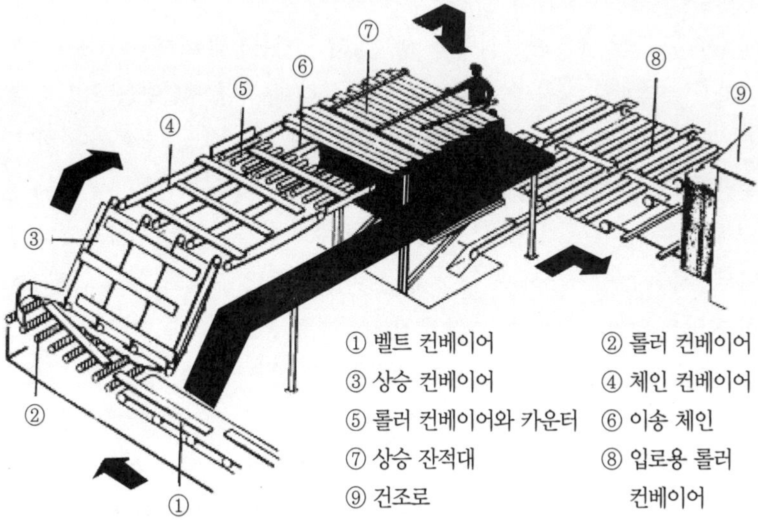

그림 6-14 목재 자동 잔적기

며, 하나의 층이 다 배열되면 잔적대는 자동적으로 1층 높이만큼 낮아져 작업자는 동일한 높이에 계속적으로 잔목을 배치해 주면 된다. 이와 같은 잔적설비의 처리능력은 1일 50~150m^3 정도이다.

5) 열기건조실의 설계

최상의 품질로 원하는 양의 목재를 건조하기 위해서는 건조실의 설계 단계에서부터 철저한 검토가 요구된다. 최적의 건조실 설계를 위해 필수적으로 검토해야 할 사항들을 제시하고자 한다.

(1) 건조 대상 목재

건조 대상 목재에 대한 검토는 생각보다 훨씬 복잡한 일이다. 제재공정으로부터 생산된 제품의 범위와 규격 모두에 건조가 필요한 것은 아니다. 일례로, 등급이 낮은 제품의 경우 생재상태나 기건상태로 사용되기도 한다. 따라서 두께별로 제품의 목록을 작성하여 각 규격별 생산량을 확인한 후 건조공정의 필요 여부와 건조공정을 통해 얻게 될 이익을 따져 봐야 한다. 일반적으로 제품의 최종용도가 건조공정의 필요 여부를 결정한다. 대부분의 활엽수재는 건조가 필수적이지만, 침엽수재의 경우 특히 팔레트(pallet), 나무상자(crate), 철도침목 또는 광산용 갱목 등에 사용될 목재는 건조를 하지 않는 것이 보통이다. 따라서 각 제품별로 건조에 의한 이익 창출이 가능한지를 철저히 분석해야 한다. 생재제품과 건조제품의 가격차를 비교하여 그 차익이 모든 건조비용을 충당하고도 남음이 있는지를 확인해야 한다. 부가가치가 높은 제품일수록 그 가격차가 커져 이익이 증대되는 효과를 얻을 수 있다. 이 사항은 건조실의 실제 설계와는 크게 연관되지는 않지만 건조공정의 필요 여부를 결정하기 때문에 가장 기초적인 단계가 된다.

(2) 에너지

목재에 열을 공급하고 목재로부터 증발된 수분을 제거해 주는 공기의 순환을 위해서는 전기에너지가 필요하다. 공기순환에 소요되는 전기에너지의 양은 필요한 풍량을 운반할 수 있는 모터의 규격과 그 수에 따라 달라진다. 한편, 요구되는 공기의 양은 잔목에 의해 형성되는 공기유동 공간의 면적, 요구 풍속 및 시스템 자체의 효율 등에 의해 결정된다. 목재 적재용량이 $24m^3$ 정도인 열기건조실에서 재간풍속 2m/sec를 얻으려면 6마력 정도의 송풍기 모터가 필요하다. 송풍기의 특성상 모터의 필요 마력수는 풍속의 세제곱에 비례하므로 풍속을 25% 정도 높여 2.5m/sec로 하려면 필요 마력수는 거의 2배에 가깝게 증가하게 되어 공기순환을 위한 에너지 비용이 크게 증가한다.

따라서 공기 전달 과정의 효율을 향상시키려면 풍속을 증가시키기보다는 기존의 송풍기를 그대로 이용하되 차풍판 등을 적절히 배치하는 것이 경제적이다. 송풍기 운전에 소요되는 비용은 에너지 비용과 건조에 소요되는 시간에 의해 좌우된다. 다음은 2마력 송풍기 3대가 장착된 적재용량 24m³ 열기건조실(중온형)을 이용하여 12일 동안 약 5,850kg의 물을 제거하는 경우 송풍기 운전에 소요되는 비용을 추정하는 예이다.

총운전시간 = 12일×24시간/일 = 288시간
소요동력 = 2마력/대×3대×0.746kW/마력 = 4.5kW
건조기간 중 총소비동력 = 4.5kW×288시간 = 1,296kW
전력비용 = 55원/kW×1,296kW = 71,280원
단위비용 = 71,280원/24m³ = 2,970원/m³

수분증발에 소요되는 에너지의 양은 대략 물 1kg당 560kcal 정도이다. 그러나 가열과 함께 환기가 이루어지므로 물 1kg을 제거하기 위해서는 그 2~3배의 에너지가 필요하다. 즉 추가되는 에너지는 환기와 누출 및 건조실 구조물을 통한 전도에 의해 소실된다.

위의 예를 바탕으로 수분제거에 소요되는 비용을 추정해 보면 다음과 같다. 단, 전기에너지를 제외한 다른 에너지원의 비용은 매우 가변적이므로 본 예에서는 전기에너지를 적용하였다.

총제거수분량 = 5,850kg-water
물 1kg당 소요열량 = 1,400kcal/kg-water
총소요열량 = 5,850kg-water×1,400kcal/kg-water
= 8,190,000kcal = 9,523kW
에너지 비용 = 55원/kW×9,523kW = 523,765원
단위비용 = 523,765원/24m³ = 21,824원/m³

위의 예에서는 공기순환과 가열에 목재 1m³당 약 25,000원의 비용이 소

요되는 것으로 추정하고 있다. 그러나 이 비용에는 목재잔적의 예열과 이퀄라이징 및 컨디셔닝, 그리고 동결목의 해동 등에 소요되는 에너지 비용이 포함되어 있지 않다. 위의 예에서는 목재 $1m^3$당 약 450kW의 에너지가 소요되는 것으로 추정하고 있다. 그러나 건조 초기 목재와 건조실 자체의 온도상승을 위한 에너지가 소요되는 최고 부하(peak load) 시점에서는 그 에너지의 2배 이상이 소요된다. 보일러의 효율에 따라 다르지만 건조 대상 목재 $1m^3$당 약 2,800~3,300kcal/hr의 열량을 공급할 수 있는 보일러가 요구된다.

일반적으로 두께 25mm인 활엽수재 $1m^3$의 건조에는 약 320,000~430,000kcal의 에너지가 필요하다. 따라서 건조실의 용량이 $50m^3$이라면 평균 건조기간 10일을 기준으로 1시간당 67,000~90,000kcal/hr(78~105kW)의 에너지가 필요하게 된다. 위와 같은 에너지 소요량과 비용 분석을 통해 에너지원을 결정해야 한다.

(3) 건조실 용량

적정한 건조실 용량을 결정하기 위해서는 우선적으로 건조에 소요되는 시간을 가능한 정확히 추정할 수 있어야 한다. 그러나 모든 건조기 형태에 대하여 수종과 두께, 그리고 건조재의 품질 등을 모두 고려한 건조시간을 제시하기는 불가능하다. 따라서 관련 문헌을 통해 정보를 입수하거나 동일 수종을 이용하여 동일 또는 유사한 제품을 생산하고 있는 업체를 찾아 자료를 얻는 것이 가장 좋은 방법이 될 수 있다. 경우에 따라서는 대상 수종과 규격에 대한 새로운 건조스케줄을 개발하고 실제 건조실험을 통해 건조시간을 측정해야 할 수도 있다.

한편 동결목의 건조에는 보다 긴 건조시간이 소요된다. 그리고 외기의 온도가 낮은 겨울철에는 여름철에 비해 적어도 6~12시간 정도 건조시간이 길어지는 것이 보통이다. 가열능력이 작은 소규모 건조실의 경우 그 차이가 더 크게 발생할 수도 있다.

다음은 실제 공장에서 건조실 용량을 결정하기 위한 과정을 단계별로 정리한 예이다.

① 건조 대상 제품의 결정

우선 건조 대상 제품을 수종과 두께 및 연간 생산량으로 나누어 다음과 같이 정리한다.

수종	두께(mm)	생산량(m^3/년)
국산 소나무	25	470
국산 소나무	50	120
국산 참나무	25	230
합계	-	820

② 건조시간의 가중평균 계산

각 제품에 대한 건조시간 관련 자료를 획득하여 다음과 같은 과정을 통해 수종이 혼합된 전체 물량에 대한 가중평균 건조시간(weighted average drying time)을 계산한다.

③ 연간 건조횟수 결정

위 표의 가중평균 건조시간은 건조실에서 소요되는 실제 건조시간에 기초하고 있다. 따라서 연간 건조 가능한 횟수를 결정하기 전에 몇 가지 고려해야 할 점들이 있다. 예를 들어, 목재잔적의 투입과 배출에 소요되는 시간은 소규모 건조실의 경우 약 5시간으로 추정된다.

총소요 건조시간 = 10.1일 × 24시간/일 + 5시간 = 247시간

수종	체적 (m^3/년)	연간 생산량 중 비율(%) (A)	평균 건조시간(일) (B)	가중평균 건조시간 중 비율 (A×B/100)
두께 25mm 국산 소나무	470	57	3	1.7
두께 50mm 국산 소나무	120	14	8	1.1
두께 25mm 국산 참나무	230	29	25	7.3
가중평균 건조시간 = 10.1일				

다음 단계로 건조실의 연간 가동 가능시간을 계산한다. 본 예에서는 건조실 정기점검을 위한 시간으로 연간 2주일을 배정하는 것으로 가정한다.

연간 가동 가능시간 = 365일/년×24시간/일 – (14일×24시간/일)
= 8,424시간/년

한편 건조 시스템의 고장과 보수에 전체 가동 가능시간의 2%가 소요되는 것으로 가정하면 실제 가동 가능시간은 다음과 같이 계산된다.

실제 가동 가능시간 = 8,424시간/년 – (8,424시간/년×0.02)
= 8,256시간/년

따라서 연간 실시가 가능한 건조횟수는 다음과 같이 결정된다.

8,256시간 ÷ 247시간/회 = 33회/년

④ 적정 건조실 용량 결정

연간 건조횟수로 연간 생산량을 나누면 필요한 건조실 용량이 결정된다.

820m^3/년 ÷ 33회/년 = 24.8m^3

지금까지의 예를 보면 이 공장에서는 1회에 24.8m^{3}를 투입할 수 있는 열기건조실이 필요하다. 그러나 목재를 어떻게 잔적하는가에 따라 차이는 있지만, 실제 건조실 용량은 이보다 더 크게 결정하는 것이 보통이다. 목재를 잔적하기 전에 분류하여 가능한 동일한 길이의 목재로 잔적을 구성해야만 최고의 효율을 얻을 수 있다. 만일 길이가 서로 다른 목재로 잔적을 구성하면 잔적과 잔적 사이에 공간이 커져 건조실의 용량이 손실되는 문제가 있다. 일반적으로 건조 대상 목재의 길이가 일정하지 않을 경우에는 적재효율(loading efficiency)이 75~80% 수준으로 낮아진다. 그러므로 앞의 예의 경우 필요한 건조실 용량이 약 28m^{3}으로 증가된다.

⑤ 다수의 건조실 설치

요구되는 건조실 용량이 적고 건조 대상 수종과 두께가 제한되어 있다면 1기의 건조실로도 충분한 것이 보통이다. 그러나 건조 대상 수종이 다양하고 두께도 여러 가지라면 건조실의 용량을 나누어 여러 기의 소규모 건조실을 설치하는 것이 오히려 바람직하다. 다수의 소규모 건조실을 설치하면 단일 수종으로 건조할 수 있는 융통성을 확보할 수 있으며, 건조실의 활용도가 개선되고 우수한 제품품질을 보장할 수 있다.

다수의 건조실을 설치, 이용하는 것이 단일 건조실을 설치하는 경우보다 보일러의 용량도 줄어든다. 즉 여러 기의 건조실 가동을 동시에 시작하지 않고 시간간격을 두어 차례로 시작하면 건조 초기 대량의 에너지가 소요되는 시기를 분산시킬 수 있다. 이 방법은 건조시간이 7~10일 정도로 길게 소요되는 경우에 특히 효과적이다. 만일 건조시간이 1~3일 정도라면 순차적으로 건조실을 가동하는 것이 거의 불가능하기 때문이다.

(4) 설치장소

건조실의 설치가 가능한 장소와 공간은 선택된 건조실의 형태에 따라 좌우된다. 규모가 작은 건조실이라면 공장동 실내에 설치할 수도 있다. 다만 건조실의 출입문 등을 완벽히 밀폐하지 않으면 열기와 증기가 누출되어 건물을 손상시킬 수 있다. 적재용량 20m^3 이상의 대형 건조실은 외부에 독립적으로 설치하는 것이 일반적이다. 단, 건조실 출입문 앞에 충분한 공간을 확보하여 목재잔적을 쉽게 이동시킬 수 있도록 해야 한다.

건조 전의 생재나 건조가 완료된 건조재의 보관도 중요한 사항이다. 목재잔적의 배출과 투입시 시간절약을 위해 적어도 생재상태의 목재잔적 하나는 항상 준비될 수 있는 공간이 필요하다. 그리고 건조실 용량의 2~3배에 달하는 건조재를 보관할 수 있는 공간을 마련하는 것이 일반적이다.

(5) 환경문제

현재까지는 목재 열기건조실로부터 배출되는 물질에 대한 심각한 규제는 없다. 그러나 건조실의 배기구를 통해 외부로 습한 공기가 배출되기 때문에 건조실이 위치하는 장소에는 제한이 있을 수 있다. 만일 주거지역에 설치된다면 주민들로부터 소음과 냄새 등에 관한 불만을 듣게 될 것이다. 한편 최근 북미지역과 서유럽을 중심으로 건조 중 발생되는 증기 속에 포함된 휘발성 유기물질(volatile organic compounds, VOC)에 대한 연구가 활발히 진행되고 있기도 하다.

참고문헌

Becker, H. F. 1982. Acoustic emission during wood drying. *Holz als Roh-und Werkstoff* 40: 345-350.

Bois, P. J. and J. L. Tschernitz. 1981. The effect of air velocity on reaching dry kiln saturation temperatures for oak. *FPL Tech. Rep.* No.11.

Chung, B. J. 1974. Effect of air circulation velocity on the rate of lumber drying in a small compartment wood drying kiln. *Korean Wood Sci. & Tech.* 2(2): 5-7.

Dedrick, D. S. 1968. *Kiln Drying Process*. U. S. Patent 3,404,464.

Eckelmann, C. A. and J. L. Baker. 1976. Heat and air requirements in the kiln drying of wood. *Purdue Univ. Res. Bul.* 933.

Forrer, J. B. 1984. An electronic system for monitoring gradients of drying wood. *For. Prod. J.* 34(7/8): 34-38.

Green, B. 1988. Troubleshooting pneumatic recorder controllers. *Forest Industries*, July.

Hall, C. W. 1980. *Drying and Storage of Agricultural Crops.* AVI Pub. Co.

Hollman, J. P. 1981. *Heat Transfer.* McGraw Hill, Inc.

Holmes, S. H. 1988. A shopper's guide to electronic kiln controls. *Forest Industries*, July.

Holmes, S. H. and D. G. Arganbright. 1976. Drying tests with a weight-actuated lumber-drying control system. *For. Prod. J.* 26(11): 31-39.

Honeycutt, R. M., C. Skaar and W. T. Simpson. 1985. Use of acoustic emissions to control drying rate of red oak. *For. Prod. J.* 35(1): 48-50.

James, W. L. and R. S. Boone. 1982. Some general characteristics of capacitive in-kiln moisture monitors. *For. Prod. J.* 32(4): 57.

Kayihan, F. 1986. Adaptive optimal scheduling and control of batch lumber kilns using a population balance model. *Drying* '86 Vol. 1: 391-400.

Kininmonth, J. A., W. Miller and S. Riley. 1980. Energy consumption in wood drying. New Zealand FRI NZFS-1343.

Kotok, E. S. and D. P. Lowery. 1970. A system to automatically regulate drying oven temperatures. Intermountain Forest and Range Experiment Station Research Note INT-110.

Kuun, C. P. and H. F. Vermaas. 1988. The supervisory PC in process control systems with special reference to the kiln drying of wood. *Holz als Roh-und Werkstoff* 46: 27-32.

Kuun, C. P. and H. F. Vermaas. 1989. Computerized data-acquisition and control system for an experimental pressure steam dryer for lumber. *Holz als Roh-und Werkstoff* 47: 261-265.

Little, R. L. 1981. Effect of weather on dry kiln venting losses. *For. Prod. J.* 31(6): 41-44.

Little, R. L., W. W. Moschler and R. T. Toennisson. 1986. Design of a computer based controller-recorder for an experimental dry kiln. *For. Prod. J.* 36(11/12): 72-74.

Mackay, J. F. G. 1988. Kiln drying advances in Western Canada. *Forest Industries*, July.

Malmquist, T. L. and Svenska T. NA. Analysis of progressive lumber drying. Flakt.

McIntyre, S. 1975. Operation and maintenance of pneumatic recorder-controllers for dry kilns. Forintek Canada, Western Forest Products Lab.

Miller, W. 1977. Energy conservation in timber-drying kilns by vapor re-compression. *For. Prod. J.* 27(9): 54-58.

Moschler, W. W. Jr. and R. L. Little. 1993. Sealing foam insulation in dry kilns. *For. Prod. J.* 43(1): 72-76.

Nassif, N. M. 1979. An approach to the drying of *Eucalyptus Laevopinea and*

E. Agglomerata using CRT(continuously rising temperature). Report of Forest Commision of N. S. W., Australia.

Nassif, N. M. 1983. Continuously varying schedule(CVS)—a new technique in wood drying. *Wood Science & Technology* 17: 139-144.

Neville, C. J. and H. F. Vermaas. 1988. Laboratory kiln for the development of low temperature wood drying schedules. *Holz als Roh-und Werkstoff* 46: 269-273.

Noguchi, M. 1991. Use of acoustic emission in wood processing and evaluating properties of wood. *Mokuzai Gakkaishi* 37(1): 1-8.

Noguchi, M., S. Okumura and S. Kawamoto. 1985. Characteristics of acoustic emissions during wood drying. *Mokuzai Gakkaishi* 31(3): 171-175.

Noguchi. M., S. Kitayama, K. Satoyoshi and J. Umetsu. 1987. Feedback control for drying *Zelkova serrata* using in-process acoustic emission monitoring. *For. Prod. J.* 37(1): 28-34.

Panow, S. and M. R. Nester. 1985. Drying end point determination during high-temperature drying. *For. Prod. J.* 35(10): 51-55.

Price, E. W. and P. Koch. 1981. A note on effects of kiln stick thickness and air velocity on drying time of southern pine 2 by 4 and 2 by 6 lumber. *Wood & Fiber* 13(2): 115-119.

Quarles, S. L. 1992. Acoustic emission associated with oak during drying. *Wood and Fiber Science* 24(1): 2-12.

Quarles, S. L. and E. M. Wengert. 1989. Applied drying technology, 1978 to 1988. *For. Prod. J.* 39(6): 25-38.

Resch, H. 1990. Energy consumption in drying solid wood products. Proceedings. The 3rd International Symposium on Forest Products Industry in the 21th Century: 13-31.

Rosen, H. N. 1979. Potential for energy recovery from humid air streams. USDA Res. Pap. NC-170.

Rosen, H. N. 1980. Kiln size affects energy required to dry lumber. USDA Res. Note NC-256.

Salamon, M. 1960. Air-circulation in dry kilns. *Proceedings.* Western Dry Kiln Clubs.

Salamon, M. and S. McIntyre. 1969. Manipulation of air velocity permits drying time savings. *Canadian Forest Industry.*

Salin, J. G. 1992. Numerical prediction of checking during timber drying and a new mechano-sorptive creep model. *Holz als Roh-und Werkstoff* 50: 195-200.

Shida, S., M. Chiba and N. Nara. 1986. A computer-controlled system for operating kiln-drying (I): Conditions of a practical system and an outline of a proto-type one. *Journal of the Hokkaido Forest Products Research Institute* 415: 1-11.

Shida, S. and N. Nara. 1988. A computer-controlled system for operating kiln-drying (II): How to solve the problem of output drifts of load cells caused by temperature changes. *Journal of the Hokkaido Forest Products Research Institute* 2(1): 1-9.

Shida, S. and N. Nara. 1988. A computer-controlled system for operating kiln-drying (III): Performance of the 'full-auto system' controlled by the continuous drying schedules on the basis of a moisture content measured by a moisture sensor consist of a load cell. *Journal of the Hokkaido Forest Products Research Institute* 2(2): 10-20.

Shottafer, J. E. and C. E. Shuler. 1974. Estimating heat consumption in kiln drying lumber. *Tech. Bul. 73 Life Sci. & Agri. Expt. Sta.* Univ. Maine Orono, ME.

Siau, J. F. 1984. *Transport Processes in Wood.* Springer-Verlag Pub. Co.

Skaar, C. 1972. *Water in Wood.* Syracuse Univ. Press.

Skaar, C., W. T. Simpson and R. M. Honeycutt. 1980. Use of acoustic emissions to identify high levels of stress during oak lumber drying. *For. Prod. J.* 30(2): 21-22.

Taylor, F. W. 1978. Portable system for weighing kiln trucks. *For. Prod. J.* 28(9): 49-50.

Vermaas, H. F. and C. P. Kuun. 1989. Experimental pressure steam dryer for lumber. *Holz als Roh-und Werkstoff* 47: 235-241.

Vick, C. B. 1970. X-ray used in drying studies to detect honeycomb. *For. Prod. J.* 20(3): 52-53.

Vranizan, J. M. and C. W. Wohlgemuth. 1988. Conserving electricity in lumber dry kilns. *Forest Industries*, July.

Wengert, E. M. and P. G. Evans. 1971. Automatic programing and control for steam-heated lumber dry kiln. *For. Prod. J.* 21(2): 56-59.

Wengert, E. M. and F. M. Lamb. 1988. Matching a drying system to a mill's requirements. *Forest Industries.* July.

Ziegler, G. A. 1988. Addressing the basics of successful lumber drying. *Forest Industries*, July.

제III부

건조방법

제7장

천연건조

1. 천연건조의 특성

천연건조(air drying, natural drying)란 생재를 천연건조장에 쌓아 자연의 대기조건에서 말리는 것을 말한다. 천연건조는 다량의 목재를 장기간 저장해 둘 넓은 토지가 있다면 설비비와 에너지 비용이 거의 들지 않는 경제적인 건조방법이다. 그러나 외기의 온습도 조건이 인공건조보다 열악한 경우가 많으며 건조로 인한 할렬이 발생하기 쉬우므로 이를 피하기 위한 세심한 배려가 필요하다. 천연건조장에는 옥외건조장과 가열시설이 없는 옥내건조장이 있으나 주로 전자에 의해 실시되며 이를 옥외건조(yard drying)라고 부른다. 후자는 귀중재 건조에 유리하고 건조결함의 예방과 비교적 저함수율까지 건조할 수 있는 이점이 있다. 천연건조는 예로부터 지금까지 세계 도처에서 널리 사용되고 있다. 그러나 천연건조에서는 항상 천연건조효율(air drying efficiency)을 고려해야 한다. 천연건조효율이란 건조에 소요되는 노력, 시간, 자본에 있어 최소비용으로 생재를 기건함수율 수준까지 건조하는 과정의 효력을 말한다.

1) 천연건조의 장단점

(1) 천연건조의 장점

① 열에너지가 절약된다. Wengert(1974)는 천연건조와 열기건조를 병용할 경우, 열기건조에 비해 함수율 1%를 감소시키는 데 건조재 보드푸트(board foot, 1/12ft^3, 0.00236m^3)당 50~70Btu, 즉 1m^{3}당 5,300~7,500kcal의 열에너지가 절약된다고 보고한 바 있다. 열기건조실의 용량은 수만 보드푸트에 달하기 때문에 천연건조의 건조도에 따라 열에너지 절약 효과는 크게 달라진다.

② 특별한 건조장치가 필요 없기 때문에 시설비용과 작업비용이 적게 든다. 넓은 부지와 간이시설이 필요하나 열기건조시설보다 적은 자본이 요구된다. 건조손상비용을 제외한 1개월간 소요되는 천연건조비용은 1일간 소요되는 열기건조비용과 비슷하다. 또한 섬유포화점 이상에서 함수율 1% 감소에 소요되는 인공건조비는 천연건조비의 12배 정도이다.

③ 건조곤란 수종의 건조결함을 크게 줄일 수 있고, 작업이 비교적 간단하며 특수한 건조기술이 덜 요구된다.

④ 열기건조의 예비건조로서 효과가 매우 크다. 천연건조재는 인공건조 스케줄을 단축하여 적용할 수 있으므로 기존 건조실의 생산성을 증가시킨다. 한 예를 들면, 참나무류의 생재 1인치 목재를 처음부터 인공건조하면 4주일 정도 소요되나, 천연건조가 잘 된 목재는 1주일 정도면 건조할 수 있다. 제재 직후의 제재목은 초기함수율의 차이가 심할 뿐만 아니라, 이들 제재품의 건조속도는 재종과 열기건조실 내 위치에 따라 건조속도가 달라질 수 있어 균일한 최종함수율을 얻기 어렵다. 따라서 열기건조 전에 천연건조를 실시하면 초기함수율의 변이가 적어져 보다 균일한 최종함수율을 얻을 수 있다. 천연건조에서도 자유수는 쉽게 방출되므로 섬유포화점 또는 함수율 25%까지 천연건조를 실시한 다음 열기건조를 실시하면 한정된 열

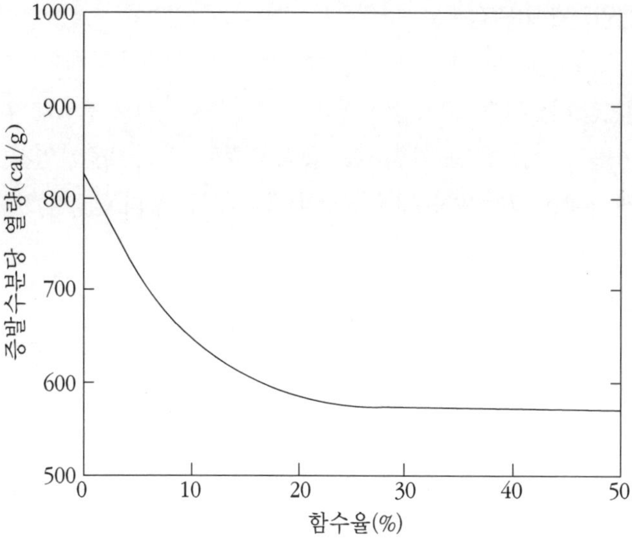

그림 7-1 함수율 변화시 건조요구 에너지(Skaar, 1972)

기건조실의 능력을 보완하여 보다 많은 목재를 건조할 수 있다.

⑤ 운재하기 전에 무게를 줄이고 변색을 예방하기 위해 천연건조를 실시한다. 천연건조는 생재의 중량 감소를 위한 저렴하고 효율적인 건조방법이다. 고밀도 활엽수재는 함수율 1% 감소함에 따라 부피 $1m^3$당 무게 5.8kg 정도 감소시킬 수 있고, 가벼운 활엽수재와 침엽수재는 $3.8kgf/m^3$ 정도 감소시킬 수 있다. 트럭의 적재 중량 면에서 보면 생재는 건조재의 3/4배 정도 적재할 수 있다.

⑥ 천연건조에 의해 함수율 25% 이하로 건조하면 변색, 부후와 곰팡이의 발생을 줄이거나 막을 수 있다. 생재상태의 제재목을 수송하기 전에 항변색제의 침지처리는 목재의 내층보다 표층에 예방효과가 있으나, 내부함수율이 20% 이하로 건조된 목재는 비를 맞지 않는다면 장기간 저목에서도 손상을 입을 위험이 적다.

(2) 천연건조의 단점

기후, 입지조건, 수종 등이 천연건조에 알맞으면 경제성은 매우 크다. 그러나 천연건조는 건조소요시간이 길고, 기건함수율 이하로 건조할 수 없으며(통상 건조도 12~25%), 기후(온도, 습도, 강우량, 광선, 바람), 입지 등 자연조건의 영향을 크게 받고, 넓은 장소가 필요하다는 등의 단점이 있다.

2) 천연건조의 이용

천연건조는 위와 같은 몇 가지 단점에도 불구하고 목재의 수송, 저목 및 사용 중에 발생할 수 있는 곰팡이, 변색, 썩음 등의 피해 예방과 목재를 인공건조하지 않고 옥외용으로 사용할 때 예상되는 수축량을 감소시킬 목적으로 널리 이용되고 있다. 천연건조로 건조가 가능한 최종함수율은 기후, 즉 대기의 평형함수율에 따라 달라진다. 고온저습한 지역에서는 6%, 저온다습한 지역에서는 24%, 온대지역에서는 12~18%까지 건조할 수 있다. 우리나라의 경우는 최종함수율 약 12%까지 건조할 수 있다. 인공건조의 예비건조로서 함수율 25% 정도까지 천연건조하는 것이 경제적으로 유리한 것으로 알려져 있다. 평균함수율이 25%이면 표층의 함수율은 20% 또는 그 이하가 되는데, 이러한 함수율 수준에서는 열기건조의 어려움이 줄어든다. 어떤 지역에서는 계절에 따른 기후조건의 변화가 매년 약간 다를 수 있기 때문에 수년에 걸친 기후조건의 연 평균치를 기준으로 하여 건조계획을 수립해야 한다.

목재의 용도에 따라 실외에서 사용하는 목재는 천연건조로서 끝내는 경우가 많다. 그래서 옥외용 가구용재, 비난방용 건축재, 곡가공용재 등은 함수율 20% 이하로 천연건조하여 사용되고 있으며, 열압용 곡가공용재, 실내용 건축재 등은 보다 낮은 함수율 12~18%까지 건조해서 사용할 수 있다. 그러나 실내 가구용재와 공작재 같은 것은 천연건조로서 충분하지 못하여 인공건조의 예비건조로서 실시되는 경우가 많다.

2. 천연건조장

천연건조는 언뜻 간단한 것처럼 보이나, 잔적의 장소와 그 잔적방식이 부적합하면 곧바로 할렬이 발생하거나, 좀처럼 건조가 진행되지 않게 된다. 또한 계절에 따라 공기의 온도와 상대습도 및 풍향이 다르므로, 그 특성을 잘 파악하여 효과적인 방법을 적용할 필요가 있다.

1) 입지선정

천연건조장은 입지를 잘 선정해야 한다. 재목을 쌓을 수 있는 충분한 부지가 있고, 주풍의 접근이 용이하고 햇볕이 잘 들며, 물이 지표면으로 올라오지 않고 배수가 잘 되는 곳이 좋다. 또한 운재의 편리를 위해 목재 가공공장 근처이고, 지반이 단단한 평지 또는 완만한 경사지이며, 변색 및 부후균 발생의 근원이 되고 공기이동을 방해하는 잡초나 나무 부스러기 등 오물이 없을 것 등이 요구된다.

이 밖에도 천연건조장의 입지는 습지를 피하고 약간 고지인 경우가 좋다. 입지의 모양과 방향에 따라서도 약간의 차이가 있다. 즉 정방형보다 장방형의 부지가 더 좋고, 남북으로 긴 부지보다 동서로 긴 부지가 더욱 좋은 것으로 알려져 있다. 그리고 바람이 입목과 건물 등 유사한 방해물에 의해 차단되지 않고, 화재위험이 없어야 한다. 주풍의 접근이 용이하면 잔적 내 통풍이 잘 되어 건조에 필요한 열이 많이 공급될 뿐만 아니라 습한 공기를 배제할 수 있다. 강우 후에 배수가 잘 되지 않으면 건조가 느리고 변색 등의 건조결함이 발생하기 쉽다. 따라서 평지보다는 약간의 경사지 또는 고지가 바람직하고, 적당한 배수시설이 필요하다.

2) 천연건조장의 설계

천연건조장에서도 약간의 시설이 필요한데, 이러한 시설을 이용하여 가급적 신속 균일하게 건조하고 건조결함을 예방할 수 있다. 건조장의 설계는 천연건조를 잘 할 수 있도록 잔적과 통로 등을 계획 배치하는 것으로서 통로의 방향과 크기, 잔적의 방향, 크기, 수량 및 간격, 건조할 재목의 운반과 적재수단 등을 고려해야 한다.

통로에는 주통로(main alley)와 횡단통로(cross alley)가 있는데, 공기이동을 촉진하고 재목의 운반과 방화선으로 이용된다. 주통로는 남북 방향과 일치시키는 것이 바람직하다. 경우에 따라서 포크리프트 건조장은 주풍 방향으로 배치한다. 후자는 잔적 내에 공기순환을 촉진시키는 이점이 있고, 전자는 채광상태가 좋기 때문에 강우나 강설 이후 천연건조장의 지면이 빨리 건조 되는 등 태양열 이용률이 높다. 대규모 천연건조장에는 목재운반을 위한 궤도시설을 하는 경우도 있다. 주통로의 너비는 통풍, 재목의 운반 및 적재수단에 따라 달라지나, 열형 포크리프트 건조장은 최소 7.2m 정도이고, 수적건조장의 경우는 4.8~6.0m 정도이다. 횡단통로는 주통로와 직각을 이루며, 공기순환을 촉진시키고 화재를 예방하며, 잔적의 식별과 구분을 위해 필요하다. 횡단통로의 너비는 주로 화재예방과 적재수단에 따라 달라진다.

잔적 간의 간격은 기후, 건조장 입지, 건조재의 특성 등에 따라 공기순환을 고려해서 정한다. 잔적의 크기(잔적 너비와 높이)는 건조속도, 재장, 변색 또는 할렬 등의 위험 정도뿐만 아니라 지가에 따라서도 달라진다. 일반적으로 잔적 너비(pile width)는 1.5~4.8m 정도이나, 활엽수재 수적의 경우 보통 2.4m이고, 침엽수 자체 잔목잔적은 2.4~4.8m 정도이다. 침엽수재는 활엽수재 잔적의 거의 2배에 달한다. 잔적 높이(pile height)는 포크리프트 건조장의 경우 포크리프트 트럭의 승강능력에 따라 좌우되나, 4개의 단위잔적을 쌓으며 6m 정도이다. 그리고 수적의 경우 보통 4.5m 정도이다. 잔적의 배치(pile placement)는 주풍과 잔목을 평행하게 하면 잔적 간의 공기순환뿐만 아니라, 잔적 내부의 공기순환도 균일하게 된다. 천연건조에서 공기의 이동방향과 이동량은 인조연기(artificial smoke)를 사용해서 측정한다. Paradichloro benzene을 잔적 내부에 넣어서 증발을 측정하여 공기이동의 정도를 알아낸다.

잔적 기초(pile foundation)는 습한 공기가 잔적 하부로부터 쉽게 빠져나가고 재목을 지지하기 위해 필요하다. 바람에 의한 수분증발량은 잔적 하부보다 상부에서 더 크지만 기초를 잘 설치하면 잔적의 상부와 하부를 균일하게 건조할 수 있다. 수적용 기초의 낮은 쪽 높이는 지면에서 45cm 정도이다. 기초의 높이는 통풍과 밀접한 관계가 있으나 지면의 배수와 강우량에 따라 다르다. 배수가 잘 되는 곳에서는 30cm 정도로 한다. 기초의 배열상태는 일반적으로 주풍의 방향과 직각이 되도록 한다. 기초의 간격은 건조할 재목의 무게, 건조속도, 건조결함의 발생 정도에 따라 달라질 수 있으나, 일반적으로 재목의 길이방향에서 1.2~2.0m 정도로 한다. 기초는 목재의 무게를 충분히 지탱할 수 있도록 견고하게 구축한다. 재료에는 콘크리트, 석주, 목재 등을 사용하여 겨울에 얼지 않는 깊이까지 박아야 한다. 목재기초는 시설비를 절약하고 일시적 건조장을 만들 때에 주로 사용한다. 목재는 15×15cm 이상의 각재 또는 지름 15~20cm의 원목을 사용하되, 내구성이 크거나 방부처리한 목재를 사용하면 수명이 길다. 기초의 지면은 배수가 잘 되어야 하는데, 표면수와 지하수가 배수될 수 있도록 적당한 도랑을 설치하거나 자갈, 모래 등을 깊이 15cm 정도로 깔아 준다. 또한 건조장 지면에 아스팔트 포장을 하여 배수는 물론 태양열이 이용을 증대시키는 경우도 있다. 이 밖에 천연건조장에서는 잡초나 나무 부스러기 등을 제거하여 지면상의 공기이동을 촉진하고 변색과 부후균의 감염

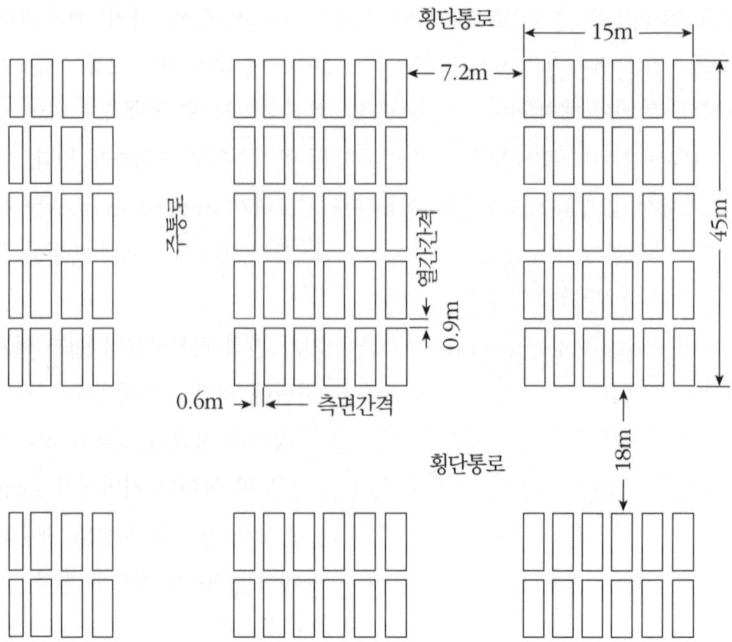

그림 7-2 열형 포크리프트 건조장(row-type forklift yard)(Rietz and Page, 1971)

원을 제거한다.

3. 잔적방법

1) 잔적종류

재목은 건조가 잘 되도록 기초 위에서 잔목에 의해 분리하면서 쌓는다. 잔적방법은 여러 종류가 있으며 각 방법마다 장단점이 다르므로 건조 목적, 목재의 용도, 기후 등을 고려하여 알맞은 방식을 선택해야 한다.

(1) 수평적과 경사적

수평적(flat pile)은 잔목을 사용하면서 재면이 수평이 되도록 쌓는 방식으로서 평적이라고도 부른다. 경사적(pitched pile)은 잔목을 사용하면서 재면이 약간 경사지게 쌓는 방식으로서 경사는 1/50~1/10 정도로 한다. 경사적의 전면은 하부에서 상부로 향해 1/12 정도의 전면경사(forward pitch)가 되게 쌓는다. 전면경사는 수적시에 실용적이다. 이들 방식이 가장 보편적으로 사용되고 있고 비교적 균일한 건조가 가능하다.

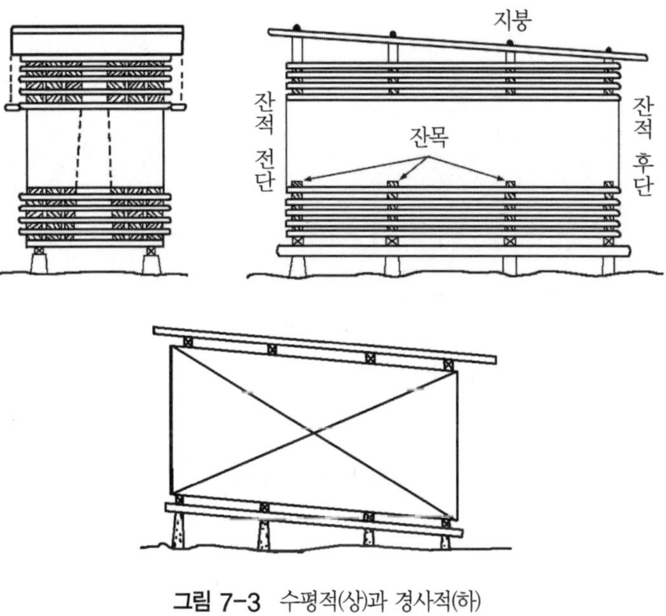

그림 7-3 수평적(상)과 경사적(하)

(2) 수직적과 엔드 래킹

수직적(end stacking)은 건조할 판재에 잔목을 끼워 가면서 거의 수직방향으로 세워 쌓는 방식이다. 엔드 래킹(end racking)은 잔목을 사용하지

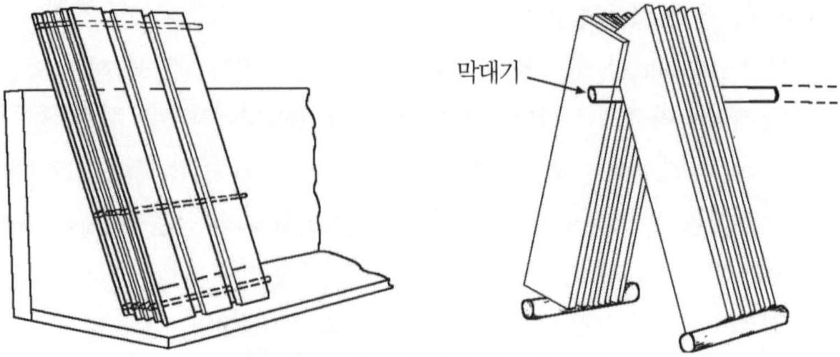

그림 7-4 수직적(좌)과 엔드 래킹(우)

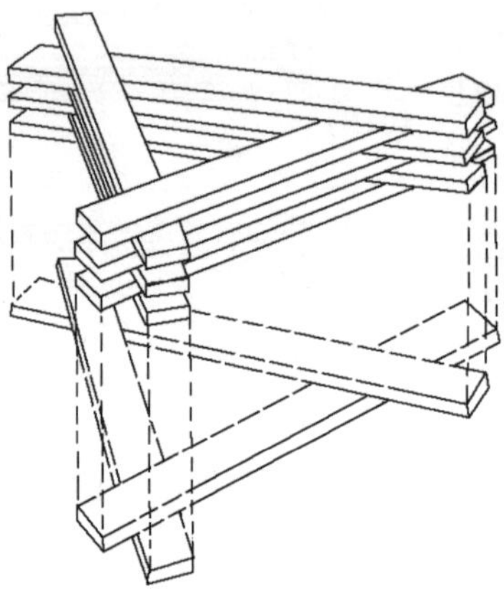

그림 7-5 삼각적

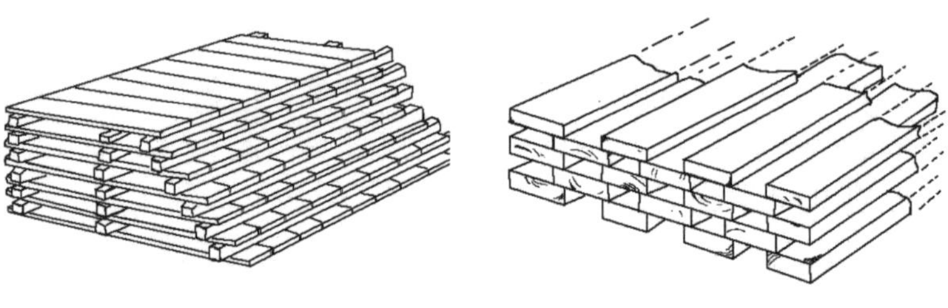

그림 7-6 계단적(좌)과 교호적(우)

않고 막대기로 받쳐 판재를 서로 엇갈리게 해서 X형으로 세워 쌓는 방식이다. 이들 잔적은 수평적과 경사적에 비해 신속한 건조가 가능하여 청변은 줄어드나, 상·하부 간의 함수율 차이가 크고 할렬 또는 틀어짐의 피해가 잘 나타난다. 그리고 수평적과 경사적에는 두 사람의 작업원이 필요하나, 수직적일 때는 혼자서 할 수 있고 작업시간도 약 1/3로 단축된다.

(3) 삼각적과 사각적

삼각적(crib pile)은 잔목을 사용하지 않고 목재의 끝부분 재면이 서로 접촉하여 삼각형으로 쌓아 올리는 방식이다. 사각적은 잔목을 사용하지 않고 목재의 끝부분 재면을 서로 직각으로 접촉하면서 쌓아 올리는 방식이다. 이들 잔적은 비교적 신속한 건조가 가능하다.

(4) 계단적과 교호적

계단적(stepped pile)은 잔목을 사용하면서 재장이 긴 재목은 잔적 하부에 쌓고 재장이 짧은 재목일수록 상부에 쌓는 방식이다. 교호적(staggered stacking)은 비교적 두꺼운 재목을 쌓을 때 잔목을 사용하지 않고 건조할 재목 사이 인접한 재간공간 위에 재목을 쌓는 방식이다.

(5) 층적과 실적

잔적 내부의 공간 유무에 의해 나누어진 것으로서 층적(open pile)은 재목의 재면이 잔목에 의해 분리되어 공간을 갖도록 쌓는 방식이다. 이와는 달리 실적(solid pole)은 잔목을 사용하지 않고 재목의 모든 재면이 서로 접촉하도록 쌓는 방식으로서 잔적 내에는 수평공간과 수직공간이 없다. 층적은 천연건조시에 널리 이용되고, 실적은 건조재의 저목 또는 운재 중에 사용된다. 또한 재목의 폭 방향으로 세워서 재면이 수직이 되도록 하고 서로 접촉하도록 쌓는 것을 에지 스택킹(edge stacking)이라 한다.

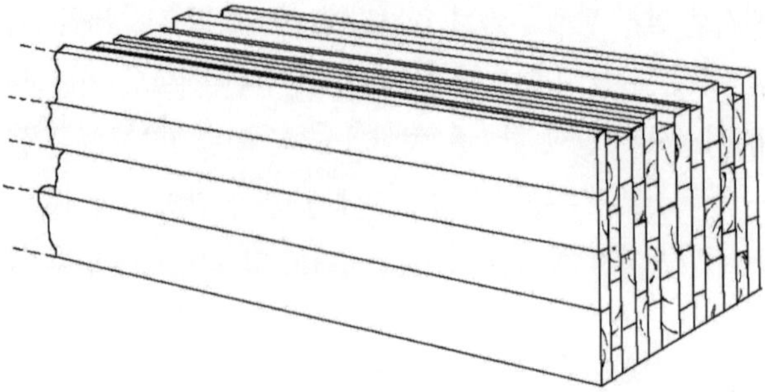

그림 7-7 에지 스택킹

(6) 박스적

박스적(box pile)은 주로 수평적과 경사적에서 잔적의 전면과 후면이 평면이 되도록 해서 잔적의 외형이 상자 모양이 되도록 쌓는 방식이다. 동일한 재장의 재목은 쌓기가 편리하다. 난척재(random length board)의 경우 긴 재목은 잔적의 측면에, 짧은 재목은 잔적 내부에 몇 개를 연결해서 배치한다. 박스적과는 대조적으로 잔적의 전면과 후면에 재목이 돌출하여 평면이 되지 않게 쌓는 방식을 논박스적(non-box pile)이라 한다. 재장이 같지 않은 재목들을 쌓을 때 잔적의 전면은 평면이나 후면은 재목이 잔목에 지지되지 않은 채 45~60cm 정도 돌출된 상태로 쌓는 방식은 논박스적의 일종으로 변형박스적(modified box pile)이라 한다. 이는 재목의 크기가 일정하지 않거나 쌓을 때의 부주의로 인해 나타나기도 한다. 박스적이 일반적으로 널리 사용되고 있으며, 논박스적과 비교해 균일한 건조가 가능하고 할렬과 틀어짐 등의 건조결함이 적다. 논박스적은 통풍이 균일하지 않고 돌출된 재목은 할렬과 틀어짐이 생기기 쉬우나 적재비용은 적게 든다.

(7) 수적과 기계적

적재수단에 따라 사람 또는 잔적기(stacker)를 이용해서 재목을 기초 위

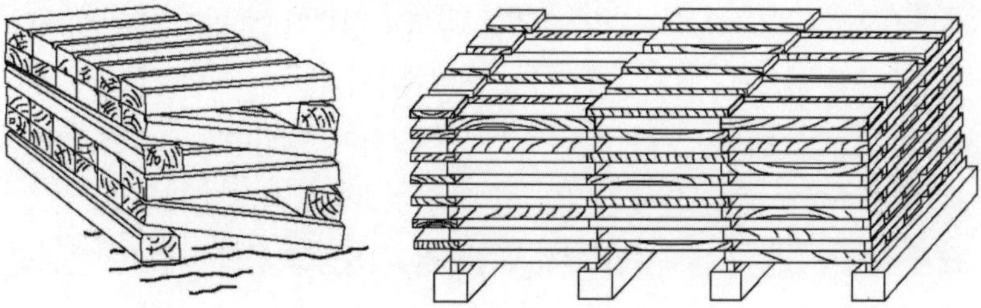

그림 7-8 침목 잔적 및 단척재 잔적

에 쌓는 수적(hand-stacked pile)과 기계적인 수단에 의해 목재를 기초 위에 쌓는 기계적(machine stacked pile)으로 구분된다.

(8) 기타

이 밖에도 철도침목, 갱목, 단척물 등을 건조하기 위한 특수한 적재방식이 있다. 침목의 잔적은 큰 각재를 건조할 때 통풍관계와 노천에서 강우 후의 배수 등을 고려한 특수한 방법이라 하겠다. 또한 별도의 준비된 잔목을 사용하지 않고 건조할 목재 자체를 잔목으로 사용하여 재목을 분리하면서 쌓는 방식을 자체잔목잔적(self-stacked pile)이라 부르고, 이 잔적의 너비는 건조할 재목의 길이와 같다. 철도침목은 흔히 이러한 잔적을 실시한다. 이처럼 잔적의 종류는 다양한데 수평적과 박스적이 대표적이다.

2) 잔적시기

잔적시기는 건조속도 · 건조결함과 밀접한 관계가 있다. 천연건조는 열기건조보다 건조 초기에 습도가 낮아서 참나무와 같은 수종이나 두꺼운 재목에서 할렬이 잘 나타난다. 전 건조기간을 통해서는 온도가 낮기 때문에 건조 초기에 변색되기 쉽다. 청변의 우려가 있는 재목이면 봄에 건조하는 것이 유리하고, 할렬이 우려되는 재목이면 가을에 건조하는 것이 유리하다.

일반적으로 활엽수재는 청변의 우려는 적으나 할렬이 잘 발생한다. 그러나 침엽수재는 비교적 할렬은 적으나 청변이 잘 나타난다. 이와 같은 사정을 고려하면 활엽수재는 저온고습 조건이 적당하며, 침엽수재는 고온저습이 좋다. 그러나 이와 같은 좋은 조건이 연중 지속되는 기후는 많지 않다. 그래서 활엽수재는 저온고습인 계절에 건조를 시작하고 침엽수재는 고온저습인 계절에 건조를 시작하는 것이 바람직하다. 그러나 이것은 하나의 기준에 불과하므로 적당한 계절에 맞추어 건조하는 것은 사실상 곤란하다. 강한 태양광선을 받지 않고 비교적 따뜻하며 건조한 순풍하에서 균일한 건조가 가능하나, 장마와 혹서 또는 공기가 건조한 강풍이 부는 시기 등은 적당하지 않다. 기후조건은 연중을 통해 변동되고 있으나, 신속히 건조되는 기간이나 계절인 활성건조기간(active air drying period)에 건조하면 좋다.

그리고 매월 유효천연건조일수(effective air drying days, EADD)가 얼마인가를 알 필요가 있다. 이를 명확히 정의하기는 어려우나, Reitz(1971)에 의하면 EADD는 어떤 달의 천연건조에 알맞는 일수를 의미하고, 여름철의 경우 건조에 적당한 EADD는 30일 정도이지만, 상대습도와 풍속이 적당하지 않으면 30일 이하일 수도 있다.

여름철에 속하는 어떤 달의 월간평균상대습도가 연간평균상대습도(mean annual humidity)보다 5% 이상이고, 월간평균풍속이 연간평균풍속보다 시속 6.4km/hr(4mile/hr) 이하인 달은 2일을 공제해서 EADD는 28일이 된다. 여름철에 속하지 않는 다른 달의 EADD를 결정하는 주요 인자는 온도이다. 어떤 달의 월간평균온도(mean monthly temperature)가 여름철에 속하는 달의 매월 평균온도의 평균치보다 5.5°C(10°F) 적을 때마다 5일을 공제한다. 그리고 월간평균상대습도가 연평균상대습도보다 5% 높거나, 월간평균풍속이 연간평균풍속보다 시속 6.4km/hr 이상 적을 때에는 각각 2일을 공제하고, 상대습도와 풍속 등 양자의 조건이 성립되면 4일을 공제한다.

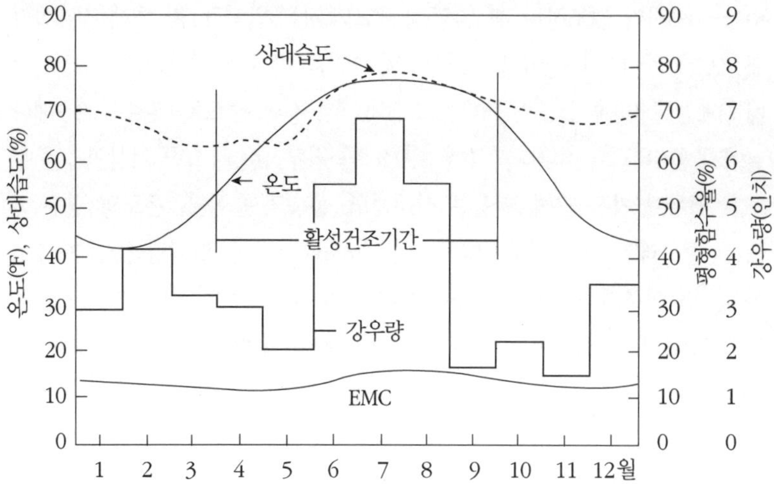

그림 7-9 미국 North Carolina, South Carolina, Virginia와 West Virginia의 월간 평균온도, 상대습도, 강우량, EMC 및 활성건조기간(Rietz, 1971)

표 7-1 서울지방의 월별 유효천연건조일수(정희석, 1990)

월	1	2	3	4	5	6	7	8	9	10	11	12
유효천연 건조일수(일)	10	10	15	20	25	30	30	30	30	25	15	10

해당 지역의 기상자료를 이용하면 유효천연건조일수를 산출할 수 있는데, 연중 매월 EADD를 나타내는 표를 천연건조월력(air drying calendar)이라 부른다. 이와 같이 구한 값은 일반적인 고려에 근거한 하나의 제안일 뿐 경험에 의해 변경될 수도 있다. 실제에 있어 유효천연건조일수는 건조작업의 계획을 수립하고 건조시간을 측정하는 데 대단히 유용하다. 예를 들면, 서울지방의 천연건조월력은 표 7-1과 같다.

생재상태의 1인치 참나무를 적당한 천연건조장에서 6월 초에 쌓아서 함수율 20%까지 건조하는 데 60일이 소요되는데, 만약 11월 초에 적재한다면 EADD가 11월은 15일, 12월, 1월, 2월은 각각 10일, 3월은 15일이기 때문에 3월 말에 끝날 것이다. 그래서 여름보다 건조소요일수는 2.5배나 길어지게 된다. 우리나라의 경우 EADD를 좌우하는 중요한 기상인자는 온도의 영향이 가장 크며, 다음은 상대습도, 풍속의 순이다. 온도의 경우 너도밤나무, 레드오크, 당단풍나무(sugar maple) 등은 일일평균온도가 7°C 이상이면 건조가 가능한데, 16°C일 때는 좀 더 신속히 건조된다. 또한 일일평균온도가 25°C 이상인 일수가 연속해서 30일인 달을 천연건조적월(good air drying month)이라 부르는데, 이는 대략 EADD 22일 이상의 효과와 유사하다.

3) 잔적크기

(1) 잔적

잔적의 크기는 주위환경과 건조조건 등 여러 가지 사정에 따라 달라진다. 잔적의 너비는 1.5~4.8m 범위이고, 침엽수는 활엽수 잔적의 경우보다 거의 2배에 달한다. 너무 넓으면 잔적 내부와 하부는 건조가 느려진다. 잔적의 너비가 넓어질 때에는 잔적 중앙에 A형 공기의 수직이동용 통로인 A형 플루(A-shaped flue)를 만들거나, 잔적 하부로부터 1/3 높이에 사용하는 잔목은 그 위에 사용하는 것보다 두꺼운 것을 사용해서 잔적 하부의 통풍을 돕는다.

잔적의 너비는 기후조건에 따라 차이가 있으나, 청변균의 우려가 있으면 좁게 쌓는 것이 유리하며, 할렬이 일어나기 쉬운 재목은 넓게 쌓는다. 기계적의 경우 사용하는 장비의 적재용량에 따라 달라지며, 천연건조만 실시하거나 천연건조와 열기건조를 병용할 때에는 열기건조실의 크기도 고려해서 잔적의 너비를 알맞게 정한다.

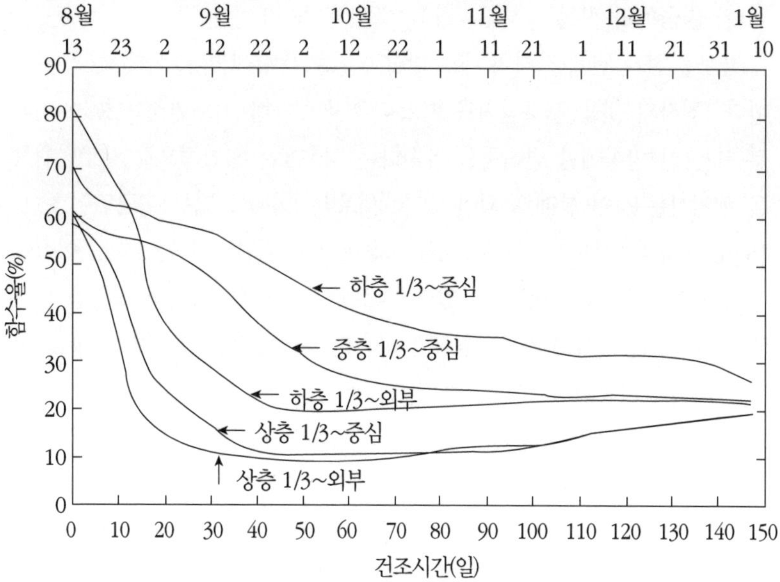

그림 7-10 두께 25mm 웨스턴 화이트 파인 수적 내 건조곡선(Rietz, 1971)

잔적의 높이는 적재시설과 방법, 수종, 안정성, 비용 등의 인자와 관계가 있다. 잔적이 높으면 그 하부의 건조가 느리고 과도한 하중이 기초와 하부에 쌓여진 재목과 잔목에 부하된다. 따라서 견고한 기초가 필요하고 적재 비용이 많이 든다. 잔적의 안정성을 고려한 알맞는 높이는 그 너비의 3배 정도이다.

일반적으로 잔적의 높이는 수적시에 4.5m 이하이고, 단위잔적 높이(unit package height)는 리프트 트럭의 운반능력에 따라 다르나 약 1.2m이다. 기계적에는 9.0m까지도 쌓는다. 낮은 잔적(low pile)은 소규모 공장에서 많이 사용하고 있으며, 높은 잔적(high pile)보다 신속하고 균일한 건조가 가능하고 쌓기가 편리하나, 반면에 많은 면적이 필요하다. 땅값이 비싸거나 활엽수재만을 건조할 때에는 높게 하는 것이 유리하다.

(2) 받침목과 잔목

잔적을 하기 전에 잔적의 세로 방향과 가로 방향에 받침목〔桁木〕을 설치한다. 전자의 것을 세로받침목〔縱桁〕, 후자의 것을 가로받침목〔橫桁〕이라 부른다. 한 방향에만 받침목을 배치하는 경우에는 일반적으로 세로받침목을 배치하는 것이 통례로 되어 있다. 세로받침목의 크기는 횡단면이 15×15cm 이상의 방부처리 목재 1개를 사용하거나, 횡단면이 5×15cm 이상인 각재 3개를 모아서 사용할 수 있다. 세로받침목 대신에 I형의 철강을 사용할 수도 있다. 그리고 가로받침목만 사용할 때에는 횡단면이 10×10cm 이상인 재목을 사용한다.

목재를 쌓을 때에 잔목(sticker, crosser)을 사용하는데, 이를 일명 간목이라고도 부른다. 잔목은 잔적 내 통풍이 잘 되도록 건조할 재목의 재축에 직각 방향으로 배치해서 상하 간의 재목을 띄어 놓는 데 사용한다. 잔목의 배열에는 잔목 가이드(sticker guide)를 사용하면 편리하다. 또한 잔목은 목재 대신에 대용재도 쓸 수 있으나, 대부분 목재를 사용하고 있다.

잔목용 재료는 비교적 잘 틀어지지 않는 수종을 택하되 가급적 성숙재로 제작하는 것이 좋고, 저질재보다는 옹이 등의 결점이 없고 통직목리의 곧은 목재가 좋으며, 또한 저렴한 비용으로 쉽게 대치할 수 있으면 더욱 좋다. 이러한 잔목의 제작은 초기 비용은 많이 들지만 수명이 길어 유리하다. 단풍나무, 너도밤나무, 참나무, 히코리 등의 활엽수재와 미송과 낙엽송 등의 침엽수재가 흔히 사용된다. 경재로 제작된 통직목리의 잔목은 연재의 불규칙 목리의 잔목보다 통직을 유지하고 오랫동안 사용할 수 있다. 그러나 사정에 따라 적당한 수종과 목재를 골라 쓰면 된다.

잔목 제작시 건조 여부에 따라 건조잔목(dry sticker)과 생재잔목(green sticker)으로 나눈다. 건조잔목은 잔목을 제작하기 전에 미리 건조된 제재품에서 만들어진 것이며, 생재잔목은 생재상태의 제재품이나 배판 또는 에징(edgings)에서 제작한 잔목을 말한다. 그래서 건조잔목은 생재잔목에 비

표 7-2 판재 두께별 잔목간격

판재 두께(cm)	1.2 이하	1.2~2.4	2.4~3.6	3.6~6.0	6.0 이상
잔목간격(cm)	30	45	60	75	90

해 비용은 더 소요되나 그 효과는 더욱 크다. 또한 수적의 경우 특별한 잔목을 사용하지 않고 건조할 재목 그 자체를 잔목으로 사용하는 목재를 스톡 잔목(stock sticker)이라 부른다. 스톡 잔목은 건조가 빨리 되고 귀중하지 않은 재목을 건조할 때 또는 비교적 건조한 지역에서 침엽수재 천연건조시에 사용한다. 스톡 잔목의 사용은 특별히 잔목을 마련할 필요가 없으므로 경제적인 면에서 유리하고 편리하나, 잘못 사용하면 균일한 건조가 어렵고 부패 또는 할렬의 위험도 있다.

잔목의 두께는 균일해야 하며 2.0~3.0cm 범위의 두께를 사용하고, 잔목의 너비는 2.5~7.5cm 정도를 사용하는데, 횡단면 2.5×2.5cm인 각재가 흔히 사용된다. 잔목의 두께는 잔적 내 수평통풍과 관계가 있으므로 건조할 재목의 치수가 클수록 두꺼운 것을 사용한다. 잔목의 너비는 건조할 재목의 두께가 크고 건조속도가 빠를수록 넓은 것을 사용하는 것이 바람직하다.

잔목의 길이는 잔적의 너비에 따라 다르고 잔적 너비보다 5cm 정도 길어야 한다. 잔적 내 사용하는 모든 잔목은 동일한 두께와 너비를 가진 것을 사용하는 것이 좋다. 잔목과 잔목의 간격은 건조할 목재의 성질에 따라 다르나 그 범위는 30~150cm 정도이다. 건조할 재목의 두께가 얇거나 틀어짐이 생기기 쉬운 재목에서는 좁게 한다. 동일 두께에서도 활엽수재는 침엽수재보다 좁게 한다. 또한 단위잔적의 경우 리프트 트럭(lift truck)의 포크 출입을 위한 공간을 제공하기 위해 단위잔적 사이에 횡단면이 10×10cm 정도인 각재를 넣는데, 이를 받침대(bolster)라 부른다. 받침대는 잔목의 층과 일직선으로 둔다.

(3) 잔적지붕

잔적지붕(pile roof)은 잔적을 강우와 직사광선으로부터 보호하여 건조할 재목의 할렬, 틀어짐, 변색과 부후 등의 방지와 건조속도를 증가시킬 목적으로 설치한다. 잔적지붕이 없는 경우, 특히 저습고온일 때에 잔적 상부층의 재목은 할렬과 틀어짐이 잘 일어나고 균일한 건조가 불가능하다. 그래서 지붕은 어느 정도 건조속도를 증가시킬 뿐만 아니라 저함수율까지 건조하는 데 도움이 된다.

잔적지붕에는 일시지붕과 영구지붕이 있다. 지붕을 설치할 때는 우선 잔적 위에서 빗물이 잘 흐를 수 있도록 전면에서 후면을 향해 1/9~1/12의 경사를 둔다. 지붕의 경사는 잔적 자체의 경사보다 약간 크게 하는 것이 유리하다. 또한 경사적의 전면은 전면경사(잔적높이 30cm당 2.5cm 정도)를 둔다. 지붕의 끝은 잔적의 전면, 후면, 측면에 15~60cm 정도 나오도록 하는데, 그 정도는 강우량과 비바람의 정도에 따라 다르다. 일반적으로 후면은 60cm, 전면은 30cm, 측면은 15cm 정도 나오게 한다. 지붕용 재료는

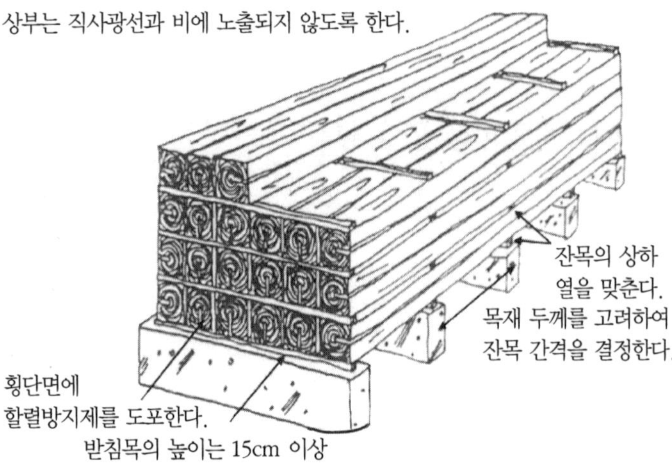

그림 7-11 천연건조용 목재 잔적시 기본 고려사항

저급목재를 2층으로 덮거나 방수지, 합판, 스레트 등의 재료를 사용한다. 위에서 제시한 목재 이외의 재료는 저급목재에 비해 초기비용은 많이 소요되나 효과가 크고 수년간 사용할 수 있기 때문에 경제적일 수 있다. 건조효과와 시설 등 여러 사정에 따라 경제적이고도 합리적인 것을 사용하면 된다. 지붕은 강풍에도 견딜 수 있도록 지붕 위에 무거운 배판과 같은 제재 폐재를 올려놓거나 나일론 줄 또는 철사로 단단하게 고정시킨다.

4) 재간간격

재간간격(board spacing)은 통풍과 적재율을 좌우하는데, 넓으면 통풍이 잘 되어 건조시간을 단축할 수 있다. 그러나 너무 넓으면 단위면적당 적재량이 적어져서 건조장의 과대한 면적이 소요되므로 이와 같은 점을 고려하여 수종, 재종, 건조목적 등에 따라 적당한 재간간격을 정해야 한다.

잔적 내 공기의 이동에는 수평이동과 수직이동이 있다. 즉 바람에 의한 공기의 수평이동과 냉각에 의한 공기의 수직이동으로 잔적 내부의 공기순환이 된다. 먼저 공기의 수평이동은 바람의 작용과 잔목에 의해 생긴 수평공간을 통해 이루어진다. 공기의 수평이동 중에 주위 목재에게 열을 뺏겨서 냉각되고 흡습한 무거운 공기는 재간의 수직통로를 통해 하부로 수직이동을 하면서 기초로 빠져나간다. 습한 공기가 배제되고 신선하며 건조한 공기가 대치되면서 건조가 진행된다. 그러므로 신속한 천연건조를 위해서는 공기의 수직과 수평 이동통로가 필요하다.

재간간격은 일반적으로 2.5cm 이상이어야 한다. 기상조건이라든가 판재 폭이 넓고 초기함수율이 높아 청변의 피해를 받기 쉬운 경우 재간간격을 좀 넓게 한다. 반면에 할렬의 우려가 있는 경우 간격을 좁게 하는데, 보통 2.5~5.0cm 정도로 한다. 판재 폭이 30~35cm인 경우에 약 10cm의 재간간격이 필요하다.

잔적 내 모든 재간간격은 하부에서 상부로 향해 일직선이 되도록 하는데, 공기의 수직이동용 통로를 침니(chimney) 또는 플루(flue)라 부른다. 침니는 수적 중심부에 잔적의 길이 방향으로 폭 15cm 이상의 수직공간을 두는 것을 말한다. 플루는 A형 플루와 수직 플루(vertical flue)가 있다.

A형 플루는 잔적 폭 중앙에 만들어진 쐐기형 공간을 말한다. 건조할 재목의 폭이 일정하지 않은 것을 쌓을 때는 일직선의 수직공간을 얻기 어렵다. 그래서 공기의 수직통로를 만드는 데 잔적 폭의 중앙 하부를 넓게 하고 상부로 향해 좁아지는 수직통로를 만든다. A형 플루는 폭이 같지 않은 재목을 쌓을 때뿐만 아니라, 잔적 폭이 넓거나 높이가 높을 때에 사용하면 유익하다. 보통 잔적 기부의 폭은 37cm 정도인데, 잔적 상부의 1~2층까지 점차 적게 만든다. 수직 플루는 공기의 수직 이동을 쉽게 하기 위해 잔적 내 보통 15cm 이하의 재간간격을 수직으로 두는 것을 말한다. 또한 수직 플루와 A형 플루는 혼용할 수 있다. 이와 같이 공기의 수직이동통로를 제공함으로써 냉습한 무거운 공기가 하부로 쉽게 이동하면서 동시에 공기의 수평이동도 촉진되어 신속하고 균일한 건조가 이루어진다.

4. 천연건조의 건조결함과 건조일수

천연건조의 건조결함은 생산비의 증가, 생산성의 감소와 인공건조 곤란 요인으로 작용할 수 있다. 천연건조와 열기건조 양자의 건조결함과 재질에 대한 논의가 종종 있다. 전자는 후자보다 건조조건을 적절히 조절할 수 없으므로 건조결함의 위험이 더 크다. 천연건조에 알맞은 기후조건에서는 건조속도도 빠르고 건조결함이 적으나, 불순한 기후가 여러 날 지속되고 세심한 주의를 기울이지 않을 경우 건조결함이 발생하기 쉽다.

1) 원목 및 제재목의 관리

실제 인공건조나 천연건조를 실시하기 전에 건조결함을 예방하고 건조비용을 절감하기 위한 예방조치는 원목에서부터 시작되어야 한다. 보호조치 없이 저목된 원목은 특히 더운 계절에는 건조가 촉진되어 횡단면 할렬이 일어나고 병충해를 입는다. 그래서 고온저습의 기후에서는 횡단면 할렬, 스프리트, 변색의 예방을 위해 냉수를 분무하기도 한다. 또한 따뜻한 기후에서는 벌채 후 제재를 가능한 한 신속히 실시한 것이 건조결함 예방에 효과가 있다.

날씨가 더운 경우 갓 제재된 재목은 곧 균과 해충의 침해를 받을 수 있고, 만약 직사광선에 노출되면 할렬과 스프리트가 일어나기 쉽다. 그래서 간이방부처리를 하고 재목을 빨리 쌓아서 병충해를 예방한다. 주요한 약제는 수은제와 염소화 페놀(chlorinated phenols)을 들 수 있으나, 환경적 고려에 따라 변화될 수 있다. 가장 좋은 예방법은 표면수분을 신속히 건조시키거나 엔드 코팅을 실시하는 것이다. 건조할 재목을 수종, 두께와 길이, 변재와 심재, 품질별로 분류하는 것은 건조시간의 조정과 건조손상의 예방 등 건조효율을 높이고 잔적의 편의를 도모한다. 재목 분류시에는 부류장비(sorting equipment)를 쓰면 관리비가 줄어든다.

2) 천연건조의 건조결함

천연건조의 건조결함은 수축, 병충해의 감염, 화학적 작용 등에 의한다. 목재 수축은 표면할렬, 횡단면 할렬, 스프리트, 내부할렬, 틀어짐 등의 원인이 되고, 균의 감염은 청변, 부후를 일으키다. 해충의 감염은 충공(pin hole)과 grub hole 등을 만들고, 화학반응은 갈변과 잔목표시(잔목자국)를 나타낸다.

천연건조에서 흔히 나타나는 건조결함은 건조 초기의 할렬과 변색을 들 수 있다. 재목이 직사광선과 고풍속의 건조한 공기에 노출되면 표층이 신속히 건조되면서 할렬이 생긴다. 안개, 장마 또는 무더운 날씨에서는 청변이 쉽게 발생하기 때문에 예비방부처리, 적절한 잔적간격과 잔적방법을 사용해야 한다. 특히 두꺼운 활엽수재는 초기할렬의 위험이 크다. 그리고 판목판은 정목판보다 할렬이 쉽게 발생하므로 세심한 주의를 요하며, 틀어짐과 표면경화 등의 건조결함도 유발될 수 있다. 천연건조는 건조온도가 낮기 때문에 찌그러짐이 나타나는 일은 드물고, 고열에 의한 재질저하가 적으며, 수축률이 적다는 등의 이점이 있다. 하지만 여름에 강한 광선이 잔적상부에 직사하면, 참나무와 버드나무 같은 수종의 경우 상부의 목재는 내부할렬과 찌그러짐이 발생할 수 있기 때문에 지붕을 설치하고 잔적간격을 좁혀서 이러한 결점을 막아야 한다.

천연건조장에 너무 장기간 적재해 두면 먼지, 재, 톱밥 등 이물이 재면에 부착되어 풍화된 것처럼 보인다. 재면이 진한 흑색을 나타낼 때에는 함수율이 20% 정도에 도달한 시간을 훨씬 초과한 징후이며, 그동안 반복된 습윤과 건조에 의해 재건조 피해를 입게 된다. 천연건조시 주요한 건조결함이 되고 있는 할렬, 변색, 틀어짐의 예방법을 알아보면 다음과 같다.

첫째, 할렬은 급속건조의 징후이므로 할렬예방을 위해서는 전적 내 지나친 통풍을 억제하는 것이 필요하며, 다음과 같은 조치를 요한다.

- 잔적의 폭을 넓힐 것.
- 잔적 간의 간격을 좁힐 것(60cm 정도까지 가능).
- 재장과 주풍의 방향을 일치시키고 재간간격을 좁힐 것.
- 가급적 얇은 잔목을 사용하고 잔적 전면과 후면에 잔목이 많이 나오도록 할 것.
- 가급적 박스적을 할 것.
- 잔적지붕을 설치하고, 때로는 차풍판(wind baffle)을 설치할 것.

- 두께 32mm 이상의 귀중재이면 엔드 코팅을 할 것.
- 항할렬 족쇄 등을 사용할 것.

둘째, 변색, 곰팡이와 부후의 방지를 위해서는 잔적 내 통풍을 촉진시키거나 예비방부처리를 실시하며, 다음과 같은 조치를 요한다.

- 잔적의 폭을 가급적 좁힐 것.
- 재간간격과 잔적간격을 넓힐 것.
- 잔적지붕을 설치하고 건조장의 청결을 유지할 것.
- 잔적 하부에 통풍이 잘 되도록 할 것(A형 플루 등을 적용).
- 두꺼운 잔목을 사용할 것.
- 보조통로의 폭을 넓힐 것.
- 건조 전 예비방부처리 실시 또는 잔적 후에 실시할 것. 화이트파인(white pine)의 화학갈변에는 효소억제제(enzyme inhibitor) 처리를 하면 효과적임.
- 가능한 신속한 건조를 실시할 것.

셋째, 틀어짐을 방지하기 위해서는 다음과 같은 조치를 요한다.

- 잔목은 기초의 세로받침목과 직각으로 수직이 되도록 배치할 것.
- 잔목의 간격을 좁힐 것(약 40cm).
- 잔목의 두께를 같게 하고 건조할 판재의 두께도 같게 할 것.
- 잔적지붕을 설치할 것.
- 잔적 상부에 콘크리트 블럭이나 기타 재료로 하중을 진후면에 균등하게 부하할 것. 또는 꺾쇠 클램프(hold-down clamp)로 틀어짐을 억제할 것.

3) 천연건조일수

일반적으로 대부분의 생재는 처음 1개월 이내에는 잘 건조되고, 천연건

표 7-3 두께 25mm 목재의 건조일수

수종	함수율 20%까지 천연건조	함수율 20%에서 6%까지 열기건조	생재에서 함수율 6%까지 열기건조
화이트오크	240~300	6~2	20~30
레드오크	170~250	5~10	16~28
스왐프오크	360~400	6~14	20~50
자작나무	150~200	5~8	11~15
너도밤나무	150~200	5~8	12~15
단풍나무	150~200	5~8	11~15
화이트 에수	70~110	4~7	11~15
레드검(심재)	100~160	8~12	15~25
매그놀리아	60~100	4~6	10~15
히코리	150~200	4~12	20~40
느릅나무	80~130	4~6	10~15
백합나무	40~70	3~6	6~10
피나무	30~60	3~5	6~10
벚나무	150~200	5~7	10~14
밤나무	85~125	4~8	8~12
호두나무	120~170	5~8	10~14
마호가니	70~110	4~7	12~15
로즈우드	-	15~20	24~28
에보니	-	20~30	-
서든파인	40~70	2~4	3~5
폰더로사파인	45~90	3~5	3~6
슈가파인	45~90	3~5	4~10
미송	40~70	2~4	4~8
가문비나무	45~90	3~5	4~7
낙우송	200~275	4~8	10~20
레드우드	60~180	3~7	10~24
웨스턴 헴록	60~120	2~4	3~5
웨스턴 레드시다	50~140	4~7	10~15

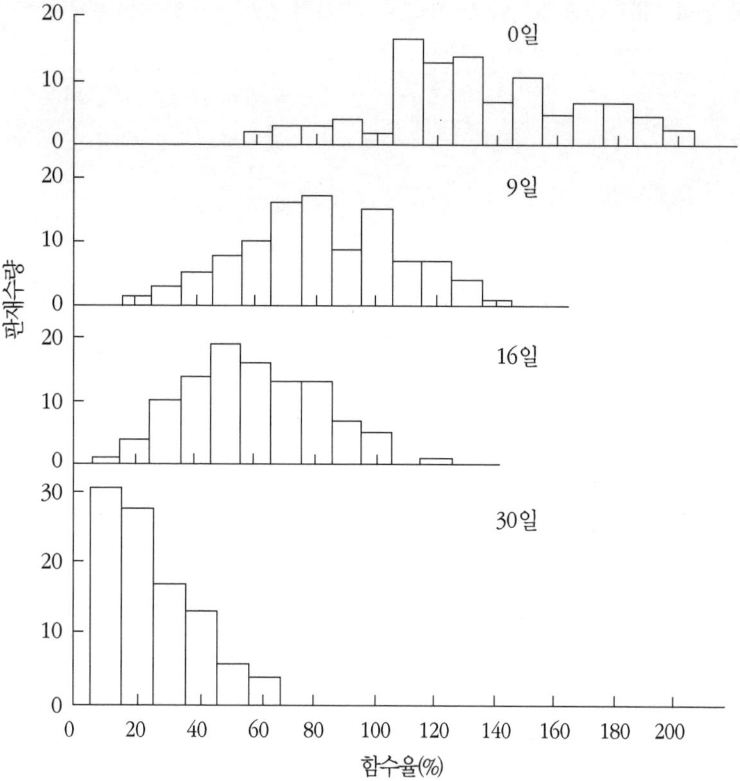

그림 7-12 두께 25mm 레드우드 판재의 천연건조일수와 함수율별 분포도

조속도는 1~3%/일 정도이다. 그 후 수 개월 간은 신속한 건조를 기대하기 어렵고 건조속도는 기상조건의 영향을 크게 받는다. 천연건조의 소요일수는 목재, 기후, 건조장과 적재인자에 따라 다른데, 비중이 크고 건조가 느린 목재는 1년 이상 소요될 수도 있다. 천연건조의 소요일수에 영향을 주는 목재인자로는 수종, 두께, 목리형태(grain pattern) 등이 있다. 피나무, 버드나무와 같은 저비중의 수종은 고비중의 수종보다 신속히 건조된다. 그러나 동일 비중일지라도 너도밤나무와 단풍나무는 참나무보다 건조속도가 빠르

표 7-4 미국 Virginia 주 Roanoke 시 지역의 두께 25mm 레드오크 판재 천연건조 달력(Denig et al., 2000)

월	일수	매월 1일 천연건조를 개시한 두께 25mm 레드오크의 함수율											
		1월	2월	3월	4월	5월	6월	7월	8월	9월	10월	11월	12월
1월	1	80											
	10	57											
	20	45											
2월	1	39	80										
	10	35	56										
	20	33	44										
3월	1	31	38	80									
	10	29	33	54									
	20	27	30	42									
4월	1	25	27	34	80								
	10	22	24	28	53								
	20	20	21	24	38								
5월	1			21	30	80							
	10				26	53							
	20				24	40							
6월	1				21	31	80						
	10					27	53						
	20					23	39						
7월	1					21	31	80					
	10						26	53					
	20						23	38					
8월	1							29	80				
	10							26	53				
	20							24	40				
9월	1							21	31	80			
	10								29	54			
	20								27	42			
10월	1								26	34	80		
	10								25	31	55		
	20									29	43		
11월	1									28	35	80	
	10										33	56	
	20										31	44	
12월	1										30	37	80
	10											35	57
	20											34	46

다. 이와 같은 차이는 목재의 투과성과 수분의 확산성의 차이에 있고, 이러한 차이는 주로 변재율에 기인한다. 너도밤나무와 단풍나무의 변재율은 높고, 참나무의 변재율은 낮다. 참나무 심재는 투과성과 확산성이 매우 나쁘다.

두꺼운 재목은 얇은 것보다 긴 건조시간을 요구한다. 동일한 건조조건에서 두께가 다른 재목의 건조시간의 비는 두께 제곱의 함수로 나타내는데, 두께 5.0cm의 재목을 함수율 25%까지 건조하는 데 소요되는 일수는 두께 2.5cm 재목의 경우보다 3~4배 정도 더 크다. 목리형태에서 정목판은 판목판보다 건조시간이 길다. 전자는 수분이동에 유리한 수선이 재면에 덜 노출되어 있기 때문이다.

건조속도는 온도, 습도, 풍속, 강우량 등의 기후인자에 의해 크게 영향을 받는다. 표 7-4는 25mm 두께의 레드오크 판재용 천연건조달력이다 (Denig et al., 2000). 겨울철 저온조건에 의해 지연되며, 목재의 평형함수율도 중요한 영향인자가 된다. 목재는 저습에서 빨리 건조된다. 그러나 상대습도가 88% 정도라도 함수율 25%까지 건조할 수 있다. 고습도가 오랫동안 유지되는 곳은 적재시에 통풍이 잘 될 수 있도록 플루를 크게 해야 한다. 건조장 인자는 건조장의 설계, 지면과 배수설비 등이다. 배수가 불량한 건조장에 비가 오면 잔적 하부의 습도가 올라가서 전적 내부 공기의 수직이동과 습기제거를 방해한다. 적재인자로는 적재 방향, 적재 크기와 간격, 기초와 지붕 및 잔목 두께가 건조속도에 영향을 미친다. 태양열 복사는 잔적 사이 공간지면을 가열하고, 잔적 상부의 공기는 대류에 의해 가열된다. 태양열 복사와 대류에 의한 건조장의 온도상승과 습도저하로 건조가 촉진된다. 흑색 지면은 태양에너지를 많이 흡수하게 되므로 건조장의 전면적이나 통로에 아스팔팅을 하는 사례도 있다.

제8장

촉진천연건조

1. 촉진천연건조의 개요

촉진천연건조(accelerated air drying)는 천연건조를 촉진하기 위해 간이 송풍장치나 가열장치를 적용해 건조하는 것을 말하며, 송풍건조, 태양열건조, 진동건조 등이 있다. 가열온도는 보통 49°C(120°F) 이하이고, 일반적으로 생재에서 함수율 20% 수준(자유수 전부와 결합수 1/3 정도)까지 건조한다. 천연건조를 촉진하기 위해 사용하는 공기이동과 그 유도설비를 드라이어(dryer)라 부른다. 촉진천연건조는 기술적으로 큰 흠이 없고 실용성도 있으나, 우리나라에서는 별로 이용하지 않고 있다. 촉진천연건조는 천연건조가 적합한 달에는 큰 도움이 되지 않으나, 천연건조가 적당하지 않은 계절이나 양호한 천연건조장을 설계할 수 없는 곳, 강우가 장기간 계속되는 지역에서는 그 효과가 크다.

통상의 옥외천연건조에 비해 송풍건조는 기후의 영향을 덜 받고 이상적인 천연건조 조건으로 건조할 수 있으며, 특히 연중 추운 지방에서 큰 이점이 있다. 나쁜 기후조건에서도 비교적 균일한 건조속도를 유지하기 때문에 건조시간이 단축된다. 잔적이 비로부터 보호되고 공기순환이 빨라서 잘 건조되기 때문에 건조시간이 단축되는 것이다. 추운 지방에서 건조속도는 천연건조의 경우보다 2~4배 빠르다는 보고도 있다. 촉진천연건조는 천연건조에 비해 균일한 건조가 가능하며 건조결함이 적어서 재목의 품질이 우수하다. 즉 잔목변색이나 화학변색 등을 막고 할렬과 틀어짐을 줄인다. 또한 신속한 건조로 인해 건조가공자는 목재 시장의 가격변동에 신속히 대응할 수 있고 목재 관리비와 운반비를 줄일 수 있다. 따라서 단위 건조비용이 적게 들고 열기건조실의 능력을 크게 보완해 준다. 이와 같은 장점이 있는 반면에 드라이어의 설계나 조작을 잘못하면 균일한 함수율을 얻기 어렵고, 변색이 발생하기 쉬우며, 간이시설이라 할지라도 촉진천연건조의 경우 천연건조에 비해 초기비용이 약간 더 든다는 단점이 있다.

2. 촉진천연건조의 종류

1) 송풍건조

송풍건조(fan air drying)는 간이 송풍장치를 설치해 잔적 내 공기순환을 강제적으로 발생시켜 천연건조를 촉진하는 건조법이다. 송풍건조는 20세기 초 미국 내 일부 대형 제재소에서 처음 시도되어 경제적인 이유로 실패했으나 제2차 세계대전 이후부터 실험단계를 거쳐 산업의 기계화와 대량 생산화 추세에 따라 중요성이 부각되었다. 건조 목적에 따라 여러 종류의 송풍기가 개발되었다. 재간풍속은 잔적 내 공간의 크기에 따라 다르나, 공간이 비교적 크면 0.25~1.5m/sec이고, 공간이 비교적 적으면 1.5m/sec 이상을 적용하는데, 신속하고 균일한 건조를 위해 풍속을 초속 3m 정도까지 증가시킨다. 송풍기에 의한 공기순환은 편순환보다 양순환(recirculation)이

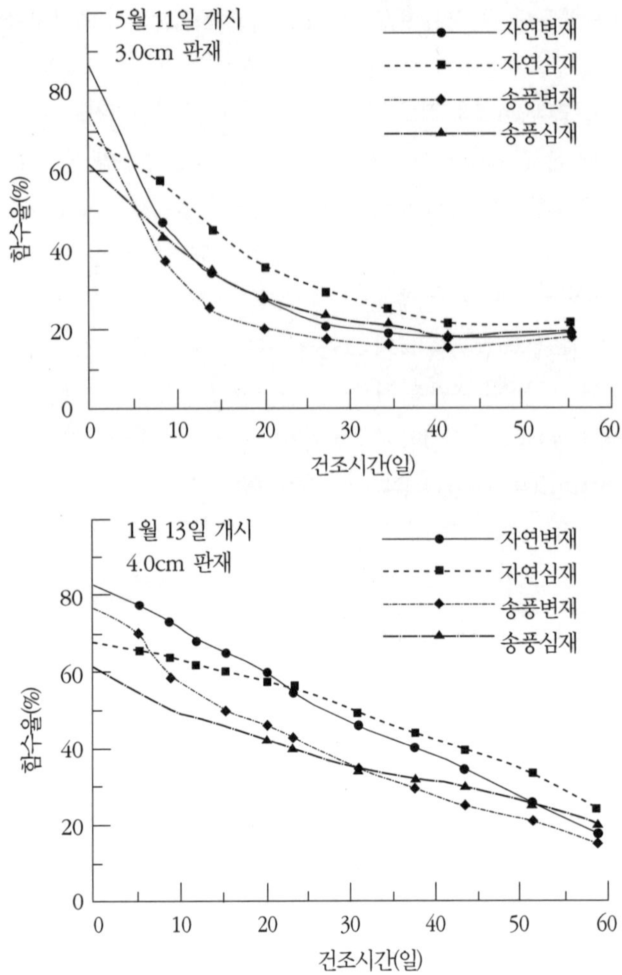

그림 8-1 자연상태와 송풍시 건조경과(너도밤나무, 잔적 높이 250cm, 폭 180cm, 잔목 두께 2.5cm, 프로펠러 송풍기 직경 60cm, 축고 150cm)

건조에 유리하며, 바람을 잔적 내로 불어넣기보다는 잔적에서 뽑아내는 것이 더욱 효율적인 공기순환을 유도할 수 있고, 정기적으로 역전되는 양순환

송풍기는 편순환 송풍기보다 잔적 내 공기 이동거리를 배가시킬 수 있다. 송풍기 모터에 부착된 습도조절 스위치는 고습도가 유지되는 기간에 송풍기를 정지시키는데, 특히 섬유포화점 이상의 목재건조시 상대습도가 90% 이상이고 저온이면 동력소모를 절감하기 위해 송풍기를 정지시킨다. 송풍건조는 건조시간이 단축됨과 동시에 건조된 목재는 좋은 가격으로 판매될 수 있다. 특히 소규모 가공업자에게 경제적으로 유리하다.

(1) 옥내송풍드라이어

옥내송풍드라이어(shed fan dryer)는 영구 지붕, 영구 또는 임시용 끝벽, 그리고 한 측면에 다수의 송풍기를 설치한 영구 측벽으로 구성되어 있다. 송풍기는 잔적 내부 공기를 빠르게 뽑아낼 수 있도록 한 방향으로만 회전한다. 드라이어에 공기가 들어가는 쪽은 옥외로 개방되어 있기 때문에 외기의 온도는 재목을 건조하는 데 주요한 인자가 된다. 그래서 건조시간과 건조 가능 함수율은 기후조건에 의존한다. 저온고습인 계절에는 건조가 잘 되지 않으므로 송풍기를 정지시킨다. 이러한 드라이어는 기온이 비교적 높은 지방에서 적당하다. 이와 같은 드라이어를 사용한 옥내송풍건조(shed fan drying)는 느릅나무, 팽나무, 백합나무의 생재에서 함수율 29%까지 건조하는 데 6~7일 정도 걸린다.

(2) 옥외송풍드라이어

옥외송풍드라이어(yard fan dryer)는 지붕과 끝벽이 텐트, 합판 또는 금속판으로 만들어져 있고 일시적이며 이동식이란 점을 제외하면 구조, 조작, 적응성 등은 옥내송풍드라이어와 유사하나 송풍기의 효율은 매우 낮다. 송풍기는 고정된 채로 두 잔적 사이의 잔적 표면에 직접 송풍, 풍관을 통해 잔적 내부에 송풍, 긴 잔적을 따라 궤도상에서 왕복운동을 하면서 잔적 표면에 직접 송풍하는 방법 등이 있다. 이와 같이 옥외송풍드라이어를 이용

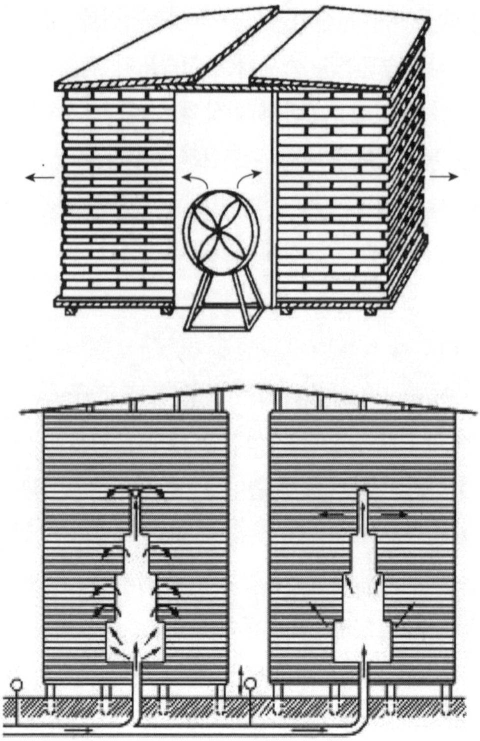

그림 8-2 송풍건조

한 건조를 옥외송풍건조(yard fan drying)라 부른다.

(3) 강제공기드라이어

강제공기드라이어(forced air dryer)는 외기가 저온인 경우 송풍만으로는 건조를 촉진시키기 어려운 문제를 개선하기 위해 송풍시설뿐만 아니라 필요한 가열과 조절장치, 그리고 차풍판장치를 한 간이건물이다. 즉 옥내송풍드라이어의 단점을 개선한 드라이어이다. 가열된 공기는 드라이어 내 평형함수율을 낮추며 온도조절장치로 조절되고, 건습구온도는 습도계로 관찰한다. 상대습도는 제한된 환기에 의해 부분적으로만 조절되고 수분을 배기하는 배기통을 갖는다. 배기통은 보통 밀폐된 상태에서 사용되나, 건조스케줄이 저습을 요하는 경우에는 열어 둔다. 그리고 가열공기의 효율을 높이기 위해 고속으로 양순환할 수 있는 송풍기가 드라이어 상부에 설치되어 있다. 이러한 드라이어를 이용한 강제천연건조(forced air drying)는 천연건조보다 건조시간이 크게 단축되고, 자본투자와 운전비용이 적으며, 융통성 있는 작업이 가능하다. 그리고 강우와 고온의 영향은 있으나, 비교적 좋지 못한 기후조건에서도 경제성이 있다. 일례로, 초기함수율이 110%인 포플러 5m^{3}를 11월 중에 32%까지 건조하는 데 동력 221kWh가 소모되었다.

(4) 저온건조실

저온건조실(low temperature kiln)은 강제공기드라이어와 유사하나, 스팀분무관에 의한 수증기 공급과 배기통을 이용한 배습으로 실내습도를 충분히 조절할 수 있다. 또한 열기건조실형 기록 · 조절장치로 건구온도와 습구온도를 조절하고 기록하는 점이 다르다. 이러한 건조실을 사용한 건조를 저온건조(low temperature kiln drying)라 부른다. 저온건조의 한 방법으로서 네덜란드에서 개발된 climate room을 이용한다. 이 건조실은 네 벽에 온수(최대온도 93°C) 가열관이 설치된 콘벡터(convector)로 가열되며, 실내 평균온도는 43°C를 유지한다. 송풍기는 없으나 벽에 2.5×10cm 크기의 환기통이 여러 개 있다. 이 건조실은 수용재적(loading capacity)이 2.4~472m^{3}로 다양하게 개발되어 있으며, 설치비, 운전비 및 에너지가 적게 든다. 건조손상은 적으나 건조시간이 긴 단점이 있다.

(5) 조절공기드라이어

조절공기드라이어(controlled air dryer)는 필요한 온도와 상대습도를 얻을 수 있는 조절 가능한 배기통과 유니트 히터(unit heater)가 장착되어 있고, 잔적 내 공기를 느린 속도로 양순환시킬 수 있는 상부 송풍기를 가진 창고 같은 건물이다. 이 드라이어는 보통 470m³를 건조할 수 있고, 27°C 또는 29°C의 온도를 일정하게 유지한다. 드라이어 한쪽 끝에 있는 큰 문으로 생재가 들어가고, 반대쪽에 있는 큰 문은 잔적 운반차가 나가는 데 사용된다. 드라이어 내 4등분된 각 결실 내 상대습도는 필요한 수준(실제 50%)으로 흡기통과 배기통에 의해 조절된다. 개개의 흡기통 주위에 위치한 유니트 히터 또는 가열관은 흡기통이 열렸을 때 들어오는 공기를 가열한다. 재간풍속은 일반적으로 0.5m/sec 정도이고, 재간풍속을 유지하기 위해 단위적재는 서로 밀접하지 않도록 쌓는다.

(6) 전건조실

전건조실(predryer)은 공기의 가열, 순환 및 증습용 설비를 갖춘 간이

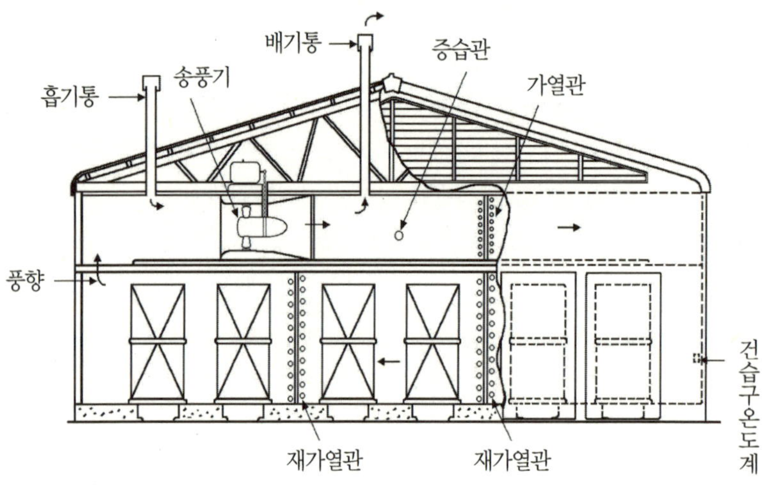

그림 8-3 전건조실

예비건조실로서 강제공기드라이어의 일종이며, 주로 팀버(timber)를 함수율 20~30%까지 전건조하는 데 사용된다. 이 건조실의 내부온도는 보통 20~40°C 정도이고, 외기보다 6~12°C 만큼 높게 유지할 수 있어 외기의 습도가 높을지라도 함수율 12~14%까지 건조할 수 있다. 내부온도는 비교적 저온이므로 건조실의 단열문제는 크지 않다.

2) 태양열 건조

열원의 공급량이 무한하고 공해의 염려도 없는 태양에너지를 이용한 목재건조장치의 개발에 관한 본격적인 연구는 1960년대 들어서부터 수행되었으며, 1970년대 유류파동 이후 그 중요성이 크게 인식되기 시작하였다. 현재까지 개발된 태양열을 이용한 목재건조장치는 50여 종에 이르며, 실제 산업용으로 이용되고 있는 사례도 꾸준히 증가하고 있다. 우리나라의 연평균 일사량은 12MJ/m^2 이상으로, 태양에너지의 이용에 적합한 조건을 지니고 있음에도 불구하고 목재산업계의 태양에너지 이용에 대한 인식부족으로 인해 태양에너지를 목재산업에 이용하고자 하는 연구가 활발히 이루어지지 않고 있는 실정이다.

(1) 태양열 건조기의 설계

① 집열기

a. 집열기의 설치

태양으로부터 최대의 일사량을 얻으려면 집열기(solar collector)를 항상 태양광선과 수직을 이루도록 설치해야 한다. 계속해서 움직이고 있는 태양에 집열기를 언제나 수직으로 유지하려면 자동적으로 태양을 추적하여 집열기 방향을 조절할 수 있는 특수한 장치가 필요하다. 그러나 이와 같은 장치는 매우 고가이므로 북반구에서는 집열기를 정남향(남반구에서는 정북향)

으로 하여 정오의 태양과 수직을 이루도록 고정 배치하는 것이 일반적이다. 이때 집열기의 수평면에 대한 연평균 각도는 그 지방의 위도와 일치하도록 하는데, 계절에 따라 겨울철에는 위도 +23, 여름철에는 위도 −23의 변화를 준다. 일례로, 위도 38N인 지방에서는 집열기를 12월 21일에는 수평면에 61의 각도로, 그리고 3월 21일과 9월 21일에는 38의 각도로 정남쪽을 향하여 설치하면 된다. 그러나 6월 21일경에는 수평면에 대해 15의 각도로 설치해야 한다. 한편 예시된 시기들 사이의 일자들은 그 각도 범위 내에서 적절한 각도를 계산하면 된다. 만일 집열기의 설치 각도를 변경하기 어려운 경우에는 그 지방의 위도와 설치 각도를 일치시키는 것이 연중 가장 양호한 성능을 기대할 수 있다. 그리고 겨울철의 집열기 성능을 극대화해야 할 경우에는 위도 +10의 각도로 설치하며, 반대로 여름철에 집열기의 성능을 극대화하는 것이 바람직할 경우에는 위도 −10의 각도로 설치하는 것이 좋다.

b. 집열기의 구조

목재건조 과정은 비교적 저온공정이므로 일반적인 평판형 집열기가 적절한 것으로 여겨지고 있으며, 열전달 매체로는 공기나 물을 사용하는 것이 보통이나 공기는 물에 비해 동결이나 누수에 의한 피해가 적으므로 보다 많이 쓰인다.

- 투광부(glazing): 집열기의 최상층에는 투광부라 불리는 단층 또는 그 이상의 투명한 재료로 덮여 있는 것이 보통이다. 투광부를 이중막으로 할 경우 태양광선의 투과율은 약간 저하되지만, 일차막과 이차막 사이에 2~10cm 범위(일반적으로 4~5cm)의 정지공기층(dead-air space)을 두면 투광부를 통한 열손실을 효과적으로 차단할 수 있어 단층형 집열기에 비해 집열기의 성능을 최고 35%까지 개선할 수 있다. 정지

공기층의 높이가 10cm 이상으로 지나치게 크면 공기층 내부에서 대류현상이 발생하여 열손실이 발생할 수 있으며, 지나치게 작은 경우에도 정지공기층에 의한 효과를 거의 기대할 수 없게 된다.

또한 공기층의 단열효과에 의해 야간에 투광부에 발생되는 응축현상을 다소나마 억제할 수 있어 투광부 표면에 응축된 물방울에 의한 투과율 저하를 막을 수 있다. 응축현상을 방지하기 위한 보다 적극적인 방법으로 응축방지용 코팅제를 표면에 분무하는 경우도 있다. 연구결과에 따르면, 투광부에 한 층을 추가할 때마다 투과율은 8~10% 정도 감소되지만, 투광부를 통해 손실되는 에너지의 양은 더 큰 폭으로 감소된다. 예를 들어, 단층 투광부의 열전달계수가 6.42W/m²°C 수준에 머물게 된다. 따라서 삼중막의 경우에는 한 층을 추가함에 따른 성능향상 효과에 비해 투자비용이 커서 오히려 비경제적일 가능성이 높다. 한편 이중막으로 설치할 경우 각 층의 안쪽 면에 적외선-반사 코팅을 하게 되면 열전달계수를 1.25W/m²°C까지 낮출 수도 있다.

투광부의 재료로는 보통 유리나 투명 FRP(fiberglass reinforced plastic) 패널, 또는 자외선에 의해 급속히 열화되지 않도록 처리한 Mylar(PE), Tedlar(PF), Kalwall 등과 같은 고분자 플라스틱 필름이 주로 사용된다. 투광부에 사용될 재료가 갖추어야 할 특성은 높은 자외선 투과율(transmissivity of UV), 낮은 적외선 투과율(transmissivity of IR), 적용될 온도수준에서 우수한 안정성, 우수한 내후성(weatherability), 우수한 강도와 내충격성, 저렴한 가격, 가능한 한 경량 등이다. 유리는 에너지 효율 면에서는 바람직하지만, 무겁고 열악한 기후조건(우박 등)이나 외부충격에 의해 파손될 가능성이 높다는 단점이 있다. 철분함량을 낮춘 low iron-content glass는 높은 자외선 투과율과 낮은 적외선 투과율로 비교적 우수한 성능을 기대할 수 있다. 플라스틱 필름은 설치와 보수가 간편하고 저렴하지만, 자외선에 대한 내구성이 좋지 못하고 비나 바람 등에 의해 쉽게 처지는 문제점이 있다. FRP 패널은 유리에 비해 투과율이 2~4% 정도 낮지만, 내구성이 매우 양호(최장 16년 이상)하여 경제적이고 가공이 쉽다는 장점 때문에 많이 쓰인다. 만일 투광부를 이중막으로 설계한다면, 외부에 노출되는 일차막은 FRP 패널로 하여 내구성을 높이고 이차막은 플라스틱 필름으로 하여 집열효율을 높이는 방법도 좋은 효과를 기대할 수 있다. 최근에는 lexan이나 plexiglass 등과 같은 투과율 85% 이상의 강화 플라스틱이 개발되어 많은 관심을 끌고 있다. 강도와 내구성, 그리고 가공성이 우수한 장점이 있으나, 아직은 가격이 비교적 높고 긁힘에 의한 상처가 쉽게 난다는 단점이 있다.

• 흡열판(heat absorber): 투광부의 바로 밑에는 흡열판을 두어 투과된 태양광선이 다시 반사되어 집열기로부터 빠져나가는 것을 최소화함으로써 집열기로 투입된 거의 모든 태양에너지를 흡수할 수 있도록 한다. 일반적으로 광택이 없는 흑색 페인트를 도포한 합판이나 구리판, 철판, 알루미늄판 등을 흡열판으로 사용하며, 만일 원하는 온도가 외기 온도보다 40°C 이상 높은 경우에는 흡열판의 표면에 선택적 코팅(selective coating)을 하는 것이 바람직하다. 흡열성능은 주로 흡열판의 색깔에 의해 좌우되므로 흡열판의 종류에 따른 차이는 많지 않을 것으로 판단되나, 집열기의 설계에 따라 흡열판 재료에 의한 성능 차이가 클 수도 있음을 잊지 말아야 한다. 결과적으로 흡열판에 흡수되는 에너지의 양은 일사량 수준, 태양광선 입사각, 투광부의 투과율 및 흡열판의 에너지 흡수율에 따라 좌우된다고 할 수 있다. 사용 중 흡열판의 온도는 쉽게 100°C 이상으로 가열되며, 열전달 매체의 순환을 중지할 경우에는 150°C를 초과할 수도 있으므로 집열기에 사용되는 재료들의 열팽창에 의한 문제점이 발생할 수 있다. 그러므로 제작 전에

높은 흡수율(absorbtivity), 낮은 방출률(emissivity), 우수한 안정성 및 내구성, 저렴한 가격, 가능한 경량일 것 등을 고려하여 흡열판 재료를 선택해야 한다. 흡열판에 의해 입사된 태양에너지가 흡수되면 흡수된 에너지는 곧 주위의 공기로 전달되어야 한다(물론 열전달 매체로 액체를 사용한 경우에는 흡수된 에너지가 시스템 내에서 순환하고 있는 액체로 전달되어야 한다). 따라서 투광부와 흡열판 사이에는 공기가 순환하며 흡수된 열을 전달받을 수 있도록 적절한 공간을 배치해야 한다. 따라서 이러한 장파장의 방사를 효과적으로 차단할 수 있는 재료를 투광부로 선택하여 열손실을 최소화해야 한다. 같은 면적의 흡열판이라도 헝겊이나 목재조각 등을 표면에 부착하여 그 표면적을 증가시키면 열전달 효과를 보다 향상시킬 수 있다.

c. 집열기의 성능과 적정 면적

건조 중 증발시킬 수 있는 수분의 양은 건조기가 획득한 에너지에 의해 조절된다. 그러므로 건조속도를 조절하는 동시에 건조결함 발생을 억제하기 위해서는 집열기의 면적을 적정 규모로 결정해야 한다. 예를 들어, 할렬발생이 심한 어느 수종의 적정 건조속도가 3.5%/일이라고 하자. 또한 이 수종 1,000bd.ft.(2.3m^3)를 3.5%/일의 건조속도로 건조한다면 하루에 약 45kg의 수분이 제거된다고 하자. 수분 1kg를 증발시키는 데 560kcal의 에너지가 필요하므로 총 25,000kcal 정도가 요구된다. 집열기 1m^{2}당 평균 일사량을 2,700kcal로 가정한다면 목재 1,000bd.ft.당 약 9.2m^{2}의 집열면적이 필요하다. 건조가 쉬운 목재에는 집열면적 대 목재용적의 비를 상향 조정해도 되며, 반대로 보다 건조결함이 쉽게 발생하는 수종에는 낮은 비를 적용한다.

② 공기순환

흡열판으로부터 에너지를 공기에 전달하고 균일한 건조를 하기 위해서는 적절한 공기순환장치가 필요하다. 흡열판으로부터 열에너지를 효율적으로 공기에 전달하기 위해서는 2.5~5.0m/sec의 풍속으로 공기를 집열기로 유입시켜 태양열 목재건조기 내부에 적용되고 있는 재간풍속을 약 0.8m/sec (150ft/min)로 유지시키는 것이 일반적이다. 따라서 길이 4.8m 판재를 두께 2cm 잔목을 이용하여 20층으로 잔적했다면 1.536m³/sec(=0.8×4.8×0.02×20)의 풍량이 요구된다. 송풍기는 집열기에서 가장 높은 온도가 예상되는 위치에 설치해야만 최고의 열전달 효과를 기대할 수 있으나, 만일 쾌청한 날에 송풍기의 작동을 중지한 경우에는 집열기 내부온도가 급상승하게 되므로 고온에 의한 송풍기의 파손 등 중대한 문제가 발생할 가능성이 높다는 점도 기억해 두어야 한다. 한편 건조기 내부 공기의 상대습도가 비교적 높거나 온도가 낮은 경우에는 건조가 지연되어 송풍에 의한 효과도 떨어져 전기에너지가 비경제적으로 소비된다. 따라서 건조기 내부의 온도와 상대습도의 수준에 따라서 송풍기를 운영하면 전기에너지를 절감할 수 있다. 예를 들어, 건조 중 목재의 함수율이 20% 이하로 낮아지면 건조기 내부의 온도가 해당 시기의 외기의 최적온도보다 10°C 이상 높을 때에만 송풍기를 작동하도록 한다.

③ 환기

목재의 건조속도는 건조기 내부 상대습도를 통해 조절할 수 있다. 즉 저습도에서는 건조가 촉진되며, 반대로 고습도에서는 지연된다. 건조기 내부의 상대습도는 환기(ventilation)에 의해 조절될 수 있으며, 건조기 내부의 습한 공기를 배출하고 온도는 낮지만 건조한 외부공기를 흡입하여 가열하면 건조기 내부의 상대습도는 낮아지고 건조가 촉진된다. 그러나 건조실 내부의 습한 공기가 배출될 때에는 수분뿐만 아니라 열에너지도 빠져나가므로 환기를 과도하게 실시하면 건조기 내부온도가 낮아져 결국 건조가 지연된다. 물론 지나치게 소극적인 환기는 높은 상대습도로 인해 건조를 지연시킨다. 그러므로 환기는 건조기 내부 상대습도를 충분히 낮출 수 있는 동시에 열에너지의 손실을 최소화할 수 있는 수준으로 조절되어야 한다. 대개의 태양열 건조기에 설치된 환기구들은 적정 규모의 수배 수준으로 설계되어 있으므로 완전 개방은 피해야 한다. 특히 건조 초기 할렬과 같은 건조결함이 심하게 발생하는 수종을 건조할 때에는 건조 개시 후 수일 동안 환기구를 완전 폐쇄하여 고습도를 유지함으로써 건조속도를 지연시키는 것이 바람직하다. 건조가 잘 되는 수종의 건조에 있어서도 건조 초기에는 환기구를 약간만 개방하여 적절한 건조속도를 유지하는 것이 좋다. 건조 말기에 접어들면 목재의 함수율이 낮아져 증발되는 수분의 양이 매우 적어지므로 오히려 환기구를 폐쇄하여 열에너지 방출을 억제함으로써 건조기 내부온도를 높게 유지하여 가능한 낮은 함수율까지 건조될 수 있도록 해야 한다. 환기량은 실내외 상대습도 차이에 대한 증발수분량의 비(kg/hr)로 나타내며, 환기장치의 용량은 최대환기량에 의해 결정된다.

④ 단열처리

건조기로부터 열에너지가 외부로 손실되는 과정은 대류(convection), 전도(conduction) 및 방사(radiation)의 순서를 거친다. 건조기 내부의 온도가 높은 곳에서 낮은 곳으로 공기가 흐르면서 건조기 내부 벽체에 열을 전달하면 이 열은 전도에 의해 외기와 접하고 있는 외벽에까지 전달되며, 그 열은 방사나 대류 과정에 의해 외기로 사라져 버린다. 이때 건조기 내부와 외기 사이의 온도차가 클수록, 그리고 건조기 벽체를 구성하고 있는 재료의 열전도도가 높을수록 열에너지가 빠져나가는 속도도 빨라진다. 주간에 얻은 태양에너지는 목재로부터 수분을 증발시키는 데 쓰일 뿐만 아니라 건조기 내부를 구성하는 있는 재료들과 목재를 가열하는 데 사용된다. 이때 이 열은 목재나 재료에 저장되어 있는 것으로 볼 수 있다. 그러나 일몰 후 외기의 온도가 낮아지면서 열전도 현상이 활발히 진행되면서 많은 열에너지가 손실된다. 만일 적절한 단열처리를 하여 일몰 후나 악천후시 열전도에 의한 손실을 최소화할 수 있다면 목재 자체와 건조기 내부 구성물들에 저장되어 있던 에너지를 이용하여 건조 과정을 어느 정도 진행할 수 있을 것이다. 그리고 그 효과로 태양열 건조기의 경제성을 한층 개선시킬 수 있다. 그러므로 가능한 열전도도가 낮거나 열저항계수가 높은 재료를 사용할수록 열전도에 의한 열손실을 줄일 수 있다.

⑤ 수증기 차단막

단열처리된 벽체나 바닥에 수증기가 흡수되면 수분의 높은 열전도에 의하여 단열효과가 크게 낮아진다. 그러므로 지속적인 단열효과를 얻기 위해서는 플라스틱 필름을 덧대거나 알루미늄 페인트와 같은 방수성 코팅을 함으로써 수증기 차단막(vapor barrier)을 만들어 주어야 한다.

(2) 태양열 건조기의 종류

태양에너지를 이용한 목재건조기(solar lumber dryer)는 단열 및 집열방식에 따라 온실형(greenhouse-type), 반온실형(semi-greenhouse-type) 및 외부집열판형(external collector-type)의 세 가지 기본 형태로 나눌 수 있다.

① 온실형

투명한 플라스틱 필름을 이용한 비닐하우스와 같은 가장 간단한 형태의 건조장치로, 제작비가 저렴하고 채광면적도 넓지만 단열처리가 전혀 되어 있지 않아 일몰 후나 악천후에는 온도강하로 건조가 거의 이루어지지 않는 단점이 있다. 또한 건조장치에 투입된 전체 에너지(태양에너지 + 전기에너지) 중에서 실제 목재건조에 사용된 에너지의 백분율인 열효율도 연평균 기온 20°C 이상의 열대 이외의 지역에서는 약 5% 이하로 매우 낮다. 천연건

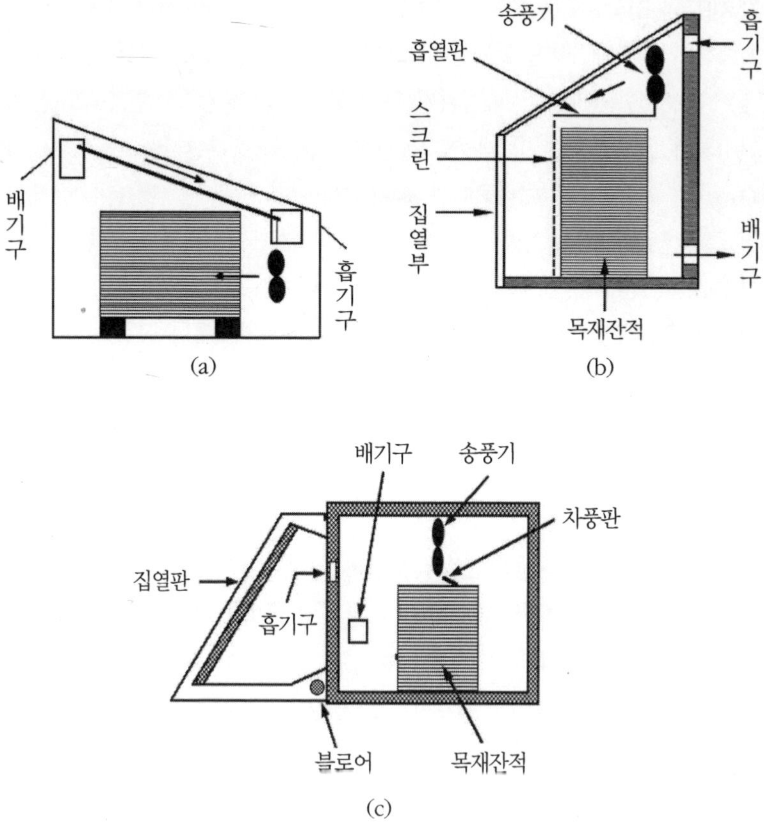

그림 8-4 온실형(a), 반온실형(b) 및 외부집열판형(c) 태양열 건조기

조에 비해 악천후에 의한 영향을 적게 받기 때문에 생재상태의 목재를 함수율 20%까지 건조하는 데 소요되는 건조시간이 천연건조의 50% 수준이며, 건조재의 품질도 양호한 편이다. 그러나 섬유포화점 이하에서는 목질과 수분 간의 흡착열까지도 극복할 수 있는 충분한 에너지를 공급해야 하므로 60~80°C의 높은 온도가 요구되는데, 일반적으로 온실형 태양열 목재건조

기 내부의 최고온도는 50°C 이하이므로 만족할 만한 건조시간 단축효과는 기대하기 어렵다. 한편 생재상태로부터 섬유포화점 정도까지의 건조 초기에는 건조결함의 발생을 예방하기 위해 고습도와 저온으로 건조속도를 지연시켜야 하므로 온실형 태양열 목재건조기로도 충분한 건조가 이루어질 수 있다. 방글라데시 치타공에서 Sattar(1994)에 의해 제작된 온실형 태양열 목재건조기의 성능평가 실험은 건조 초기에 태양에너지를 이용하여 전건조(predrying)를 한 후 목표함수율까지 열기건조로 신속히 건조하거나, 충분한 공간확보시 열기건조를 위한 목재의 대기창고로 온실형 태양열 목재건조기를 이용한다면 보다 경제적으로 목재를 건조할 수 있다는 결과를 보여 주었다.

② 반온실형

반온실형 태양열 목재건조기는 온실형을 개량, 지붕과 남쪽 벽 등의 집열부를 제외한 나머지 벽체 및 바닥 등을 단열처리함으로써 열효율을 10% 전후로 안정시킨 형태로, 반온실형 태양열 건조기를 이용하면 천연건조에 비해 건조시간을 50% 이상 단축시킬 수 있으며, 건조기 내부의 최고온도를 50°C 이상으로 상승시킬 수 있어 낮은 함수율로도 건조할 수 있고, 건조결함의 발생률도 천연건조에 비해 낮출 수 있다. 그러나 단열처리가 되어 있지 않은 지붕이나 남쪽 벽과 같은 집열부를 통한 열손실을 억제하기 어렵기 때문에 일몰 후나 악천후에는 건조기 내부의 온도를 높은 상태로 유지하기 어렵고, 특히 섬유포화점 이하에서는 건조가 상당히 지연되는 것이 보통이며, 계절에 따른 기후 변화에 의한 영향도 비교적 크게 작용한다. 따라서 일몰 후나 악천후에 집열부를 통한 열손실을 막기 위해 개폐식(이동식) 집열부 단열장치를 설치하여 열효율을 향상시킬 수는 있으나, 온실형과 마찬가지로 보조열원 없이는 온도나 습도의 조절이 불가능하다. 그러므로 Noves(1990) 등에 의해 제작된 반온실형 태양열 목재건조기도 건조 초기

섬유포화점까지의 전건조에 응용하는 것이 바람직하다.

③ 외부집열판형

외부집열판형 태양열 목재건조기는 건조기와 분리된 독립적인 집열판(collector)을 설치하고 건조기를 충분히 단열처리함으로써 집열부 및 건조실 벽체를 통해 손실되는 에너지를 줄여 열효율을 30% 이상으로 향상시킨 형태이다. 외부집열판형 태양열 목재건조기는 열효율이 안정되어 있고 일몰 후나 악천후에 외부와의 차단이 가능하므로 기후변동에 의한 건조기 내부 공기조건의 변화폭이 크지 않으며, 축열장치나 보조열원 및 증기분무장치를 부착하면 온습도의 조절도 가능하여 열기건조 효과에 접근할 수 있다(Kavvouras, 1990). 그러나 충분한 태양에너지를 얻기 위해서는 집열판의 설치에 넓은 면적이 소요되고 많은 제작비와 고도의 기술이 요구되어 열기건조에 접근하기 위해 개량하다 보면 결국 태양열 목재건조의 최대목표 중 하나인 경제성을 상실할 위험이 있다. 한편 적정한 건조속도를 유지하기 위해 요구되는 집열면적은 건조 대상 목재의 수종 및 재적에 따라 달라지며, 특히 건조기의 목재수용능력이 증가함에 따라 집열면적은 큰 폭으로 늘어나므로 열기건조의 경우처럼 규모가 큰 건조시설(50~200m^3)에 응용할 수는 없으나, 집열판의 효율을 향상시켜 소요 집열면적을 최소화할 수 있다면 경제적으로 건조시설을 설치 · 운용할 수 있게 된다.

(3) 열효율 향상 시스템

태양에너지를 이용한 목재건조장치 중 가장 열효율이 양호한 외부집열판형에 최근 많은 관심이 집중되고 있다. 그러나 외부집열판형의 열효율도 현재 50%를 넘시 못하는 실정으로, 경제성을 유지하기 위해서는 열효율을 향상시킬 수 있는 시스템 개발에 관한 연구가 필수적이다. 지금까지 개발되었거나 시도되었던 시스템들에 대한 개략적인 내용은 다음과 같다.

① **축열 시스템**

태양에너지를 저장하는 방법으로는 암석이나 물을 이용하여 현열(sensible heat)을 저장하는 방법과 열에 의한 물질의 상변화를 통해 잠열을 이용하는 방법, 그리고 재생이 가능한 제습제를 사용하는 방법으로 나눌 수 있다.

a. 암석 축열 시스템

태양에너지를 이용할 수 없는 일몰 후나 악천후에는 건조실 내부의 온도가 급격히 떨어지는 것을 예방하고 건조실 내부 공기의 조건을 비교적 균일하게 유지하기 위해 물이나 암석 등을 축열매체로 사용할 수 있다. 물은 암석보다 열용량이 높아 태양에너지를 축적할 수 있는 능력이 크지만, 동결 및 누수의 위험이 있어 암석을 축열매체로 하는 rock-bed storage가 비교적 많이 적용되고 있다. 일반적으로 집열부의 단위면적당 직경 19~38mm의 자갈 0.15~0.35m^3/m^2가 소요되며, 공극률 30~40% 범위에서 공기유동방향으로의 rock-bed 길이가 1.2~2.4m 정도 되도록 하는 것이 바람직하다.

b. 재생 가능 흡습제의 사용

재생이 가능한 흡습제(regenerable desiccants)를 이용하여 야간에 건조실 내부 공기에 포함되어 있는 수분을 제거함으로써 건조의 지연을 예방하고, 주간에는 태양에너지를 이용하여 흡습제로부터 야간에 흡습한 수분을 제거하여 흡습제를 재생시킴으로써 야간에 다시 사용할 수 있도록 하는 방법이다. 예를 들어, 활성 알루미늄(activated aluminium)이나 실리카겔(silica gel)과 같은 흡습제는 75°C의 온도에서 24시간 가열하면 흡습능력의 90% 정도를 회복하며, 150°C에서 24시간 가열하면 100% 흡습능력을 복원할 수 있다. 사용되는 흡습제는 흡습용량이 크고, 화학적으로도 안정되며, 재생 가능 온도가 낮고, 무독성이며 가격이 저렴해야 한다. 흡습제의 종류는 고체형과 액체형으로 나뉘며, 일반적으로 취급이 용이하고 안정성이 양호한 교체형 흡습제인 실리카겔, 활성 알루미늄, 황화 칼슘 등이 주로 사용된다. 액체형으로는 글리세린, 글리콜, 황산 및 여러 가지 염용액을 들 수 있다. 흡습제의 사용은 고온에서는 건조결함이 쉽게 발생하여 저온으로 인한 건조지연이 불가피한 수종의 건조에 효과적이며, 암석을 이용한 축열 시스템과 함께 사용하는 것도 바람직하다.

② 태양광 반사판

반사판(reflector)을 이용하여 태양광선을 집열부 쪽으로 반사함으로써 집광효율을 높여 집열판의 소요면적을 20% 이상 감소시킬 수 있다.

③ 제습 시스템

기존의 태양열 목재건조 시스템의 습도조절은 대부분 환기구를 통한 습기의 배출과 건조한 외부공기의 유입으로 이루어진다. 그러나 건조스케줄에 일치하는 습도조절이 불가능하고 기후의 영향을 많이 받게 되므로 건조 초기에는 급속한 건조로 인한 건조결함 발생의 위험이 크고, 건조 말기에는 습도를 충분히 낮게 유지할 수 없기 때문에 건조지연의 가능성이 높다. 또한 환기구를 통해 건조실 내부의 더운 공기가 배출되고 낮은 온도의 외부공기가 유입됨에 따른 환기에 의한 열손실은 전체 투입에너지의 약 10%에 달하는 것이 보통이다. 건조스케줄에 따른 습도조절이 가능해 건조결함의 예방과 함께 에너지 손실의 삼소도 기대할 수 있다. 일반적으로 기존의 외부집열판형 태양열 목재건조 시스템에 제습장치를 첨가함으로써 기대되는 건조시간 단축효과는 수종에 따라 최고 50%에 이르며, 제습장치의 열교환 기능을 보다 개선한다면 열효율을 한층 향상시킬 수 있을 것으로 기대된다.

④ 태양에너지를 이용한 제습 시스템

외부집열판형 태양열 목재건조 시스템 내부에 제습장치를 설치하여 건조

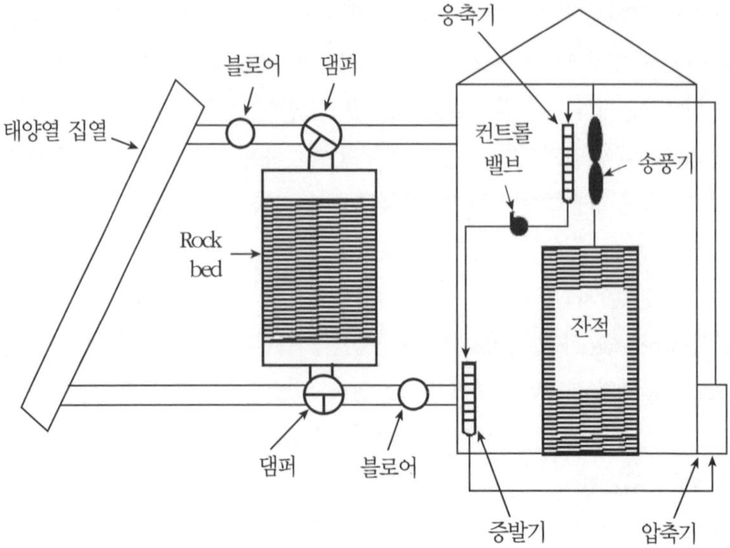

그림 8-5 제습 및 축열장치를 갖춘 외부집열판형 목재건조 시스템

시간 단축과 건조재 품질향상을 기대할 수 있다. 그러나 제습장치의 작동을 위해서는 많은 전기에너지가 소모되므로 건조비용이 열기건조의 수준에 접근할 정도로 높아질 가능성이 있다. 그러므로 태양에너지를 이용하여 제습장치를 운영할 수 있다면 전기에너지에 소요되는 비용을 크게 절감할 수 있을 것이다.

물을 열전달 매체로 하는 집열판을 이용한 태양열 흡수 제습 건조 시스템(solar absorption dehumidification kiln)의 집열판으로부터 공급되는 열은 흡수 시스템 발진기(absorption system generator)의 LiBr-H_2O 용액을 활성화시키게 되며, 다시 그 열은 저온저장고(cold storage tank)에서 회수되고, 온도가 낮아진 물은 건조실 내 제습코일로 순환하게 된다. 이때 응축기로부터 더워진 물은 냉각탑에서 대기로 열을 방출하게 된다. 이 시스템을 이용한 목재건조속도는 열기건조속도에 접근하거나 오히려 신속할 수도 있지만, 제작비용이 크고 경제성이 양호하지 못하여 아직은 실용화의 단계에 이르지 못했다. 그러나 유류가의 상승에 대비한 시스템의 효율 향상을 위한 지속적인 연구는 필요하다.

(4) 태양열 드라이어의 조작

계절에 따른 기후의 변화가 심한 우리나라에서 태양열을 이용한 목재건조 시스템이 열기건조의 전건조의 수준을 넘어서기 위해서는 열효율 향상 시스템과의 적절한 조합에 의한 건조시간 단축과 건조재 품질향상을 통한 경제성 확보가 필수적이다. 우선 벽체를 통한 열전달에 의한 열손실을 줄이기 위해 충분한 단열 및 수증기 차단막 설치가 요망되며, 건조실 내외부의 모든 면은 무광택 흑색 페인트를 도포하고 흡열판에는 선택적 코팅을 하여 흡열효과를 증진시켜야 한다. 송풍기에는 자동제어기를 부착하여 목재의 건조가 효과적으로 이루어질 수 없는 온도 이하에서는 작동을 중지하도록 하고, 제습기를 설치할 경우에도 자동습도조절기를 장착하여 정확히 습도가 조절되도록 하여 전기에너지의 소모를 최소화해야 한다. 그리고 집열판과 축열장치는 효율의 극대화를 통해 그 규모를 최소화하는 한편, 요구되는 용량과 그 경제성을 면밀히 검토하여 적정한 규모를 결정해야 한다. 또한 건조 초기 높은 습도를 유지하는 동시에 건조 중 부족한 열량을 충당하여 각 함수율 단계에서 적정한 수준까지 온도를 상승시키기 위해 목재 폐재 등을 연료로 하는 보일러를 연결할 수도 있으나, 이와 같은 모든 부속 시스템들도 효율성과 경제성을 충분히 검토하여 결정해야 한다.

3) 기타 촉진천연건조

잔적 자체를 이동시킴으로써 통풍의 효과를 얻어 천연건조를 촉진시키는 방법으로서 진동건조법(swing-drying)과 원심건조법이 있다.

진동건조는 큰 스윙(swing)에 판재를 고정하고 그네처럼 진동시켜 공기 순환을 촉진시켜 건조하는 방법이다. 스윙장치는 타종장치와 유사하여 스윙의 진폭이 감소할 때 모터에 전류가 흘러 진동폭을 유지한다. 따라서 에너지 소모는 매우 적고 잔적 내 함수율 분포는 매우 균일하나, 건조속도는 천연건조의 수직적보다 별로 크지 않다. 이 진동건조방법은 소량의 특수목재를 균일하게 빨리 건조할 목적으로 실시할 수 있으나, 오늘날 거의 사용되지 않는다.

원심건조는 큰 원형의 회전대를 설치하고 잔적한 후 회전대를 50~90rpm 정도로 회전시켜 공기순환을 일으킨다. 그리하여 하부는 신선한 공기가 유입되고 습한 공기는 상부로 배기되도록 하여 통풍과 환기를 합리적으로 조절하면서 건조를 촉진시키는 방법이다. 한 방향으로만 회전하는 원심력은 목재 내부 수분을 표면으로 이동시키는 데 도움이 된다.

3. 촉진천연건조 스케줄

촉진천연건조에서 건조스케줄(drying schedule)은 강제공기드라이어 스케줄(forced air dryer schedule)과 저온건조 스케줄(low temperature kiln schedule)이 사용된다. 전자는 상대습도를 부분적으로만 조절할 수 있는 건조실에서 2단계 온도스케줄(two-step temperature schedule)을 사용한다. 후자는 건조실이 증기분무와 자동기록조절장치를 가졌기 때문에 다단계 온도스케줄(multi-step temperature schedule)을 사용한다.

1) 강제공기드라이어 스케줄

이 건조스케줄 1단계의 건구온도는 수종에 따라 다르다. 만약 드라이어가 배기통을 갖고 있으면 드라이어 가열시에 배기통은 닫아야 한다. 건구와 습구온도는 잔적의 취입 측에서 관찰한다. 필요한 평형함수율 조건설정을 위해 건습구온도차는 온도조절장치를 사용하여 그때에 알맞은 건구온도로 맞춘다. 조절된 건구온도는 건조스케줄 1단계에서 계속 유지된다. 건습구온도차는 건조 개시 1~2일 동안은 목재의 증발수분 때문에 거의 일정하게 유지되나, 그 이후부터는 차츰 저하된다. 조절시험재(controlling kiln sample)의 함수율이 건조스케줄 2단계 초기함수율에 도달했을 때 온도조절장치로 2단계의 규정온도까지 상승시킨다. 여기서 '조절시험재'란 건조 진행을 결정하기 위해 사용하는 최습시험재를 말하고, 그 수량은 시험재의 수량과 건조실 내 잔적의 구성 등에 따라 변한다. 일반적으로 건조 중 배기통은 평형함수율을 낮추고 건조촉진을 위해 며칠 동안 열어 둔다. 습구온도가 거의 일정한 수준으로 유지되면 에너지 절약을 위해 배기통은 닫고 조절시험재의 함수율이 목표함수율에 도달할 때까지 건조한다. 피나무와 호두나무를 건조하는 경우는 건조 초기에 배기통을 사용할 수 있다.

강제공기드라이어 스케줄의 적용에는 풍속을 고려해야 한다. 두께 50mm

표 8-1 활엽수재의 강제공기건조 스케줄*(Cuppett and Craft, 1975)

단계	함수율(%)	FA-1		FA-2		FA-3	
		건구온도 (°C)	건습구 온도차 (°C)	건구온도 (°C)	건습구 온도차 (°C)	건구온도 (°C)	건습구 온도차 (°C)
1	2단계 이상	21~27	1.7	24~29	2.2	27~32	3.9
2a	45	–	–	–	–	38	(**)
2b	40	32	(**)	35	(**)	38	(**)

*풍속 2.25~3.0m/sec 적용(단, 38mm와 50mm 참나무, 50mm 너도밤나무와 히코리는 1.25~1.75m/sec 적용).

**건습구 온도조절이 필요 없음.

표 8-2 활엽수재의 강제공기건조 스케줄 색인표

수종	두께(mm)			
	25	32	38	50
물푸레나무(Ash)	FA-3	FA-3	FA-2	FA-1
피나무(Basswood)	FA-3	FA-3	FA-3	FA-2
너도밤나무(Beech)	FA-2	FA-2	FA-1	FA-1*
자작나무(Birch)	FA-3	FA-3	FA-2	FA-1
칠엽수(Buckeye)	FA-3	FA-3	FA-3	FA-2
버터너트(Butternut)	FA-3	FA-3	FA-3	FA-2
벚나무(Cherry)	FA-3	FA-3	FA-2	FA-1
히코리(Hickory)	FA-2	FA-2	FA-1	FA-1*
단풍나무(Maple; red, silver)	FA-3	FA-3	FA-2	FA-1
당단풍나무(Sugar maple)	FA-3	FA-3	FA-2	FA-1
레드오크(Red oak)	FA-2	FA-1	FA-1*	FA-1*
화이트오크(White oak)	FA-2	FA-1	FA-1*	FA-1*
흑호두나무(Black walnut)	FA-3	FA-2	FA-1	FA-1
백합나무(Yellow poplar)	FA-3	FA-3	FA-2	FA-2

*재간풍속 1.25~1.75m/sec 적용.

인 참나무, 너도밤나무, 히코리 등의 재목은 재간풍속을 1.25~1.75m/sec 정도로 낮게 유지한다. 아직 건조스케줄이 작성되지 않은 기타 수종에서 두께 50mm 재목은 참나무의 경우와 같이 저풍속을 적용하는 것이 좋다. 풍속은 건조속도와 건조결함 발생과 밀접한 관계가 있기 때문에 건조결함이 나타나지 않는 범위 내에서 가능한 건조속도 증가를 위해 빠르게 한다. 모든 수종의 두께 25mm와 참나무 외 다른 수종들의 38mm 재목은 재간

표 8-3 활엽수재의 저온건조 스케줄*

단계	함수율(%)	LT-1		LT-2		LT-3	
		건구온도 (℃)	건습구 온도차 (℃)	건구온도 (℃)	건습구 온도차 (℃)	건구온도 (℃)	건습구 온도차 (℃)
1	2단계 이상	32	1.1	32	1.1	32	2.8
2a	60	–	–	35	1.1	38	2.8
2b	50	35	1.1	38	2.2	38	5.6
3a	45	–	–	38	2.8	–	–
3b	40	38	2.8	38	3.9	38	8.3
4	35	38	5.6	38	5.6	–	–
5	30	38	8.3	38	8.3	–	–

*Robert G. Potter(Potter Lumber Co. Allegany, NY)에 의해 개발된 스케줄임(McMillen and Wengert, 1978).

표 8-4 저온건조 스케줄 색인표

수종	두께(mm)			
	25	32	38	50
너도밤나무(Beech)	LT-2	LT-2	–	–
벚나무(Cherry)	LT-3[1]	–	–	–
단풍나무(Maple; red, silver)	LT-3[1]	–	–	–
당단풍나무(Sugar maple)	LT-3[1]	–	–	–
레드오크(Red oak)	LT-2	LT-2	LT-1[2]	LT-1[3]

[1]각 단계에서 최소시간은 24시간임.

[2]첫단계에서 최소시간은 36~48시간임.

[3]1단계 중 간헐건조임(송풍기와 건조실은 건조시간의 50%만 조절됨).

표 8-5 강제공기건조의 건조일수

수종	두께(mm)	최종함수율(%)	건조일수(일)
사시나무	25	20	7
너도밤나무	25 32	25 25	8~9 10~12
자작나무	25	25	14
벚나무	25	25	7~8
느릅나무	25	20	7
경단풍나무	25	25	8~10
연단풍나무	25	20	6~7
호두나무	38	17	14
백합나무-변재	25	20	6
백합나무-심재	25	20	9
북부 레드오크	25 32 38 50	20 25 20 20	18~23 14~35 15~40 40~62
화이트오크	-	-	레드오크보다 1~2일 적음.

풍속 2.25~3.0m/sec를 적용한다. 건조스케줄은 고정된 것이 아니기 때문에 사용자는 기존의 건조스케줄을 사용하면서 건조결함이 생기지 않는 한 더욱 강한 건조스케줄로 점차 개량해야 한다. 온난한 기후조건에서 건조 1단계 중 필요한 건습구온도차가 유지될 수 있다면 건구온도는 약간 높게 적용한다. 주간에 강한 태양복사로 인해 건조기 내 건구온도는 건조스케줄의 규정온도 이상으로 상승될 수 있다. 상승된 건구온도가 1단계 중에서 온도조절장치로 맞추어진 건구온도보다 2.7°C 이상 초과하지 않도록 해야 한다. 2.7°C 이상 초과하면 온도조절장치로 건조 1단계에서 초과한 온도만

큼 낮추어 주어야 한다.

2) 저온건조 스케줄

저온건조실의 배기통은 가열할 때 닫고, 건구온도와 습구온도가 건조스케줄의 온도에 도달하면 조절장치로 습구온도를 규정수준에 유지시키고, 건구온도는 건조스케줄의 온도 이하로 하강되지 않도록 한다. 만약 주간에 태양복사로 인해 건구온도가 규정온도 이상 상승해도 변화시킬 필요는 없다. 이 건조스케줄은 재간풍속 1.75m/sec 조건에서 작성되나 풍속 2.25m/sec까지도 적용할 수 있다. 배기통은 각 건조단계 초기에 잠시 열 수 있지만, 대부분의 시간은 자동으로 닫혀 에너지 소모를 줄인다. 건조조건은 조절시험재의 함수율에 따라 변화시키며, 건조 종료시기는 강제공기건조에서와 동일한 방법으로 결정한다. 동일한 스케줄 명칭을 갖는 수종과 두께의 재목은 함께 건조할 수 있으나, 시험재는 건조재를 드라이어에서 꺼내는 시기를 결정하기 위해 가장 두껍고 건조가 느린 재목 중에서 선정해야 한다.

4. 촉진천연건조일수

촉진천연건조의 소요시간은 드라이어의 종류에 따라 기후의 의존도가 다르다. 강제공기건조와 저온건조의 건조시간은 기후와 적용한 온도에 따라 약간 달라지며, 드라이어의 구조와 잔적방법에 의해서도 영향을 받는다. 그리고 조절공기드라이어의 건조시간은 강제공기건조와 저온건조보다 40% 정도 더 길다.

제9장

열기건조

열기건조란 닫힌 공간에서 온도와 습도가 조절된 공기를 목재 표면에 순환시켜 건조하는 것을 말하는데, 건구온도가 100°C를 넘으면 고온건조, 100°C 이하이면 관행 열기건조(이하 열기건조)라고 부른다. 이 같은 정의로는 제습건조도 열기건조의 일종이라고 할 수 있으나, 이 책에서는 제10장에서 다룬다.

고온건조는 근간에 개발된 방법으로 비교적 쉽게 건조되는 침엽수재에 주로 사용되나, 열기건조는 비교적 건조가 어려운 활엽수재 건조에 사용된다. 이 장에서는 활엽수재 건조를 중심으로 열기건조에 관해 설명한다.

열기건조의 초기온도는 38°C에서 54°C이며, 함수율이 15% 이하로 떨어지면 66°C에서 93°C로 건조를 마감한다. 재간풍속은 1~3m/sec로 낮은 풍속은 참나무, 너도밤나무 등 건조곤란 수종에, 높은 풍속은 단풍나무, 물푸레나무, 참피나무 등 건조가 쉬운 수종에 사용한다. 천연건조에 비해 열기건조의 장점은 ① 건조시간 단축, ② 자본의 짧은 회전기간, ③ 저함수율(3%)까지 건조, ④ 건조결함 배제, ⑤ 살충 · 살균효과 등이다.

1. 재목의 선별과 잔적

1) 재목의 선별

잔적하기 전에 잔적과 건조효율을 높이기 위해 목재를 선별해야 하는데, 선별기준은 수종, 두께, 길이, 폭, 등급, 목리 등이다.

(1) 수종

다른 수종은 서로 다른 건조행태를 나타내므로 같은 잔적에 쌓지 않는다. 같은 수종이라도 자란 환경에 따라 건조행태가 다를 수 있다. 미국산 참나무는 건조행태에 따라 고지 적참나무, 저지 적참나무, 고지 백참나무, 저지 백참나무 등 크게 네 종류로 나눈다. 고지에서 자란 참나무보다 저지에서 자란 참나무의 건조가, 적참나무보다 백참나무의 건조가 더 어렵다.

(2) 재목의 크기

① 두께

재목의 두께는 건조시간에 큰 영향을 미친다. 두께 8/4인치 참나무 판재는 4/4인치 판재보다 건조시간이 1.5배나 더 걸린다. 두꺼운 재목은 얇은 재목보다 천천히 건조해야 하므로 서로 다른 두께의 재목을 같이 건조하는 것은 비경제적이다. 또 잔적 한 층에 서로 다른 두께의 판재를 놓으면 얇은 판재는 잔목에 의해 눌려지지 않으므로 틀어지기 쉽다.

② 길이

같은 길이의 재목으로 잔적을 만들면 길이굽음과 물결굽음(waviness)뿐만 아니라 측면굽음(옆굽음)까지도 막을 수 있다. 길고 곧은 건조목을 얻으려면 길이 선별이 필수적이나, 짧은 부재로 쓴다면 굳이 그럴 필요가 없다.

③ 폭

폭이 넓은 재목은 좁은 것에 비해 천천히 건조되므로 같은 폭끼리 건조하면 균일하게 건조된다. 그러나 목재는 여러 가지 폭이 섞인 묶음으로 거래되기 때문에 일반적으로 폭을 선별하여 건조하지 않는다.

(3) 등급

고급 재목은 잘못 건조하면 품질저하가 심하므로 건조비용이 더 들더라도 신중하게 건조하면 높은 이익을 얻을 수 있다. 그러나 저급 재목은 신중하게 건조하더라도 높은 이익을 기대할 수 없으므로 재목의 등급에 따라 구별하여 건조하는 것이 비용을 절약하고 더 많은 이익을 얻을 수 있다.

(4) 목리

판목재는 정목재보다 건조가 느리고 표면할렬이 쉽게 발생하는 등 차이가 있으나, 특별한 경우가 아니면 목리에 따라 선별하지 않는다.

2) 잔적

일부 진공건조를 제외한 모든 건조방식에서 재목을 잔목(산대)이라고 부르는 가늘고 긴 막대로 각 층이 분리되도록 수평하게 쌓는다. 잔적의 중요성은 아무리 강조해도 지나치지 않다. 잔적의 목적은 공기유통을 균일하게 하고, 건조가 잘 되게 하며, 틀어짐을 방지하는 데 있다. 잔적하는 동안 재목의 재적 측정과 품질평가를 할 수 있다.

(1) 잔적법

한 잔적을 동일한 길이의 재목으로 쌓는 것이 틀어짐을 최소화하고 생산성과 적재효율을 최대화하는 길이다. 길이가 일정하지 않은 재목은 상자형

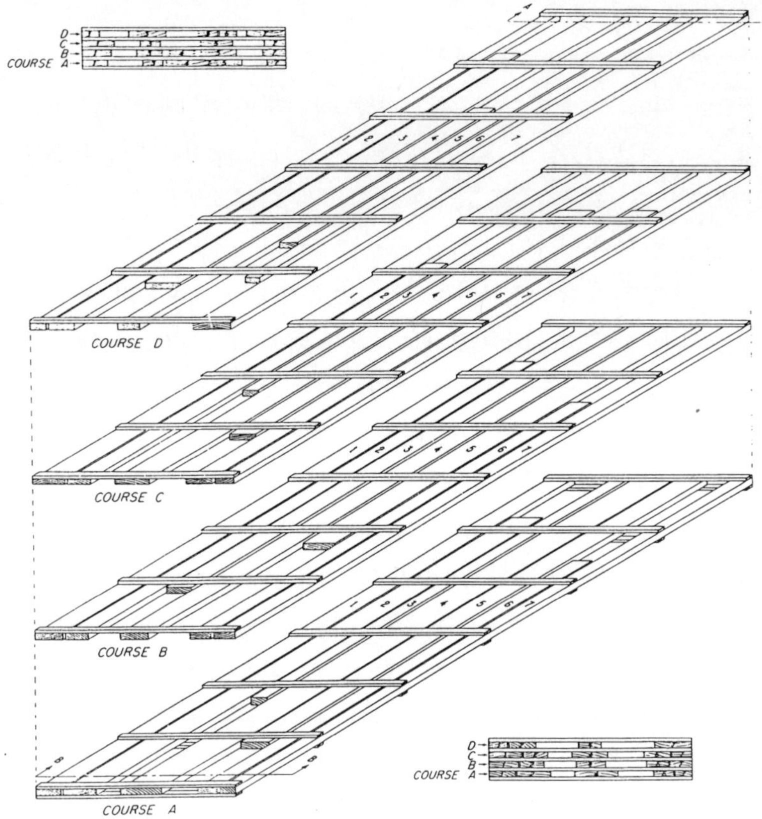

그림 9-1 다양한 길이 재목의 상자형 잔적법

잔적법(box piling)이나 일면정렬 잔적법(even-end piling)으로 쌓는다.

상자형 잔적법은 먼저 긴 재목을 각 층의 바깥 열에 배치하고 안쪽에는 짧은 재목를 잔적의 한쪽 끝에서 다른 쪽 끝까지 교대로 배치한다(그림 9-1). 짧은 재목은 가능하면 아래층의 짧은 재목 위에 배치해야 잔목의 지지와 전체 전적에 가해지는 하중이 좋아진다. 상자형 잔적은 사면이 매끈하게 정렬되기 때문에 모든 재목의 끝이 충분한 하중을 받아 틀어짐이 예방될 수 있다.

일면정렬 잔적법은 모든 재목을 한쪽 마구리가 가지런하게 되도록 쌓는 것으로, 길이가 다르면 반대쪽은 들쑥날쑥해진다. 틀어짐과 마구리 할렬이 많이 발생하고 건조실 효율이 낮기 때문에 좋은 잔적법이라고 할 수 없다.

(2) 잔적 크기

일반적인 잔적 규격은 폭이 1.2~2.4m, 높이가 0.6~1.8m이다. 잔적 규격은 지게차 용량과 건조실 크기에 따라 결정되는데, 폭이 2.4m가 넘으면 함수율 분포가 커지므로 넘지 않도록 해야 한다.

각 층의 재목은 모서리가 밀착되도록 쌓는 것이 보통이다. 열기건조는 재목 사이의 간격이 건조속도에 아무 영향을 미치지 않는다. 그러나 폭이 1.2m가 넘는 잔적을 천연건조할 때 재목 사이에 6mm 이상 간격을 두면 좀 더 빠르고 균일한 건조가 이루어진다.

잔적 길이는 보통 재목 길이와 같다. 만일 재목이 여러 길이로 제재되었다면 잔적도 여러 길이로 만들어야 한다. 대부분의 큰 공장은 0.6m(= 2자) 단위로 잔적을 만든다. 잔적보다 0.3m(= 1자) 짧은 재목도 같이 쌓는다. 이런 방법이 틀어짐을 최소화하고 적재효율을 높일 수 있다. 소형 공장은 여러 길이의 재목을 섞어 적재하기도 한다. 예를 들어, 재목 길이 1.8~2.4m, 2.7~3.7m, 4.0~4.8m를 각각 한 그룹으로 한다.

(3) 잔목과 받침목

재목의 틀어짐을 방지하는 데 잔목과 받침목의 역할이 매우 중요하다. 좋은 잔적을 만들기 위해 좋은 잔목이 필요하다. 잔목은 잔적 폭에 맞게 길어야 하고, 틀어짐을 방지할 수 있도록 두께가 균일해야 하며, 변색을 예방할 수 있도록 충분히 건조되어야 한다. 잔목은 어떤 수종으로 만들어도 괜찮으나, 고밀도일수록 단단하고 오래 사용할 수 있다.

① 잔목 두께

잔목 두께는 건조속도와 건조 균일성에 영향을 미치는 매우 중요한 요인이다. 잔목들이 균일한 두께를 갖지 않으면 틀어짐이 증가할 수밖에 없다. 천연건조용 잔목 두께는 19mm이나 22~25mm도 가끔 사용된다. 열기건조용은 보통 19mm이나 14~22mm 범위도 사용되고 있다. 건조실 설계가 잘못되어 공기순환이 나쁠 경우 25mm나 그보다 두꺼운 것을 사용해 이를 보완할 수도 있다. 두꺼운 잔목을 사용하면 건조용량이 감소한다. 대략적으로 잔목 두께가 3mm 증가할 때마다 건조용량은 7%씩 감소한다. 결론적으로 정상적인 건조실에는 19mm 두께 잔목를 사용하면 올바른 건조가 이루어질 수 있다.

② 잔목 폭

잔목 폭은 건조에 미치는 영향이 거의 없으나, 폭이 넓으면 변색이 나타날 가능성이 높다. 일반적으로 32~38mm이다. 잔목 폭이 두께보다 약간 크면 잘못하여 잔목을 모서리로 놓을 수도 있다. 이 경우 잔목의 두께가 균일하지 않아 재목이 틀어지게 된다. 넓은 잔목은 좁은 것에 비해 덜 부러진다. 잔목의 강도는 폭과 두께의 곱에 비례한다. 따라서 폭이 2배면 강도가 2배가 되고, 두께도 2배면 강도는 4배가 된다.

③ 잔목 길이

잔목은 잔적 폭보다 25~51mm 길다. 이 여분 길이는 잔목을 손으로 줄 맞추어 놓는 데 도움이 되고, 적재를 마친 후에는 잔목배치가 잘 되었는지를 확인할 수 있다. 잔적 폭보다 짧은 잔목을 사용하는 것은 경제적이지 않다. 만일 잔저에서 잔목이 보이지 않는다면 두 잔적을 나란히 놓을 때 먼저 놓인 잔적을 부수지 않도록 특별한 주의가 필요하다.

④ 잔목 간격

틀어짐이 조금만 발생해도 손실이 큰, 두께가 25~38mm인 고급재를 건조할 때는 잔목을 30~46cm 간격으로 조밀하게 배치해야 한다. 재목 길이가 달라 한쪽 마구리가 잔목 지지를 받지 못한다면 추가 잔목을 마구리에서 30cm 내에 설치해 준다. 마찬가지로 지게차 발과 잔목이 일치하지 않는다면 추가 잔목을 잔목 하부 5개 층에 넣어 주어 잔적이 이동될 때 흔들리지 않도록 한다. 재목 두께가 38mm 이상이면 잔목 간격은 60cm가 적당하다. 그러나 저급재는 고급재에 비해 틀어지기 쉬우므로 잔목 간격을 30cm로 하는 것이 좋다.

⑤ 잔목 종류

잔목은 통직목리 목재로 만들어야 하며, 반드시 건조된 것이어야 한다. 그러나 반드시 대패질할 필요는 없다. 어떤 수종으로 만들어도 상관 없지만 건조업체 투자비 중 잔목이 차지하는 비중이 크므로 보통 참나무와 같이 내구성 있는 수종의 심재로 만든다. 변색을 예방하기 위해 잔목 중앙에 홈을 만들기도 한다.

최근에는 두께 3mm 단판을 적층하여 만든 잔목을 사용하기도 한다. 적층 잔목에 사용되는 접착제는 온도와 습도에 영향을 받지 않아야 한다. 적층 잔목은 목재보다 비싸나, 곧고 수명이 길다는 장점이 있다. 한편 소나무로 만든 적층 잔목은 초기 몇 번은 재목을 변색시킨다는 보고가 있으나, 그 이유는 밝혀지지 않았다. 재활용 플라스틱과 목재로 만든 잔목도 있는데, 이 것을 사용하면 잔목변색이 현저히 줄어든다는 것이 밝혀졌다.

⑥ 받침목

받침목은 상부 잔적의 하중을 하부 잔적으로, 하부 잔적의 하중을 바닥으로 전달해 주고, 지게차가 잔적더미를 들 수 있게 해 준다. 규격은 보통

가로와 세로 각각 90cm이고, 길이는 잔목과 같다. 건조용량을 높이고 효율적인 공기순환을 위해서 받침목은 작을수록 좋다. 지면과 닿는 것은 반드시 가압 방부 · 방충처리를 해야 한다.

받침목은 잔목들과 일렬로 정렬되어야 한다. 받침목이 20~50mm만 어긋나도 잔적 내 재목은 틀어질 가능성이 있다.

(4) 재목의 품질검사

적재하는 동안 재목의 등급과 재적이 맞는지 확인할 뿐만 아니라 재목의 품질을 결정하는 인자들을 검사하는 것이 중요하다.

재목의 품질검사시 점검해야 할 사항들

1. 재색: 비정상적인 재색은 재목이 박테리아에 감염되었거나, 매미나방(gypsy moth) 피해를 당했거나, 기타 다른 원인으로 열화되었다는 것을 의미한다.
2. 조직: 조직은 재목이 정상재인지 비정상재(압축재, 인장재 등)인지, 또는 가공성이 좋을지 나쁠지를 판정할 수 있는 인자이다.
3. 연륜폭: 동일한 수종이라도 자란 환경에 따라 연륜폭이 다르다. 예를 들어, 고지대에서 자란 참나무(고지 참나무)는 저지대에서 자란 것(저지 참나무)보다 연륜폭이 좁다. 연륜폭이 다르면 건조행태도 다르다.
4. 냄새: 박테리아에 감염된 재목은 냄새가 난다.
5. 함수율: 박테리아에 감염된 재목은 정상보다 함수율이 높다. 정상보다 낮은 함수율은 이미 건조되었다는 것을 의미하기 때문에 할렬 등 건조결함을 가지고 있을 가능성이 있다.
6. 마구리 할렬: 마구리 할렬이 있는 재목은 할렬이 진행되지 않도록 천천히 건조해야 한다.
7. 중량: 규격이 같으나 중량이 다른 재목은 함수율이 다르거나 밀도가 다르다. 밀도와 함수율이 높으면 건조시간이 길어진다.

(5) 잔적 관리

열기건조 중 재목의 틀어짐을 막기 위해 잔적더미 상부에 무거운 것을 얹어 하중을 가해 주는 것이 좋다. 하중은 지게차가 들기 쉽도록 만든 철구조 속에 철근콘크리트 덩어리를 넣은 것을 많이 사용한다. 사시나무 2×4인치 각재를 고온건조할 때 2.4kPa(50lb/ft², 24gf/cm²)의 하중이면 적당하다는 보고가 있으나, 참나무와 같이 단단한 재목에는 7.2kPa(150lb/ft², 73gf/cm²) 이상의 하중을 사용해야 한다. 하중을 사용할 때 안전사고를 막기 위해 받침목과 잔목의 정렬을 반드시 확인할 필요가 있다. 무른 재목에 너무 높은 하중을 가하면 잔목이 재목을 파고 들어갈 수 있다.

그 밖에 스프링과 I빔을 이용하여 잔적을 압축하거나 잔목을 강한 띠로 묶는 방법이 있는데, 재목이 수축함에 따라 압축이 느슨해지므로 효과가 없다. 그러나 띠에 톱니가 달린 조임쇠를 달아 느슨해진 띠를 매일 조여 주는 방법은 좋은 효과를 나타낸다.

2. 시험재

재목은 함수율에 따라 변하는 온도와 상대습도로 구성된 건조스케줄에 의해 건조되므로 재목의 함수율을 추정할 수 있어야 한다. 함수율 추정은 건조실 내 시험재(sample board)에 의해 이루어진다. 시험재를 주기적으로 건조실에서 꺼내 중량을 측정하는 수동적인 방법이 일반적이나, 최근에는 자동적으로 추정하는 방법을 사용하기도 한다. 전기저항식 수분계 탐침을 시험재에 꽂아 함수율을 추정하는데, 함수율 50~6% 범위에서 함수율 5% 이내 정밀도를 가진다. 컴퓨터가 함수율을 인식하여 건조실 조건을 자동조절하도록 시스템을 구성할 수 있다. 또 다른 방법은 소형 로드셀(load cell)로 시험재 중량을 연속적으로 측정하는 것이다. 이 방법도 컴퓨터 자동조절 시스템에 연결하여 사용할 수 있다.

함수율 추정을 수동으로 하든지 자동으로 하든지 간에 시험재를 선정하고 배치하는 원칙은 같다. 시험재 선정의 가장 중요한 원칙은 건조실 내 모든 재목을 대표하는 시험재를 고르는 것이다. 모든 재목의 함수율을 탐지할 수 없으므로 시험재는 재목들의 변이도 대표할 수 있어야 한다. 시험재 배치의 가장 중요한 원칙은 시험재를 건조실 내에 고르게 분산시키는 것이다. 건조실 높이와 잔적 끝에서 거리 등을 고려하여 여러 곳에 배치해야 한다. 모든 시험재는 피건조재목과 같은 송풍조건에 놓여 있어야 한다.

건조 중 시험재를 사용하면 건조시간이 길어지고 시험재를 만드느라 재목손실이 생기는 등 불이익이 발생하지만, 시험재 사용으로 얻는 이익은 이것을 상쇄하고 남는다. 바른 시험재 선정, 준비, 배치, 검량은 건조결함 감소, 최종함수율 조정, 건조시간 단축, 건조스케줄 개선, 건조실 성능 파악에 필요한 정보를 제공해 준다. 뿐만 아니라 건조목 함수율이 균일하고, 응력이 제거되고, 결함이 줄어들므로 건조비용과 가공비용을 절약할 수 있다.

1) 선정기준

효율적 건조를 위해 각 건조실은 비슷한 건조행태를 갖는 재목으로 채워야 한다. 그렇더라도 반드시 판재 간 차이는 있게 마련이므로 시험재 선정은 이런 차이를 포함해야 한다. 고려해야 할 인자는 다음과 같다.

(1) 수종

목재의 건조와 관련된 물성은 비중, 수축률, 확산율, 투과율, 섬유 직각방향 강도, 크기, 해부학적 요소 등으로 매우 다양하다. 한 건조실에 한 수종이나 비슷한 건조 특성을 갖는 2~3개 수종을 넣은 것이 가장 바람직하다. 여러 수종을 넣을 경우 반드시 모든 수종에서 시험재를 채취해야 한다.

표 9-1 미국산 주요 활엽수재의 대표적인 건조결함

수종		건조결함	발생 요인
Alder(오리나무)	red	산화변색(잔목변색)	추출물
Ash(물푸레나무)	black	윤할	수식재, 건조온도
	white	변재의 회갈변(잔목변색) 표면할렬	습지목, 느린 건조, 나쁜 공기순환
Aspen(사시나무)		수낭, 벌집할렬, 찌그러짐	수식재, 건조온도
Basswood(피나무)	American	갈변	특정지역산, 느린 건조
Beech(너도밤나무)	American	횡단면 할렬, 표면할렬	건조곤란 수종, 수식재(가끔)
Birch(자작나무)	paper	갈변	특정지역 목재의 추출물
	yellow	횡단면 할렬, 표면할렬 찌그러짐, 벌집할렬	건조곤란 수종, 수식재, 광맥
Blackgum		수낭, 찌그러짐	수식재
Cherry(벚나무)	black	연륜터짐, 벌집할렬	수식재(가끔)
Chestnut(밤나무)		철분변색	추출물
Cottonwood(포플러)		수낭, 벌집할렬, 찌그러짐	수식재
Cucumber tree		변재변색	나쁜 공기순환
Dogwood	Eastern and Pacific	변재의 산화변색	변재 추출물, 건조온도
Elm(느릅나무)	American	윤할	수식재
		틀어짐	목리경사
	slippery	윤할	수식재
	rock	수심재 터짐	생장응력
Hackberry(팽나무)		변재변색	나쁜 공기순환에 의한 느린 건조
Hickory		변재의 화학변색, 윤할, 벌집할렬	수식재, 나쁜 공기순환에 의한 느린 건조
Holly		변재변색	추출물, 나쁜 공기순환
Laurel	California	횡단면 할렬	건조곤란 수종(고령목)
Locust(아까시나무)	black	횡단면 할렬, 표면할렬	건조곤란 수종
Madrone		횡단면 할렬, 표면할렬	건조곤란 수종
		찌그러짐	수식재
Maple(단풍나무)	soft	변재변색, 윤할, 심재의 벌집할렬	수식재, 나쁜 공기순환
	hard	변재변색	추출물, 나쁜 공기순환
		찌그러짐, 심재의 벌집할렬	광맥, 수식재
Myrtle	Oregon	횡단면 할렬	건조곤란 수종(고령목)
Oak	California black	벌집할렬, 찌그러짐, 윤할	수식재
	Oregon white	벌집할렬, 찌그러짐, 윤할	수식재

여러 물성 중 목재의 건조속도를 결정하는 가장 중요한 인자는 비중이다. 일반적으로 비중이 낮을수록 건조가 쉽고 결함이 적다. 따라서 수종을 혼합하여 건조할 때에는 비중을 기준으로 결정한다. 저비중인 참피나무, 연단풍나무(soft maple), 백합나무는 건조가 비교적 쉽고 혼합건조해도 심한 결함이 발생하지 않는다. 한편 참나무류, 흑호두나무, 너도밤나무는 표면할렬과 내부할렬이 잘 발생하기 때문에 혼합건조하면 안 된다. 그러나 같은 적참나무라고 해도 미국에서 자라는 것만 20수종이나 되는데, 이들을 모두 구별하여 건조할 필요는 없다. 성장속도에 따라 연륜폭 6mm 이상은 저지 참나무, 그 이하는 고지 참나무로 구별한다. 새로운 수종을 건조할 때는 비중과 건조결함의 종류와 예방법 표 9-1을 제일 먼저 염두에 두어야 한다.

(2) 두께

수분은 목재 내부에서 표면으로 이동하여 표면에서 증발하기 때문에 두꺼울수록 이동거리가 길어져 건조시간이 오래 걸리며 결함 가능성이 높아진다. 여러 두께를 같이 건조하면 얇은 재목은 건조시간이 길어지고 두꺼운 재목은 결함이 생기기 쉽다. 잘못 제재되어 두께가 다른 재목이 있으면 균일한 두께로 깎거나 그 두께의 시험재를 만들어야 한다. 명목 두께가 4/4 인치라면 실제 두께는 19~32mm이다. 얇은 부분이 먼저 건조되므로 한 판재 내에서도 최종함수율이 다를 수 있다.

(3) 목리

정목재는 보통 판목재보다 천천히 건조되며 표면할렬이 적다. 그러므로 좀 더 강한 조건(낮은 상대습도 등)을 적용할 수 있다. 그러나 정목재는 천천히 건조되므로 판재 중심의 함수율이 섬유포화점 이상에서 온도를 급하게 올리면 찌그러짐과 벌집할렬이 발생할 수 있다. 시험재 선정에는 재목의 정목재와 판목재 비율을 감안해야 한다. 천연건조재나 전건조재를 열기건조할 때 정목재 시험재를 더 많이 선정해야 한다. 정목재 함수율이 보통 판목재보다 높기 때문이다. 경우에 따라서 정목재와 판목재를 구별하여 건조하는 것이 유리할 수도 있다.

(4) 함수율

건조실에 적재하기 전에 재목이 어느 정도 건조되었는지를 아는 것이 중요하다. 모든 재목이 섬유포화점 이하로 건조되었다면 초기부터 강한 건조조건을 적용할 수 있다. 초기함수율이 균일하다면 균일한 최종함수율을 기대할 수 있지만, 초기함수율이 불균일하다면 여러 가지 함수율 시험재를 선정해야 한다.

천연건조나 전건조 잔적을 열기건조할 때 대부분 시험재는 가장 덜 건조된 재목에서 선정한다. 천연건조 잔적은 하단 중앙, 전건조 잔적은 상단 중앙에 있는 재목이 일반적으로 가장 덜 건조되므로 이곳에 있는 재목을 시험재로 사용하면 된다.

가장 명심해야 할 것은 여러 가지 함수율 재목을 섞는 것보다 수종과 두께가 다른 재목을 건조하는 것이 낫다는 것이다. 저함수율재에 고함수율재와 같이 약한 건조조건(높은 상대습도 등)을 적용하면 표면이 흡습하여 급히 팽윤하므로 내층은 인장응력을 받게 된다. 그 결과 건조곤란 수종이거나 표면할렬이 있는 경우에 내부할렬이 발생하게 된다.

(5) 심재와 변재

변재는 심재보다 현저히 빨리 건조된다. 심재에 있는 수지, 타닌, 오일, 추출물 등은 수분이동을 방해한다. 백참나무와 아까시나무와 같은 몇몇 활엽수의 심재 도관에는 타일로시스와 같은 수분이동 장애물이 있다. 심재와 변재를 분리하여 건조하는 것이 더 실질적일 수도 있다. 그러나 많은 수종의 생재함수율은 변재가 심재보다 매우 높기 때문에 건조시간이 비슷하게 걸린다. 시험재를 선정할 때 변재와 심재의 비율을 감안해야 한다.

(6) 수식재

수식재는 박테리아에 의해 입목일 때 발생한다. 건조목 품질에 영향을 미칠 정도의 수식재는 불쾌한 냄새가 나고 윤할이 있으며 가끔 변색되어 있다. 높은 습도에 노출되면 건조되어도 불쾌한 냄새가 난다. 수식재는 정상재보다 생재함수율이 높고, 건조가 느리며, 정상 조건에서 건조하더라도 건조결함이 더 많다. 그러나 수식재는 표준등급판정규정에는 결함으로 명시되어 있지 않다. 수식재는 모든 수종에서 나타나지만, 특히 적참나무, 버드나무, 사시나무, 여러 열대수종에서 자주 발달한다.

수식재는 정상재와 구별하여 특별한 건조스케줄을 적용하는 것이 이상적이다. 박테리아에 심하게 감염된 수식재를 건조결함 없이 건조하는 것은 불가능하다. 그러나 적참나무 수식재는 지붕 있는 야적장에서 함수율 30% 이하까지 건조한 후에 열기건조하면 가장 좋은 결과를 얻을 수 있다. 수식재는 반드시 시험재로 선정해야 하며, 건조결함의 발생을 조심스럽게 관찰해야 한다.

2) 시험재 준비

(1) 시험재 수량

시험재 수량은 재목의 조건과 건조 특성, 건조실 성능, 건조목 용도에 따라 결정되지만, 수많은 요인이 건조에 영향을 주기 때문에 정해진 것은 없다. 대부분 경험에 의해 결정하는데, 15,000재(50m^3)를 건조할 때 최소 4개 시험재가 필요하고, 75,000재까지 10~12개가 필요하다. 그러나 점차 목재 질이 떨어지고 편차가 커지므로 더 많은 시험재가 필요하다. 추가로 시험재를 선정해야 하는 경우는 ① 다른 수종, 두께, 함수율, 목리, 심변재율의 재목을 함께 건조할 때, ② 건조 경험이 없는 수종을 건조할 때, ③ 고가의 특수목을 건조할 때, ④ 건조스케줄 개발을 위한 자료를 수집할 때, ⑤ 건조실 성능을 잘 모르거나 정상적으로 작동하지 않을 때 등이다.

(2) 시험재 선정

시험재는 가장 건조가 느린 재목에서 가장 많이 선정한다. 가장 건조가 빠른 재목에서도 일부 선정하는데, 이를 이용해 컨디셔닝 시기를 결정한다.

잔적 중에서 시험재로 쓸 재목을 선별하는 것이 가장 좋다. 축축하고 무겁고 폭이 넓고 두꺼운 재목을 선별하는데, 이런 재목은 대체로 심재율이 높다. 형평성을 위해 한 재목에서 한 시험재만 자른다. 초기함수율이 낮으며 빨리 건조되는 재목에서도 시험재를 만든다. 이런 재목은 보통 판목재로 폭이 좁고 두께가 얇으며 변재율이 높다.

시험재와 함수율 시편 모두 옹이, 수피, 피치(pitch), 부후 등 결함이 없어야 한다. 시험재를 만드는 방법은 그림 9-2와 같다. 시험재 길이는 75cm 정도여야 한다. 함수율 시편은 초기함수율 추정을 위해 시험재의 양 끝에서 섬유방향 길이 25mm를 잘라 만든다.

(3) 시험재와 함수율 시편 채취

시험재와 함수율 시편은 재목의 마구리에서 45~60cm 떨어진 지점에서 채취한다(그림 9-2). 함수율 시편은 재목의 전체 폭과 섬유방향 길이 25mm의 크기로 만든다. 함수율 시편은 잘 연마되고 냉각된 톱으로 신속히 절단하고 즉시 중량을 측정해야 한다. 톱에서 열이 발생하면 시편 수분이 순간적으로 증발되기 때문에 정확한 함수율을 얻을 수 없다. 절단된 시편은 비닐주머니에 넣어 밀봉하고 하나씩 꺼내 중량을 측정한다. 함수율

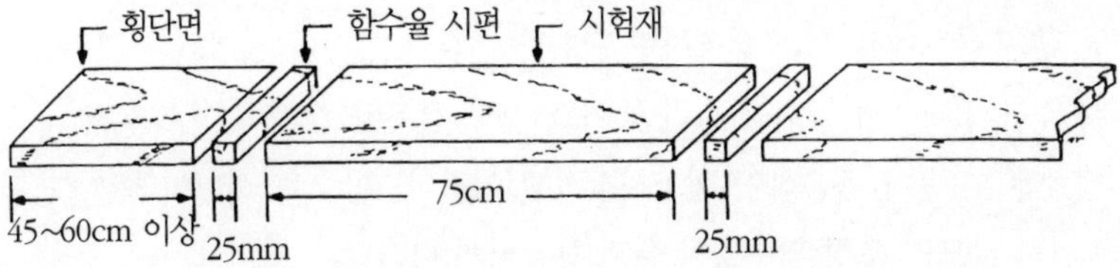

그림 9-2 열기건조 시험재와 함수율 시편 절단방법

시편에서 수피, 부서진 조각, 톱밥 등을 떼어내고 0.01g 정밀도를 가진 저울로 중량을 측정한다.

시험재는 절단한 후 수피, 부서진 조각, 톱밥 등을 떼어내고 횡단면 도포제를 바른다. 횡단면 도포제는 젖은 목재에 잘 부착되고, 수분이동을 효과적으로 차단하며, 건조 중에 녹지 않아야 한다. 시험재에 사용하는 횡단면 도포제는 원목이나 판재에 사용되는 것과 다른데, 지붕 방수용으로 사용되는 아스팔트계 화합물이 효과적이며 많이 사용된다.

횡단면 도포제를 뿌린 후 시험재 중량을 5g까지 측정한다. 횡단면 도포제 중량은 무시해도 좋다.

시험재 중량 측정 주기는 재목의 수분감소 속도에 따라 결정된다. 적어도 하루에 한 번씩 시험재 중량을 측정해야만 건조실 생산성과 재목 품질을 높일 수 있다. 중량 측정 후에 시험재는 즉시 제자리에 놓아야 한다.

(4) 함수율 시편의 건조

함수율 시편은 103±2°C 송풍 오븐(convection oven)에서 수분이 모두 증발할 때까지 건조하는 데 보통 24~48시간 걸린다. 전건 여부를 알기 위해 시편 2~3개의 중량을 측정한 다음 오븐에 넣고 한 시간 후에 다시 이들의 중량을 측정한다. 더 이상 중량감소가 없으면 모든 함수율 시편은 전건된 것으로 간주한다.

함수율 시편을 빨리 건조하기 위해 온도를 정상보다 높이거나 다른 이유로 낮은 온도에서 오래 건조하면 탄화나 건류가 일어나 정확한 전건중량을 얻을 수 없다. 새 함수율 시편을 어느 정도 건조된 것과 같이 오븐에 넣으면 건조 시편이 흡습하여 건조시간이 길어진다. 함수율 시편이 충분히 건조되지 않으면 추정 함수율이 실제보다 적게 나타난다.

가정에서 사용하는 마이크로파 오븐(전자레인지)을 이용하면 송풍 오븐보다 훨씬 빨리 함수율 시편을 건조할 수 있다. 보통 한 시간 이내로 가능하지만, 과건조나 미건조를 막기 위해 주의가 필요하다. 과전조되면 전건중량이 정상보다 감소하므로 추정 함수율은 실제보다 크게 나타난다. 이런 위험을 예방하기 위해 출력가변형 마이크로파 오븐의 사용과 많은 경험이 필요하다. 250~300watt의 낮은 출력을 사용하면 비교적 정확한 전건중량을 구할 수 있으며, 이 조건에서 생재 시편은 30분, 건조 시편은 10~15분 정도 걸린다. 전건 여부를 알기 위해 시편 2~3개의 중량을 측정한 다음 마이크로파 오븐에 넣고 1~2분 더 가열한 후 다시 중량을 측정한다. 더 이상 중량감소가 없으면 모든 함수율 시편은 전건된 것으로 간주한다. 탄내가 나는 시편은 정확한 전건중량을 얻을 수 없으므로 버린다.

① 함수율 시편의 함수율

시험재의 함수율은 직접 구하지 못하고 함수율 시편의 평균함수율로 추정한다. 두 함수율 시편의 평균함수율과 시험재 중량을 이용하면 시험재 전건중량을 추정할 수 있다. 그 식은 다음과 같다.

$$\text{함수율 시편의 함수율(\%)} = \frac{(\text{초기 중량} - \text{전건중량})}{\text{전건중량}} \times 100 \qquad (9\text{–}1)$$

이 식을 다시 쓰면,

$$\text{함수율 시편의 함수율(\%)} = \{(\text{초기 중량}/\ \text{전건중량}) - 1\} \times 100 \qquad (9\text{–}2)$$

예를 들어, 시험재 A의 함수율 시편 A1과 A2의 초기 중량이 각각 102.08g과 118.42g이고 이 두 시편을 오븐에서 전건시켰더니 각각 65.12g과 70.80g이면, 함수율 시편 A1의 함수율은 {(102.08/ 65.12) −1}×100 = 56.76%이며, 함수율 시편 A2의 함수율은 {(118.42/70.80) −1}×100 = 67.26%이다. 따라서 함수율 시편의 평균함수율은 (56.76 + 67.26)/2 = 62.01%이다.

② 시험재의 전건중량 추정

시험재 함수율에서 함수율 시편을 떼어낼 때 시험재와 함수율 시편의 함수율(M)이 같다고 가정하면 다음 식에서 시험재 추정 전건중량(W_o)을 구할 수 있다.

$$W_o = \frac{\text{시험재 초기 중량}}{1 + = \frac{M}{100}} \qquad (9\text{–}3)$$

예를 들어, 함수율 시편의 평균함수율은 62.01%이고, 시험재의 초기 중량은 2.05kg이라고 하면, 시험재 추정 전건중량은 2.05/{1 + (62.01/ 100)} = 1.24kg이다.

3) 시험재 배치와 건조실 성능 점검

시험재는 잔적 중에 미리 만들어 놓은 시험재 포켓(sample pocket)에 넣는다(그림 9–3). 시험재 포켓은 건조실 길이를 따라 잔적더미 양측에 각각 6~7개씩 배치한다. 시험재는 건조실 모든 재목을 대표하기 때문에 다른 재목들과 같은 환경에 노출되어 있어야 한다. 미리 만들어진 시험재는 잔적의 시험재 포켓에 넣어 잔적의 다른 재목들과 같이 건조되도록 한다.

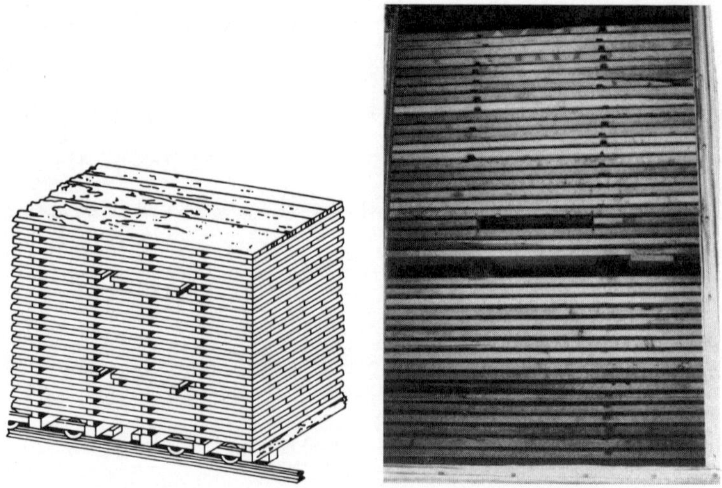

(a) (b)

그림 9-3 시험재 포켓의 모식도(a)와 사진(b)

시험재 모서리나 시험재 포켓 위 또는 아래 재목에 알루미늄 테이프와 같이 불빛에 반사되는 것을 붙여 어두운 건조실에서 손전등을 사용하여 시험재를 쉽게 찾도록 한다. 시험재를 잘못 집어넣는 실수를 막기 위해 시험재구 주위에 시험재 번호를 적어 놓는다.

건조실 성능을 점검하기 위해 여러 가지 장비가 필요하나, 장비가 없을 때 시험재를 이용할 수 있다. 건조 특성이 비슷한 재목을 선택하여 한 재목에서 비교 시험재 4~5개씩 만든다. 시험재를 잔적더미의 양 측면 상부와 하부에 잔적길이 방향으로 3~5m마다 배치한다. 시험재가 천천히 건조되면 그곳은 온도가 낮거나 습도가 높거나 공기순환이 좋지 않다는 것이다. 반대로 빨리 건조되는 곳은 온도가 높거나 습도가 낮거나 공기순환이 잘 된다는 것이다. 건조실 위치에 따라 건조속도차가 크면 원인을 찾아내어 문제를 해결해야 한다. 잔적더미의 유입측과 유출측에 있는 시험재의 건조속도차가 클수록 풍향을 자주 변경한다. 2시간 주기가 가장 일반적이다.

4) 건조 과정 관리

(1) 건조 중 함수율 측정

① 시험재 함수율 추정

건조 중 시험재의 현재 함수율을 추정하려면 시험재의 현재 중량과 추정 전건중량의 두 값을 알아야 한다. 이 두 값을 이용한 계산식은 다음과 같다.

$$\text{시험재 현재 추정 함수율(\%)} = \left\{ \frac{\text{현재 중량}}{\text{추정 전건중량}} - 1 \right\} \times 100 \qquad (9\text{-}4)$$

예를 들어, 시험재의 현재 중량이 1.95kg이고 추정 전건중량이 1.24kg이라면 현재 추정 함수율은 {(1.95/1.24) −1}×100 = 57.26%이다.

② 기준시험재

건조가 진행되어 시험재가 일정 함수율에 도달하면 건조스케줄에 따라 건조실의 온도와 습도를 변경시켜야 한다. 미국 임산물연구소 건조스케줄은 전체 시험재 수의 1/2에 해당하는 고함수율 시험재의 평균함수율을 기준하도록 되어 있다. 이 같이 스케줄 변경에 필요한 함수율을 제공하는 시험재를 기준시험재(controlling sample)라고 한다. 그러나 신중한 건조실 관리자는 전체 시험재 수의 1/3에 해당하는 고함수율 시험재의 평균함수율 또는 유별나게 고함수율이거나 건조가 어려운 일부 시험재의 평균함수율을 기준으로 건조스케줄을 변경한다. 한편 최습 시험재는 함수율 균일화 처리, 최건 시험재는 컨디셔닝 처리의 시작을 결정하는 데 쓰인다.

③ 함수율 자동탐지

전기저항 탐침을 재목에 꽂아 시험재 중량을 달지 않고도 함수율을 탐지하는 기술이 이용되고 있다. 그러나 아직 몇 가지 제한이 있다. 함수율

25% 이하에서 탐지 함수율은 비교적 정확하지만 함수율 25% 이상에서는 전기저항 변화가 적기 때문에 정확도가 떨어진다. 이때 시험재의 중량을 측정하여 보정해 주면 함수율 50% 또는 그 이상까지 신뢰할 수 있는 탐지 함수율을 얻을 수 있다. 함수율 6% 이하에서 전기저항이 매우 높기 때문에 탐지 함수율을 신뢰하기 어렵다.

소형 로드셀을 사용하는 방법도 있는데, 이때도 시험재와 함수율 시편은 필요하다. 시험재 중량이 자동적으로 연속 측정되기 때문에 시험재를 꺼내기 위해 건조실에 들어가지 않아도 되지만, 결함 발생과 건조실의 고장 여부를 조사하기 위해 하루에 한 번 건조실에 들어가 재목들과 시험재 그리고 건조실 내부를 검사해야 한다. 이러한 검사는 함수율이 30% 이상일 때와 할렬이 발생하기 쉬운 수종을 건조할 때 매우 중요하다.

함수율 자동탐지 시스템을 운용하는 건조실 관리자는 전체 재목의 함수율과 탐지 함수율의 차이를 분명히 인식하고 있어야 한다. 예를 들어, 외기에 노출되어 일부 건조된 참나무 잔적은 내부가 외부에 비해 함수율이 높고 느리게 건조되기 때문에 온도를 천천히 상승시켜 내부할렬을 예방한다. 자동탐지 시스템에도 이 같은 경험적 요인을 적절히 반영해야 한다.

④ 중간함수율 검사

시험재의 추정 전건중량이 정확하지 않으면 건조스케줄 변경시간을 맞추지 못해 건조시간이 길어지거나, 과도한 결함이 발생하거나, 재목이 불균일하게 건조된다. 시험재의 평균함수율이 20~25%일 때 중간함수율 시험을 모든 시험재에 대해 실시한다. 몇몇 시험재의 현재 추정 함수율이 다른 시험재에 비해 월등히 높거나 건조속도가 평균치보다 월등히 느릴 때도 해당 시험재에 대해 중간함수율 시험을 실시한다. 실시방법은 다음과 같다.

시험재의 한쪽 횡단면을 130mm(5인치) 정도 잘라 버리고 섬유방향으로 길이 25.4mm(1인치) 함수율 시편을 잘라 즉시 중량을 재고 전건시킨다.

시험재의 새로 생긴 횡단면에 횡단면 도포제를 바르고 즉시 중량을 잰다. 짧아진 시험재를 시험재 포켓에 다시 넣는다. 함수율 시편이 전건되는 대로 중량을 재어 함수율을 계산한다. 이 값을 이용해 짧아진 시험재의 추정 전건중량과 현재 추정 함수율을 구한다. 중간함수율 시험은 건조 말기에 함수율 균일화 처리시기를 결정하기 위해 또 한 번 실시하는 것이 바람직하다.

(2) 수분경사 측정

시험재 함수율이 20%에 도달할 때나 건조 종료 후 재목의 표층과 내층 함수율을 측정해 수분경사 정도를 예측한다. 특히 시험재 함수율이 20%일 때 건조실 온도를 올려도 재목이 안전한지 알기 위해 꼭 필요하다. 시험재 함수율이 20%이면 내층 함수율은 20%보다 높다. 예를 들어, 건조결함이 잘 생기는 참나무는 내층 함수율이 25% 이하가 될 때까지 건구온도를 60°C 이상 올리면 안 된다. 그렇지 않으면 내층에 벌집할렬이 생기기 쉽다.

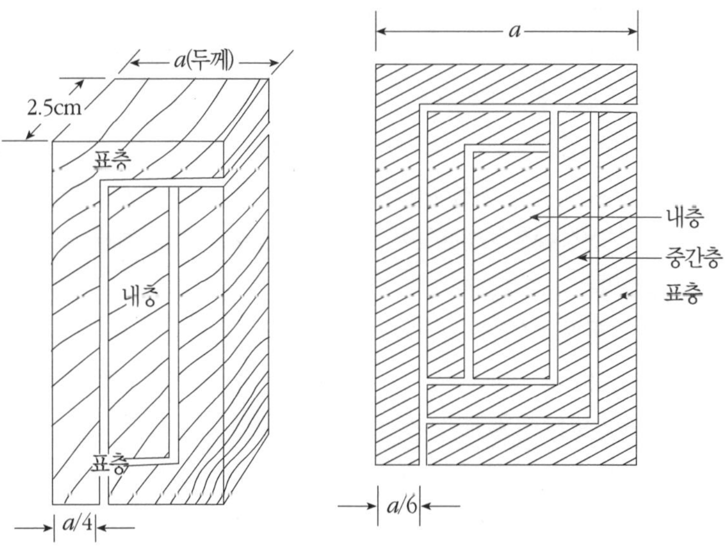

그림 9-4 함수율 분포 시편의 절단방법과 크기

가공용 건조목의 표층과 내층의 함수율 차이는 1% 미만이어야만 사용 중에 변형이 일어나지 않는다. 이 때문에 건조 종료 후에도 이 함수율 조사를 실시해야 한다. 함수율 조사 시편은 그림 9-4와 같이 만든다. 길이 25.4 mm 시편을 재목에서 떼어 표층과 내층을 얇은 띠톱으로 분리한다. 표층과 내층은 시편의 바깥부위 50%와 중심부위 50%를 각각 의미한다. 떼어낸 시편을 오븐에서 전건시켜 함수율을 구한다. 재목 두께가 51mm를 넘는 것은 그림 9-4와 같이 표층, 중간층, 내층으로 3등분한다.

(3) 건조일지

건조 과정의 세부사항을 잘 기록해 두면 건조시간 단축을 위한 건조스케줄 개선, 건조실 성능 검사, 불균일 건조와 건조결함의 원인 규명에 요긴하게 쓸 수 있다. 세부사항에는 재목의 성질, 재목의 특성, 건조 과정 등이 포함된다. 재목의 중요한 성질과 특성은 원산지, 수종, 등급, 목리, 두께, 변재율, 연륜, 함수율, 박테리아 감염 여부, 변색, 결함 등이다. 건조 과정에 포함되는 내용은 제재일자, 제재와 건조의 중간공정, 건조이력, 전건조 및 건조스케줄, 건조시간, 건조결함, 건조 후 공정, 출고일자 등이다. 그 밖에 도움이 될 만한 정보는 모두 기록하는 것이 좋다.

건조일지에는 모든 시험재와 함수율 시편의 자료가 기록되어야 한다(표 9-2). 그 밖에 다른 자료들, 예를 들어 건조실 번호, 총재적, 수종, 두께, 건조 시작일자와 종료일자 등도 기록하는 것이 좋다. 최종함수율과 응력시험 결과도 반드시 기록해야 한다. 응력시편의 표면경화 상태도 필요한데, 사진을 찍어 두는 것이 더 좋다. 시험재와 응력 시편의 야장, 건조실 온습도 차트는 후일을 위해 보관해야 한다.

건조 그래프를 그리는 것도 좋은 방법이다. 건조 그래프는 어떤 함수율에 도달할 때까지 걸린 시간을 한눈에 알 수 있게 해 준다. 또 건조실의 성능을 조사하고 시험재의 추정 함수율의 신뢰성을 검정할 수 있도록 해 준다.

표 9-2 건조일지의 한 예

데이터 No.				
건조실 No.	용적(m³)	천연건조 개시	건조 개시	건조 종료
2	14	년 월 일	81년 3월 1일	년 월 일

수종	산지	목재치수(cm)			등급	제품
		두께	폭	길이		
레드라왕	필리핀	2.7	20	400	1, 2등	

	시험편 번호	1	2	3	4	5	6
시험편	초기중량(g)	66.9	65.5	68.2	68.3	67.9	64.6
	전건중량(g)	43.1	42.1	44.0	43.7	43.9	42.3
	함 수 율(%)	55.2	55.6	55.0	56.3	54.7	52.7
	평균함수율(%)	55.4		55.7		53.7	

월일	시각 (hr)	건조경과시간 (hr)	건구온도 (°C)	습구온도 (°C)	건습구온도차 (°C)	시험재 1		시험재 2		시험재 3		비고*
						중량 2,191g		중량 2,338g		중량 2,341g		
						추정함수율 55.4%		추정함수율 55.7%		추정함수율 53.7%		
						추정전건중량 1,410g		추정전건중량 1,502g		추정전건중량 1,523g		
						중량 (g)	함수율 (%)	중량 (g)	함수율 (%)	중량 (g)	함수율 (%)	
3. 1	8.00	0	60	55	5	2,191	55.4	2,338	55.7	2,341	53.7	
〃	20.00	12	60	55	5	2,005	42.2	2,235	48.8	2,266	48.8	
3. 2	8.00	24	60	53	7	1,898	34.6	2,143	42.7	2,204	44.7	
〃	20.00	36	60	50	10	1,819	29.0	2,073	38.0	2,140	40.5	
3. 3	8.00	48	66	55	10	1,753	24.3	2,007	33.6	2,083	36.8	

* 비고란에는 스팀 시간, 횡단면 할렬, 표면할렬 등의 발생시기 및 그 조치, 기타 필요한 사항을 기재.

3. 건조스케줄

1) 열기건조의 개요

열기건조의 기본 원칙은 다음과 같다.

① 온도와 습도 변화의 기준이 되는 함수율은 기준시험재, 즉 전체 시험재 수의 절반에 해당되는 고함수율재의 평균치이다. 보통 건조실당 10~12개의 시험재를 넣으므로 고함수율 순으로 5~6개 시험재의 평균함수율을 건조스케줄 조절에 사용한다.

② 시험재 함수율이란 표층 또는 내층의 함수율이 아니라 시험재 전체 함수율을 말한다.

③ 시험재는 결함 발생 여부를 관찰하기 위해서도 사용된다. 시험재에 결함이 생기면 건조조건이 알맞지 않은 것으로 해석해야 한다.

④ 활엽수 생재를 건조할 때 건조속도를 측정하므로 건조의 질을 판단할 수 있다. 건조속도는 매일 줄어드는 함수율로 계산하며, 시험재들의 평균치가 아닌 개개 시험재의 건조속도를 비교한다. 활엽수는 수종별 · 두께별 안전건조속도(safe drying rate)가 있어 어느 한 시험재라도 이것을 초과하면 재목들이 갈라짐, 표면할렬, 벌집할렬 등의 건조결함이 발생할 위험이 높다. 한편 안전건조속도보다 천천히 건조하면 건조비용이 비싸지며 너비굽음과 변색 위험이 커진다.

⑤ 건조실 환경이 불안정하면 할렬의 발생 가능성이 높아진다. 건조실 조절 시스템의 반응이 느려 건조실 조건이 목표치를 벗어나 큰 폭으로 변동하면 목재가 손상을 입는다. 목재의 손상은 누적되어 결과적으로 심각한 품질저하를 가져온다. 건조실 온도는 ±0.5℃ 범위 내에서, 상대습도는 높은 함수율일 때 ±2% 범위 내에서 조절되는 것이 바람직하다. 따라서 구식 조절 시스템은 고급 활엽수 건조에 적합하지 않다.

⑥ 교과서 등에 실린 건조스케줄은 다양한 재목의 품질, 건조실 시설, 건조실 환경조건 등에 적용될 수 있도록 비교적 안전한 건조조건으로 구성되었다. 따라서 온도를 높이거나 상대습도를 낮추어 건조시간을 단축할 수 있다.

⑦ 가구재, 몰딩재 같은 고급재로 쓰일 재목은 목표함수율까지 정확하게 건조되어야 한다. 이들은 보통 함수율 7±1%까지 건조하는데, 과건조와 미건조를 반드시 피해야 한다. 과건조된 목재는 과수축, 너비굽음, 가공결함, 접착결함 등을 야기한다. 한편 덜 건조된 목재는 사용 중 수축하고, 횡단면 할렬과 접착면 할렬이 발생한다. 한 개의 과건조되거나 미건조된 판재는 8~10조각으로 나뉘어 가구의 여러 부품을 형성하므로 부적절한 최종함수율에 의한 폐해는 기하급수적으로 증가한다.

⑧ 열기건조 후에 나타나는 판재 간 함수율 차이는 함수율 균일화 처리로 허용범위 이내로 반드시 줄여야 한다.

⑨ 건조 중에 발생하는 응력은 컨디셔닝 처리로 반드시 제거해야만 가공 변형을 방지할 수 있다.

2) 건조스케줄의 종류

건조스케줄은 여러 단계의 온도와 습도로 이루어지는데, 각 단계를 시험재의 함수율 변화에 따라 변경시키면 함수율스케줄(MC-based schedule), 건조시간에 따라 변경시키면 시간스케줄(time-based schedule)이라고 한다.

건조경험이 적은 수종, 건조곤란 수종, 고급재 등은 함수율스케줄을 적용한다. 대부분의 침엽수를 포함하여 비교적 건조가 쉬운 수종을 반복적으로 건조할 때 시험재를 이용하여 시간스케줄을 개발한다. 시간스케줄이 개발된 후에는 시험재 무게를 재기 위해 건조실을 매일 드나들 필요가 없다. 그러나 함수율 균일화 및 컨디셔닝 처리 시기를 결정하기 위해 건조 말기 시험재 중량을 반드시 측정해야 한다.

3) 미국 임산물연구소 스케줄(FPL 스케줄)

미국 농무성 산림청(USDA Forest Service) 산하 임산물연구소(Forest Products Laboratory, FPL)에서 지난 50년 동안 개발한 전 세계 수종의 건조스케줄은 우리나라에서도 유용하게 사용되고 있다. 이 책에 사용된 건조스케줄은 특별한 언급이 없는 경우 FPL 스케줄이다.

(1) 스케줄 작성 배경의 원리

건조스케줄 개발을 위해 목재건조를 3단계로 구분한다. 생재에서 생재함수율의 1/3이 증발된 때까지가 1단계, 그 다음부터 평균함수율 30%까지가 2단계, 그 이후부터 종료까지가 3단계이다.

건조시점에는 온도가 낮아야 목재 표면 섬유가 최대강도를 유지하여 표면할렬을 견디어 낸다. 반대로 상대습도는 표층의 인장응력에 의해 생기는 표면할렬을 최소화하기 위해 높게 유지되어야 한다. 순한 건조조건이라도 초기에는 수분증발이 많으므로 너무 빨리 건조되지 않도록 주의 깊게 관찰해야 한다.

생재함수율의 1/3 정도 증발하면 건조속도는 점차 감소하기 시작한다. 함수율 감소에 따라 표면섬유가 강해져 건조응력을 견뎌낼 수 있게 되어 표면할렬 위험이 감소하므로 순한 조건을 점차 강하게 변화시킨다.

목재 함수율이 30%에 도달하면 온도를 점차 올리고 습도를 점차 낮추어도 비교적 안전하다. 초기에 온도를 조심스럽게 올리지 않으면 벌집할렬 같은 내부할렬이 발생할 수 있다.

재목 두께의 중심 함수율이 25~30%(4/4인치 두께 판재의 평균함수율은 20% 정도) 이하가 되면 건구온도를 6°C 상승시켜 건조속도를 높여도 안전하다. 대형 각재나 단단한 수종의 두꺼운 판재는 평균함수율이 15%가 되어야 중심함수율이 25~30%가 된다.

스케줄에 사용될 함수율을 정확히 추정하기 위해 가능한 한 많은 시험재가 필요하다. 전체 시험재의 1/2에 해당하는 고함수율 시험재를 기준 시험재로 하고, 기준시험재의 평균함수율이 스케줄 작성에 사용된다.

기본 스케줄은 생재건조가 원칙이며, 한 수종 내에서 건조가 어려운 특성을 가진 것, 즉 정목 변재보다 판목 심재를 기준으로 작성되었다. 많은 수종에서 심재와 변재의 함수율이 다르므로 대부분의 시험재를 심재에서 선택한다. 따라서 건조실 전체에 변재만 넣어 건조할 때는 기본 스케줄을 변형한 개량 스케줄을 사용한다. 천연건조재를 위한 스케줄도 개발되어 있다.

(2) 스케줄 색인번호와 조합

건조스케줄은 어떤 함수율 범위의 온도와 습도 조건의 조합으로 되어 있다. FPL 스케줄은 14개 온도, 6개 함수율, 8개 건습구온도차의 조합으로 만들어지므로 모두 672개 건조스케줄이 가능하다(표 9-3-1, 9-3-2, 9-3-3).

각 스케줄은 'T4-D2'와 같이 영문자 2개와 숫자 2개로 되어 있다. 'T4'는 온도 스케줄 중 네 번째, 'D'는 습도 스케줄의 네 번째 함수율 그룹, '2'는 습도 스케줄의 두 번째 건습구온도차 그룹을 의미한다. 숫자가 작을수록 순한 조건, 즉 낮은 건구온도와 높은 습도조건이다. 대표적 온대산 활엽수 1~2인치 두께 판재의 FPL 스케줄 색인번호가 표 9-4에 있다.

FPL 스케줄 색인번호를 이용하여 건조스케줄 표를 만드는 방법은 다음과 같다. 1인치 두께 단풍나무를 예로 든다.

① FPL 스케줄 색인표(표 9-4)에서 1인치 두께 단풍나무의 색인번호 'T7-C3'를 찾는다.

② 활엽수재의 습도 스케줄(표 9-3-2)에서 'C'에 해당하는 함수율 그룹을 찾아 다음과 같이 표를 채운다.

단계	함수율 범위			
1	>40			
2	40~35			
3	35~30			
4	30~25			
5	25~20			
6	20~15			
7	<15			

③ 활엽수재의 습도 스케줄(표 9-3-2)에서 건습구온도차의 '3' 번째 그룹을 찾아 다음과 같이 표를 채운다.

단계	함수율 범위	건습구온도차(℃)		
1	> 40	3		
2	40~35	4		
3	35~30	6		
4	30~25	11		
5	25~20	20		
6	20~15	28		
7	< 15	28		

④ 온도 스케줄(표 9-3-1)에서 함수율 범위와 'T7' 온도 그룹을 찾아

다음 표의 함수율 범위에 해당하는 온도를 찾아 넣는다. 함수율 30%에 도달할 때까지 초기 온도를 사용한다는 것을 기억하면 입력하기 쉽다.

단계	함수율 범위	건습구온도차(℃)	건구온도(℃)	
1	> 40	3	55	
2	40~35	4	55	
3	35~30	6	55	
4	30~25	11	60	
5	25~20	20	65	
6	20~15	28	70	
7	< 15	28	70	

⑤ 마지막으로 건구온도에서 건습구온도차를 빼서 습구온도를 계산한다.

단계	함수율 범위	건습구온도차(℃)	건구온도(℃)	습구온도(℃)
1	> 40	3	55	52
2	40~35	4	55	51
3	35~30	6	55	49
4	30~25	11	60	49
5	25~20	20	65	45
6	20~15	28	70	48
7	<15	28	70	48

⑥ 이로써 단풍나무 1인치 두께 판재의 건조스케줄 'T7-C3'가 완성되었다. 건구온도와 습구온도만 있으면 건조실 조건을 조절할 수 있다.

표 9-3-1 FPL 건조스케줄의 온도 색인번호(활엽수재, 침엽수재 공통)

단계	함수율 단계(%)	건구온도(°C)													
		T1	T2	T3	T4	T5	T6	T7	T8	T9	T10	T11	T12	T13	T14
1	生~30	40	40	45	45	50	50	55	55	60	60	65	70	75	80
2	30~25	40	45	50	50	55	55	60	60	65	65	70	75	80	90
3	25~20	40	50	55	55	60	60	65	65	70	70	70	75	80	90
4	20~15	45	55	60	60	65	65	70	70	70	75	75	80	90	95
5	15~끝	50	65	70	80	70	80	70	80	70	80	80	80	90	95

표 9-3-2 FPL 건조스케줄의 활엽수재 습도 색인번호

단계	초기함수율 구분 및 단계							건습구온도차 구분							
	A	B	C	D	E	F	G	1	2	3	4	5	6	7	8
1	生~30	生~35	生~40	生~50	生~60	生~70	생~$2/3u_a$	1.5	2.0	3.0	4.0	5.5	8.5	11	14
2	30~25	35~30	40~35	50~40	60~50	70~60	$2/3u_a$~$2/3u_a-10$	2.0	3.0	4.0	5.5	8.0	11	17	20
3	25~20	30~25	35~30	40~35	50~40	60~50	$2/3u_a-10$~$2/3u_a-20$	3.5	4.5	6.0	8.5	11	17	22	28
4	20~15	25~20	30~25	35~30	40~35	50~40	$2/3u_a-20$~$2/3u_a-30$	5.5	8.0	11	14	20	28	28	28
5	15~10	20~15	25~20	30~25	35~30	40~35	$2/3u_a-30$~$2/3u_a-40$	14	17	20	22	28	28	28	28
6	10~끝	15~끝	20~끝	25~끝	30~끝	35~끝	$2/3u_a-40$~끝	28	28	28	28	28	28	28	28

표 9-3-3 FPL 건조스케줄의 침엽수재 습도 색인번호

단계	초기함수율 구분 및 단계						건습구온도차 구분							
	A	B	C	D	E	F	1	2	3	4	5	6	7	8
1	生~30	生~35	生~40	生~50	生~60	生~70	1.5	2.0	3.0	4.0	5.5	8.5	11	14
2	30~25	35~30	40~35	50~40	60~50	70~60	2.0	3.0	4.0	5.5	8.0	11	14	17
3	25~20	30~25	35~30	40~35	50~40	60~50	3.5	4.5	6.0	8.5	11	14	17	20
4	20~15	25~20	30~25	35~30	40~35	50~40	5.5	8.0	8.5	11	14	17	20	20
5		20~15	25~20	30~25	35~30	40~35	8.5	11	11	14	17	20	20	20
6			20~15	25~20	30~25	35~30	11	14	14	17	20	20	20	20
7				20~15	25~20	30~25	14	17	17	20	20	20	20	20
8					20~15	25~20	17	20	20	20	20	20	20	20
9						20~15	20	20	20	20	20	20	20	20
10	15~끝	15~끝	15~끝	15~끝	15~끝	15~끝	28	28	28	28	28	28	28	28

표 9-4 두께 4/4~8/4인치 활엽수재의 미국 FPL 건조스케줄 색인번호

수종		두께(인치)		비고
		4/4, 5/4, 6/4	8/4	
Alder(오리나무)	red	T9-D4	T8-D3	표준 재색
		T5-D5		밝은 재색
		T11-D3		어두운 재색
Apple(사과나무)		T5-C3	T3-C2	
Ash(물푸레나무)	black	T7-D4	T5-D3	보통 재색; 재색이 약간 짙어짐
		T5-D5	T2-D4	밝은 재색
Ash	white, green, Oregon	T7-C3	T5-C2	보통 재색; 재색이 약간 짙어짐
		T5-B5	T2-B4	밝은 재색
Aspen(사시나무)		T11-E7	T9-E6	저급용재; 재색이 약간 짙어짐
		T7-E7	T5-E6	고급용재; 밝은 재색
		T3-E5m		찌그러짐이 심한 재목
Basswood(피나무)		T11-E7	T9-E6	약간 갈색
		T9-E7	T7-E6	밝은 재색
Beech(너도밤나무)		T7-C2	T5-C1	
Birch(자작나무)	yellow	T7-C4	T5-C3	보통 재색
		T5-C5	T2-C4	밝은 재색
Birch	paper 및 others	T9-C4	T7-C3	저급용재
Blackgum(see tupelo, black)				
Boxelder		T7-D4	T5-C3	
Buckeye		T9-F4	T7-F3	
Butternut		T9-E4	T7-E3	
Cherry(벚나무)	black	T8-B4	T5-B3	
Chinkapin	giant, golden	T4-B2	T3-B2	
Cottonwood(포플러)		T9-F5	T7-F4	수식재가 없는 보통 재목
		T5-D5	T5-C4	수직재가 있어 찌그러짐이 쉬운 재목
Cucumber		T11-D4	T9-D3	저급용재
Dogwood	Eastern	T5-C3	T3-C2	
Elm(느릅나무)	American, red, slippery	T5-D4	T5-D3	
Elm	rock, winged	T5-B3	T3-B2	
Hackberry(팽나무)		T7-C4	T5-C3	변색 가능성
		T5-C5	T2-C4	밝은 재색
Hickory와 pecan		T7-D3	T5-D1	보통 재색
		T5-D4	T3-D2	밝은 재색
Holly		T5-D4	T3-C3	

표 9-4 계속

수종		두께(인치)		비고
		4/4, 5/4, 6/4	8/4	
Hophornbeam		T5–B3	T3–B1	
Ironwood(see hophornbeam)				
Laurel	California	T5–A4	T5–A3	
Locust(아까시나무)	black	T5–A3	T3–A1	
Madrone		T3–B2	T3–B1	
Magnolia(목련나무)		T9–D4	T7–D3	
Maple(경단풍나무)	hard	T7–C3	T5–C2	재색이 약간 짙어짐: 변색 가능성
		T3–C5	T2–C4	밝은 재색; 여름에 적용하기 힘듬; 할렬 가능성
		T1–C5		제일 밝은 재색; 여름에 적용하기 힘듬
Maple(연단풍나무)	soft, Oregon	T7–D4	T5–C3	짙은 재색 가능성
		T5–D5	T3–C4	밝은 재색
Myrtle(see laurel, California)	Oregon			
Oak(서부 백참나무)	California black, Oregon white, canyon live	T3–B1	T3–B1	
Oak(고지 적참나무)	red, upland(Appalachian or Northern)	T3–D2	T3–D1	두께 6/4는 T3–D1 적용
		T3–C2m	T2–B1m	할렬이 있는 재목
Oak(저지 적참나무)	red, lowland (Southern)	T2–C1		천연건조 두께 6/4와 8/4 재목은 T2–B1m 적용
Oak(고지 백참나무)	white, upland (Appalachian 또는 Northern)	T3–C2	T3–C1	두께 6/4는 T3–C1 적용
		T3–B2m	T2–B1m	할렬이 있는 재목
Oak(저지 백참나무)	white, lowland (Southern)	T2–C1		천연건조 두께 6/4와 8/4 재목은 T2–B1m 적용
Osage-orange		T5–A2	T3–A1	
Pecan(see hickory)				
Persimmon(감나무)		T5–C3	T3–C2	
Sassafras		T7–D4		
Sweetgum	(red gum; heartwood)	T7–C4	T5–C3	
Sweetgum	(sap gum; sapwood)	T7-F5	T7–D4	

표 9-4 계속

수종		두께(인치)		비고
		4/4, 5/4, 6/4	8/4	
Sycamore(버즘나무)		T5-D2	T3-D1	
Tanoak		T3-B1	T3-B1	천연건조 재목
Tupelo	black	T7-E5	T7-D3	
	swamp	T7-E3	T7-D2	
	water	T5-H2		
Walnut(호두나무)	black	T5-D4	T3-D3	
Willow(버드나무)	black	T7-F4	T7-F3	
Yellow-poplar(백합나무)		T7-D5	T7-D4	

*소문자 m은 습구온도를 32℃ 이하로 낮추어서는 안 된다는 것을 의미함.

4) 활엽수 부분건조재의 초기 건조조건

전건조재나 천연건조재와 같이 부분건조된 재목은 생재와 다른 초기 건조조건을 적용해야 한다. 재면에 흡습이 일어나지 않도록 해야 하며, 또 재면이 과도하게 수축하지 않도록 해야 한다.

(1) 부분천연건조재

부분천연건조재는 초기함수율이 40~50%인 재목을 말한다.

① 두께 4/4~8/4인치 재목

- 건조실의 환기구를 닫고 내부온도가 기준 시험재의 평균함수율에 해당하는 건조스케줄의 건구온도에 도달할 때까지 가열한다. 건습구온도차가 6°C를 넘으면 증습하지만, 습도가 높으면 수증기가 재면에 응축하므로 건습구온도차가 3°C 이하가 되지 않도록 주의한다.
- 건조실 내부온도가 건조스케줄의 건구온도 값에 도달하면 온도를 유지

하면서 건조스케줄 건습구온도차 그룹의 처음 3단계를 차례로 적용한다. 각 단계는 적어도 12시간씩 유지한다. 이때도 건습구온도차가 3°C 이하가 되지 않도록 주의한다. 초기조건 적용기간이 끝나면 기준시험재의 평균함수율에 해당하는 건조스케줄 조건으로 변경하고 건조스케줄에 따라 진행한다.

② 두께 8/4인치 재목

- 건조실의 환기구를 닫고 내부온도가 기준 시험재의 평균함수율에 해당하는 건조스케줄의 건구온도에 도달할 때까지 가열한다. 건습구온도차가 4°C를 넘으면 증습하지만, 건습구온도차가 3°C 이하가 되지 않도록 조심한다.
- 건조실 내부온도가 건조스케줄의 건구온도 값에 도달하면 온도를 유지하면서 건조스케줄 건습구온도차 그룹의 처음 3단계를 차례로 적용한다. 각 단계는 적어도 18시간씩 유지한다. 이때도 건습구온도차가 3°C 이하가 되지 않도록 주의한다. 초기 건조조건 적용기간이 끝나면 기준시험재의 평균함수율에 해당하는 건조스케줄 조건으로 변경하고 건조스케줄에 따라 진행한다.

(2) 천연건조재

천연건조재는 초기함수율이 30% 이하인 재목을 말한다.

① 두께 4/4~8/4인치 재목

- 환기구를 닫고 증습밸브를 잠근 후 건조실 내부온도가 기준시험재의 평균함수율에 해당하는 건조스케줄의 건구온도에 도달할 때까지 가열한다.
- 건조실 내부온도가 건조스케줄의 건구온도 값에 도달한 후에 증습밸브

를 열어 습구온도를 건조스케줄에 맞춘다.

- 만일 재목이 천연건조 동안 습한 기후에 오랫동안 노출되어 재면이 젖어 있으면 습구온도를 건조스케줄에 맞추기 전에 건습구온도차 6°C로 12~18시간 유지한다. 증습이 필요하면 증습밸브를 연다.

② 두께 8/4인치 재목

- 건조실의 환기구를 닫고 내부온도가 기준시험재의 평균함수율에 해당하는 건조스케줄의 건구온도에 도달할 때까지 가열한다. 건습구온도차가 7°C가 넘으면 수동으로 증습밸브를 열어 약간씩 증습한다.
- 건조실 내부온도가 건조스케줄의 건구온도 값에 도달한 후에 습구온도를 건조스케줄에 맞춘다.
- 만일 재목이 천연건조 동안 습한 기후에 오랫동안 노출되어 재면이 젖어 있으면 습구온도를 건조스케줄에 맞추기 전에 건습구온도차 4°C로 18~24시간, 건습구온도차 7°C로 18~24시간 유지한다.

(3) 전건조재

건조실의 환기구를 닫고 내부온도가 기준시험재의 평균함수율에 해당하는 건조스케줄의 건구온도에 도달할 때까지 가열한다. 건습구온도차가 6°C를 넘으면 증습하지만, 습도가 높으면 수증기가 재면에 응축하므로 건습구온도차가 3°C 이하가 되지 않도록 조심한다. 건조실 내부온도가 건조스케줄의 건구온도 값에 도달한 후에 건조실 평형함수율을 전건조실에서 최종 1주일 동안의 평균 평형함수율보다 1~2% 낮게 설정한다.

5) 침엽수 천연건조재의 초기 건조조건

침엽수재는 천연건조하는 경우가 많지 않기 때문에 천연건조재를 위한 특별한 건조스케줄이 개발되어 있지 않지만, 다음 단계를 거치는 것이 좋다. 기준시험재의 평균함수율이 40% 이상이면 생재와 같이 건조하지만, 40% 이하면 건습구온도차를 다음과 같이 변경한다.

- 초기 8~16시간 동안 건습구온도차를 5.5~8.8°C로 유지한다.
- 기준시험재의 평균함수율이 15~25%가 되면 건습구온도차를 11.0 °C로 바꾼다.
- 기준시험재의 평균함수율이 15%에 도달하면 건습구온도차를 16.5°C로 바꾼다.

6) 건조스케줄의 개량

기본 건조스케줄을 이용하여 건조속도를 높이거나 낮추는 개량 건조스케줄을 만들 수 있다. 건조속도를 높이려면 기본 건조스케줄에서 먼저 습도스케줄의 함수율 등급을 한 단계 높인다(예: D4에서 E4로 변경). 즉 초기조건을 한 단계 높은 함수율에서 변경한다. 두 번째로 습도스케줄의 건습구온도차 번호를 한 단계 올린다(예: E4에서 E5로 변경). 즉 건습구온도차가 커진다. 마지막으로 온도스케줄를 한 단계 높인다(예: T2에서 T3로 변경). 기본 건조스케줄이 강하기 때문에 건조속도를 낮춘 개량 건조스케줄을 만드려면 위 순서를 거꾸로 수행한다. 처음에 온도스케줄을 한 단계 낮추고, 다음으로 습도스케줄의 건습구온도차 번호를 한 단계 낮추고, 마지막으로 습구스케줄의 건습구온도차의 함수율 등급을 한 단계 낮춘다.

새로운 개량 스케줄을 만들기 위해서는 각 순서마다 여러 번의 시험과 평가를 반드시 거쳐야 한다.

(1) 활엽수재 품질향상을 위한 스케줄 개량

활엽수재의 품질을 향상시키기 위해 스케줄을 개량할 때 일반적으로 고려해야 할 사항은 다음과 같다.

- 활엽수재의 재색과 가공성을 높이려면 건구온도를 71°C 이상 높이지 않는다. 그러나 저급재는 빨리 건조하기 위해 82°C까지 올리기도 한다.
- 건습구온도차를 25°C 이상 벌리지 않는다. 이 같은 조건은 가공성을 향상시키고 너비굽음을 줄이는 데 효과적이다.

(2) 열대 활엽수재의 적용

온대산 활엽수와 침엽수의 열기건조 시험은 여러 곳에서 실시되었기 때문에 건조스케줄이 어느 정도 검증되었으나, 열대 활엽수는 수종이 다양하여 시험에 의한 건조스케줄 검증이 제대로 이루어져 있지 않다.

건조결함은 비중에 비례하여 많이 발생하므로 기본비중(S_g)을 이용하여 열대 활엽수 목재의 열기건조 스케줄을 예측하는 계산식이 개발되었다.

건구온도 그룹 번호 = $13.9 - 13.6\ S_g$
함수율 그룹 번호 = $4.51 - 1.56\ S_g$
건습구온도차 그룹 번호 = $5.20 - 3.95\ S_g$

예를 들어, 기본비중 0.62인 열대 활엽수종의 예측 열기건조 스케줄은 다음과 같다.

건구온도 그룹 번호 = $13.9 - 13.6 \times 0.62 = 5.2$
함수율 그룹 번호 = $4.51 - 1.56 \times 0.62 = 3.5$
건습구온도차 그룹 번호 = $5.20 - 3.95 \times 0.62 = 2.8$

얻어진 그룹 번호들을 4사5입하면 5–4–3이 된다. 즉 FPL 스케줄 색인 번호 'T5–D4'를 얻을 수 있다.

7) 특수건조 스케줄

(1) 고강도 스케줄

목재는 65°C 이상에 일정 기간 노출되면 강도가 떨어지며, 90°C 이상에 오래 노출되면 심각하게 강도가 손실된다. 따라서 기본 건조스케줄은 현저한 강도 감소를 유발하지 않으므로 대부분의 경우 제품에 문제가 없다. 그러나 비행기 부품, 볼링핀, 야구방망이, 계단 등 높은 강도를 요구하는 제품을 만들 때는 낮은 온도에서 건조해야 한다.

북미산 활엽수의 두께별 고강도 스케줄 번호는 표 9-5와 같고, 고강도 스케줄의 함수율별 최고온도는 표 9-6과 같다. 최고온도를 넘지 않도록 기본 건조스케줄을 개량해야 한다. 건습구온도차는 기본 건조스케줄의 것을 그대로 쓴다.

표 9-5 활엽수재 고강도 건조스케줄의 두께별 온도 색인번호

수종	두께별 온도 색인번호				
	4/4	6/4	8/4	12/4	> 12/4
백물푸레나무	5	5			
황사삭나무	5	5			
벚나무	5	5			
아프리칸 마호가니	5	5			
브라질 마호가니	5	5			
경단풍나무	3	3			
연단풍나무	3	3			
적참나무	8	8			
백참나무	8	8			
스위트검	6	6			
백합나무	3	4	5	6	7
호두나무	4	4			

표 9-6 활엽수재 고강도 건조스케줄의 온도 색인번호별 최고 허용온도

함수율(%)	온도 색인번호별 최고 허용온도(°C)					
	3	4	5	6	7	8
> 40	54.5	51.5	49.0	46.0	43.5	40.5
40~30	57.0	54.5	51.5	49.0	46.0	43.5
30~25	60.0	57.0	54.5	51.5	49.0	46.0
25~20	63.0	60.0	57.0	54.5	51.5	49.0
20~15	65.5	63.0	60.0	57.0	54.5	51.5
15~10	68.5	65.5	63.0	60.0	57.0	54.5
10~최종	71.0	68.5	65.5	63.0	60.0	57.0

(2) 틀어짐 감소 스케줄

재목을 신속히 천연건조 또는 촉진천연건조하면 틀어짐을 줄일 수 있다. 참나무를 건조할 때 낮은 온도에서 상대습도를 급히 낮추어 수축률을 줄인 연구결과가 있다. 수축률 감소는 35~60°C 범위에서는 큰 효과가 없었으나, 27~35°C 범위에서는 큰 효과를 나타냈다. 낮은 온도일 때 인장세트(tension set)가 크므로 인장세트가 목재 수축을 방해하여 틀어짐을 줄인다. 목재 내부의 압축세트는 수축과 틀어짐을 증가시킨다. 따라서 참나무 생재를 초기온도 43°C 이상에서 건조하면 틀어짐이 정상보다 더 많이 발생할 가능성이 있다.

(3) 기타

심재가 혐기성 박테리아에 감염된 참나무는 열기건조하면 내부할렬(벌집할렬 등)이 발생하기 쉽다. 감염이 많이 진행된 것은 표면할렬도 잘 발생한다. 박테리아에 감염된 참나무 원목은 4/4인치 두께보다 더 두껍게 제재하는 것은 바람직하지 못하다. 함수율 20~25%까지 촉진천연건조한 후에 열기건조하는 것이 가장 좋은 결과를 얻을 수 있다. 촉진천연건조시 낮은 풍

속을 유지하며, 전체 시간의 절반은 송풍을 중단한다.

8) 건조스케줄 및 건조시간 추정

(1) 테라자와의 건조스케줄 추정법

건조스케줄을 모르는 재목은 우선 급속건조를 실시하여 개략적인 건조 특성을 파악한다. 초기할렬, 횡단면 변형, 내부할렬, 찌그러짐, 틀어짐의 정도와 건조시간 등을 파악한다.

테라자와(Terazawa)의 건조 특성 조사방법은 다음과 같다. 양면 대패질한 판목 생재에서 두께 2cm, 너비 10cm, 길이 20cm의 시험재를 떼어내어 무게를 재고 100°C를 유지하는 오븐에 넣어 급속건조한다. 1~3시간 사이에 건조결함이 최대가 될 때 표면할렬과 횡단면 할렬을 관찰하여 초기할렬 단계를 결정한다(그림 9-5).

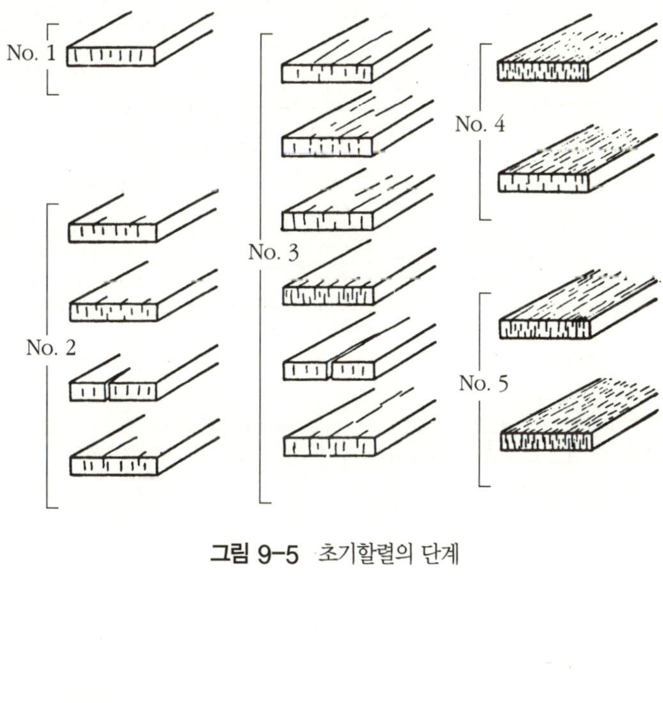

그림 9-5 초기할렬의 단계

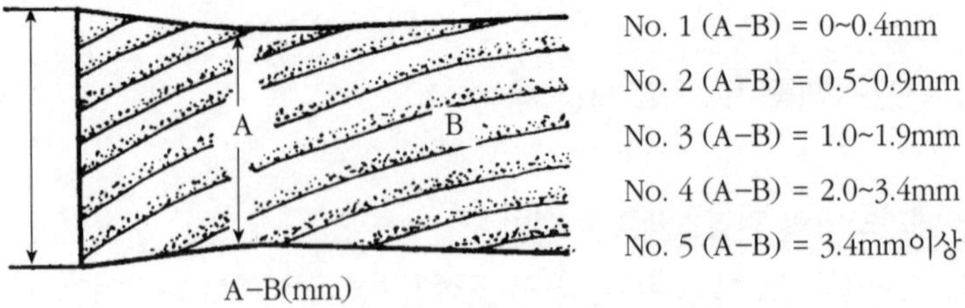

그림 9-6 횡단면 변형 측정방법

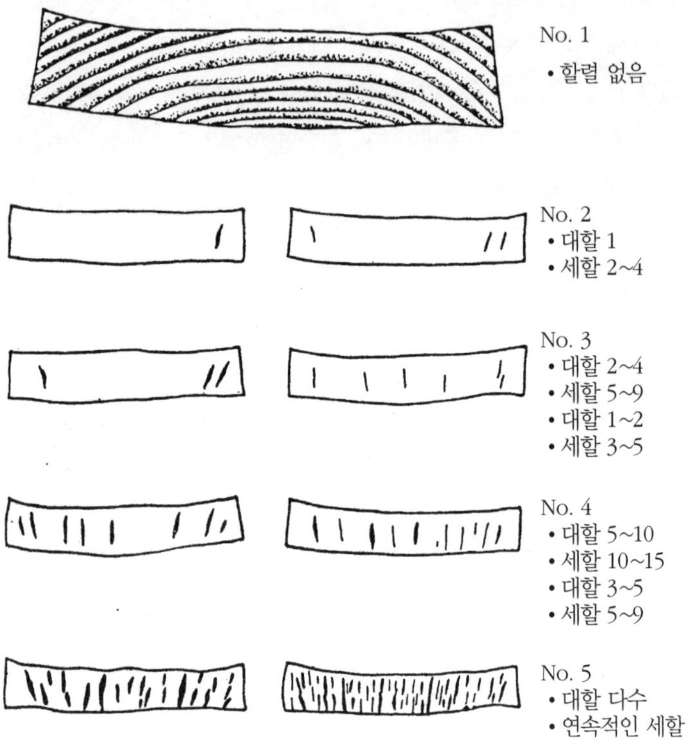

그림 9-7 내부할렬의 단계

표 9-7 손상의 종류, 단계 및 건조조건의 관계와 초기함수율에 따른 구분

손상의 종류	건조의 조건	손상 단계별 온도(°C)				
		No.1	No.2	No.3	No.4	No.5
초기할렬	건조 초기 온도	70	60	55	50	45
	건조 초기 건습구온도차	7	5	3	2	2
	건조 말기 온도	95	90	80	80	80
횡단면변형	건조 초기 온도	70	60	55	50	45
	건조 초기 건습구온도차	7	5	4	3	2
	건조 말기 온도	95	80	80	75	70
내부할렬	건조 초기 온도	70	55	50	50	45
	건조 초기 건습구온도차	7	5	4	3	2
	건조 말기 온도	95	80	75	70	70

초기함수율	구분	A	B	C	D	E	F	G
	범위	40% 이하	40~60%	60~80%	80~100%	100~120%	120~140%	140% 이상

시험재 무게는 초기에는 1~6시간마다 적당한 간격으로 측정한다. 24~80시간 경과한 후 항량에 도달하면 시험재를 꺼내 중앙을 절단한다. 절단면의 횡단면 변형을 측정하여 단계를 결정한다(그림 9-6). 절단면을 관찰하여 내부할렬 단계를 결정한다(그림 9-7).

위의 세 가지 결함 단계에 해당하는 건조 초기의 온도, 건습구온도차와 건조 말기의 온도를 표 9-7에서 찾는다. 그중에서 가장 낮은 온도와 건습구온도차를 고른다. 이것이 2.5cm(4/4인치) 두께 판재의 초기와 말기 건조 조건이 된다. 건조 중기 온도와 건습구온도차는 일반적인 법칙에 준한다.

예를 들어, 초기함수율 70%인 어떤 활엽수 시험재에 대해 초기할렬 No. 2, 횡단면 변형 No.3, 내부할렬 No.4일 때 건조조건은 초기 건구온도와 건습구온도차는 각각 50°C와 3°C, 말기 온도 70°C이다. 이 결과로부터 FPL 스케줄 색인번호 T5-C3를 얻는다.

(2) 건조시간 추정

건조시간은 다음과 같이 추정한다. 편대수방안지에 건조시간에 따른 함수율 감소경과 그래프를 그린다. 건조 초기를 제외한 함수율 값들의 직선 회기식을 구하여 함수율 1% 때의 건조시간을 찾는다(그림 9-8). 이 값과 건조 초기 건습구온도차를 테라자와의 건조시간 추정 그래프(그림 9-9)에 적용하면 각각의 건조실 건조일수를 얻을 수 있다. 이 두 건조일수의 평균이 구하고자 하는 생재에서 함수율 10%까지 두께 2.5cm 판재의 추정 건조시간이 된다. 여기서 오븐 건조시간이 길거나 건조 초기 건습구온도차의 추정치가 작을수록 실제 건조시간은 길어진다.

예를 들어, 오븐 시험에서 함수율 1%까지의 건조시간이 55시간, 추정한 건조 초기 건습구온도차가 3°C일 때 건조일수는 각각 15일과 10일이 되므로 추정 건조시간은 양자의 평균인 12.5일이 된다.

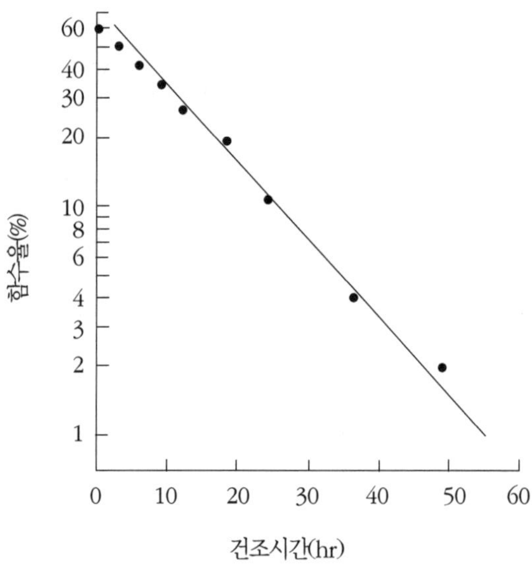

그림 9-8 함수율 1%까지 건조시간 측정을 위한 감소 경과 그래프

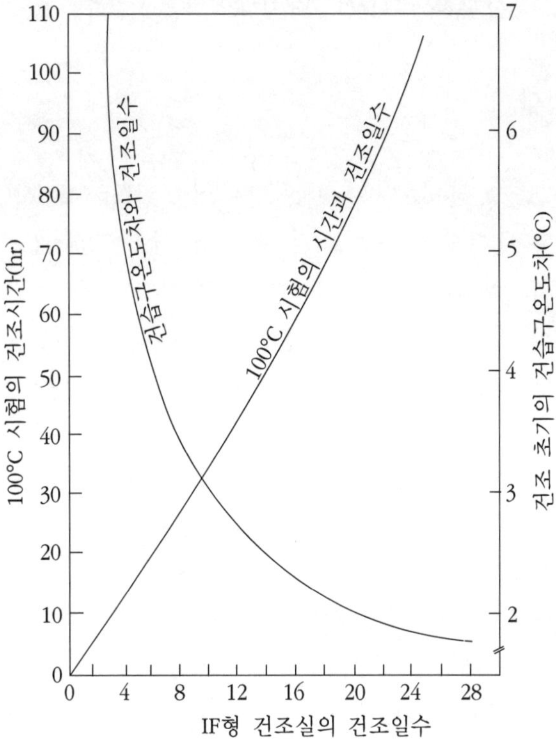

그림 9-9 건조시간 추정 그래프

4. 열기건조실의 조작

건조응력과 건조결함이 적고 함수율이 균일한 건조목을 짧은 시간에 얻기 위해서는 시험재 준비, 건조스케줄의 선정, 건조 중 조절장치의 조작, 적절한 건조스케줄의 적용과 수정, 함수율 균일화와 컨디셔닝 처리, 건조재의 품질 결정 등에 대한 건조실 관리자의 적절한 판단이 필요하다.

분실식 건조실 조작에 필요한 고려사항은 다음과 같다.

1) 시험재

시험재의 선정, 준비, 사용은 매우 중요한데, 이들을 무시하면 건조 중 함수율이 부적절하게 추정되므로 건조실 손상, 건조시간의 과도한 단축 또는 연장, 불균일한 최종함수율 등의 원인이 된다.

2) 건조스케줄의 적용

건조스케줄은 재목의 성질에 따라 적절히 선택한다. 단일 수종만 건조할 때와 여러 수종, 두께, 초기함수율의 재목을 건조할 때는 달라야 한다. 여기에서도 여러 경우를 생각할 수 있다.

첫째, 수종과 초기함수율은 동일하나 두께가 다른 재목의 경우는 가장 두꺼운 재목의 스케줄을 적용하고 기준 시험재는 최습시험재로 한다.

둘째, 두께와 초기함수율은 동일하나 수종이 다른 경우는 건조가 가장 어려운 수종의 건조스케줄을 적용한다. 가능한 한 비슷한 건조스케줄과 건조시간의 수종끼리 건조하는 것이 좋다.

셋째, 두께는 동일하나 여러 종류의 수종과 초기함수율로 구성된 경우는 각 수종과 초기함수율에 해당하는 건조스케줄 중 가장 순한 것을 적용한다.

이와 같은 혼합건조는 실제로 흔히 부딪치는 일이다. 그러나 혼합건조는 불필요한 건조의 장기화, 불균일한 최종함수율, 과도한 건조결함의 원인이 될 수 있다. 건조하기 가장 어려운 재목의 건조스케줄을 선택한다.

건조할 재목의 혼합 유무와 적재량, 건조재의 품질 및 건조시간 등을 고려하여 경제적인 건조스케줄을 선택해야 한다.

3) 건조실 예열

자동조절되는 열기건조실의 예열기간 조작 순서는 다음과 같다.

① 건구와 습구 지시계를 건조스케줄의 초기온도에 맞춘다.

② 예열기간 중 과도한 증기 소모와 재면에 응축을 피하기 위해 증습 밸브를 잠근다. 밸브가 없으면 습구 지시계를 조절계의 최저 눈금에 맞춘다.

③ 강제순환식 건조실은 보조문 또는 큰 문을 약간 열고 송풍기를 수 분간 가동시킨 후 닫는다.

④ 주 밸브를 연다.

⑤ 모든 가열관의 밸브를 연다.

⑥ 모든 가열관과 트랩(trap) 사이 그리고 트랩과 보일러 사이에 있는 모든 밸브를 연다.

⑦ 공기에 의해 작동되는 조절계라면 물과 오일이 안 보일 때까지 공기 필터 위에 있는 분출밸브를 연다.

⑧ 주 공기공급 밸브를 연다. 전기식인 경우 스위치를 올린다.

⑨ 모든 트랩은 잠깐 동안 증기를 배출시키면서 이물질을 제거한다.

⑩ 건구온도가 건조스케줄에 도달하기 바로 전에 증습밸브를 열거나 조절계의 습구 지시계를 건조스케줄의 습구온도에 맞춘다.

⑪ 환기구는 습구온도가 목표에 도달할 때까지 열지 않는다.

⑫ 할렬이 발생하기 쉬운 재목은 ②와 ⑪단계 대신 예열 중 건습구온도차를 유지하기 위해 잠깐씩 증습밸브를 열거나 습구 지시계를 최저 눈금에서 점차 상승시킨다.

조절계의 기록은 예열기간 중에 자주 확인한다. 수동조절 건조실에서는 보조 온습도 측정장치를 사용해야 한다.

4) 예열기간 중 가습

예열기간 중 고온증기로 가습하면 예열기간을 약간 단축시킬 수 있으나, 에너지 소모를 피할 수 없다. 증기는 차가운 재면, 천장, 벽면, 금속 표면에 응축되어 건조실의 퇴화를 촉진할 뿐만 아니라, 재면의 흡습으로 미세 표면할렬이 점차 커진다.

5) 예열기간

초기온도를 건조스케줄에 맞추면 예열기간은 보통 1~24시간 걸리나, 가능하면 1~4시간 이내로 줄이는 것이 좋다. 예열기간은 다음과 같은 경우 길어진다. 즉 목재, 건조실, 외기의 온도가 낮을 때, 초기함수율이 높을 때, 벽, 환기구, 지붕, 출입문을 통한 열손실이 많을 때, 일부 가열관의 기능이 떨어지거나 보일러 용력이 낮거나 기타 가열장치가 기능을 발휘하지 못할 때 등이다.

예열기간이 길어지면 건조주기가 짧을 때가 길 때보다 건조비용 부담이 더 커진다. 예를 들어, 12시간의 가열기간은 20일 건조주기보다 3일 건조주기에서 비용부담이 더 증가한다.

6) 예열기간 이후 관리

(1) 방열량 감소

건조스케줄 조건에 도달한 후 약 1시간 동안 가열관 밸브를 닫아 가열관의 증기압력을 낮추어 방열량을 감소시킨다. 방열량의 감소는 목표 건구온도를 유지할 수 있도록 먼저 큰 가열관을 차단한 후에 차차 작은 가열관을 차단해 간다.

(2) 건구온도 조절

건조실의 건구온도 편차는 건조실의 설계방식과 관리상태, 방열량 등에 영향을 받는다. 방열은 주기적인 건구온도 편차를 만들지만, 가열관 내 과열증기의 불균일한 유동에 의해 건구온도 편차는 더욱 커진다. 균일한 건구온도를 유지하기 위해 적당한 방열면적을 가진 방열관을 사용해야 하며, 가열관의 증기압력을 적절하게 조절해야 한다.

균일한 건조와 건조 후처리의 좋은 결과를 얻기 위해 잔적의 송풍 유입측과 유출측의 최대 온도차는 5.5°C 이하가 되도록 한다. 그 이상이 되면 찬 지점과 더운 지점의 함수율 차이가 심해진다. 즉 생재의 건조 초기는 높은 상대습도를 요구하기 때문에 찬 지점은 포화되어 건조가 느려지므로 곰팡이가 발생하기 쉽고 건조시간이 길어진다.

함수율 균일화 처리시에 찬 지점은 처리시간이 길어진다. 컨디셔닝 처리시에 찬 지점은 과도하게 조습되고, 더운 지점은 불충분하게 조습된다. 균일한 건조는 적절한 가열주기와 가열량, 그리고 가열관의 증기압력을 일정하게 유지함으로써 가능해진다.

건조하는 동안 실제 온도가 목표온도와 일치해야 하나, 편차가 나타날 수 있다. 특수목재를 건조하는 경우 허용편차는 목표온도보다 5.5°C까지 높게 지속된 시간이 모두 24시간 미만이어야 한다. 다만, 살균 · 살충을 위한 증기처리와 컨디셔닝 처리시의 편차는 제외한다.

조절계기에 의한 온도조절이 정확하지 못한 경우, 특히 귀중재는 우발적 온도초과를 피하기 위해 목표온도보다 3°C 정도 낮게 설정하면 안전하다.

온도감지부가 하나일 때 잔적의 송풍유입측에 설치하는 것이 상례이다. 송풍유출측은 유입측보다 온도가 낮다. 두 지점의 온도차는 잔적 폭, 풍속, 함수율 등에 따라 다른데, 건조 초기를 제외하고는 3°C 이상을 초과하지 않는 것이 좋다. 만약 송풍유출측의 온도로 건조스케줄을 조절할 때는 온도차를 확인하고 그만큼 지시계를 낮게 맞추고, 공기가 역순환될 때에는 다시 그만큼 높게 맞춘다. 이러한 단점을 개선하기 위해 온도감지부를 양쪽에 설치하기도 한다.

조절계기의 감도가 떨어지면 온도 변화에 즉시 응답하지 못한다. 감도의 저하는 기록된 값과 고감도 검정온도계로 얻어진 값을 비교해 알 수 있다.

(3) 습구온도 조절

습구온도의 편차는 건조실 정비 불량과 분무증기의 너무 높은 압력 등에 기인하므로 낮은 압력의 증기 사용 또는 적절한 환기구 개폐로 조절한다. 분무를 급속히 하면 상대습도와 온도가 상승하고 증기의 낭비로 열 소모량이 증가하므로 적은 양을 천천히 분무한다. 생재의 건조 초기에는 증습 없이 환기구 개폐만으로 습도조절이 가능하다. 습구용 거즈는 항상 젖어 있어야 하고 일주일마다 교체해야 한다. 급수통에는 물이 항상 공급되어 수면이 일정한 높이를 유지해야 하고, 습구감지부는 급수통과 약간 떨어져 설치되어야 한다.

(4) 연속건조와 간헐건조

연속건조가 원칙이지만, 때로는 연료사정이나 건조실 용량이 큰 경우 등 사정에 따라 간헐건조(part-time drying)를 실시한다. 간헐건조는 연속건조에 비해 건조재의 품질은 비슷하나 건조시간이 더 길어진다. 2.5cm 두께 적참나무 재목을 함수율 70%에서 7%까지 건조할 때 건조일수는 연속건조에서 18일, 간헐건조에서 송풍기 연속작동시 35.5일, 송풍기 간헐사용시 46.5일이 소요된 보고가 있다. 참나무와 같은 건조가 어려운 활엽수재의 건조 초기 발생하는 심한 할렬을 막는 데는 연속건조가 더 좋다.

7) 건조 말기 조작

건조가 개시된 이래 재목은 건조스케줄에 따라 건조되고 건조 말기에 재목의 용도에 따라 필요하면 함수율 균일화와 컨디셔닝 처리를 한다. 건조재가 건조실에서 꺼내기 전에 최종 검사를 실시한다. 함수율 스케줄은 기준시험재의 평균함수율에 의지해 건조 후처리 조건을 변화시키며, 건조 후처리가 필요 없으면 최종함수율에 도달하는 즉시 건조실 가동을 정지시킨다. 시간스케줄은 건조조건을 미리 정해진 시간간격에 따라 변화시킨다.

건조 말기에 접어들면 필요에 따라 중간함수율 검사를 실시한다. 건조 말기 낮은 습구온도는 위험하지 않으므로 증습관의 밸브를 잠그고 환기구는 건습구온도차 28°C를 유지하도록 개폐한다. 그리고 필요에 따라 살균·살충처리, 건조결함 조사, 함수율 균일화와 컨디셔닝 처리, 표면경화시험, 건조스케줄 수정 등을 실시한다. 건조스케줄의 수정은 건조실의 형식, 건조결함 정도와 발생시기, 건조시간, 최종함수율의 편차 등을 고려하여 적정 스케줄로 점차 개선한다.

8) 에너지 절약방법

에너지 문제는 열기건조에서 심각하다. 에너지 소비는 천연건조의 실시 또는 효율적인 건조방법으로 감소시킬 수 있다. 활엽수 천연건조재, 부분천연건조재, 생재의 함수율 7%까지 열기건조할 때 소모되는 에너지량은 표 9-8과 같다.

Wengert는 열기건조 중 에너지 효율 향상을 위해 다음과 같이 권고하였다.

① 가능한 한 천연건조 또는 강제송풍건조로 함수율 25%까지 예비건조한다.

표 9-8 활엽수 열기건조시 에너지 소모[1,2]

건조목의 상태 (탈수함수율)	Mbm당 에너지 소모[3] (백만 Btu)	Mbm당 전체 에너지[4] (백만 Btu)	
		양호	보통
천연건조재 22 − 7 = 15%	0.518	1.294	2.587
부분건조재 37 − 7 = 30%	1.035	2.587	5.175
생재 47 − 7 = 40%	1.380	3.450	6.900

1 가정: 평균비중 0.55
1인치 판재의 물/1% mc/Mbm−33.95lb
Mbm당 1% 수분의 증발에 요하는 에너지−34.561Btu

2 송풍기 전기에너지는 포함 안 됨.

3 건조실 효율(kiln efficiency) 100%인 경우임.

4 건조실 효율의 양호는 40%, 보통은 20%, 우수 단열건조실의 가능한 최대효율은 50% 정도임.

② 컨디셔닝 처리기간을 제외하고는 증습하지 않는다. 목재에서 증발된 수분만으로 습도를 조절하되, 아주 작은 건습구온도차가 요구될 때만 증습한다.

③ 건조실 벽체와 문 틈새는 열손실을 방지하기 위해 밀봉한다.

④ 벽돌로 된 건조실은 벽체의 흡습을 막기 위해 방습도료를 바른다. 벽체가 건조하면 외부로 빠져나가는 열이 적어진다.

⑤ 알루미늄 벽체 건조실은 외벽과 지붕을 흑색으로 하여 태양의 복사열을 흡수하도록 한다.

⑥ 대부분의 건조실은 벽보다 천장을 통한 열손실이 많다. 열손실을 줄이기 위해서 낡은 지붕을 보수하거나 새 지붕을 설치해야 한다. 필요하면 단열처리를 하고 방습도장이 완전한가 확인해야 한다.

⑦ 재간풍속이 높고 균일하게, 그리고 공기단락을 막기 위해 차풍판을 설치하거나 보수해야 하며, 공기의 역순환은 6시간마다 한다.

⑧ 건조 중 송풍속도를 변화시킨다. 건조 초기 고속송풍(3m/sec 이상)은 건조촉진 효과가 있으나, 건조 후기 고속송풍은 건조촉진 효과와 무관하므로 저속송풍(1.25m/sec)을 적용한다.

⑨ 조절 및 기록장치는 건조실의 효율적인 관리를 위해 정기적으로 검사·보정해야 하며, 환기 또는 증습 중에 건조실이 진동하지 않아야 하며, 환기와 증습을 동시에 하지 않는다.

⑩ 설비를 정기적으로 검사해야 한다. 트랩은 작동하는가, 밸브는 잘 잠겼는가, 가열관은 깨끗한가, 습구 급수통에 물은 적당한가 등을 점검한다.

⑪ 건조 중 재목의 함수율을 정확히 예측해야 한다. 시험재 선정이 잘못되면 건조시간이 길어진다.

⑫ 인접 건조실의 온도가 82°C 이상이면 재목을 출로 또는 입로하지 않는다.

⑬ 건조실을 사용하지 않는 동안 모든 밸브와 출입문은 단단히 잠그고 수도관, 가열관, 증습관의 동파를 막기 위해 필요하다면 소량의 열을 사용한다.

⑭ 가능하면 촉진 건조스케줄을 사용한다. 건조온도가 높을수록 에너지 효율는 높아진다.

⑮ 가능한 한 컨디셔닝 처리시간을 줄인다. 낮은 밀도의 활엽수재는 6시간에 건조응력 제거가 가능하다.

⑯ 열관리에 문제가 있으면 건조실 제작자와 상의한다.

9) 안전수칙과 화재예방

건조실 화재와 안전사고 예방을 위해 다음의 원칙을 지켜야 한다.

① 건조 중 건조자가 입실할 때는 가열, 증습, 송풍장치를 정지시키고,

고온건조의 경우 출입문과 환기구를 열어 건조실이 어느 정도 냉각된 다음에 들어간다.

② 가열, 증습, 송풍장치 가동 중에 입실이 필요할 때는 출입문 밖에 사람을 배치시키거나 사람이 없으면 출입문은 열어두고 '입실 중' 또는 '문을 닫지 말 것' 이라는 표지를 붙여 둔다. 습구온도가 49°C 이상이면 건강한 사람일지라도 보호복을 착용하지 않고 출입할 수 없다. 심장과 호흡기가 약한 사람은 습구온도 43°C에서도 출입을 금한다. 그러나 임계 건구온도는 개인차가 있기 때문에 건조실 공기의 더운 느낌에 따라 출입을 정한다.

③ 소형 출입문의 개폐는 양쪽에서 조작될 수 있는 빗장을 사용한다.

④ 송풍기의 검사 또는 윤활유 주입시는 송풍기를 반드시 정지시킨다. 상부 송풍기에 윤활유를 주입할 때는 미끄러짐에 대해 주의한다.

⑤ 이 밖에도 큰 출입문, 건조실 내 돌출물, 통로 등에 대해서도 주의해야 한다.

건조실 화재예방 원칙

1. 건조실 내 금연이며, 용접기 등 화기 사용시 주의하고, 소방기구를 항상 비치한다.
2. 모든 전기회로를 철저한 관리하고, 베어링 등 운동부품에 정기적으로 윤활유를 주입한다.
3. 단열되어 있지 않은 금속관과 연소성 물질의 접촉을 방지하고 자동소방장치를 설치한다.
4. 건조실 주위에 청결을 유지한다.
5. 일단 화재가 발생하면 응급조치로는 환기구와 출입문을 폐쇄하고, 송풍기를 정지시키며, 증습관을 열어 건조실을 수증기로 채운다.

5. 건조 전처리 및 후처리

1) 건조 전처리

(1) 증기전처리

증기전처리(presteaming treatment)는 생재 또는 천연건조재를 대상으로 일반적으로 상대습도 95% 또는 포화상태에서 목재 가열, 천연건조재 응력 완화, 건조속도 촉진, 재색 개선, 살충과 살균 효과를 얻기 위해서 실시한다. 대부분의 재목은 100℃ 미만에서 0.5~5시간 정도 단기간 증기처리로 투과성이 좋아지고 수분이동 속도가 빨라져 건조시간이 단축된다. 참나무재의 증기처리는 세포내강과 벽공벽에 부착된 추출물층을 팽윤케 하고 파열시켜 투과성을 향상시킨다. 그러나 표면할렬이 있는 천연건조재를 장시간 처리하면 표면할렬이 확대되고 내부할렬로 발전하는 등 나쁜 영향을 준다.

호두나무, 너도밤나무 등을 장시간 증기처리하면 재색이 짙어진다. 특히 변재와 심재의 색상 차이가 큰 호두나무는 변재의 농색화와 심재의 색소추출로 재색 차이가 줄어 균일한 색상을 얻을 수 있다. 그러나 휘발성 추출물과 증기에 의한 건조실의 부식, 처리시간의 장기화 등으로 열기건조실에서 증기처리를 실시하는 예는 드물며, 별도의 증기처리장치에서 실시한다.

증기전처리는 증기처리장치에서 생재를 포화증기로 처리할 때 우수하고, 처리시간은 24~96시간, 처리온도는 71~102℃가 적당하다. 증기처리장치는 송풍기가 필요 없으나, 온도기록 및 조절계기를 장치하는 것이 좋다.

(2) 평삭전처리

미세할렬이 있는 재면은 건조응력이 집중되어 표면할렬의 위험이 높기 때문에 주의하여 건조해야 한다. 이러한 결점은 특히 참나무에 많이 발생하는데, 재면을 0.8mm 정도 깍아주면 미세할렬이 제거되므로 표면할렬이 예방되어 빠른 건조스케줄을 적용할 수 있기 때문에 건조시간이 매우 단축된다. 이러한 것을 평삭전처리(presurfacing treatment)라고 한다.

(3) 압축전처리

압축전처리(precompression treatment)는 건조속도의 촉진, 찌그러짐과 내부할렬의 예방을 위해 강한 스케줄을 적용하기 전에 롤러장치를 이용하여 두께의 2.5~20% 정도를 압축하는 동적 횡압축(dynamic transverse compression) 처리를 말한다. 세포벽의 미세파괴로 투과성이 개선되어 건조시간과 건조손상이 감소된다. 자작나무와 적참나무 등에 효과가 있다. 압축처리를 적게 하면 기계적 성질은 저하되지 않는다.

(4) 냉동전처리

생재의 냉동전처리(prefreezing treatment)는 건조속도의 촉진, 수축률과 건조결함의 감소를 가져온다. 냉동처리 온도는 영하 23~73°C이며, 두께 7.5cm 이하 재목의 처리시간은 24시간이다. 냉동전처리는 호두나무, 백참나무, 느릅나무 등 활엽수재에서 효과가 있다.

(5) 기타

이 밖에 용매치환 추출처리, 효소처리, 진동 또는 초음파 처리 등도 재목의 투과성은 일단 개량되나 실용성이 별로 없다. 그리고 강도에 무관한 특수제품의 경우 재면에 천공처리(지름 14mm, 간격 10cm)를 하여 건조시간이 절반으로 단축되고 최종함수율 분포도 균일해졌다는 보고가 있다.

2) 건조 후처리

함수율 균일화 처리(equalizing treatment)와 컨디셔닝 처리(conditioning treatment)는 목표함수율이 5~11%인 재목의 품질관리를 위해 꼭 필요하다. 전자는 재목 간 함수율 편차를 최소화하기 위해, 후자는 건조응력을 제거하기 위해 실시한다.

(1) 함수율 균일화 처리

건조 말기 재목의 함수율 편차는 초기함수율과 심변재율에 의한 건조속도 차, 수낭 등에 의해 생긴다. 재목 간 또는 한 재목 내 함수율 차를 최소화하지 않으면 건조목을 가공할 때 여러 가지 문제를 야기한다. 처리방법은 다음과 같다.

① 최건시험재 함수율이 목표함수율보다 2% 낮을 때 실시한다. 예를 들면, 목표함수율이 7%이면 최건시험재 함수율이 5%에 도달했을 때 시작한다.

② 건조실 평형함수율은 최건시험재 함수율(앞 예에서 5%)과 같게 설정한다. 이 조건에서 최건시험재는 더 이상 건조되지 않고 이보다 높은 함수율 재목은 건조된다. 건구온도는 건조스케줄이 허용하는 한 높은 온도로 설정하거나, 바로 다음에 실시할 컨디셔닝 처리의 건구온도보다 6°C 낮게 설정한다. 후자가 바람직하나, 전자를 사용할 경우 함수율 균일화 처리를 마친 후 가열과 증습을 6~7시간 중단하여 건조실을 냉각시킨 후에 컨디셔닝 처리를 실시한다. 건구온도와 평형함수율에 맞는 습구온도는 표 9-9에서 구할 수 있다. 대부분 활엽수재는 건구온도 76.5°C가 적당하나, 저밀도 활엽

표 9-9 활엽수재의 함수율 균일화 처리를 위한 여러 가지 건구온도에 따른 습구온도

목표 함수율(%)	함수율 균일화 처리 EMC(%)	여러 가지 건구온도에 따른 습구온도(°C)						
		60.0	65.5	71.0	76.5	82.0	88.0	93.5
5	3	33.5	38.5	43.5	49.0	54.5	60.0	65.5
6	4	37.0	42.0	48.0	53.0	58.5	64.0	69.5
7	5	40.5	46.0	51.5	57.0	63.0	69.0	75.0
8	6	44.0	49.5	55.0	60.5	66.5	73.0	79.0

수재는 82.0°C를 적용하기도 한다. 낮은 온도일수록 처리시간이 길어진다.

③ 최습시험재가 목표함수율(앞의 예에서 7%)에 도달할 때까지 실시한다. 따라서 앞 예를 보면 모든 재목은 함수율 5~7% 범위에 있다.

(2) 컨디셔닝 처리

건조응력이 남아 있는 재목은 톱으로 자를 때 톱이 물리거나, 가공하면 틀어지거나, 접착시 여러 가지 문제를 야기한다. 컨디셔닝 처리는 건조재을 높은 온도와 습도에 노출시켜 표층의 잔류 압축응력을 제거하기 위해 실시한다. 부가적으로 내층과 표층의 두께방향 함수율 차가 줄어드는 효과도 얻을 수 있다. 함수율 균일화 처리를 한 후에 시행하지만, 최습시험재가 목표함수율에 도달하기 전에 시작해서는 안 된다. 처리방법은 다음과 같다.

① 건구온도를 함수율 균일화 처리 온도보다 6°C 높게 설정하거나 낡은 건조실의 경우에 원하는 평형함수율을 맞출 수 있는 최고온도를 설정한다. 침엽수재는 평형함수율이 목표함수율보다 3% 높게, 활엽수재는 4% 높게 습구온도를 설정한다. 원하는 습구온도에 도달할 때까지 건구온도가 함수율 균일화 처리의 건구온도보다 높아지지 않도록 가열장치를 꺼놓는다. 예를 들어, 활엽수재의 목표함수율이 7%이고 컨디셔닝 처리 온도가 82°C이면 평형함수율은 11%(7+4%), 습구온도는 76.5°C이다(표 9-10).

② 잔류 건조응력이 충분히 제거될 때까지 실시한다. 처리시간은 밀도가 클수록, 두께가 두꺼울수록, 건조실 밀폐가 나쁠수록, 증습 수증기압이 셀수록 오래 걸린다. 천연건조재는 생재를 열기건조한 건조재나 전건조재보다 처리시간이 짧다. 보통 4/4인치 두께 활엽수재는 16~24시간, 8/4인치 활엽수재는 48시간 정도 걸린다. 그러나 4/4인치 침엽수재는 4시간 정도이다.

표 9-10 활엽수재의 컨디셔닝 처리를 위한 여러 가지 건구온도에 따른 습구온도

컨디셔닝 처리 EMC(%)	여러 가지 건구온도에 따른 습구온도(℃)					
	60.0	65.5	71.0	76.5	82.0	88.0
10	52.0	58.0	64.0	69.5	75.5	81.0
11	53.5	59.0	65.0	70.5	76.5	82.0
12	54.5	60.0	66.0	71.5	78.0	83.5
13	55.5	61.0	66.5	73.0	78.5	84.0

정확한 처리 종료 시점은 표면경화시험법으로 알 수 있다. 필요 이상으로 오래 조습처리하면 증기소모로 인한 에너지 낭비뿐만 아니라, 특히 저밀도재의 경우 과도하게 흡습하게 된다. 과도한 흡습은 역표면경화를 일으킨다.

처리 직후 재목의 함수율은 표면흡습으로 인해 목표함수율보다 1.5% 정도 높은 것이 정상이다. 실내에 며칠 보관한 후에는 목표함수율과 같아진다.

6. 열기건조시간 예측

1) 표준건조곡선

열기건조시간을 정확히 예측한다면 건조실을 효율적으로 운영할 수 있다. 이를 위해 표준건조곡선을 만들 필요가 있다. 이것은 생재 건조 데이터를 세로축에 함수율, 가로축에 건조시간인 그래프에 나타낸 것으로 최건시험재, 최습시험재와 기준시험재의 평균값을 곡선으로 표기한다(그림 9-10). 표준건조곡선은 수종, 두께, 건조실 유형에 따라 달리 만들어야 한다.

표준건조곡선을 이용하면 현재 건조 중인 재목의 1~2일 후 함수율을 예측할 수 있으며, 건조속도가 느린지 빠른지를 알 수 있다.

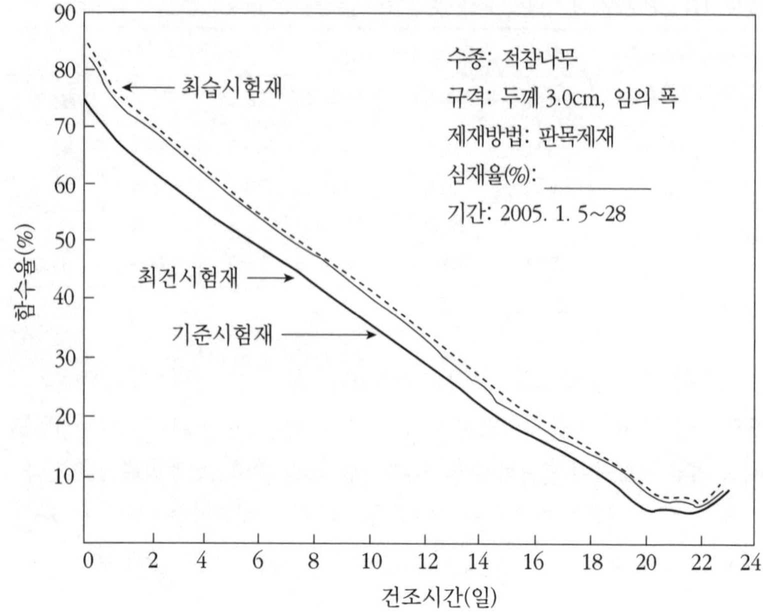

그림 9-10 표준건조곡선의 예

2) 영향인자

기건조시간은 수종, 비중, 두께, 초기함수율, 온도, 풍속 등에 영향을 받는다.

(1) 수종

일반적으로 비중이 큰 수종의 건조시간이 길지만, 타일로시스, 추출물, 폐쇄벽공 등 수분이동의 방해요소들이 수종에 따라 다르다. 표 9-11은 대표적인 미국산 활엽수재 4/4인치 두께를 정상적인 산업용 열기건조실에서 건조할 때 걸리는 최소 건조시간을 나타낸 것이다. 건조스케줄 개선에 이

표 9-11 두께 4/4인치 활엽수재의 예상 최소 열기건조일수

수종	열기건조일수	
	천연건조재	생재
Apple(사과나무)	4	10
Ash, black(물푸레나무)	4	7
Ash: green, white(물푸레나무)	4	10
Aspen(사시나무)	3	9
Basswood(연갈색) (사시나무)	3	6
Basswood(밝은색) (사시나무)	4	9
Beech(너도밤나무)	5	12
Birch, paper(자작나무)	2	4
Birch, yellow(자작나무)	5	12
Buckey	3	6
Butternut	5	10
Cherry(벚나무)	5	10
Chestnut(밤나무)	4	8
Cottonwood, normal(포플러)	4	8
Cottonwood, wet streak(포플러)	4	10
Dogwood	5	12
Elm, American, slippery(느릅나무)	4	9
Elm, cedar, rock(느릅나무)	5	13
Hackberry(팽나무)	4	7
Hickory	4	10
Holly	5	12
Hophombeam, eastern	6	14
Locust, black(아까시나무)	6	14
Magnolia(목련)	4	8
Mahogany(마호가니)	4	10
Maple, red, silver(soft) (연단풍나무)	4	7
Maple, sugar(hard) (경단풍나무)	5	11
Oak, red, northern 또는 upland(고지 적참나무)	5	21

표 9-11 계속

수종	열기건조일수	
	천연건조재	생재
Oak, white, northern or upland(고지 백참나무)	5	23
Oak, red, white, southern lowland(저지 참나무)	6	
Osage-orange	6	14
Pecan	4	
Persimmon, common(감나무)	5	12
Sweetgum, heartwood(red gum)	6	15
Sweetgum, sapwood(sap gum)	4	10
Sycamore(버즘나무)	4	8
Tupelo, black(black gum)	4	8
Tupelo, swamp	5	10
Tupelo, water	5	
Walnut, black(호두나무)	5	11
Willow(버드나무)	4	10
Yellow-poplar(백합나무)	3	6

*재간풍속 1~2m/sec인 열기건조실에서 함수율 6%까지 건조할 때 걸리는 시간으로 함수율 균일화 및 컨디셔닝 처리 시간은 포함되지 않음. 실제는 표의 건조일수보다 25% 이상 더 걸림.

*천연건조재의 함수율은 보통 20%이며, 참나무, pecan, hickory와 같이 건조가 느린 것은 25% 정도임.

표를 기준으로 삼을 수 있다. 재간풍속이 낮거나 성능이 낮은 가열 시스템을 가진 건조실은 생재를 건조할 때 6~7일, 천연건조재나 전건조재는 1~2일 더 걸릴 수 있다.

(2) 비중

동일 수종일 때 비중이 클수록 수분의 확산거리가 길어지므로 건조시간이 오래 걸린다. 이론적으로 건조시간은 비중의 제곱에 비례하지만, 실험에 의하면 1.5승을 적용하는 것이 적당하다.

(3) 두께

기타 조건이 같으면 두께가 두꺼울수록 확산거리가 길어지므로 건조시간이 오래 걸린다. 이론적으로 건조시간은 두께의 제곱에 비례하지만, 실험에 의하면 1.5승을 적용하는 것이 적당하다. 어떤 활엽수재 4/4인치 두께의 건조시간을 1.0으로 볼 때 다른 두께 재목의 건조시간은 표 9-12와 같이 예측할 수 있다. 이 표는 앞에 설명한 이론을 근거로 만들어졌지만, 수년간의 현장경험으로 보완된 것이다.

표 9-12 동일 활엽수종의 두께별 건조시간 비율

두께(인치)	건조시간 비율
3/4	0.62
4/4	1.00
5/4	1.38
6/4	1.75
8/4	2.50
10/4	3.38
12/4	4.38
14/4	5.62
16/4	7.12

(4) 초기함수율

다른 조건이 같으면 건조시간은 재목의 초기함수율과 최종함수율 차에 비례한다.

(5) 온도

다른 조건이 같으면 건조실 온도가 높을수록 건조시간은 짧아진다. 공기온도가 높아지면 포화증기압이 지수적으로 증가하여 더 많은 수증기를 품을 수 있으므로 재목은 더 빨리 건조된다. 따라서 건조시간은 포화증기압에 반비례한다.

(6) 풍속

풍속은 항률건조시간에만 영향을 주므로 고도의 투과성 수종(대부분의 침엽수재)은 영향을 받지만 비투과성 수종(대부분의 활엽수재)은 그렇지 않다. 풍속이 클수록 열전달계수가 높아 건조시간은 단축된다. 열전달계수(h)와 풍속(V)의 관계식은 h(kcal/m^{2}hr°C) = 2.9 + 2.4 V(m/sec)이다.

3) 열기건조시간 예측

건조시간과 위 영향인자들의 관계를 이용하여 건조시간을 예측할 수 있다. 예를 들어, 두께 4/4인치(2.5cm), 비중 0.55인 적참나무를 함수율 40%에서 8%까지 건조온도 60°C에서 건조할 때 10일 걸린 건조실에서 두께 6/4인치(3.8cm), 비중 0.65인 같은 수종을 함수율 45%에서 10%까지 건조온도 50°C에서 건조할 때 걸리는 건조일수는 다음과 같이 계산한다.

$$10\text{일} \times (0.65/0.55)^{1.5} \times (3.8/2.5)^{1.5} \times \{(45\% - 10\%)/(40\% - 8\%)\} \times (149.4\,\text{mmHg}/92.5\,\text{mmHg}) = 42.5\text{일}$$

7. 열기건조실의 점검과 관리사항

건조실을 가동 중이나 휴식 중에 틈틈이 점검하여 항상 최적상태로 동작할 수 있도록 해야 한다. 건조실의 주요 점검사항은 다음과 같다.

1) 구조물

(1) 건조실 문

- 문은 안전하게 매달려 있는가?

- 문은 틈이 없이 잘 밀폐되는가?
- 문과 문, 문과 벽 사이의 고무바킹은 닳지 않았는가?

(2) 벽

- 방수는 잘 되어 있는가?
- 균열이나 구멍은 메워져 있는가?

(3) 철구조물

- 녹이 슬지 않게 도장이 잘 되어 있는가?

(4) 천장과 지붕

- 부식하거나 갈라짐이 있어 증기가 새지 않는가?

(5) 바닥, 레일, 통로

- 콘크리트가 무너지거나 깨진 곳은 없는가?
- 부식된 레일은 없는가?

2) 기록장치

(1) 기록계

- 계기에 알맞은 기록시를 설치했는가?
- 기록계와 조절장치는 보정했는가?
- 온도계와 도선은 피복되었는가?
- 온도 센서와 습도 센서는 적당한 곳에 위치하였는가?

(2) 습구관리

- 습구온도계로 연결된 수도관은 열렸는가?

- 습구의 물그릇은 깨끗한가?
- 공급하는 물은 전과 같이 더운물 혹은 찬물인가?
- 습구 거즈를 정기적으로 교환했는가?

3) 가열 · 증습 및 환기 시스템

(1) 증습관

- 증습관은 단열재로 잘 싸였는가?

(2) 방열기

- 방열관에 찌그러진 곳은 없는가?
- 증기가 새는 곳은 없는가?

(3) 트랩

- 트랩(trap)은 알맞은 곳에 설치되었는가?

(4) 응축수관

- 응축수 펌프는 잘 작동하는가?
- 응축수관의 직경은 충분히 큰가?

(5) 증습장치

- 노즐은 열려 있는가?
- 천장에 응축된 물이 목재에 떨어지지 않는가?

(6) 환기구

- 환기구는 밀폐가 잘 되는가?

- 환기구 모터는 잘 작동되는가?

4) 송풍장치

(1) 송풍기와 송풍기 모터

- 전기배선과 스위치는 이상 없는가?
- 송풍기 날개는 구동축에 잘 고정되어 있는가?
- 송풍기 날개의 회전방향은 맞는가?

(2) 송풍기 구동축과 베어링

- 모터와 베어링에 윤할제가 적당히 있는가?

(3) 차풍판

- 차풍판은 알맞게 설치되었는가?

(4) 송풍통로

- 바람의 흐름에 장애가 되는 것은 없는가?
- 풍속은 저당한가?
- 현재 환기통로에 개선할 점은 없는기?

5) 기타

- 건조목 저장실의 배수는 잘 되는가?
- 목재 이동시 장애가 되는 것은 건조실 주위에 없는가?
- 거조실과 주위는 깨끗하게 정돈되어 있는가?
- 조정실은 항상 깨끗하게 정돈되어 있는가?
- 건조기록은 잘 보관되어 있는가?

제10장

특수건조

1. 제습건조

1) 제습건조의 개요와 원리

(1) 개요

1970년대 목재건조의 새로운 방법으로 출현한 제습건조(dehumidification drying)는 유럽을 중심으로 적용되기 시작하였다. 개발 초기에는 그 적용범위에 한계가 많아 일반적으로 활엽수재 건조에 주로 적용되었으나, 이후 개선을 위한 많은 노력을 통해 현재에는 매우 폭넓게 사용되고 있다. 참고로 북미에서는 500여 개의 제습건조기가 설치 사용되고 있으며, 최근 약 170m^{3}의 적재용량을 갖춘 제습건조기가 개발된 상태이다. 한편 제습건조 기술은 저에너지 기술로 최근 지구환경 보호에 관심이 높은 실정에서 이산화탄소 방출량을 줄일 수 있다는 점에서 제습건조 기술의 밝은 미래를 예견할 수 있다. 그러나 다른 한편으로는 제습건조 시스템에 필수적 요소인 냉매로 가장 많이 사용되어 왔던 프레온가스(freon gas)인 염화

불화탄소(CFC)는 지구 오존층 파괴의 주범으로 밝혀지면서 새로운 냉매의 개발이 요청되고 있다.

① 제습건조의 장점

- 열기건조에 비해 50% 정도 에너지를 절감할 수 있어 건조비용이 적게 들고 초기투자비용 역시 열기건조에 비해 적거나 비슷한 수준이다.
- 건조재의 품질은 열기건조재에 비해 비교적 양호하다. 특히 저온형(40~50°C)의 경우 찌그러짐, 내부할렬, 변색과 뒤틀림 등의 건조결함 발생이 적어 건조수율이 높다.
- 전기식이므로 제어가 용이하고 안전성이 높다.
- 히트펌프(heat-pump) 방식을 채용하면 소비전력을 줄일 수 있다.

② 제습건조의 단점

- 증기식과 비교하여 건조시간이 길다(증기식의 1.3~2.0배).
- 건조 대상 수종이 다양한 경우 수종별로 건조속도가 다르므로 제습기 능력의 선정에 어려움이 있다. 특히 제습기의 능력이 적정 수준 이하인 경우에는 건조시간 연장과 곰팡이 발생 등의 문제가 야기된다.
- 한랭지의 경우 초기의 온도상승과 건조 중의 온도유지를 위한 히터 가동에 많은 전력이 소모되어 오히려 건조비용이 높아질 수 있다.
- 가습장치가 없는 건조실은 함수율 조절과 응력제거를 위한 습도조절이 불가능하다.
- 저온건조이므로 목재 내 수지의 고정이 불가능하다.
- 제습장치는 건조공기 중의 목재 성분가스의 농도가 짙어짐에 따라 재료의 부식이 촉진되므로 내구성에 문제가 발생할 수 있다.
- 상대습도 40% 이하에서는 제습기의 효율이 저하되므로 저함수율에서 건조효율이 낮다.

(2) 원리

열기건조와 마찬가지로 제습건조 과정에서도 목재 주위를 순환하는 공기의 온도와 습도는 원하는 수준으로 제어되고 있으며, 목재는 증발 과정을 통해 순환 중인 공기에 수분을 내어 준다. 그리고 순환하는 공기의 습도가 원하는 수준 이상이 될 때 열기건조에서는 흡·배기구를 열어 실내의 온난다습한 공기를 배출하고 외부로부터 저온저습의 신선한 공기를 받아들여 배출된 공기의 양만큼 보충하여 원하는 수준의 습도를 유지하게 된다. 그러나 열을 지닌 공기를 배출함에 따른 열손실과 유입되는 차가운 공기의 온도를 높이기 위한 에너지가 소모하게 된다.

그림 10-1은 제습건조의 기본원리를 나타낸 모식도로서, 제습건조에서는 순환공기의 습도가 원하는 수준 이상이 될 경우 냉동 시스템이 작동하여 공기 중의 수분이 차가운 냉각코일에서 응축하게 된다. 따라서 공기 중의 과도한 수분은 액체상태로 배수구를 통해 제거된다. 동시에 냉각코일의 냉각 효과에 의해 공기로부터 제거되었던 열은 냉동 시스템에 의해 다시 공기에 전달하게 된다. 즉 열기건조에서 습도 하강을 위한 흡배기와 가열의 과정을 제습건조에서는 냉동 과정이 대신한다고 할 수 있다. 연구결과에 따르면, 흡배기와 가열에 의하여 공기 중 수분 0.45kg을 제거하기 위해서는 2,000~3,000BTU의 에너지가 소요되나, 제습 과정을 이용할 경우에는 500~1,500BTU로도 가능하다고 한다. 그러므로 제습건조 비용이 열기건조 비용에 비해 낮은 것이 당연하다고 할 수 있다.

제습 과정은 가정에서 사용하는 냉장고나 에어컨디셔너와 같다고 할 수 있다. 주요 구성요소는 압축기(compressor), 응축기(con-denser 또는 hot coil), 압력강하장치와 증발기를 들 수 있다. 압축기는 저온저압의 증기상태 냉매를 끌어들여 고온고압의 증기상태 냉매로 배출한다. 이 고온고압의 증기는 응축기의 코일로 공급되어 코일을 통과하는 공기를 가열하게 된다. 응축기 코일에서 공기를 가열하면서 냉각된 냉매는 고압의 증기로부터 고

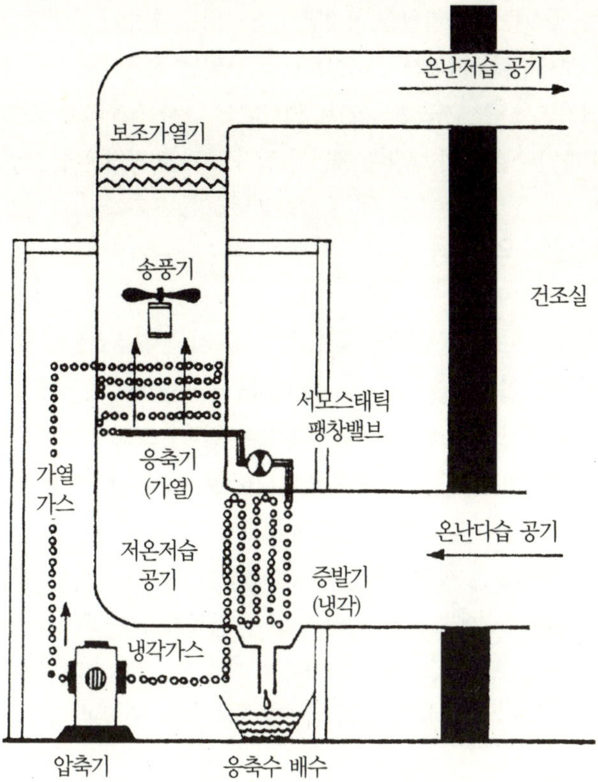

그림 10-1 제습건조의 기본원리

압의 액체로 응축된다. 고압의 액체는 압력강하장치를 통과하여 증발기로 향한다. 압력이 순간적으로 강하된 냉매는 증발기를 통과하는 공기로부터 열을 빼앗아 증발함으로써 다시 기화된다. 그리고 저온의 증기는 다시 압축기에 의해 지금까지의 과정을 반복하게 된다. 이와 같은 일련의 과정 속에서 에너지는 생성되지도 않고 소멸되지도 않으므로 증발기에서 공기로부터 제거된 열은 냉매가 지니게 된다. 냉매에는 압축시 또다시 에너지가 가해져 공기로부터 얻은 열과 함께 다시 응축기로 향하게 된다. 한편 응축기를 통과한 공기는 보조열원을 거치면서 요구되는 수준의 온도로 가열되어 건조실로 보내진다. 따라서 건조실로부터 유입된 온난다습한 공기는 제습 장치를 거치면서 온난저습한 공기로 변환되어 다시 건조실로 보내지며, 이 과정에서 배기나 흡기의 생략은 에너지 절감 효과를 가져온다.

2) 제습건조의 활용

제습건조는 건조결함 발생을 최소화하는 동시에 건조효율을 극대화하기 위해서는 관행 열기건조(conventional kiln drying)와 마찬가지로 수종과 두께에 따른 적정한 건조스케줄을 적용해야 한다. 그러나 오랜 기간에 걸쳐 집중적으로 연구 개발되었던 관행 열기건조 스케줄에 비해 제습건조를 위한 스케줄은 단지 몇 수종에 대해 개발되어 있을 뿐이다.

표 10-5의 자료는 제습건조기 제조업체인 미국 D사에서 수용재적 2.5~35m³의 제습건조실에 24~65°C의 온도를 적용하여 다양한 수종에 대한 소요건조일수를 보고한 것으로, 이 자료에 따르면 건조일수의 범위는 7~27일이며, 건조속도가 느릴수록 단위시간당 발생되는 증기의 양이 감소되어

표 10-1 두께 4/4 및 5/4인치의 고지산 레드오크와 화이트오크의 제습건조스케줄

함수율 (%)	건구온도 (°C)	습구온도 (°C)	건습구온도차 (°C)	평형함수율 (%)	상대습도 (%)
40 이상	32	30	2	17	85
40~35	32	29	3	16	81
35~30	35	31	4	14	75
30~25	38	30	8	10	59
25~20	43	28	15	5	30
20~15	49	27	22	3	17
15 이하	49	28	21	4	20

표 10-2 두께 6/4 및 8/4인치 고지산 레드오크의 제습건조스케줄

함수율 (%)	건구온도 (°C)	습구온도 (°C)	건습구온도차 (°C)	평형함수율 (%)	상대습도 (%)
50 이상	32	31	1	19	89
50~40	32	30	2	17	85
40~35	35	32	3	16	82
35~30	38	33	5	12	70
30~25	43	31	12	7	40
25~20	46	27	19	4	23
20~15	49	27	22	3	17
15 이하	49	28	21	4	20

표 10-3 두께 4/4 및 6/4인치 경단풍나무의 제습건조스케줄

함수율 (%)	건구온도 (°C)	습구온도 (°C)	건습구온도차 (°C)	평형함수율 (%)	상대습도 (%)
40 이상	32	27	5	12	68
40~35	35	28	7	10	57
35~30	38	27	11	8	44
30~25	41	26	15	6	34
25~20	43	28	15	4	18
20~15	49	26	23	3	17
15 이하	49	28	21	4	20

압축기 1마력당 건조 가능한 목재재적은 오히려 증가되는 것을 알 수 있다. 즉 건조속도 또는 단위시간당 제거해야 할 수분의 양이 감소할수록 보다 작은 용량의 압축기로도 건조가 가능하다는 것을 의미한다. 따라서 비중이 높고 건조속도를 지연시켜야만 안전한 건조가 가능한 참나무와 같은 건조곤란 수종에 제습건조가 유리하다는 사실을 알 수 있다.

표 10-4 두께 8/4인치 경단풍나무의 제습건조스케줄

함수율 (%)	건구온도 (°C)	습구온도 (°C)	건습구온도차 (°C)	평형함수율 (%)	상대습도 (%)
15 이상	32	29	3	15	78
40~35	32	27	5	12	68
35~30	35	27	8	10	55
30~25	38	26	12	7	41
25~20	41	26	15	6	34
20~15	43	26	17	5	26
15 이하	49	28	21	4	20

표 10-5 수종별 소요건조일수와 압축기 1마력당 건조가능 목재 재적

수종	생재 함수율 (%)	소요건조일수(일)		압축기 1마력당 건조 가능 목재 재적(m^3)
		생재함수율 ~30%	함수율 30~8%	
레드오크	70	17	10	5.9
화이트오크	70	19	11	5.9
벚나무	60	9	6	4.7
너도밤나무	70	12	8	4.7
물푸레나무(블랙)	90	11	4	3.5
히코리	70	10	7	3.5
연단풍나무	95	12	5	3.5
경단풍나무	70	9	6	3.5
황자작나무	70	10	5	3.5
레드시더	100	12	3	2.4
포플러	100	7	3	1.8
미송	55	4	4	1.8
헴록	120	6	2	1.8
잣나무	120	5	2	1.8
서던 옐로 파인	120	5	2	1.8

2. 고온건조

1) 고온건조의 특성

(1) 개요

목재를 100°C 이상의 온도에서 건조하려는 시도는 1890년대 독일과 미국에서 시작되었다. 그 후 건조장치의 열화 문제로 발전하지 못했으나, 1950년대 이후 다시금 연구성과를 각국에서 보고함으로써 점차 고온건조(high-temperature drying)에 대해서 개략적인 현상이나 문제점이 대두되었다. 현재 고온건조가 주목받는 것은 건조시간의 현저한 단축 때문이다. 수종이나 재종에 따라 다르지만, 지금까지의 표준적인 중온건조에 비해 대략 1/2~1/6의 시간단축은 매우 매력적이다.

고온건조는 건구온도 100°C 이상의 고온건조실에서 강제순환식으로 건조하는 방식으로, 열원에 따라 다음 두 가지 형태로 나뉜다.

첫째는 건조장치 자체를 밀폐구조로 하고 장치 내를 과열증기(superheated steam)만으로 충만시켜 공기를 배제하고 증기압을 1kgf/cm^2 이상으로, 즉 습구온도 100°C를 유지한 상태에서 건조하는 과열증기 건조방식이다. 이러한 건조실은 대기압 이상의 압력을 조절하는 하나의 배출구를 제외하고는 완전히 밀봉되어 있다. 열은 주로 가열관에 의해 공급되며, 건구온도 조작에 의해 조절된다.

둘째는 과열증기와 공기를 혼합시켜 습구온도를 100°C 이하로 제어하는 증기-공기 혼합건조(superheated vapor drying) 방식이다. 이는 종래의 열기건조실과 같이 건습구온도계에 의해 조작되며, 이른바 통상의 열기건조와 같은 제어형태다. 과열증기 건조실은 고온으로 인해 급속히 퇴화하는 문제가 있기 때문에 별로 사용되지 않으며, 장치 자체의 밀폐성에 대해 요구도가 비교적 적은 후자의 방법이 통상적으로 이용된다.

표 10-6 활엽수 1인치 판재의 고온건조시간

수종	함수율 8%까지 건조시간(hr)	
	생재상태	기건상태
물푸레나무(블랙)	42	24
피나무	30	18
너도밤나무	–	24
자작나무	72	30
벚나무	72	30
느릅나무	72	30
핵베리	72	30
히코리	–	36
연단풍나무	66	24
당단풍나무	–	30
레드오크	–	42
화이트오크	–	42
피칸	72	30
샙 스위트검	66	24
레드 스위트검	–	36
튜펠로(블랙)	66	24
백합나무	66	24

*건조시간은 냉각, 이퀄라이징, 컨디셔닝 처리시간(6시간) 포함.
*기건상태는 함수율 20% 이하임(단, 레드오크와 화이트오크는 22%).

고온건조는 열기건조보다 건조시간이 4~10배 정도 단축되고, 에너지가 25~60% 절약되고, 건조실 면적 소요가 적다. 반면에 강한 건조조건으로 인해 건조결함, 특히 찌그러짐이 나타나기 쉬우며, 수지삼출과 함께 옹이가 느슨해지고, 횡인장강도와 충격휨강도가 저하되며, 건조 말기에 개체 내 수분경사가 커진다. 또 건조실이 쉽게 퇴화되고, 건조실 설치비가 많이 드는 문제가 있다.

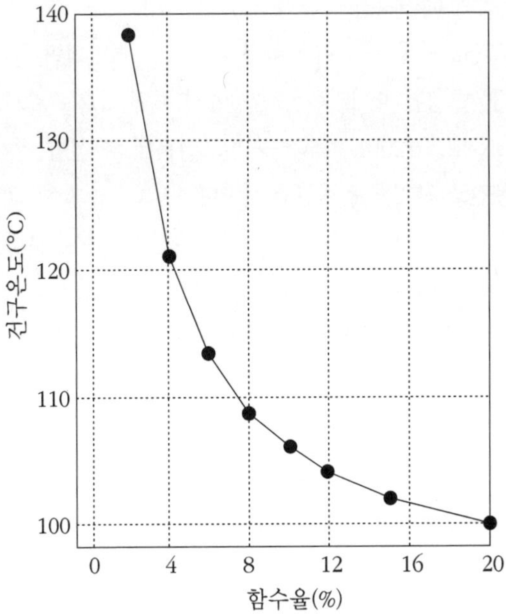

그림 10-2 대기압 아래에서 과열증기건조시 목재의 평형함수율(Noves, 1994)

고온건조의 가능성은 주로 수종과 초기함수율에 의해 좌우되며, 침엽수재 건조에는 유리하나 활엽수재는 찌그러짐이 발생하기 쉽기 때문에 투과성이 매우 양호한 수종이나 천연건조재에 한해 제한적으로 적용된다. 자작나무, 너도밤나무, 백합나무 등은 고온건조가 잘 되고, 단풍나무, 벚나무, 느릅나무, 핵베리, 찰피나무 등은 건조가 가능한 수종이나, 참나무는 틀어짐과 내부할렬이 생기기 쉽다. 활엽수재의 주요한 건조결함은 찌그러짐, 횡단면 할렬, 내부할렬, 변색 등이다. 고온건조 전에 함수율 25%까지 천연건조 또는 20~18%까지 열기건조를 실시한 후 고온건조하면 이러한 건조결함은 줄어든다.

(2) 고온건조의 메커니즘

목재의 고온건조시에 자유수가 비점 이상으로 가열되면 목재 내부에 압력이 나타난다. 발생된 증기압력은 습선에서 표면 쪽으로 수증기의 유체동역학적 유동(hydrodynamic flow)을 일으키는데, 이것이 열기건조 및 저온건조와 고온건조 간의 근본적인 차이이다.

즉 열기건조는 습선에서 목재 표면까지 수분이동은 수분확산 현상이고, 고온건조는 압력유동(pressure flow) 또는 질량유동(mass flow) 현상이다. 수증기 확산이 비효율적인 벽공은 수증기의 압력유동에서 적당한 통로가 된다. 건조 초기에 습선이 목재 표층에 있을 때 목재 표면으로의 열전달속도는 고온건조와 열기건조 모두에서 제어인자가 된다. 내부 증기압이 형성될 때에 투과성이 양호한 목재의 벽공은 수증기 유동에 기여할 수 있다. 그래서 건조속도의 제약인자는 건조공기에서 목재 표면으로의 열전달속도와 습선까지 열확산속도이다. 습선이 목재 표층에서 물러가기 시작하면 표

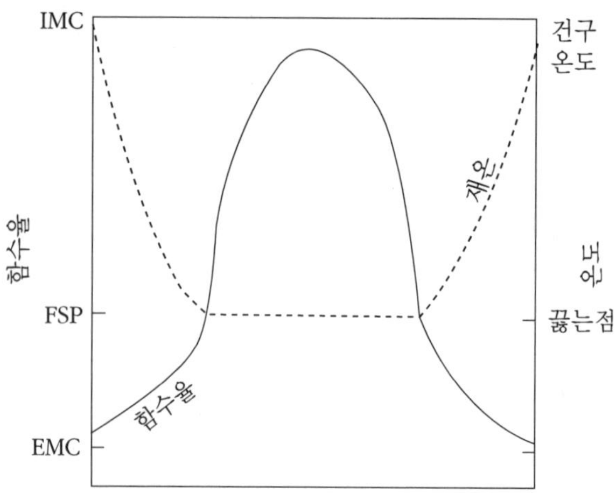

그림 10-3 고온건조 중 수분과 재온의 목재 내 분포

층에서 습선까지 열확산이 고온건조 중에 더 큰 제어인자가 된다. 이에 반해 열기건조의 제어인자는 수분확산이다. 물론 어느 경우든지 열은 공기에서 목재 표면으로 전달되고, 이러한 표면전달은 부분적인 제어인자로 작용하게 된다.

판재 두께는 제거할 수분의 이동거리와 관계되므로 열기건조에서와 같은 영향을 받는다. 그러나 온도의 영향에 관한 법칙은 열기건조와 고온건조가 서로 다르다. 이 경우 열확산속도는 목재 표면과 습선 사이 온도경사에 정비례한다. 즉 온도경사는 건구온도와 비점의 차이이다. 그래서 건조시간은 자유수가 배제될 때까지 건구온도와 비점온도의 차이에 반비례한다. 자유수가 배제된 후 건조거동은 이러한 법칙에서 다소 벗어난다.

경험에 의한 내용을 요약하면 다음과 같다.

첫째, 목재 표면의 수분증발이 제약인자이면, 건조시간은 판재 두께와 밀도에 비례하나, 건습구온도차와 목재 표면의 풍속에 반비례한다.

둘째, 목재 표면에서 습선까지 열확산이 제약인자이면, 건조시간은 재목두께의 제곱에 정비례하고 목재밀도와는 무관하다. 건조시간은 건구온도와 비점온도의 차이에 반비례한다.

자유수 유동은 기포압력이 존재할 때 열기건조에서와 같이 건조 초기에 일어나지만, 습선이 두께중심에 대해 절반 정도 물러가면 자유수의 질량유동은 거의 일어나지 않는다. 증발은 비점온도를 유지하는 습선에서 일어나고, 수증기는 습선에서 건구온도와 평행함수율에 접근된 목재 표면까지의 압력경사 아래서 질량유동으로 이동한다. 만약 이와 같은 유동이 매우 쉽게 일어나고 목재 표면에서 습선까지 열확산속도가 진정한 제약인자이면, 습선과 표면 사이 함수율 분포는 목재 내 온도분포에 의해 결정된다.

고온건조를 원활히 수행하기 위한 공정 요구사항

1. 목표 건구온도(보통 110℃)까지 신속히 상승시킬 수 있는 충분한 가열 용량을 갖추어야 한다.
2. 초기 가열매체는 재목에 따라 다르다. 생재는 증자와 열기, 그리고 천연건조재는 가열공기를 사용하지만, 아직 부분 천연건조재(partly airdried)에 대해서는 결정되지 않았다. 건구와 습구 온도는 가능한 한 동반 상승시켜야 하며, 높은 습구온도가 필요할 때에 환기통, 벽체, 출입문 등이 기밀성을 유지해야 한다.
3. 열기온도는 건조실 내, 특히 취출측에서 균일해야 한다.
4. 풍속은 잔적폭에 따라 다르다. 즉 잔적폭 1.2m에서 최소 180m/min, 잔적폭 1.2m 이상에서 270m/min 정도이다.
5. 이퀄라이징과 컨디셔닝 처리는 100℃ 이하에서 행한다.

2) 고온건조의 활용

(1) 고온건조스케줄

그림 10-4는 두께 1인치 가문비나무 생재의 과열증기에 의한 고온건조 시 온도와 상대습도 및 평균함수율의 경과를 보여 준다. 유입공기의 온도가 일정하게 110℃라는 것이 보인다. 테스트의 정확성을 기하기 위해서, 외부공기의 댐퍼(damper)는 실험 내내 열지 않았다. 건조의 주요 시기에 공기의 취입측(air-inlet side)에서 상대습도는 50~60%, 취출측(air-outlet side)의 값은 60~70% 범위였다. 취입측의 상대습도가 40%로 감소한 것은 건조 마지막 4시간 동안뿐이었다. 건조조건을 조심스럽게 제어했음에도 불구하고 건조속도는 다소 빠른 3.86%/hr였다.

한편 Noves와 Seco(1994)는 스페인산 목재를 대상으로 고온건조 과정

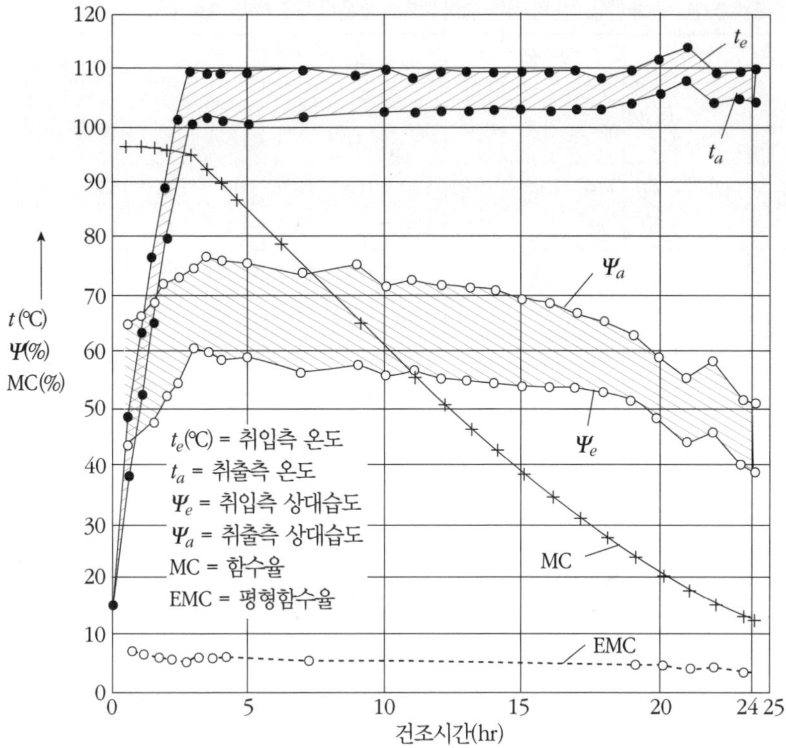

그림 10-4 가문비나무 생재(두께 1인치)의 과열증기와 공기혼합에 의한 고온건조시 온도, 상대습도 및 평균함수율의 추이(Egner, 1951)

표 10-7 두께 10.5cm 웨스턴 헴록 각재의 고온건조스케줄

함수율(%)	건구온도(°C)	건습구온도차(°C)
生~60	105	6
60~30	105	10
30~20	105	15
20~15	110	15
15~	110	20

*건조일수: 2.5~2.7일(함수율 60 → 20%)

표 10-8 스페인산 침엽수재와 활엽수재의 고온건조에 관한 자료

수종	두께 (mm)	함수율(%)			건조조건			컨디셔닝 조건			총건조 시간 (hr)
		초기	최종	sample	T_s (°C)	T_{ws} (°C)	EMC_s (°C)	T_i	T_{wi}	EMC_i	
라디에타 소나무	27	116	10.8	10	120	103	13.5	107	103	13.5	20
	50	98	6.8	7.2	120	103	13.5	107	105	11.8	41
피나스터 소나무	27	54	11	11.6	120	103	13.5	107	105	11.8	15
	50	66	18	26.4	120	103	13.5	107	102	15.5	19
구주적송	27	69	11.8	10.7	120	107	9.2	107	105	11.8	15
	50	73	9.8	9.0	120	110	7.5	107	106	10	38
버드나무	27	85	9.6	10.4	120	103	13.5	107	103	13.5	20
	50	81	11.8	11.0	120	103	13.5	107	103	13.5	37
포플러류	27	90	11	10.3	120	103	13.5	107	103.5	12.5	15
	50	96	13	7.9	120	103	13.5	107	103	13.5	27

*T_s, T_i: 건조상태 및 컨디셔닝 상태의 건조실 온도
T_{ws}, T_{wi}: 건조단계 및 컨디셔닝의 종료시점에서의 목재 내부의 평균온도
EMC_s, EMC_i; 목재의 내부온도에 따른 평형함수율

을 3단계로 실시했는데 이때의 건조스케줄과 얻어진 결과는 표 10-8과 같다. 목표함수율은 10%였다.

(2) 건조결함

① 최종함수율의 변이

목재의 횡단면이 클수록 건조재 간에 최종함수율의 변이가 크다는 것은 추정이 가능하지만, 고온을 사용한 경우 건조가 급속하게 이루어지기 때문에 이러한 변이는 훨씬 더 심해진다. 이것은 장치 내의 온습도 차이(풍속이 작을 때), 초기함수율, 목재의 투과성 등 몇 가지 요인을 생각할 수 있으므로 건조시간을 연장하여 이퀄라이징(equalizing) 효과를 기대하거나 건조

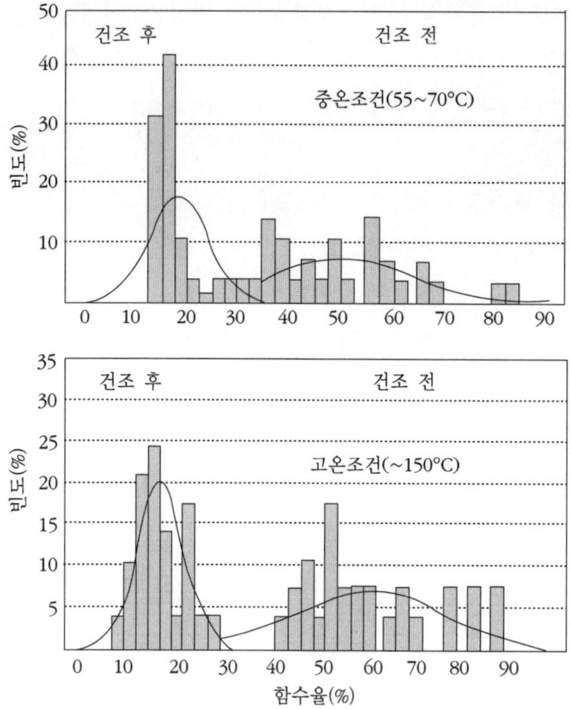

그림 10-5 전나무 정각재 고온건조재의 최종함수율 변이(中蔦厚, 1996)

후의 컨디셔닝 처리 등의 함수율 균일화 공정을 필요로 한다.

그렇지만 고온조건에 한하지 않고 중온조건에 대해서도 목재의 단면이 클수록 개체 간 함수율 변이는 반드시 존재한다. 전나무 정각재의 최종함수율의 변이는 중온과 150°C 고온조건 간에 큰 차이를 보이지 않지만, 초기함수율 차이에 의한 영향은 매우 큰 것을 보여 주고 있다(그림 10-5).

② 건조수축률

일반적으로 고온건조에 의해서 현저한 수축률의 증대는 없는 것 같다.

그러나 수분이동이 불량한 목재나 부분적으로 비정상적인 고함수율재의 경우는 찌그러짐이나 내부할렬이 발생하기 쉽기 때문에 수축률이 일반 열기건조의 경우보다 높다고 하는 보고도 있다(Cech, 1964).

③ 건조 중 틀어짐

침엽수 정각재의 틀어짐에 대해서는 고온건조일수록 적다고 하는 보고가 있다. 통상 잔적 상단에 압체력을 가하여 건조할 경우 틀어짐을 효과적으로 억제할 수 있는 것으로 보고되었고, 특히 고온건조일수록 그 효과는 크다. 더욱이 서던 파인(southern pine) 2×6재에 있어 115°C, 130°C의 고온조건과 80°C 조건에서의 틀어짐 발생 정도에는 통계적 차이가 없는 것으로 보고하고 있다(Price and Koch, 1980). 따라서 목재의 재질 특성을 무시한다면 고온건조에 의한 틀어짐 발생의 문제는 적다고 말할 수 있다.

④ 할렬

할렬에 대해서는 낙엽송재에 관한 보고(표 10-9)에 의하면 고온에 의한 영향이 상당히 인정된다. 할렬 길이의 경우, 중온조건의 건조는 고온건조의 경우와 비교하여 횡단면 할렬은 약 89~77%, 표면할렬은 약 97%가 각각 감소하였다.

이 외에 고온조건일수록 횡단면 할렬이 크지만, 할렬에 의한 품질저하를 일본 농림규격(JAS)에 의해서 평가하면 건조조건에 의한 차이는 거의 없다(鷲見博史, 1976). 표면할렬의 폭과 개수가 중온조건(80~ 90°C)에 비해 고온조건 쪽이 크지만, 그 밖의 할렬 요소의 유의차는 없다고 하는 보고(信田聡, 1985) 등이 있다. 그렇지만 이러한 보고에 의하면 온도조건은 어느 쪽도 110°C까지로 되어 있고, 전자의 방법(130, 150°C)과는 확실히 다르다.

표 10-9 낙엽송 고온건조재의 건조결함

건조온도(°C)	비틀림[1] (度)	길이굽음[2] (mm)	횡단면 할렬[3] (mm)	표면할렬[3] (mm)
150	3.6	2.9	298	175
130	3.6	3.4	141	173
60~80	5.9	3.9	1,292	5,103

[1] 비틀림: 재장 365cm, 양 횡단면측의 각도차 평균
[2] 길이굽음: 재장 365cm, 중앙 矢高 평균
[3] 횡단면 할렬, 표면할렬: 목재 1개당 총할렬의 길이
*낙엽송 주택구조재 개발연구소 시험연구보고서 3(1995)

또한 내부할렬은 고온일수록 현저하게 발생하는 경향을 보이는데, 이러한 결점에 대해서는 현재의 유통체계로 볼 때 수요자 측의 긍정적 판단을 구하는 것도 필요하다고 생각된다.

⑤ 열변색

건조온도가 상승함에 따라 목재 표면의 색상이 황색화 내지는 황갈색으로 변색된다. 이러한 열변색(thermal discoloration)은 종단면보다 횡단면에서 두드러지게 나타난다. 열변색의 깊이는 보통 재면에서 수십 mm 이내에 불과하지만, 소비자들은 종종 이것을 결함으로 간주한다. 따라서 소비자에게 이러한 변색이 무해하다는 것을 알리려는 노력이 필요하다.

목재가 고온에 놓인 시간이 길수록 갈색으로 변하는 정도가 증대한다. 특히 명도는 건조온도가 높을수록, 그리고 노출시간이 길수록 급격하게 낮아진다. 그러나 건조한 다음에 목재 표면을 1~2mm 정도 대패가공하면 변색이 해소된다는 보고(信田聡, 1985)가 있는 반면에, 대패가공을 해도 짙한 색이 재면에 남는다는 경험적 사례도 있다. 따라서 재색을 특히 중시하는 용도의 목재에 대해서는 고온건조를 실시하지 않는 것이 바람직하다.

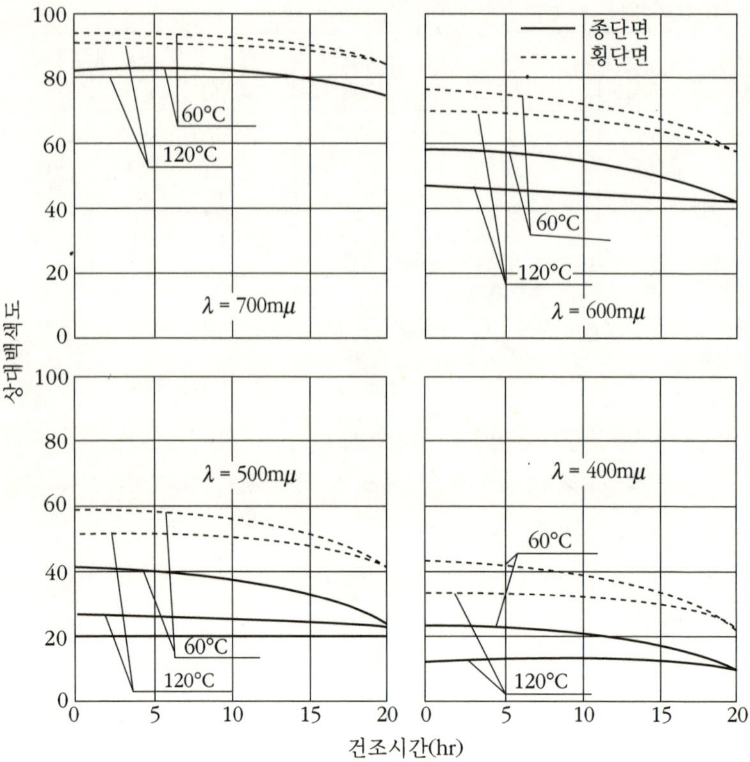

그림 10-6 건조온도가 소나무 단색광 조사 처리재의 백색도 감소에 미치는 영향

⑥ 건조재의 강도

매우 높은 온도에서 목재를 가열처리할 경우 목재성분의 화학적 변화(열분해)가 초래되고, 이것은 각종 강도적 성질에 영향을 미친다. 건조조건과 강도적 성질에 관한 연구보고는 많다. 휨강도는 영계수보다 건조온도에 의한 영향이 약간 더 크고, 수종 또는 재종이나 건조조건에 따라 다르지만, 통상 열기건조와 비교해서 4~21%의 강도저하율이 나타난다.

또한 웨스턴 헴록(western hemlock)에 대해서 가열처리가 고온일수록

표 10-10 건조온도별 전나무의 휨강도 성능 비교

구분		중온 55~70°C	중고온 83~96°C	고온		
				110°C	130°C	150°C
휨영계수 (tf/cm²)	평균	95.0(98.1)	95.9(98.7)	95.7(105.0)	89.2(97.7)	90.2(90.3)
	표준편차	10.0(10.9)	7.9(10.7)	9.8(10.5)	11.7(13.9)	8.5(8.7)
	최소치	77.2(77.3)	77.8(76.5)	76.3(72.5)	56.5(63.4)	76.5(67.9)
	최대치	117.7(116.8)	111.2(120.2)	115.4(123.6)	109.9(125.3)	105.0(104.5)
휨강도 (kgf/cm²)	평균	401.9(421.9)	375.9(394.4)	370.5(428.7)	340.7(393.0)	340.4(343.1)
	표준편차	66.3(70.8)	58.6(75.4)	55.6(65.8)	65.9(81.2)	48.5(53.2)
	최소치	260.1(252.0)	236.5(224.5)	269.1(291.3)	170.2(203.9)	272.6(225.7)
	최대치	538.4(581.8)	468.2(518.7)	468.2(534.9)	447.4(532.0)	513.4(476.6)
함수율(%)	평균	17.8	17.2	23.4	23.9	15.1

*무배할재(data 수 = 29개)
( ) 안의 수는 함수율 15%에 대한 환산치.

또는 처리시간이 길수록 휨파괴 일량이 감소하고 소성영역의 변형량이 작아진다. 이때의 파단형태는 고온의 장시간 처리재는 평골상(平滑狀) 파괴형을, 저온의 단시간 처리재에서는 거치상(鋸齒狀) 파괴형을 나타내는 특징을 보여 준다.

3) 고온건조실

종래의 증기식 건조장치는, 예를 들어 고온 사양의 것이라도 온도설정이 가능한 범위는 고작 120°C 이하이다. 보다 높은 온도를 얻기 위한 구체적 방법은 증기압력을 높이는 것이다. 가열관 용량을 늘리고 열손실을 줄이는 등의 대책이 필요하게 되고, 오늘날의 고온건조 기술로서 주목되는 온도 150°C 수준에서는 증기압력을 7~8kgf/cm² 정도(통상 2kgf/cm² 정도), 가

열관 용량을 종래의 약 3~5배 늘릴 필요가 있다.

이와 동시에 벽체, 문의 구조는 관류열 손실을 적게 하기 위해 충분한 계산 하에 설계 제작하지 않으면 안 된다. 이것은 통상의 건조장치도 같다고 할 수 있지만, 실내온도의 유지 · 조절을 용이하게 할 수 있는 단열성능이 요구된다. 고온건조실은 특히 내열성과 단열성이 우수해야 하므로 내부에 증기-방지용 박판(vapor-proof inner sheet-mantle)을 가진 이중벽 구조를 가지고 있다. 전체를 알루미늄 또는 스테인리스 강철판으로 제작하지 않은 경우, 고온건조실의 내부는 실제적으로 부식에 대한 저항성이 없다고 본다. 통상 내부의 격판(mantle)은 일반 강철판으로 용접하고 보호용 코팅처리가 되어 있다. 건조실을 지을 때는 세심하게 주의를 기울여야 하며, 특히 활엽수재를 건조해야 한다면 부식을 방지하는 장치가 항상 요구된다. 이중벽의 두께는 4~3/4인치 정도이고, 내부와 외부 벽 사이에 일반적으로 유리섬유를 채워서 단열시킨다. 단열재는 가장 주의를 기울여서 공급되어야 하며, 특히 열교현상(heat bridge)을 피해야 한다. 따라서 열손실에 대한 단열효과를 높이기 위해서 하드보드를 바깥쪽 덮개에 덧붙이면 열교현상을 방지

표 10-11 온도조건별 고온건조의 성능 비교

사용온도	건조시간비	건조재의 품질평가					건조비용비
		할렬	틀어짐	열변색	수지삼출	강도	
저온건조(35~50°C)	1.2~1.5	△~×	○~△	◎	×	◎	0.8~1.1
중온건조(50~80°C)	1	△~×	○~△	○	×	◎	1
중고온건조(80~100°C)	0.6~0.8	○~△	○~×	△~×	○	○	0.8~0.9
고온건조(100~)	0.2~0.4	◎~△	◎~△	×	◎	○~△	0.5~0.7

◎ 적음, ○ 약간 적음, △ 약간 많음, × 많음 → (할렬, 틀어짐, 열변색)
◎ 용이, ○ 약간 용이, △ 약간 곤란, × 곤란 → (수지삼출)
◎ 작음, ○ 약간 작음, △ 약간 큼, × 큼 → (강도저하율)

하는 데 매우 효과적이다. 또 다른 방법으로 건조기 천장의 필요한 부분들에 대해 5/32인치 두께의 석면을 덧붙여서 단열하는 것이다. 또한 아주 작은 누수가 단열의 극심한 악화를 가져올 수 있다. 정확하게 설치되고 작동되는 고온건조실은 빠른 건조속도뿐 아니라 건조재의 품질도 보장한다.

송풍장치는 개별적으로 작동되며, 또한 전기 스위치의 자동작동에 의해서 15분마다 회전방향이 바뀌는 4개의 송풍기에 의해서 제어된다. 조정이 가능한 차풍판은 적재량의 전체 높이에 걸쳐서 건조기의 양측에 건조기류의 속도를 일정하게 유지해 준다. 보통 공기 이동거리는 2.4m 이하이지만, 잔적과 잔적 사이에 중앙 보조가열관이 있는 복궤 건조실의 경우는 4.8m 이하이다. 송풍기는 온도 110°C에서도 안전하게 가동될 수 있어야 하고, 필요한 고풍속은 직접 연결된 송풍장치로 얻어진다. 열기건조와 고온건조 병용시에는 2단 변속 송풍기 모터를 사용하면 전력소모가 줄어든다.

고온건조실이 활엽수재와 침엽수재를 모두 건조할 수 있도록 설계되었으면 배기통은 건조실 고압측에 설비되어야 한다. 이것은 균일한 건조조건을 유지하는 데 도움이 된다. 그렇지 않으면 고함수율재나 투과성이 양호한 목재를 건조할 경우 환기가 틈새를 통해 일어나고 건조실의 열화를 가져온다.

또한 건조실은 증습용 증기를 요구한다. 증습장치는 침엽수재 고온건조실에는 필요가 없고, 활엽수재 건조시에는 적당한 장치로 다량의 저압 포화증기를 공급할 수 있으면 된다. 열은 핀형 증자관에서 방열되고, 증기압은 11kgf/cm^2 정도이다. 운전 중 생증기 분사시 내압이 커지기 때문에 특히 문 주변 또는 모터 축의 관통부 등에서 증기가 새기 쉽다. 그 때문에 밀폐장치의 보강, 내압조정을 위한 관로(管路, duct)나 안전핀 등을 설치하는 대책이 필요하게 된다. 건조기의 세로로 약간 기울어져 있는 가열관 위로 흐르는 베수관은 원래 분사장치로 사용되었다. 그러나 이 장치로 완전한 포화상태는 얻어질 수가 없었다. 따라서 분사노즐을 가열관의 밑에 설치해서 물을 가열기를 향해 직접 분사함으로써 양호한 증기발생을 유도하게 되었다.

고온건조실의 장치에 요구되는 대표적 성능

1. 기밀성과 단열성이 좋고 습도조절, 압력조정이 양호할 것
2. 가열성능이 높을 것
3. 내구성(내식성)이 높을 것
4. 내열성과 내습성을 고려하고 또한 모터 용량이 큰 송풍기를 쓸 것

3. 열판건조

1) 열판건조의 개요

열판건조(press drying)는 한 쌍의 가열판 사이에 판재나 단판을 넣어 가열 가압하여 건조하는 방법이다. 열판건조의 시스템은, 그림 10-7에 표시된 바와 같이 건조할 목재의 상하에 순차적으로 와이어 스크린(wire screen), 환기 카울(ventilated caul), 알루미늄 보호시트와 가열판으로 구성된다. 환기(배기) 카울은 증발수분의 배출을 쉽게 하기 위해 카울 뒷면에 25.4mm 간격으로 직사각형 홈(깊이 1.6mm, 폭 4.8mm)을 내고 카울 표면에 지름 3.2mm 정도의 구멍을, 이면의 직사각형 홈을 따라 25.4mm 간격으로 천공한다.

열판의 가열온도는 121~232°C 범위이고, 압력은 1.8~6kgf/cm^2 정도로 가압한다. 가열판과 목재가 접촉되기 때문에 열전달이 촉진되어 빨리 가열된다. 목재에 전달된 열은 목재 내부 공기를 팽창시키고, 목재수분을 기화시키며, 수증기와 액상 수분의 혼합물이 재면으로 이동한다. 카울과 와이어 스크린은 수증기의 표면이동통로로 기여한다.

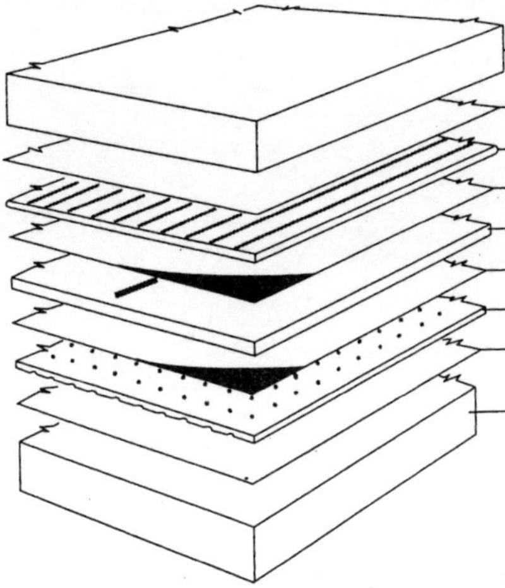

그림 10-7 열판건조의 시스템(Koch, 1964)

건조 중 가열판은 목재를 평평하게 해 주고, 폭 수축률은 적으나 두께 수축률은 증가한다. 건조재는 비중이 증가되고 수종에 따라 심재는 농색화되는 경향이 있으며, 표면할렬과 내부할렬이 발생하는 경향이 있다.

2) 열핀건조의 특성과 활용

(1) 목재의 내부온도

① 코어온도

건조 중 목재의 내부온도는 급격히 상승하고, 코어온도(core temperature)의 변화는 건조 초기 온도가 급속히 상승하는 예열기간, 코어온도가 일정하게 유지되는 기간, 그리고 코어온도가 서서히 상승하는 기간 등 3단계로 구분된다.

예열기간에 가열된 열량은 수분제거에 소모된 열량을 초과하고, 다음에 자유수가 존재하는 한 목재에 가열된 대부분의 열량이 자유수 증발에 소모

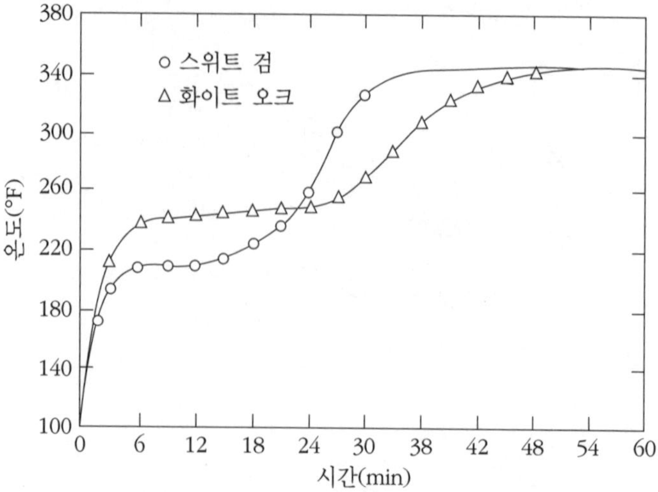

그림 10-8 두께 0.5인치 제재목의 건조시간별 코어온도 변화(Hittmeier et al, 1968)

표 10-12 수종과 제재목 두께별 고원온도(Hittmeier et al., 1968)

수종	하한 및 상한 고원온도(°F)	
	0.5인치 제재목	1.0인치 제재목
스위트 검	210~215	212~215
레드 오크	219~243	232~290
낙우송	230~250	252~271
물푸레나무	234~275	259~270
화이트 오크	244~275	243~304
히코리	264~300	252~277

되고 평형상태를 이루기 때문에 코어온도는 일정하게 유지된다. 코어온도가 거의 일정하게 유지되는 고원온도(plateau temperature)는 열판온도보다 약간 낮다. 자유수가 제거된 이후 가열된 열량이 결합수 제거에 소모된 열량을 초과하면 내부온도는 서서히 상승한다. 고원온도는 수종과 두께에

따라 차이가 있다(표 10-12).

② 온도경사

제재목의 두께방향에 따라 내부온도의 차이가 나타난다. 내부온도는 자유수가 제거된 다음부터 급격하게 상승한다. 온도변화율은 고원온도 도달 이후부터 열전도율의 감소로 인해 차츰 느려진다. 제재목 두께방향의 온도경사는 건조 초기에 매우 크고, 건조가 진행됨에 따라 차츰 감소한다. 두께의 중심층의 자유수가 제거된 다음부터 온도경사는 급속하게 감소된다. 따라서 온도경사는 수분경사와 밀접한 관계가 있다.

(2) 건조곡선과 함수율 분포

① 건조곡선

열판건조는 매우 급속하게 진행되기 때문에 건조시간이 크게 단축된다. 건조곡선의 형태는 목재의 투과성, 두께, 초기함수율, 가열판의 온도와 압력 등 건조조건에 따라 달라진다. 일반적으로 건조곡선은 비투과성 목재, 두꺼운 목재, 초기함수율이 낮은 목재, 저온과 저압력 조건을 적용할수록 완만한 형태로 나타난다. 투과성은 수종에 따라 차이가 있고, 변재의 투과성은 심재보다 크다. 따라서 변재의 건조속도는 심재보다 크며, 건조결함도 덜 발생한다. 목재의 투과성이 동일한 경우 건조속도는 온도가 높을수록 커지고, 압력이 증가할수록 열전달이 촉진되기 때문에 증가한다. 열판건조속도는 고온과 가압력을 적용함에 따라 열전달속도가 크기 때문에 다른 목재건조법보다 훨씬 크다.

② 함수율 분포

목재건조가 시작되면 표층의 수분이 먼저 제거되고 내층의 수분이 외층으로 이동하면서 건조되기 때문에 두께방향에서 함수율 차이가 생긴다. 표

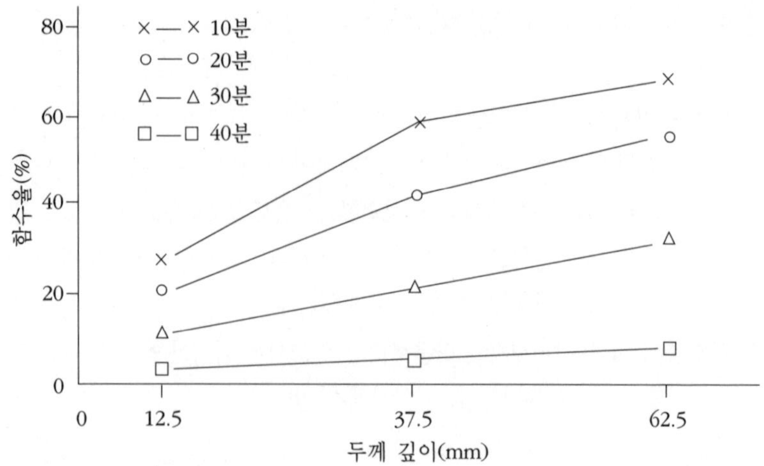

그림 10-9 이태리 포플러 두께 15mm 판목판의 건조시간별 함수율 분포(정희석, 1979)

층과 중심층 간의 수분경사는 목재의 투과성, 함수율, 두께 등 목재조건과 건조온도와 압력 등 열판건조 조건에 따라 달라진다. 따라서 수분경사는 건조 초기에 매우 크지만, 건조가 진행됨에 따라 급속하게 감소한다.

참나무와 같이 저투과성 목재의 수분경사는 이태리 포플러와 같이 고투과성의 목재보다 훨씬 크게 나타나며, 심재의 수분경사는 변재보다 크다.

(3) 건조결함

투과성이 낮은 참나무 심재 등의 난건조목재는 고온조건에서 연속 열판건조하면 건조결함이 유발되기 쉽다. 건조결함의 유발원인은 다음과 같다.

첫째, 목재강도는 열열화에 의한 목질열화로 인해 저하된다.

둘째, 증기 가수분해에 기인한 결함이다. 즉 장시간 고온조건에서 생재 내부에 발생하는 다량의 증기는 압력, 온도 및 수액의 산도를 높인다. 내부 온도와 산도의 상승은 목재성분의 가수분해를 촉진시키고, 목재강도를 저하시키며, 재면이 탄화될 수도 있다. 비투과성 목재는 건조 중 또는 말기에

표 10-13 활엽수 생재와 전건조재의 열판건조에서 완전 무결점재 발생률(Simpson, 1984)

수종	처리	찌그러짐(%)	재면할렬(%)	내부할렬(%)
레드오크	생재	97.2	63.9	0
	전건조재	100.0	77.8	97.2
피칸 또는 히코리	생재	23.5	12.1	0
	전건조재	81.5	18.5	0
백합나무	생재	65.7	34.3	8.3
	전건조재	96.4	67.9	44.4
연단풍나무	생재	77.8	77.8	25.0
	전건조재	100.0	88.9	75.0

열판압력을 제거할 때에 폭발할 수도 있다. 내부할렬은 먼저 천연건조한 다음 열판건조하면 크게 감소되지만, 완전히 방지되지는 않는다.

셋째, 건조응력에 의한 손상이 일어날 수 있다. 고온을 적용함에 따라 수분경사가 커지면 표면할렬, 찌그러짐 및 내부할렬을 야기할 수 있는 건조응력이 발생한다.

난건조목재를 건조할 때 건조결함을 줄이기 위해 연속건조하지 않고 단계건조를 실시한다. 단계건조는 목재에 주기적으로 가열과 냉각을 반복함으로써 내부 수증기의 방출과 수분경사를 완화시켜 건조손상을 줄여 줄 수 있다.

단계건조의 적용에는 주기 단계건조(cyclic step-drying, CSD)와 가변 단계건조(variable step-drying, VSD)가 있다. 주기 단계건조는 건조가 종료될 때까지 일정한 시간간격으로 가열건조와 비가열건조를 교호로 적용하면서 건조하는 방법이다. 가변 단계건조는 주간에 주기 단계건조와 같이 실시하지만, 야간 또는 주말에 조습실에 저목하는 등 열판건조와 냉각건조를 반복하면서 건조하는 방법이다.

Chen(1978)의 보고에 의하면, 호두나무 25mm 판재의 가변건조는 연속건조보다 표면할렬, 내부할렬과 찌그러짐 등의 건조결함이 감소되나, 주기 단계건조와 가변 단계건조 간의 건조효과는 뚜렷한 차이가 없었다.

열판건조에서 두께 25mm 판재의 경우 1~2시간 만에 급속하게 건조되기 때문에 할렬이 발생하기 쉽다. 내부할렬은 방사조직과 그 인접 영역에서 발생하고 내부 인장력에 기인된다. 판목재의 건조 중 열판과 접촉한 재면은 임계 내부 인장력(critical internal tensile force)과 평행하게 된다. 그러나 정목재의 경우 임계 내부 인장력이 90° 만큼 회전되고, 임계 내부 인장이 판재의 넓은 재면과 수직을 이루게 된다. 따라서 열판의 압축력이 내부응력을 저지함으로써 내부할렬이 방지된다.

정목재는 판목재보다 내부할렬이 감소되고, 열판의 압축력이 증가할수록 정목재의 내부할렬은 더욱 감소된다. 내부할렬은 재면에서 연륜각이 커질수록 증가된다.

연륜각이 윤할발생에 미치는 영향은 내부할렬의 경우와 반대로 나타난다. 판목재의 윤할발생은 열판의 작용에 의해 억제되지만, 정목재의 경우는 억제되지 않는다. 압력과 연륜각은 윤할발생의 유의적 요인이 된다. 윤할은 압력이 증가함에 따라 증가하고, 연륜각이 커짐에 따라 감소한다.

활엽수 생재를 열판건조할 때의 문제점은 주로 할렬이다. 전건조재의 열판건조는 생재보다 찌그러짐, 표면할렬과 내부할렬 등이 감소한다. 건조결함 감소 정도는 수종과 결함의 종류에 따라 다르다. 피칸(pecan)과 히코리의 내부할렬 발생 정도는 전건조와 생재의 열판건조 간 차이가 없다.

열판건조재의 측면굽음, 길이굽음 및 비틀림은 열기건조재의 것보다 훨씬 적다. 가벼운 목재의 틀어짐은 무거운 목재보다 심하다.

(4) 목재의 수축률과 복원율

열판의 압력 때문에 열판건조재의 두께 수축률은 증가하나 폭 수축률은 감소한다. 특히 정목재의 두께 수축률은 두께방향이 접선방향이고 압력방향과 일치하기 때문에 커지고, 압력에 비례하여 증가한다. 열판건조의 두께 변화는 함수율 감소에 따른 세포벽의 수축에다 가압력에 의한 압축변형이 추가된다. 압축에 의한 두께 변화는 가역적 압축과 비가역적 압축(irreversible compression)이 일어난다. 비가역적 압축은 탄성압축을 초과한 경우에 생기며, 열판건조 중 일어난 전체 두께 변화의 절반 정도를 차지한다. 두께 변화율은 압력과 초기함수율이 높을수록 증가한다.

건조재가 흡습되면 팽윤한다. 두께 팽윤율은 두께 수축률과 목리각도에 비례한다. 열판온도의 영향은 비가역 팽윤을 증가시키기 때문에 건조재의 치수안정에 기여한다.

(5) 열판건조재의 성질

열판건조재의 성질을 열기건조재와 비교하여 평가하면 다음과 같다.

① 강도적 성질

열판건조에서 고온이 적용되어 건조되기 때문에 목재는 열열화와 할렬이 발생하기 쉽다. 열열화와 할렬이 발생하면 강도적 성질은 저하된다. 표면할렬과 내부할렬이 심하게 발생하지 않은 열판건조재의 기계적 성질은 수종에 따라 동일하거나 또는 저하되는 것으로 알려져 있다. 열판건조는 고온이 단시간에 적용되어 건조되기 때문에 강도적 성질에 큰 영향을 끼치지 않는다. 표면할렬과 내부할렬은 강도적 성질에 영향을 주는 주요 인자이다.

② 수착거동

열판건조재와 열기건조재가 흡습되었을 때 상대팽윤율(relative swelling)은 상이하다. 일반적으로 열판건조재의 폭은 열기건조재보다 더 안정되지만, 두께는 불안정하다.

(6) 열판건조의 활용

열판건조는 고온적용에 의해 매우 신속하게 건조된다. 특히 건조하기 쉬운 수종의 얇은 목재(예: 단판 등)건조에 유리하다. 그러나 투과성이 작은 목재의 경우 표면할렬과 내부할렬이 발생하기 쉽고, 수종에 따라 자연 재색이 변화될 수 있다. 이러한 건조결함을 허용할 수 있는 용도, 즉 패널링(paneling), 마루판, 깔판, 지붕널 등의 건조에 적용할 수 있다. 따라서 열판건조의 활용은 간벌재, 속성수, 미성숙재 및 생장이상재 등 치수가 불안정한 수종의 얇은 제재목과 단판의 건조에 적용될 수 있고, 특히 투과성이 큰 수종이면서도 심재율이 작은 목재건조에 적합하다.

4. 진공건조

1) 진공건조의 개요

감압상태(40~60mmHg)에서 목재를 건조하는 방법을 과학적인 표현으로 '감압건조법'이라 한다. 그러나 1993년에 '일본목재건조시설협회'에서는 "진공펌프 등으로 압력을 100mmHg 이하로 낮추어서 건조하는 방법은 '진공식'이라 하고, 강제 배기팬 등으로 압력을 낮추어서 건조하는 것을 '감압식'으로 일컬음"이라고 정의한 바 있다. 감압의 정도를 나타내는 단위로는 수은주 높이로 표시하는 mmHg, 그리고 이것과 동일한 정도를 나타내는 torr 또는 국제단위로 Pa 등이 있으나, 일반적으로 mmHg 또는 torr 등이 주로 사용된다(표 10-14).

진공건조법의 주요한 이점은 목재 내외 간에 형성되는 절대압력 차에 의해서 고온을 적용하지 않고서도 내부수분의 유동속도를 증진시킬 수 있다는 점이다. 뿐만 아니라 압력이 감소함에 따라 수증기 입자의 평균 자유거

표 10-14 압력단위 환산표

구분	파스칼(Pa)	Bar	기압(atm)	mmHg(torr)
1 파스칼(Pa) =	1	10^{-5}	9.87×10^{-6}	7.50×10^{-3}
1 Bar =	10^{5}	1	0.987	750
1 기압(atm) =	101.3×10^{3}	1.013	1	760
1 mmHg(torr) =	133.32	1.3332×10^{-2}	1/760	1

*1 hPa = 100 Pa

리(mean free path)가 공극과 비교하여 더 크기 때문에 목재의 기체투기성이 증진된 것과 같은 효과를 얻을 수 있다. 이와 같은 요인들에 의해 급속한 건조가 가능하여 건조시간을 열기건조 시간의 1/2~1/5 정도로 단축시킬 수 있으며, 두꺼운 목재일수록 건조시간 단축효과는 더욱 커진다.

압력과 직접적인 관련이 있는 공기밀도가 낮기 때문에 대류에 의한 열전달이 크게 감소하여 목재를 실적(solid-pile)하므로 잔적작업이 용이하다. 그리고 감압상태에서 물의 비점이 낮아 비교적 저온으로 건조가 가능하기 때문에 찌그러짐, 강도손실, 재색변화 등과 같은 재질열화를 줄일 수 있다.

그러나 진공건조법은 장치비가 비싸고, 수용재적이 작으며, 고도의 기술이 요구되는 단점이 있다. 고주파 진공건조의 경우는 투과성이 불량한 목재나 두꺼운 목재의 경우 부분적으로 매우 높은 온도부위가 존재할 수 있고, 해수(海水)를 포함한 부분은 방전되기 쉬운 문제가 있다.

2) 진공건조 메커니즘

(1) 진공에서의 수분증발

완전한 진공에서 물분자는 세포벽질과 재결합하지 않고 세포벽질과의 계면상에서 증발한다. 증발속도는 Hertz-Knudsen식으로 계산할 수 있다.

$$V = 0.0583 \times P \times \sqrt{\frac{18}{T}} \quad (10-1)$$

P = 포화수증기압(mmHg)

T = 절대온도(°K)

V = 증발속도(g/cm² · sec)

예를 들어, T = 60°C, P = 149mmHg라면 목재 내 수분은 2.02g/cm² · sec의 속도로 증발한다. 두께 2인치, 폭 6인치, 길이 8피트의 레드오크 판재의 경우 판재의 표면적은 약 10,065cm²이므로 증발속도는 20,331g/sec가 된다. 그리고 레드오크의 비중을 0.46이라고 가정하면 판재의 부피가 18,878cm³이므로 전건무게는 약 8,683g이다. 이러한 조건에서의 건조속도는 무려 2.3%/sec나 된다.

따라서 진공상태에서 외기(外氣)의 수분증발 저항은 무시될 정도로 매우 작기 때문에 이러한 진공조건은 무한 증발속도 환경으로 정의된다.

(2) 목재 내 수분증발

압력이 포화수증기압보다 낮아지면 목재 내 수분은 끓기 시작한다(그림 10-10). 그러므로 물의 끓는점이 낮은 진공상태에서는 목재 내부에 비등선(boiling front)이 존재한다. 이 끓는선에서부터 목재 표면까지는 끓는점이 재온(材溫)보다 낮고, 바로 이 영역에서 수분의 증발이 이루어진다. 한편 끓는선부터 목재의 중심선까지는 목재 내의 수증기압이 재온에 상응하는 포화수증기압보다 높기 때문에 수분이 증발하지 않는다. 건조가 진행됨에 따라 끓는선은 점차 목재중심 쪽으로 이동하고, 그 속도는 열공급이나 목재의 기체투과성, 비중 및 열전도도 등에 의해서 영향을 받는다. 기체투과성이 매우 양호한 목재의 경우에는 목재의 중심부를 포함한 목재 내 모든 부위에서 수분이 활발하게 증발한다.

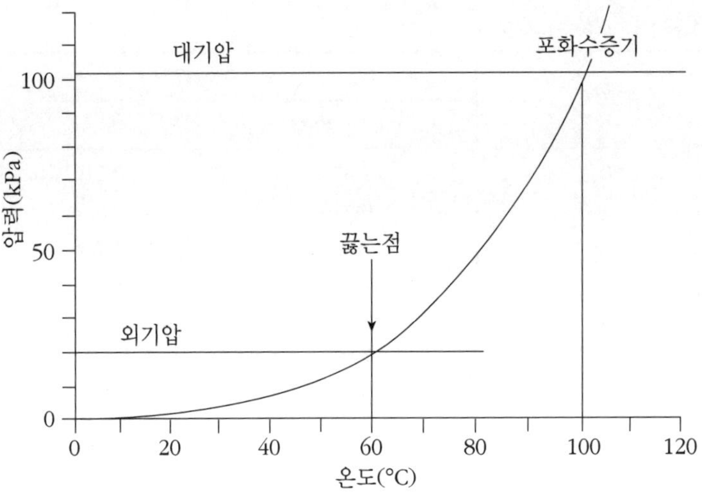

그림 10-10 외기압, 포화수증기압 및 물의 끓는점

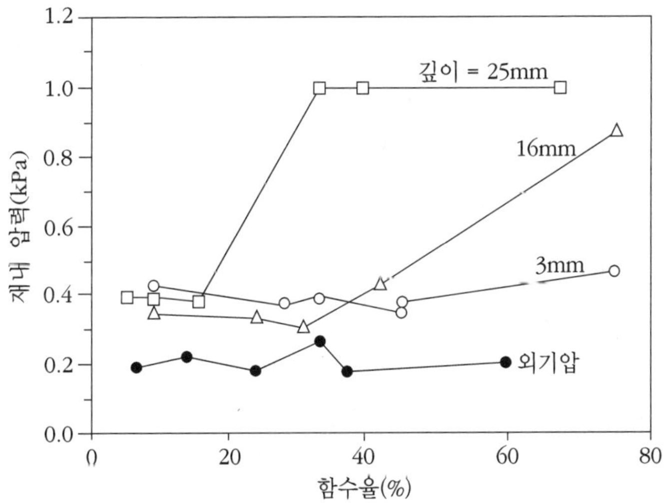

그림 10-11 목재 내부의 압력 실측치(두께 50mm 너도밤나무, 0.2bar)

표 10-15 포화수증기압 표

온도(°C)	포화수증기압	
	mmHg(torr)	kPa
0	4.579	0.610
5	6.543	0.872
10	9.209	1.228
15	12.79	1.705
20	17.54	2.337
25	23.76	3.167
30	31.82	4.242
35	42.18	5.622
40	55.32	7.375
45	71.88	9.582
50	92.51	12.33
55	118.0	15.74
60	149.4	19.91
65	187.5	25.00
70	233.7	31.15
75	289.1	38.54
80	355.1	47.34
85	433.6	57.80
90	525.8	70.08
95	633.9	84.50
100	760.0	101.3

그림 10-11에서 보는 바와 같이 진공상태에서는 목재 내 특정 깊이에서의 절대 수증기압이 동일 부위의 재온에 상당하는 포화수증기압보다 항상 높게 나타나 목재 내외 간에 압력경사가 형성된다. 일반적으로 증기식 건조에서 수증기 분압이 높은 쪽에서 낮은 쪽으로의 확산에 의해서 수분이 이동하지만, 진공건조의 경우에는 목재 내부의 절대압력이 높기 때문에 압력차

에 의한 이동이 주체가 된다. 그러므로 진공건조 중의 표면증발은 진공탱크 내의 압력과 재온, 그리고 피건조재의 기체투과성의 영향을 많이 받는다.

이와 같이 저온에서 얻어지는 목재 내외 간의 절대압력의 차는 목재 내부의 수분을 표층으로 밀어내는 기동력으로 작용하기 때문에 진공건조는 건조시간의 단축과 건조재의 품등을 향상시키는 효과가 있다.

(3) 진공에서 내부수분이동

① 목재 내 수증기압 분포

진공펌프가 작동하기 시작하면서 목재 표면의 압력은 매우 빠른 속도로 감소하는 반면, 내층의 압력은 함수율이 섬유포화점에 도달한 이후부터 감소하기 시작하기 때문에 목재 내에는 두께와 폭방향은 물론 섬유방향으로도 압력경사가 형성된다(그림 10-11). 진공건조의 초기단계에서는 목재 내 각 위치의 내부압력은 우선 주위 기압의 감압에 의해 급속하게 또는 서서히 감소하다가, 섬유포화점까지는 자유수의 증발에 의한 압력증가와 감압에 의한 목재 내 압력저하의 양자가 평형을 이루면서 목재 내 압력이 거의 일정한 상태를 유지한다. 건조가 진행되면서 섬유포화점 이하가 되면 목재 내 압력은 다시 서서히 감소하기 시작하여 결국에는 진공탱크 내의 압력에 근접하게 된다.

진공하에서의 목재 내 압력의 건조시간 경과에 따른 변화는 기체투과성의 영향을 크게 받는다. 목재의 중심이 일정 압력으로 감압될 때까지의 소요시간 θ는 기체투과계수(K_g)에 반비례하여 다음 식으로 산출할 수 있다.

$$\theta = a \cdot K_g^{-1} \qquad (10\text{-}2)$$

a = 상수

그림 10-12는 고주파 진공건조 중의 섬유방향 압력분포를 나타낸 것으

(a)

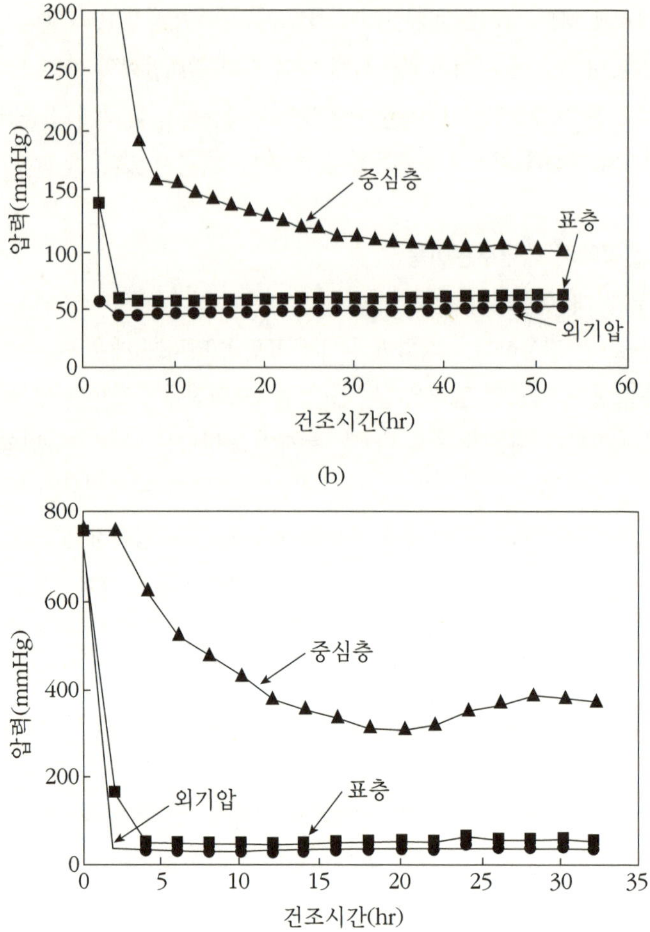

그림 10-12 건조시간별 섬유방향 압력분포(Avramidis et al., 1994)
(횡단면 91×91mm, 길이 2.4m, 웨스턴 헴록, 진공도 30mmHg)

로서, (a)의 경우 중심층과 표층 간의 압력 차이가 최소 40mmHg, 최대 90 mmHg인 반면, (b)의 경우 최소 225mmHg, 최대 350mmHg로서 압력경사가 형성되는데, 이것은 길이가 길지만 횡단방향에 비해 상대적으로 투과성이 양호하기 때문에 얻어진다. (b)의 건조소요시간이 (a)보다 30% 정도 더 짧은 것은 압력경사가 더 큰 것에 기인한 것으로 판단된다.

② 재온분포

진공건조 중의 역(逆)온도경사는 목재 내부 수분이동의 또 다른 중요한 기동력으로서, 특히 고주파 가열방식의 경우 매우 뚜렷하다.

건조 개시 직전의 함수율 분포는 170%로 일정하고, 재온이 실온인 25°C 목재가 진공도 65mmHg, 온도 43°C의 고주파 전계(電界) 중에 놓여 있다고 가정하자. 먼저 진공탱크 내 압력 65mmHg는 모두 수증기로 충만되어 있는 이상적인 경우로 생각한다. 목재 표면온도가 포화수증기압 65mmHg에 대응하는 물의 끓는점 약 43°C에 도달할 때까지는 표면증발은 발생하지 않고, 재면의 결로와 재온의 균일한 상승이 이루어진다. 그림 10-13의 재온분포 모식도 중 시간 t_0부터 t_1까지의 기간이다. 계속하여 시간이 경과하여 시간 t_1에서는 목재의 표면온도와 내부온도가 모두 물의 끓는점 43°C에 도달하고, 시간 t_1 이후에는 설정온도인 45°C까지 재온을 상승시키기 위해 고주파 발진기가 작동하기 때문에 목재 표면온도는 끓는점을 유지하지만, 목재 재부에서는 표면에서와 같은 열발산이 없기 때문에 재온이 상승한다.

그러므로 재온분포는 시간 t_1부터 t_4와 같이 43°C 이상의 분포가 사다리꼴 모양에서 삼각형으로 변화해 간다. 삼각형의 정점, 즉 목재 중심부의 온도는 중심부의 수분이 증발해서 표면측으로 이동하는 증발잠열에 의한 저하와 고주파 발진에 의한 자기발열과의 균형에 의해서 결정된다. 즉 중심부터 표면을 향한 수분이동이 활발하다면 중심온도는 별로 상승하지 않지만, 수증기의 이동이 매우 나쁜 경우(투과성이 매우 불량한 경우) 온도상승이 계속된다.

그림 10-13에서는 직선적인 온도분포를 보이고 있지만, 이것도 수분이

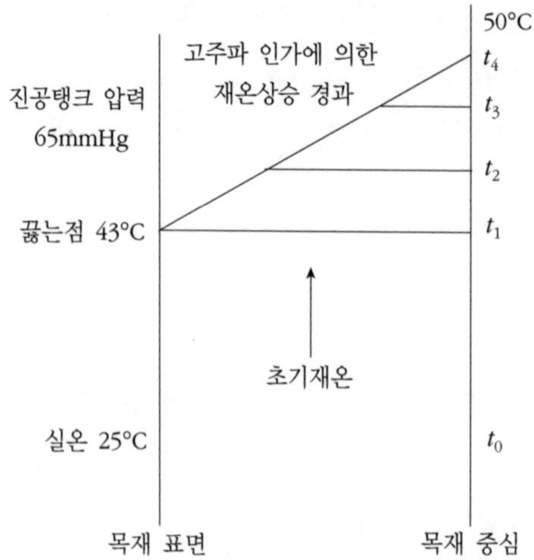

그림 10-13 고주파 진공계에서의 재온상승 모식도(Terazawa et al., 1998)

동의 난이도와 고주파 출력과의 균형에 따라 결정된다.

③ 내부수분이동

대기압 아래서 이루어지는 관행적인 열기식 건조의 경우 내부수분이 수증기 농도가 높은 곳에서 낮은 곳으로 확산에 의해서 이동하지만, 진공건조에서는 목재 내부에 형성되는 압력경사가 수분이동의 주체가 된다. 그러므로 진공건조에서 내부수분이 표면으로 이동하는 속도와 표면증발속도가 거의 같은 상태이기 때문에 열기건조에 비해 건조속도가 빠르고 수분경사가 완만한 상태를 유지할 수 있는데, 이것이 진공건조법의 최대 특징이다.

그림 10-14는 미송 수심재의 고주파 진공건조 중 함수율 분포를 열기건조와 비교한 것이다. 수분이동 기구 및 실측 함수율 분포로부터 재온이 높은 중심부부터 함수율이 감소하면서 건조가 진행되는 사실을 알 수 있다. 목재 중심부분의 함수율이 섬유포화점 이하가 되면 보다 수증기압이 높은

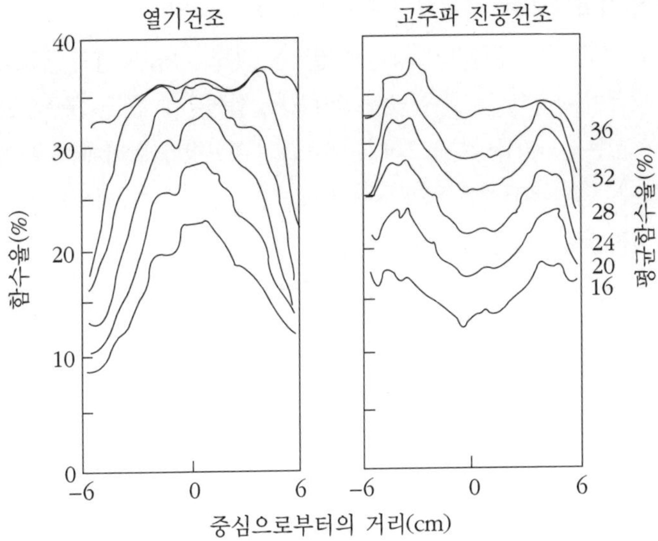

그림 10-14 두께 12cm 미송 수심재의 함수율 분포 추이(Kanagawa, 1989)

부분의 수분이 이동하고 표층에 심한 함수율 경사가 형성되면서 건조가 진행되는 것을 알 수 있다.

진공건조 중의 재온과 함수율 분포는 피건조재의 성질, 특히 투과성과 고주파 출력(고주파 진공건조의 경우)의 영향을 받는다. 투과성이 매우 양호한 라민이나 레드파인 등에서는 부위 간 재온변이도 작고 투입한 고주파 출력이 목재 내 수분을 제거하는 데 매우 효율적이기 때문에 수분경사가 매우 완만한 상태에서 건조가 진행된다. 한편 투과성이 불량한 목재에서는 표면증발속도에 비해 내부수분의 이동속도가 충분하지 못해 표면의 수분증발이 활발하지 못하기 때문에 전 건조기간 중의 고주파 인가율(高周波印加率)이 매우 낮다. 그러나 투입된 고주파 출력이 목재 내부에 축적되면서 중심부의 재온이 일반적으로 상승하기 때문에 강도적 성질이 낮은 재료에서는 폭열(爆裂)이 야기될 수 있다.

④ 목재의 세포벽 구조와 진공건조 특성

목재세포는 섬유방향으로 길게 배열되어 있고, 가도관 간의 통도조직에 있는 벽공이 세포의 양 끝에 많이 존재하며, 활엽수재에서는 통(筒) 모양의 도관이 있는 등 섬유방향으로의 수분통도는 횡단방향에 비해 매우 양호하다. 목재 중의 투과성은 목재가 심재화되면서 벽공부가 폐쇄되거나 세포 내에 침적한 수지성분, 타일로시스 등에 의해 저해되는 경우가 많다.

세포 내 공극부분에서의 수분 및 수증기의 이동이나 확산은 매우 용이하지만, 벽공부 자체의 직경이 작기 때문에 세포 전체의 관점에서 보면 통과효과는 크지 않다. 그러나 세포 간에 절대압 차가 형성되는 경우에는 벽공의 의존 효과는 증가한다. 세포벽을 통해 수분이나 수증기가 이동하거나 확산하는 것은 대단히 곤란하다.

한편 얇은 막으로 차단된 부분은 개구(開口)의 효과가 없고, 세포 간에 압력차가 형성되더라도 수증기나 수분의 유동이 이루어지지 않는다.

세포를 구성하는 세포벽을 통해서 수증기가 세포 간을 이동하는 경우에 수증기는 일단 세포벽에 흡수되어 결합수가 되고, 결합수의 확산에 의해서 결합수 농도(함수율)가 높은 쪽에서 낮은 쪽으로 이동한다. 그러나 연속적으로 연결된 세포벽 내를 결합수가 확산하면서 이동하는 양은 세포벽 내에서의 확산속도가 정지공기 중의 1/150 이하로 되기 때문에 다른 통로로 이동하는 수분량과 비교하여 무시해도 좋을 정도이다.

세포벽 내의 결합수의 확산량은 두 지점 간의 함수율 차와 온도에 기인한 수증기압의 차에 비례하지만, 저함수율이 되면 목재의 확산저항이 증가하기 때문에 동일한 수증기압차라 할지라도 수분의 이동량은 감소한다. 라민(ramin)과 같이 투과성이 매우 양호한 경우, 열기건조에 의해서는 함수율 40% 이상의 건조영역에서 수분경사가 거의 발생하지 않는다. 이와 같은 수종에서는 고주파 진공건조에 의한 건조시간을 열기건조시간의 1/20 이하로 단축시키는 것도 가능하다. 한편 벽공이 거의 없는 알몬(almon)재와 같은 수종이나 타일로시스를 다량 포함하고 있는 화이트오크 같은 수종에서는 절대압차에 의한 수분이동은 별로 기대할 수 없기 때문에 진공건조를 적용하더라도 큰 실익을 기대할 수 없다.

(4) 진공에서의 열전달

수분제거를 위해 에너지가 소모되면서 목재 내 부위 간 온도차가 형성되어지기 때문에 진공 아래서는 열전도가 목재 내에서의 열전달 주체가 된다. 한편, 목재로부터 수분을 증발시키기 위해서는 증발열이 필요하기 때문에 목재에 열을 공급하는 것이 필요하다. 대기압 하에서 건조를 행하는 경우에는 주위의 공기나 수증기로부터 그 열을 공급하지만, 진공 상태에서는 열매체가 적기 때문에 증기가열식 건조와 같은 방법으로 열을 공급할 경우 재온이 떨어지므로 건조가 이루어질 수 없다. 그러므로 진공 상태에서는 효율적인 열공급 방법을 선택하는 것이 매우 중요하다.

일반적으로 진공 상태에서 목재에 열을 공급하는 방법으로는 연속적인 방법과 간헐적인 방법이 있다. 연속적인 방법으로는 열판이나 면상(面狀)의 발열체에 의한 접촉가열, 과열증기의 순환, 복사가열 또는 주파수가 높은 진자피를 이용한 유전가열 등이 있다. 또는 진공상태에서 수분증발을 행하고, 재온이 낮아지면 대기압 상태에서 열기를 이용하여 가열하는 과정을 반복하는 간헐적인 방법도 있다.

3) 진공건조재의 재질 특성

(1) 물리적 특성

① 수축률과 치수변동률

Harris와 Taras(1984)의 보고에 의하면, 생재에서 함수율 6%까지의 방사방향과 접선방향 수축률은 고주파 진공건조재의 경우 각각 4.0%와 7.4%

표 10-16 레드오크 판재의 고주파 진공건조와 열기건조의 수축률 비교(Harris and Taras, 1984)

수축률	방사방향(%)		접선방향(%)	
	고주파 진공건조	열기건조	고주파 진공건조	열기건조
건조 종료 후 (생재~6% MC)	4.0	5.9	7.4	10.8
전수축률	5.1	6.4	9.1	11.6

표 10-17 두께 66mm 물푸레나무 정목 각재의 고주파 진공건조와 열기건조 비교(Lee and Jung, 2000)

건조방식	접선방향(T) (%)	방사방향(R) (%)	T + R (%)	T/R	찌그러짐 (mm)
고주파 진공건조(R)	1.8	1.9	3.7	0.97	5.1
열기건조(K)	3.1	2.5	5.6	1.42	6.6
R/K	0.58	0.76	0.66	0.71	0.77

인 반면에, 열기건조재는 5.9%와 10.8%로서 고주파 진공건조재의 용적수축률이 열기건조재와 비교하여 약 30% 작다(표 10-16).

두께 66mm의 물푸레나무 정목 각재의 함수율 15%까지의 접선방향과 방사방향의 수축률의 합은 고주파 진공건조재의 경우 3.7%로서 열기건조재의 5.6%보다 34% 정도 더 작게 나타났다(표 10-17). 이것은 상대적으로 저온이 적용되는 고주파 진공건조의 경우 찌그러짐의 발생이 적고, 또 액체장력이 소멸된 이후 찌그러짐의 복원이 용이하기 때문인 것으로 해석된다.

특히 고주파 진공건조의 경우 T/R비가 1보다 작은 것은 건조 중에 정목 각재의 접선단면에 대해 수직방향으로 약 1kgf/cm^{2}의 압체력이 가해짐으로써 접선방향의 수축이 상대적으로 더 많이 억제되었기 때문이다.

그러나 일부 또 다른 연구보고(Trebula et al., 1993)에 의하면, 너도밤

표 10-18 레드오크재의 함수율 1%당 평균 치수변동률 비교(Harris and Taras, 1984)

온도, 상대습도	건조방법	함수율(%)		함수율 1%당 치수변동률(%)	
		초기함수율	최종함수율	접선방향	방사방향
86°F, 84%	고주파 진공건조	7.8	15.9	+0.31	+0.24
	열기건조	7.0	14.5	+0.34	+0.21
70°F, 59%	고주파 진공건조	15.9	9.4	−0.38	−0.19
	열기건조	14.5	9.0	−0.38	−0.19
86°F, 84%	고주파 진공건조	9.4	17.1	+0.42	+0.25
	열기건조	9.0	16.2	+0.44	+0.21
79°F, 50%	고주파 진공건조	17.1	8.4	−0.38	−0.20
	열기건조	16.2	7.7	−0.38	−0.18
90°F, 92%	고주파 진공건조	8.4	17.4	+0.40	+0.22
	열기건조	7.7	17.2	+0.39	+0.19
79°F, 57%	고주파 진공건조	17.4	11.2	−0.34	−0.18
	열기건조	17.2	10.4	−0.35	−0.17

나무의 경우 방사방향 수축률은 열기건조재보다 증가하고, 접선방향에서는 차이가 없으며, 참나무류의 경우 접선방향 수축률이 더 증가하는 것으로 보고되는 등 서로 일치하지 않는 경우가 있다. 따라서 진공 상태에서의 목재의 수축거동에 관한 보다 과학적이고 물리적인 연구가 필요하다.

Harris와 Taras(1984)의 보고에 의하면, 치수변동률은 고주파 진공건조재와 열기건조재 간에 차이가 없다(표 10-18).

② 평형함수율

고주파 진공건조, 열기건조, 제습건조 및 천연건조재의 흡착과 흡수를 비

표 10-19 화이트 파인재의 고주파 진공건조 및 열기건조의 비중과 평형함수율 비교 (Harris and Lee, 1985)

건조방법	비중	평형함수율(%)* (75°F, 상대습도 50%)
고주파 진공건조	0.39(0.04)	9.30(0.80)
열기건조	0.39(0.03)	8.75(0.42)

*0.01 수준에서 유의차 인정, ( ) 안은 표준편차.

교해 볼 때 정목판재에서는 건조방법 간에 통계적인 차이가 없으나, 횡단면의 경우 진공건조재의 흡습능이 열기건조재보다 더 높은 것으로 나타났다.

25°C, 상대습도 50% 조건에서 측정한 화이트 파인 평형함수율은 고주파 진공건조재 9.30%, 열기건조재 8.75%로 고주파 진공건조재가 약간 더 높다(표 10-19). 이것은 고주파 진공건조의 경우 최대온도가 55°C인 데 비해, 열기건조에서는 최대 82°C의 고온으로 건조함으로써 동일 상대습도에서 흡습능이 저하되기 때문이다.

③ 비중

고주파 진공건조재와 열기건조재 간에 차이가 없고, 제습건조재와 비교하여 고주파 진공건조재의 비중이 약간 낮은 것으로 보고되어 있는데, 이것은 고주파 진공건조재의 용적수축률이 제습건조재보다 4% 정도 더 작기 때문이다.

(2) 기계적 특성

고주파 진공건조재는 압축강도, 탄성계수와 휨강도, 전단강도 및 경도 등이 제습건조재와 비교하여 약간 낮으나, 압축강도를 제외하고는 통계적 유의성은 없다(표 10-20). 화이트 파인 압축강도의 경우 고주파 진공건조재가 6,314psi, 열기건조재 6,613psi로 열기건조재가 통계적인 유의성이 인정

표 10-20 레드오크재의 건조방법별 건조재의 기계적 특성 비교(Lee and Harris, 1984)

구분	고주파 진공건조	제습건조
휨성질		
탄성계수(10^3psi)	2,076	2,124
휨강도(psi)	21,365	21,469
종전단		
최대응력	2,037	2,195
경도		
종단면	2,040	2,085
횡단면	2,359	2,378

표 10-21 야구방망이용 국산 물푸레나무 각재의 고주파 진공건조 및 열기건조의 충격휨 흡수에너지 비교(Lee and Jung, 2000)

건조방식	횡단면 할렬		재면할렬		내부할렬		충격휨 흡수에너지 (kgf · m/cm^2)
	발생 개수* (개)	길이** (cm)	발생 개수* (개)	길이** (cm)	발생 개수* (개)	길이** (cm)	
고주파 진공건조	1.45	1.0	0.64	5.2	None	None	1.44
열기건조	0.18	0.4	4.55	46.5	None	None	1.26

* 각재 1매당 평균 발생 개수
**각재 1매당 평균 총발생길이

되는 수준에서 더 높게 나타났다.

한편 야구방망이용 국산 물푸레나무 각재의 충격휨 흡수에너지의 경우, 고주파 진공건조재가 열기건조재보다 14% 정도 높게 나타났다. 이는 고주파 진공건조의 경우 46.5°C 이하의 저온으로 건조함으로써 열열화(熱劣化)에 의한 강도손실이 작고, 또한 미세할렬의 발생이 적기 때문이다(표 10-21).

(3) 화학적 특성

진공건조 후 목재의 화학적 특성은 극히 미미한 변화가 있을 뿐이다. 건조 전과 비교하면 추출물 함량과 홀로셀롤로오스 함량은 약간 감소하고, 리그닌 함량은 미세하게 증가한다.

4) 진공건조재의 품질과 건조속도

다른 건조법과 비교하여 진공건조에 의한 건조시간 단축과 건조재의 품질향상 효과는 일반적으로 투과성이 불량한 수종보다는 투과성이 양호한 수종에서, 장척재(長尺材)보다는 단척재(短尺材)에서, 그리고 판재보다는 각재에서 더욱 뚜렷하다.

(1) 최종함수율의 불균일

진공건조재에서는 재목 내 부위 간 또는 재목 간에 최종함수율의 변이가 크고, 특히 구형 고주파 진공건조에서 매우 심하다. 고주파 출력의 불균일로 인해 고온점(hot spots)과 저온점(cold spots)이 존재하고, 투과성이나 밀도의 차이에 의한 영향을 많이 받으며, 잔적재 간 밀착불량 등이 원인이다.

① 재목 간 변이

초기함수율과 최종함수율 간에는 전혀 상관관계가 없고, 비중과 최종함수율 간에는 매우 밀접한 음(−)의 상관관계가 있어 비중이 클수록 최종함수율은 낮다. 또한 주파수가 높을수록 비교적 균일한 최종함수율을 얻을 수는 있으나, 수증기에 의한 가열을 실시하지 않는 진공건조기의 경우 이퀄라이징 처리가 불가능하기 때문에 일부 고함수율 부위(wet spots)의 존재는 불가피하다.

그림 10-15는 고주파 진공건조한 hem-fir 판재의 최종함수율 분포곡선

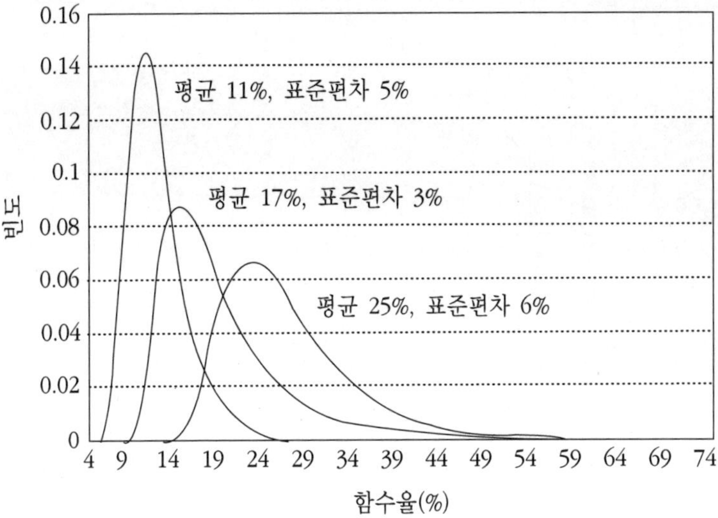

그림 10-15 고주파 진공건조한 hem-fir 판재의 최종함수율 분포곡선(Avramidis et al., 1996)

이다. 오른쪽 곡선은 평균함수율이 25%이고, 왼쪽 곡선은 11%로서 두 경우 모두 상당수의 과건조와 미건조 목재가 존재하지만, 목표함수율이 낮을수록 과건조재의 빈도수가 감소하고, 아울러 최종함수율의 분포범위도 좁아지면서 분포곡선의 기울기가 매우 급격해진다.

그림 10-16에 의하면, 각 레드오크 판재의 최종함수율의 변이가 고주파 진공건조의 경우 2~28%의 넓은 범위를 보인 반면에, 열기건조에서는 7~11%로 변이가 크지 않다.

② 재목 내 변이

동일 건조재 내에서 재목의 섬유방향으로의 최종함수율 분포는 일정한 경향이 없으나, 습낭(wet pockets)이 존재한다. 마이크로파와 같이 고주파

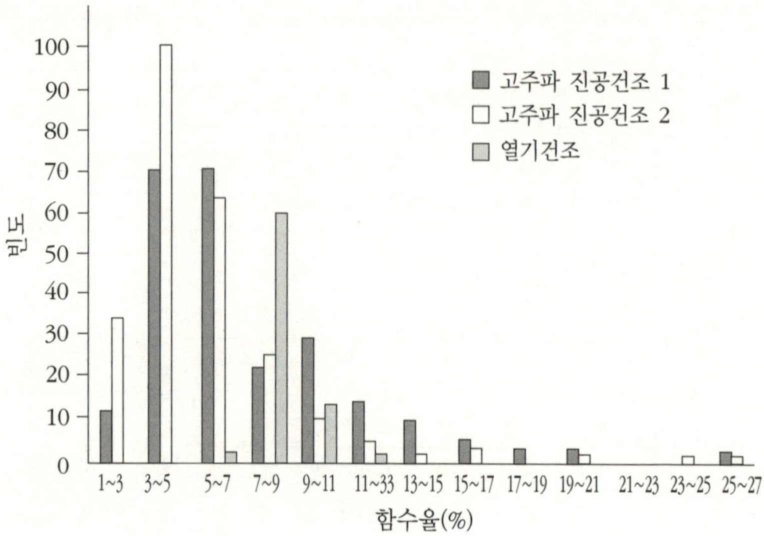

그림 10-16 고주파 진공건조 및 열기건조 목재의 최종함수율 변이(Trofatter et al., 1986)

수가 적용될 경우 상대적으로 저주파인 고주파 진공건조의 경우보다 재목 내 함수율 균일화를 꾀할 수 있고, 이 외에 투과성, 비중 및 잔적의 오류 여부 등에 따라 영향을 받는다.

③ 잔적부위 간 변이

일반적으로 잔적위치에 따른 최종함수율의 변이는 크지 않다. 고주파 진공건조의 경우 기전전극판(RF charge plate)과 가까운 위치에 잔적된 건조재의 함수율이 접지전극판 쪽에 잔적된 건조재보다 높다(그림 10-17). 이것은 함수율이 10% 이하에 도달함에 따라 접지전극판 쪽이나 접지전극판과 기전전극판의 중간부위의 온도가 더 높아지면서 이 부위에서 추가적인 건조가 이루어지기 때문이다.

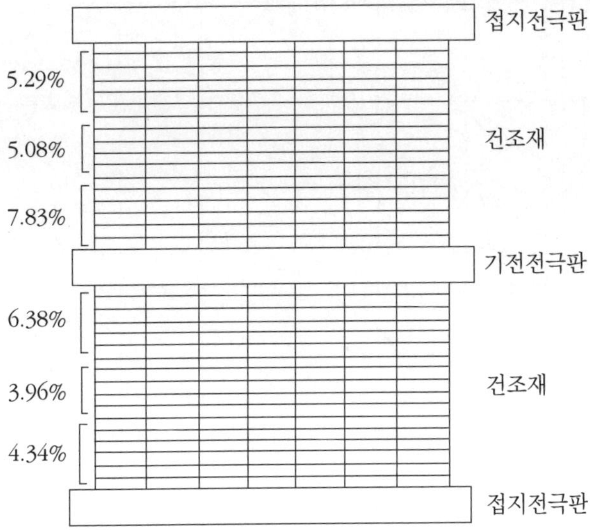

그림 10-17 레드오크 판재의 고주파 진공건조기 내 잔적위치별 최종함수율 분포 (Trofatter et al., 1986)

(2) 건조응력

진공건조의 경우 일반적으로 건조 초기와 중기 단계에서 표층은 인장응력 상태를 보이다, 건조 종료시기에 임박해서야 압축응력으로 전환된다. 반면에 내층은 전 건조기간에 걸쳐 미미한 압축응력 상태를 나타내거나 건조 말기에는 거의 무응력 상태를 나타내기도 한다.

그림 10-18은 고주파 진공건조와 열기건조의 잔류응력 해제 전후의 스트립의 변형량을 비교하여 나타낸 것이다. 두 건조방법 모두 건조 초기에는 표층에 인장응력이 형성된 뒤 건조 말기에 이르러서 압축응력으로 전환되는 양상을 보인다. 그러나 건조 중기에는 열기건조에 비해 고주파 진공건조에서 응력이 크게 형성되고, 컨디셔닝 처리를 실시하기 직전(8주)의 응력은 고주파 진공건조재와 비슷하다. 컨디셔닝 처리가 불가능한 고주파 진

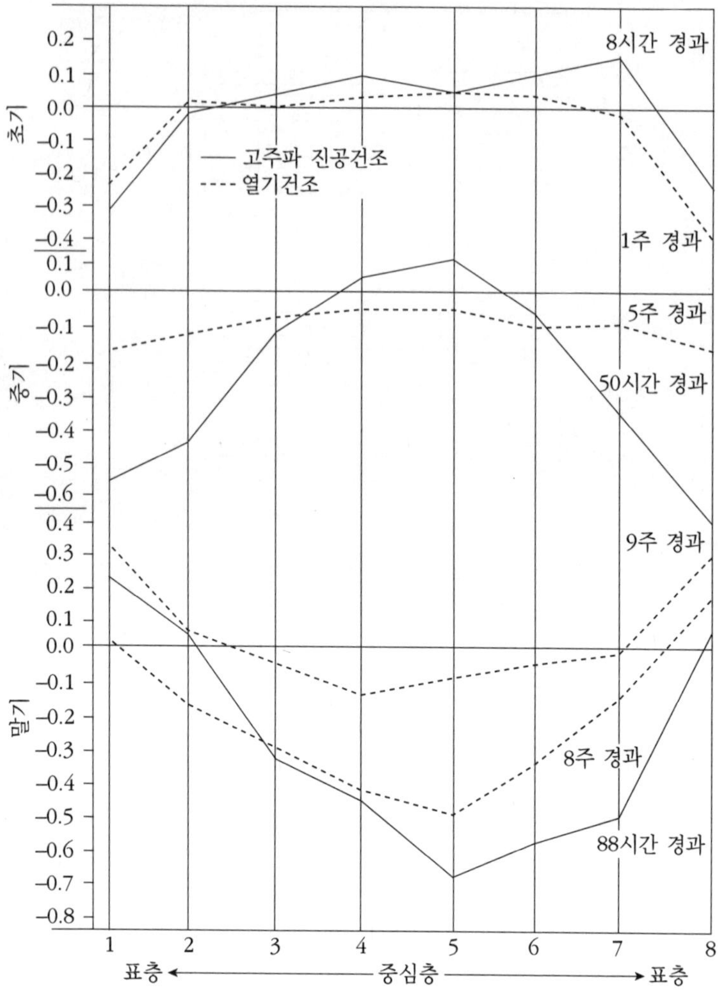

그림 10-18 고주파 진공건조재와 열기건조재의 잔류응력 해제 전후의 스트립 변형량(Harris and Taras, 1984)

공건조 시스템에서는 건조 말기의 응력이 컨디셔닝 처리 후(9주)의 열기건조재 응력과 비교하여 심하게 형성된 모습을 보이지만, 실제 프롱법으로 조사한 잔류응력은 매우 경미하다. Jung 등(1999)의 보고에 의하면, 몇 가지 수종의 횡단면 크기 10×11cm 각재의 열판가열식 진공건조재의 표면경화율은 5~14%로서 매우 경미하다.

(3) 할렬과 틀어짐

진공건조재의 경우 목재 내외 간 절대압력의 차에 의해 내부수분의 이동속도가 빠르기 때문에 건조 초기 표층과 내층 간의 수분경사를 완만하게 유지할 수 있어 표면할렬이나 횡단면 할렬의 발생 정도가 열기건조재에 비하여 경미하다. 또한 건조 말기에도 저온이 적용되기 때문에 내부할렬 예방에도 효과적이다. Simpson(1987)의 보고에 의하면, 4/4인치와 10/4인치 레드오크 판재를 증기가열식 진공건조를 실시한 결과, 표면할렬은 전혀 발생하지 않았고, 내부할렬도 매우 경미하였다. 그러므로 진공건조는 레드오크, 너도밤나무 등과 같이 할렬발생이 용이한 수종이나, 바둑판용재나 수심기둥재 등과 같은 두꺼운 각재(角材), 생장잔류응력으로 인해 심재부위에 할렬이 매우 민감하게 발생하는 목공예용 원판(圓板), 또는 용도상 미세할렬에 의한 품등저하가 수반되는 야구방망이, 골프클럽헤드, 볼링핀 부재(部材) 등의 건조에 유용하다.

(4) 재색과 수지삼출

진공건조재의 재색은 건조를 전후하여 거의 변화가 없다. 심지어 90°C의 고온으로 건조하더라도 열기건조에서와 같은 암색화(darkening)는 발생하지 않는다(Miller, 1992). 또한 진공건조재는 예비천연건조 후 열기건조한 재목보다도 재색이 훨씬 더 밝다. 최근 이와 같은 특성 때문에 재색이 매우 중요시되는 화장용 무늬목 난판의 건조에 진공건조를 적용하려는 시도가 계속되고 있다.

일부 침엽수재의 경우, 건조 후 사용환경 조건에서 수지가 삼출되어 여러 가지 장애를 일으키는 경우가 흔하다. Kanagawa(1989)의 보고에 의하면, 고주파 진공건조재와 열기건조재 간에 수지 잔존량에는 차이가 없음에도 불구하고, 열기건조재의 경우 수지삼출 촉진 시험조건 아래서 수지가 심하게 삼출된 반면에, 고주파 진공건조재의 경우 수지삼출이 전혀 없거나 매우 경미한 수준을 보인다. 이것은 고주파 진공건조의 경우 적용된 건조온도가 대기압 하에서 100°C 이상의 고온과 같은 효과를 발휘하기 때문에 건조 중에 재목 내의 수지가 고착되기 때문인 것으로 추측된다.

(5) 건조속도

진공조건 아래서는 목재 내외 간의 절대압력의 차이에 의해 내부수분의 이동속도가 빠르고, 또한 물의 끓는점 이상의 온도조건에서 건조가 이루어지므로 진공건조 속도는 대기압 아래서 100°C 이상의 조건으로 건조하는 고온건조 속도와 비교할 만하다.

두께 8/4인치, 길이 8피트 레드오크 판재를 초기함수율 67%에서 7%까지 고주파 진공건조하는 데 불과 88시간이 소요되어 평균 건조속도가 0.7%/hr로 매우 빠르게 나타났다. 반면에 동일 판재를 초기함수율 57%에서 8%까지 열기건조하는 데에는 65일이나 소요되어 평균 건조속도가 0.78%/일을 보여 고주파 진공건조 속도는 열기건조 속도보다 무려 17배 정도 빨랐다(Harris and Taras, 1984).

두께 2인치 화이트 스프루스를 초기함수율 62%에서 약 15%까지 고주파 진공건조하는 데 15시간 정도 소요되어 열기건조 60시간과 비교하면 건조속도가 4배 정도 빨랐다(그림 10-19). 특히 열기건조의 경우 건조시간이 경과함에 따라 건조곡선의 기울기, 즉 건조속도가 점점 감소한 반면에, 고주파 진공건조에서는 건조 말기에 이르기까지 전 건조기간 동안 건조속도가 일정한 양상을 띠는 특징을 보인다. Moldrup 등(1992)에 의하면, 소나무류와 같은 침엽수재를 진공건조할 경우 건조속도를 열기건조의 3배 정도

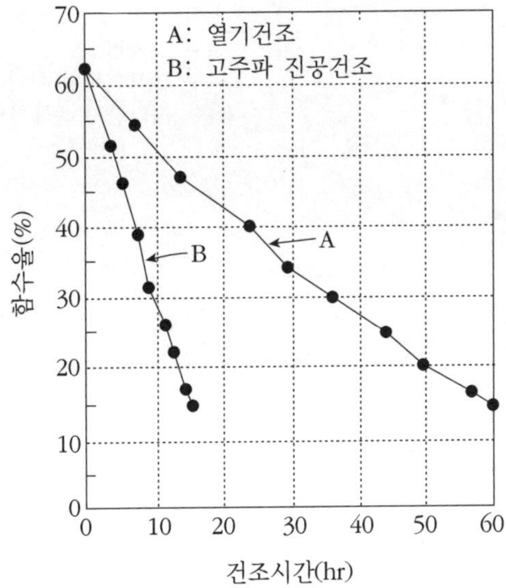

그림 10-19 두께 2인치 화이트 스프루스재의 고주파 진공건조 곡선과 열기건조 곡선(Miller, 1971)

유지하더라도 동일한 품등의 건조재를 얻을 수 있다.

외주조건이 동일할 경우 진공건조 소요시간은 건조재의 두께와 길이의 영향을 받는다. 고주파 진공건조의 경우 건조소요시간은 건조재 두께와 대수비례관계가 성립하여 다음 식으로 나타낼 수 있다.

$$\mathrm{Log}(t) = n \times \mathrm{Log}(b) + m \qquad (10-3)$$

t = 건조시간

b = 건조재의 두께

m, n = 수종별 고유상수

특히 고주파 진공건조 시간은 수종의 투과성과 매우 밀접한 관련이 있

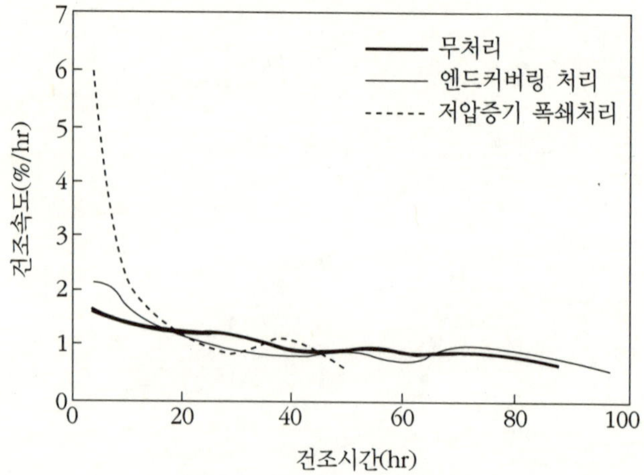

그림 10-20 저압증기 폭쇄처리한 일본 삼나무 원반의 고주파 진공건조 중의 건조속도 추이(Lee and Hayashi, 2000)

다. 투과성이 양호한 아피통의 경우 열기건조보다 건조속도가 무려 13배나 빠르게 나타난 반면, 투과성이 비교적 좋지 않은 모토아와 웨스턴 레드시더의 경우는 각각 2.6배와 1.4배에 불과하였다.

그림 10-20은 저압증기 폭쇄처리로 투과성 증진처리를 한 일본 삼나무 원반과 무처리 원반의 고주파 진공건조 중의 건조속도 추이를 나타낸 것으로, 피건조재의 투과성이 고주파 진공건조 속도에 얼마나 큰 영향을 미치는지를 잘 보여 주고 있다.

저압증기 폭쇄처리 원반의 건조 초기 4시간 동안의 건조속도는 6%/hr이고, 무처리 원반은 1.65%/hr로 투과성 증진처리에 의해 건조속도가 무려 약 3.6배 증가하였다. 저압증기 폭쇄처리 원반의 경우 진공조건에서 목재 내외 간의 절대압력 차에 의해 형성되는 기동력이 모세관 유동을 가속화하기 때문이다.

표 10-22 진공도와 건조속도의 관계(웨스턴 레드시더, 횡단면 9.1×9.1cm, 길이 224cm, 13.56MHz)(Avramidis et al., 1994)

시험	전압 (kV)	초기함수율 (%)	최종함수율 (%)	건조시간 (hr)	진공도 (mmHg)
1	0.4	37(26~112)	15(14~16)	105	70
2	0.6	36(27~44)	15(14~16)	38	69
3	0.6	37(26~50)	15(14~16)	28	45
4	0.8	43(35~72)	15(12~18)	23	46
5	0.8	36(26~50)	15(12~18)	27	69
6	1.0	37(19~65)	15(11~19)	16	32

*( ) 안은 함수율 범위.

한편 건조시간이 경과함에 따라 자유수량이 감소하면서 투과성이 건조속도에 미치는 영향도 급격하게 감소함을 알 수 있다.

또한 진공건조 중의 건조속도는 진공탱크 내의 공기압의 크기에 반비례한다. 표 10-22에 의하면, 시험 2와 시험 3에서 적용한 전압은 0.6kV로 동일하지만, 진공도를 각각 69와 45mmHg로 적용한 결과 건조소요시간이 각각 38시간과 28시간으로 진공도가 낮은 시험 3에서 건조시간이 10시간 정도 단축된 사실을 알 수 있다. 시험 4와 시험 5에서도 이와 유사한 경향을 볼 수 있다.

고주파 진공건조의 경우 건조속도는 진공도뿐 아니라 고주파 발진 전압과도 밀접한 관련이 있다. 고주파장 내의 유전체 손실이 목재의 함수율과 내부온도가 변화함에 따라 함께 변화하기 때문에 일정 전압 아래서는 건조시간이 경과함에 따라 건조속도가 느려진다. 그러므로 저함수율 범위에서도 빠른 건조속도를 유지하기 위해서는 전압을 상승시켜 건조속도를 조절하기도 한다.

5) 진공건조장치와 건조조작

진공건조장치를 구성하는 기본적인 요소는 목재를 가열하기 위한 가열장치, 목재를 잔적할 진공탱크, 목재에서 증발된 수분을 응축시켜 진공도를 유지하는 역할을 담당하는 응축기, 진공탱크 내의 공기를 배기시키는 진공펌프, 응축기와 진공탱크 내의 응축수를 일정량 저장했다가 배수하는 자동배수장치, 장치 전체를 제어하는 자동 컨트롤 장치, 기타 온도 센서, 압력센서 등이다. 가열방식에 따라 송풍장치와 환기장치가 필요한 경우도 있다.

(1) 진공탱크

진공탱크에는 목재를 잔적할 공간 이외에 온도 센서, 압력 센서, 가열장치 및 진공펌프와의 연결부분 등이 필요하다. 건조조건을 일정하게 유지하고 진공펌프에 부하를 주지 않도록 연결부위는 고도의 기밀유지가 요구되고, 일반적으로 고무패킹을 활용하여 연결한다.

진공탱크 내의 습도는 진공건조 개시 직후를 제외하고는 목재로부터 증발량이 많을 때는 거의 100%에 이른다. 즉 진공탱크 내부는 수증기만으로 압력을 유지하게 된다. 건조 중 진공탱크의 온도는 목재에서 증발한 증기온도보다 낮기 때문에 증기의 일부는 온도가 낮은 진공탱크 벽면에서 응축된다.

진공탱크의 단열은 목재에서 증발한 수분을 적극적으로 응축시키기 위해서 실시하지 않은 것이 바람직하지만, 건조 초기나 말기에 증습을 행하고자 할 경우에는 충분한 단열이 요구된다. 진공탱크나 기타 부착설비들은 목재로부터 방출되는 산에 의해 부식되지 않도록 스테인리스로 제작하는 것이 바람직하다.

진공탱크의 형상은 내부용적이 15m^2(실용적 약 6~8m^3) 정도의 소형일 경우에는 실린더형이 많고, 그 이상의 경우는 각형(角形)이 바람직하다.

(2) 진공장치

① 진공펌프

진공펌프(vacuum pump)의 종류에는 오일회전 진공펌프, 수봉식 진공펌프 및 원심식 진공펌프가 있다. 오일회전 진공펌프는 진공 도달은 빠르지만 응축기에서 응축된 수분이 오일과 혼합되기 때문에 펌프가 손상될 우려가 있어 최근에는 목재건조용으로 별로 사용하지 않고 수봉식 진공펌프가 많이 사용된다. 수봉식 진공펌프의 도달 진공압력은 물의 온도가 상승하면 불량하게 된다. 이것을 방지하기 위해서 온도가 낮은 냉각수를 순환시키는 것이 필요하다. 그러나 물이 얼 정도의 추운 지역에서는 사용이 불가능하고, 이러한 지역에서는 원심식 진공펌프를 사용한다.

진공펌프는 반드시 응축기와 함께 사용하기 때문에 응축기의 능력이 충분하면 진공펌프의 능력은 시간당 배기량과 최대 진공도 등으로 결정한다. 물론 단시간에 원하는 진공도에 도달하고자 할 경우에는 용량이 큰 진공펌프가 필요하다. 그러나 건조 개시 이후부터는 진공탱크 시스템의 누기(漏氣)나 증발된 수증기만을 제거하기 때문에 적은 용량의 진공펌프로도 충분하다. 따라서 진공탱크 내 압력을 크게 변동시키지 않는 경우라면 용량이 큰 것과 작은 것을 병렬로 설치하여 사용해도 좋다.

② 응축기

응축기(condenser)는 진공탱크 내에 발생하는 수증기를 냉각시켜 결로시키기 위해 설치된 것이기 때문에 응축기의 능력을 결정하는 데에는 통과하는 수증기의 온도와 양, 응축기의 냉각온도, 냉각부의 표면적 등이 관계한다. 응축기의 능력이 충분하여 목재로부터 증발한 수증기의 대부분을 응축시킬 수 있다면 응축수로부터 건조중 함수율을 추정할 수 있다.

응축기는 냉각온도가 낮고 표면적이 큰 것일수록 좋다. 응축기의 능력을 결정하기 위해서는 목재로부터 증발한 포화수증기의 부피를 아는 것이 필요하다. 포화수증기의 밀도는 온도에 따라 다르다. 온도가 증가하면 포화수증기압과 수증기의 밀도가 증가하게 되고, 목재로부터 증발한 수증기의 부피는 감소하기 때문에 적은 용량의 응축기로도 무방하다.

응축이 모두 응축기에서만 발생하지는 않는다. 진공탱크도 하나의 큰 응축기와 같은 역할을 하기 때문에 응축기의 부담이 줄어든다. 응축기와 진공탱크에 의한 응축수 비율은 외기온도에 따라 다르며, 여름철에는 7 : 3, 겨울철에는 5 : 5 정도가 된다. 단, 진공탱크를 단열하면 진공탱크에서의 응축량은 감소하기 때문에 응축기의 부담은 크게 경감되지 않는다. 응축기의 용량은 피건조재나 냉각조건에 의해서 큰 폭으로 변화하지만, 재적 5m^{3}에서 건조속도가 빠른 경우에는 15kg/hr 정도, 건조속도가 느린 경우에는 3kg/hr 정도가 필요하다.

응축기에는 응축수를 저장할 집수탱크가 부착되어 있고, 물이 일정량 모이면 트랩이 열리면서 자동적으로 배수가 이루어진다. 배수 카운터를 부착하면 카운터 횟수와 1회의 배수용량으로부터 배수량을 측정할 수 있기 때문에 건조중함수율의 변화를 추정할 수 있다. 단, 건조 초기에 증습을 실시할 경우에는 건조에 의한 배수량이 분명하지 않기 때문에 함수율 측정이 불가능하다.

(3) 가열장치와 조작원리

① 증기가열식 진공건조기와 건조조작

감압건조 중의 진공탱크 내부는 대부분이 수증기로 채워져 있다. 진공탱크 내의 진공도를 55mmHg로 하면 수증기 밀도는 약 0.05kg/m^{3}이다. 한편, 대기압 상태의 공기밀도는 80°C에서 1kg/m^3 정도이기 때문에, 수증기의 비열이 공기의 약 21배 되는데도 진공상태에서 수증기에 의한 목재로의 열전달이 적다. 이와 같이 1/10 정도에 불과한 열전달능 때문에 잔적 내 피건조재에 열을 전달하는 데에는 상당량의 기체순환이 없으면 송풍측의 반대쪽에서는 건조가 매우 느리다.

진공건조법의 실용화가 이루어지던 초기에 목재의 가열방식은 진공탱크 내부의 잔적 측면에 설치된 가열관으로부터의 복사열과 잔적 하부에 설치된 가열관으로부터의 상승기류에 의한 것이 대부분이었다. 그러나 이 경우 잔적층의 바깥쪽은 건조가 잘 이루어지지만, 내부의 경우 상승기류를 유효하게 활용하기 위해서 인접 판재 간 간격이 충분히 확보되도록 잔적해야 하는 어려움이 있다.

이와 같은 불균일한 가열을 해결하기 위해서는 진공탱크 내에 소형 송풍기를 설치하여 기체를 강제순환시키거나, 일정 시간 대기압 상태로 복압(腹壓)하여 고습 공기로 가열하는 방식이 도입되었다. 대기압 상태에서는 일반 열기건조에서와 비슷한 방식으로 가열된다. 진공탱크 벽면을 흐르는 열수에 의해서 금속 재킷 내에서 일정한 온도로 가열된 공기가 재간(材間)을 통

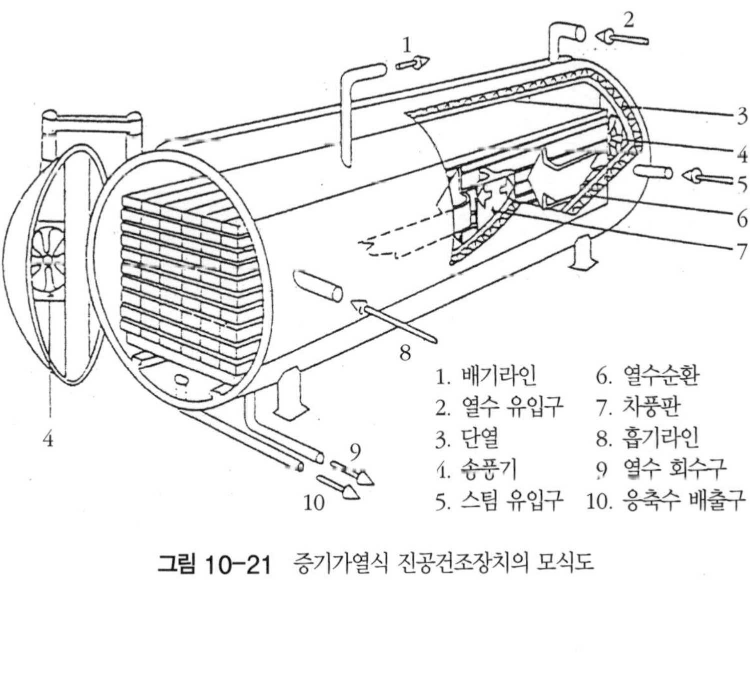

그림 10-21 증기가열식 진공건조장치의 모식도

표 10-23 증기가열식 진공건조스케줄의 실례(1)

열수온도(°C)		두께 (인치) mm				조습	
재온(°C)		(5/4) 30	(8/4) 50	(11/4) 70	(14/4) 90	평형함수율 (%)	건습구온도차 (°C)
함수율 (%)	15 이하	72 60	72 60	70 58	70 58	10	8
	20	68 55	68 55	65 52	65 52	10	8
	25	62 50	62 50	60 48	60 48	12	6
	30	58 48	58 48	55 46	55 46	12	6
	40	58 48	58 48	55 46	55 46	14	4
	50	58 48	58 48	55 46	55 46	14	4
	60 이상	58 48	58 48	55 46	55 46	16	3
예비가열						18	2.5

*적용 수종: Oak, Slavonian oak, American oak, chestnut

과할 수 있도록 잔목을 이용하여 적절하게 층적한다. 건조속도를 촉진하기 위해서 건조결함의 발생을 억제할 수 있는 범위 내에서 가능한 한 온도를 높게 설정한다. 이러한 가열공정은 목재 내부가 원하는 온도에 도달할 때까지 계속되며, 이 기간 동안에 목재로부터 수분이 전혀 증발되지 않고, 오로지 목재의 온도를 상승시키는 데에만 열이 소모될 뿐이며, 수분증발은 진공공정 중에 이루어진다.

표 10-24 증기가열식 진공건조스케줄의 실례(2)

열수온도(°C)		두께				조습	
재온(°C)		30 (mm)	50 (mm)	70 (mm)	90 (mm)	평형함수율 (%)	건습구온도차 (°C)
함수율 (%)	15 이하	90 82	90 80	90 78	90 76	3	10
	20	90 82	90 80	90 78	90 76	4	10
	25	85 77	85 75	85 73	85 71	5	10
	30	85 77	85 75	85 73	85 71	6	9
	40	80 72	80 70	80 68	80 66	7	8
	50	75 68	75 66	75 64	75 62	8	7
	60 이상	75 68	75 66	75 64	75 62	11	6
예비가열						14	4

*적용 수종: Spruce, Pine, Douglas-fir, Semi-hard cossipo, White alder, Black alder, Larch, Obece, White lauan, Lime, Abura, Frake

가열공정이 끝나고 진공공정이 개시되는 시점에서 목재 온도는 내층이 표층보다 약 5°C 낮은 상태를 유지한다. 진공펌프가 작동하기 시작하면 건조실 내의 공기와 수증기가 건조실 밖으로 배출되어 건조실 내의 수증기압이 낮아지고, 따라서 목새 내 수분의 끓는 점도 낮아진다.

그러므로 100°C 이하의 온도에서도 목재 표면으로부터 수분이 증발하게 된다. 증발이 진행되면서 증발잠열에 의한 열손실로 목재 표층의 온도는 서서히 떨어지게 되지만, 진공펌프가 계속 작동 중이므로 건조실 내 수증기압은 더욱 낮아지고, 이에 연동하여 목재로부터 수분은 계속해서 증발될 수 있다.

수분증발에 의해 영향을 받지 않는 내층 온도가 미리 설정한 온도를 유지하는 한 표층으로부터 수분증발은 계속된다. 더 이상 수분이 증발할 수 없는 수준까지 표층의 온도가 하강하여 오히려 내층의 온도가 더 높게 되면 표층에서 수분증발은 정지되고, 대신 내층 수분이 표층으로 이동하게 되어 표층은 함수율이 약간 상승하게 된다. 동시에 열 또한 고온인 내층에서 저온인 표층으로 전달되면서 내층 온도도 저하되기 시작하는데, 목재 온도가 노점온도에 이르게 되면 위에서 기술한 일련의 과정이 멈추게 된다.

목재 내 수분이 제거되는 것은 물론 표층과 내층 간의 함수율 차이 또한 균일하게 할 수 있어 건조결함 예방이 가능하게 된다. 이 공정이 끝나면 다시 가열공정이 시작되는 사이클이 반복되면서 건조가 완료된다.

그러나 건조시간이 많이 걸리고 가열온도가 높기 때문에 틀어짐이 발생할 위험이 있다. 특히 증기가열식 진공건조의 경우 건조 종료 후 이퀄라이징 처리나 컨디셔닝 처리를 실시할 수 있기 때문에 재목 간 함수율 변이나 잔류응력을 완화시킬 수 있다.

증기가열식 진공건조기의 크기는 소형으로는 $4m^3$에서부터 대형으로는 $100m^3$에 이르기까지 다양하다.

② 열판가열식 진공건조기와 건조조작

일정 온도로 가열한 열수에 의해 가열되는 알루미늄 열판 사이에 피건조재를 잔적하여 접촉가열하는 방식이다(그림 10-22). 목재로부터 증발된 수분은 열판이나 진공탱크 벽체에서 응축되어 건조기 하부의 집수탱크에 일정량이 모이면 자동적으로 배수된다. 주로 골프클럽헤드, 원반 등과 같이 재료와 열판과의 접촉이 용이하고 횡단면을 통한 가열이 용이한 경우에 유

표 10-25 열판가열식 진공건조스케줄의 실례

건조시간 (hr)	열판온도 (°C)	두께(cm)			
	재온(°C) 15	2 18	4 26	6.5 40	9
함수율	20(%)	90	85	80	80
	19	25 75	41 70	60 65	65
	30(%)	85	80	75	75
	24	32 70	51 65	76 60	60
	40(%)	80	75	70	70
	28	38 65	60 60	90 55	55
	50(%)	80	75	70	70
	32	44 65	68 60	100 55	55
	60(%)	80	75	70	70
	36	49 65	75 60	110 55	55
	70(%)	80	75	70	70
	40	52 65	81 60	120 55	55
	80(%)	80	75	70	70
		65	60	55	55

*적용 수종: 참나무, 아프리카산 마로니에

효하다. 이 방식은 목재의 섬유방향으로 열전도가 양호하고, 고주파 가열방식보다 설치가 간단하며, 장치비가 저렴할 뿐 아니라, 열수를 회수하여 재순환시키기 때문에 에너지 소모가 적은 것이 이점이다. 그러나 건조 중 고온이 적용되기 때문에 틀어짐 억제 효과가 없고, 또 두꺼운 판재의 경우 고주파 진공건조와 비교하여 건조시간이 현저하게 증가하는 점이 문제이다.

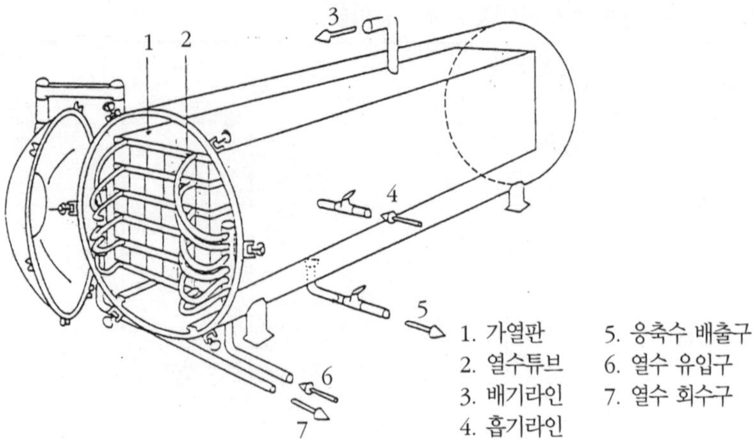

그림 10-22 열판가열식 진공건조장치의 모식도

또한 수용재적이 적은 편으로 $12m^3$을 초과하지 않는다.

③ 과열증기가열식 진공건조기와 건조조작

과열증기란 물의 끓는점 이상의 온도로 가열된 수증기로서 상대수증기압이 100% 이하이기 때문에 목재로부터 수분을 흡습할 수 있다. 과열증기가열식 진공건조(그림 10-23)는 건조기 내의 온도와 압력을 이용하여 상대습도를 조절할 수 있기 때문에 건조기 내의 평형함수율을 정확하게 설정할 수 있는 점이 다른 진공건조방식과 크게 다른 점이다.

건조가 개시되면 먼저 물의 비점을 낮추기 위해 진공탱크 내에 공기가 더 이상 존재하지 않을 때까지 압력을 저하시킨다. 곧이어 외부에서 유입되거나 목재로부터 증발한 수증기를 물의 끓는점 이상으로 가열시켜 과열증기를 만들어 건조능력(drying power)을 얻는다. 이때 건조능력은 수증기의 압력과 온도에 의해 결정된다. 증기의 온도가 높을수록 과열증기의 상대수증기압은 낮아지기 때문에 수분의 흡습능이 증가하여 결과적으로 건

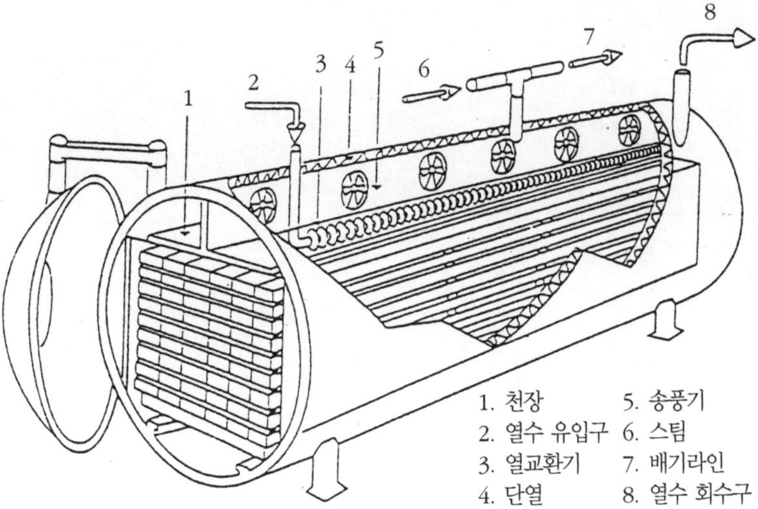

그림 10-23 과열증기가열식 진공건조장치의 모식도

조가 촉진된다(그림 10-24).

목재로부터 증발된 수분이 냉각판에서 응축되면서 진공탱크 내의 수증기압이 일정 상태를 유지할 수 있게 된다. 그래서 낮은 수증기압 상태에서도 건조실 내의 상대습도 제어가 가능할 뿐 아니라, 목재로부터 제거된 총증발 수분량을 정확하게 계측할 수 있다. 피건조재는 증기가열식 진공건조와 같이 잔목을 사용하여 충적하고, 풍속은 12m/sec 정도를 유지한다.

특히 과열증기가열식 진공건조의 경우 건조온도나 함수율의 관점에서 재색 열화의 위험성이 높음에도 불구하고 실제 과열증기가열식 진공건조재에서는 재색열화가 거의 관찰되지 않는다. 이것은 건조실 내 산소량이 적기 때문인 것으로 분석하고 있다.

이 건조방식은 참나무류와 같은 건조곤란 수종에서 할렬, 길이굽음, 너비굽음 등과 같은 결함이 발생할 수도 있기 때문에 두께 50mm 이상의 판

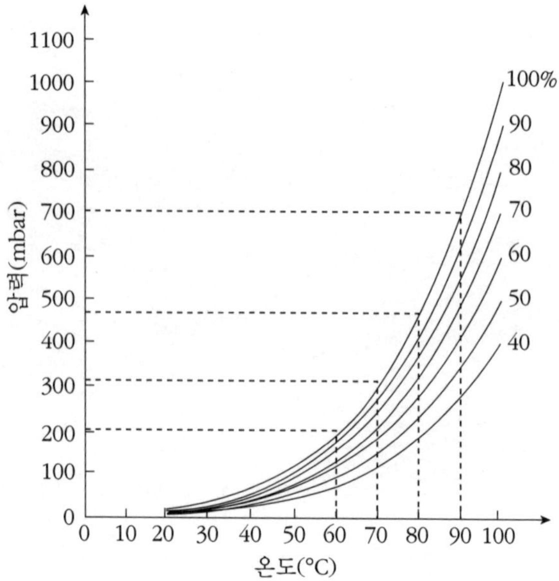

그림 10-24 온도, 압력 및 상대증기압의 관계(Skovmand, 1995)

재건조에는 부적합하다. 이 경우 함수율 40~50%까지 천연건조를 실시한 후 진공건조하는 것이 바람직하다.

④ 고주파 가열식 진공건조기와 건조조작

a. 고주파 가열식 진공건조기

유전가열방식으로 유전율의 손실이 발생할 때 양극성을 띠는 물분자가 유전체 내부의 전극 변화속도를 따르지 못할 경우 강제 회전되면서 내부마찰이 발생하여 유전체는 자기발열한다. 이와 같은 가열방식은 유전체 자체가 발열체이기 때문에 기본적으로 유전체가 균일하게 가열되는 내부가열방식이다. 그러므로 열전도가 불량하고, 외부가열방식으로는 내부까지 가열시키는 것이 매우 어려울 정도로 큰 체적과 열용량을 가진 재목 가열에 적

표 10-26 과열증기가열식 진공건조스케줄의 실례

두께 27mm						
함수율(%)	예비가열	> 40	> 28	> 20	> 6	컨디셔닝
온도(°C)	62	62	67	72	77	67
상대습도(%)	93	91	84	67	38	50
두께 50mm						
함수율(%)	예비가열	> 40	> 28	> 20	> 6	컨디셔닝
온도(°C)	56	56	61	66	71	61
상대습도(%)	95	93	87	70	40	50

당하다.

목재용으로는 주파수가 4~27MHz의 고주파가 사용되지만, 유기전파의 제약 때문에 주로 13.56MHz를 사용하는 경우가 많다. 한편 건조가 진행되면서 피건조재의 전기적 성질이 크게 변화하는 것에 대응해서 효율적인 가열이 이루어질 수 있도록 동조회로가 구성되어 있다. 발진기는 출력 5kW 정도의 소형은 공냉식이지만, 그 이상의 출력을 가진 발진기는 수냉식이다. 발진기의 에너지 효율은 발진기의 전압과 전류를 곱한 값의 50~60%이다.

고주파 이용설비는 방송이나 무선통신에 장애를 일으킬 수 있기 때문에 관련 부서의 허가를 받아야 한다. 단 13.56, 27.12, 40.68MHz 등 ISM 주파수에서는 통신에 장애가 없기 때문에 유기방지 설비를 갖출 필요는 없지만, 근처 기계의 자동제어에 영향을 미치기 때문에 고주파 이용설비는 전자파 차단을 하지 않으면 안 된다.

목재를 고주파 가열하는 경우에는 전극판이 필요하다. 목재건조에는 평행전극판이 사용되고, 그 전극판의 사이가 가열부가 된다. 전극판으로는 주로 알루미늄판이 사용된다. 피건조재의 길이가 1~1.5m의 단척재(短尺材)에 주로 사용되는 13.56MHz의 발진기에서는 전극판의 중앙부 1개소에서만

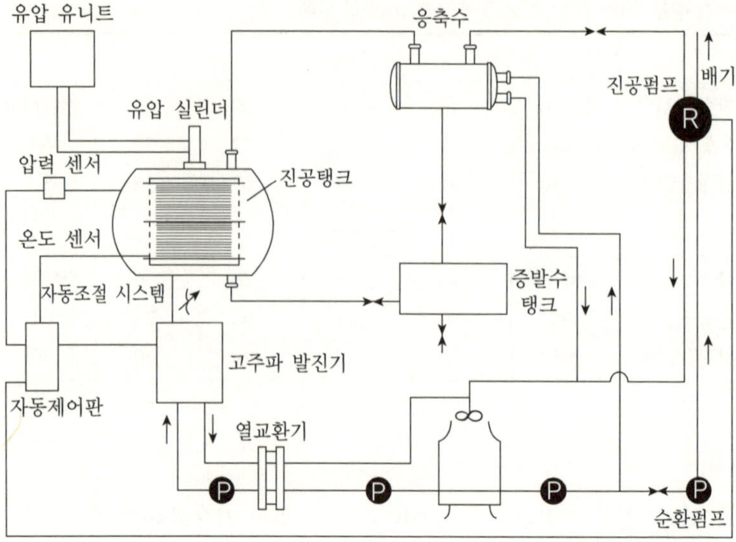

그림 10-25 고주파 진공건조 장치의 플로차트(Terazawa et al., 1998)

전원이 공급되어도 좋지만, 건축용재와 같이 장척재(長尺材)의 경우는 파장의 관계로 전극의 길이방향으로 전압 변이가 발생할 수 있으므로 2개소에서 전원을 공급하는 것이 일반적이다. 긴 전극판을 사용해야 할 경우에는 전원공급 지점을 증가시키는 것보다는 주파수를 낮추는 것이 바람직하다.

전극과 피건조재 사이에 간극이 있으면 피건조재에 가해지는 전압이 감소한다. 감소율은 유전율이 클수록 증가하지만, 함수율이 감소하면서 유전율이 작아진 경우에는 간극을 되도록이면 작게 할 필요가 있다. 고함수율인 경우에는 고주파의 부하효율이 매우 좋기 때문에 어느 정도 간극이 있더라도 저함수율의 경우보다는 문제가 되지 않는다. 간극 g, 피건조재의 두께 d, 유전율 ε, 전극전압 V, 피건조재에 가해지는 전압을 V_b라고 하면 다음 식이 성립한다.

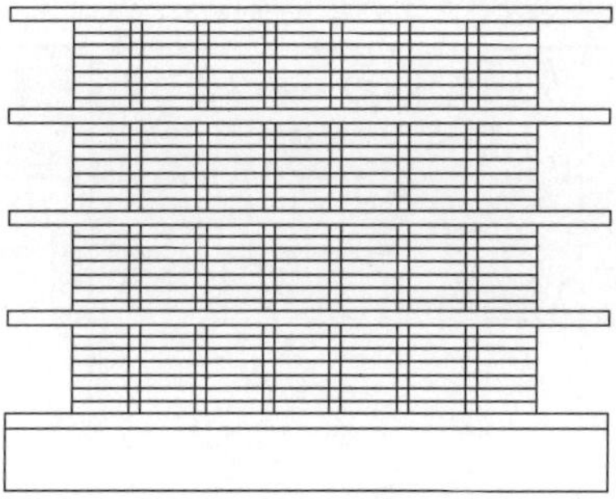

그림 10-26 다층전극의 전극판 배치 실례

$$\frac{V_b}{V} = \frac{1}{1 + \varepsilon \frac{g}{d}} \tag{10-4}$$

목재건조에서처럼 다량의 피건조체를 배치(batch) 방식으로 건조할 경우에 용적효율을 크게 하기 위해 그림 10-26처럼 다층전극판을 사용하는 것이 일반적이다. 이 경우 진공탱크 자체를 접지로 하기 위해 상하 전극판이 접지전극판이 된다. 전극판 간의 거리를 크게 하면 접지측에서 가열효율이 떨어져 결로가 발생하므로 접지전극판을 보온가열하는 경우도 있다. 13.56 MHz의 경우 전극판 간 거리는 30cm까지 가능하다. 그 이상이 되는 경우는 전원을 공급하지 않는 중간 전극을 설치하여 활용하는 경우도 있다.

b. 고주파 진공건조 조작

열기건조의 경우 대부분의 수종들에 대한 건조스케줄이 오랜 경험들에 의해서 확립되어 공개되어 있지만, 고주파 진공건조의 경우 고주파에 의한 가열이 고주파 출력에 좌우되고, 또 피건조재의 유전적 성질이 건조가 진행되면서 변화하기 때문에 건조스케줄을 설정하는 방법은 간단하지 않다.

피건조재의 용적에 비해 고주파 발진 용량이 충분한 경우에는 재온을 컨

표 10-27 주요 재종의 고주파 진공건조 조건의 실례(Terazawa et al., 1998)

구분	재종	골프클럽헤드용 감나무	다발묶음 단판 느릅나무, 참나무	두께 10.5cm 각재 참나무
건조기	수용재적(m^3)	2.7	5.4	5.4
	고주파발진출력(kW)	50	10	15
피건조재	용적(m^3)	–	–	2.8
	초기중량(kg)	2,287	263	2,730
	초기함수율(%)	75	65	50
건조조건	진공도(mmHg)	41~45	42	51~52
	양극전압(kW)	9	9	8 → 9
	고주파발진율(%)	100	100	30 → 50
	설정재온(°C)	50	50	37 → 40

트롤하면서 건조하는 것이 일반적 고주파 진공건조 스케줄이다. 즉 건조초기에는 진공탱크 내의 압력에 상당하는 노점온도 이상으로 재온을 설정한다. 건조 전반의 재온분포는 안정적이고 일정한 건조속도를 나타내지만, 건조가 진행되면서 목재 내부의 함수율이 섬유포화점에 근접하게 되면 건조속도가 저하된다. 이때 설정온도를 상승시켜 가며 건조한다.

그러나 실제 현장에서는 고주파 발진기의 용량이 부족한 경우가 대부분이다. 이 경우 미국, 캐나다 등에서는 주로 고주파 출력을 컨트롤하는 방식의 스케줄이 선호되고, 일본의 경우는 재온을 제어함과 동시에 고주파 발진율(예: 고주파 발진 7분, 발진 정지 3분)을 제어하는 방식이 사용된다.

또한 전극판에서의 결로를 고려해야 한다. 전극판 사이의 거리가 클 경우 접지전극판에서는 결로가 발생하여 목표함수율이 20%인 경우에도 건조 종료시 접지전극판과 접한 재목의 함수율이 5~10%까지 높은 경우도 있다. 결로에 따른 최종함수율의 변이를 줄이기 위해서 금망(金網)으로 전극판과 피건조재 사이에 공간을 만들거나 단열재로 합판을 삽입하기도 한다. 최근

표 10-28 목공예용 원반의 고주파 진공건조 조건의 실례

두께 40mm 소나무			두께 75mm 아까시나무		
건조시간 (hr)	진공도 (mmHg)	설정재온 (℃)	건조시간 (hr)	진공도 (mmHg)	설정재온 (℃)
0~24	50 → 100 → 50	38	0~12	50 → 100 → 50	36
~36		40	~24		38
~48		42	~48		40
~72		44	~84		43
~84		48	~120		45
~108		50	~156		48
~132		54	~192		53
~144		58	~204		냉각
~168		60			
~192		냉각			

에 전극판 자체에 온수를 통과시켜 전극판의 온도를 상승시키는 적극적인 방법으로 결로를 방지하기도 한다.

아무튼 고주파 진공건조 스케줄은 아직 충분히 개발되어 있지 않고, 이것들조차도 시행착오적인 방법으로 확립된 것이다. 고주파 진공건조의 발전을 위해서는 건조스케줄 확립이 절실하고, 이를 위해서 고주파 진공상태에서의 건조 특성이 반영된 건조지표(drying index) 개발이 시급하다. 고주파 진공건조는 주로 길이가 짧은 정각재, 바둑판재, 목공예용 원반, 골프 클럽헤드, 단판의 다발묶음, 참나무류와 같은 건조곤란 수종의 핀재류, 수심기둥재 등의 건조에 널리 활용되고 있다.

(4) 온도 센서와 압력 센서

온도 센서는 주로 백금 측온저항체가 사용되어 왔다. 그러나 이것은 고주파 전계 중에서 고주파의 영향을 받기 때문에 테프론 코팅 후 접지전극 부근의 재온을 측정하는 방식으로 이용되어 왔다. 이것은 저렴하고 구입이 용

이하지만, 기전전극측의 포텐셜이 높은 부위의 재온 측정이 불가능한 결점이 있다. 따라서 고주파 전계 중에서는 알코올 온도계나 광파장(光波長)의 흡수와 감쇠 원리를 이용한 광섬유 온도계를 이용하는 것이 바람직하다. 그러나 가격이 비싸기 때문에 실용적으로는 널리 이용되지 못하고 있다.

진공탱크 내의 진공도를 측정하는 데에는 부르동(bourdon)관 진공계가 많이 사용된다. 부르동관 진공계는 감도는 떨어지지만 내구성이 좋다. 장치제어의 목적으로는 다이어프램(diaphragm)형 진공 센서가 사용될 수 있다. 다이어프램형 진공계는 격벽이 압력차에 의해 탄성변형하는 원리를 이용한 것이기 때문에 감도가 우수하다.

목재 중의 압력측정은 수분이동의 정도를 파악하는 데 유용하다. 함수율이 섬유포화점 이상이면 온도를 측정하여 온도와 포화수증기압과의 관계로부터 압력 추정이 가능하다. 한편 섬유포화점 이하에서는 온도로부터 압력을 추정하는 것이 불가능하기 때문에 직접 목재 내의 압력을 측정해야 하지만, 측정이 매우 어렵다.

5. 고주파 건조와 마이크로파 건조

1) 고주파 건조

(1) 고주파 가열의 개요

고주파 가열방식에는 원리적으로 유전가열과 유도가열의 두 가지 방법이 있다. 목재, 고무, 면 등과 같은 피가열물이 유전체인 경우 유전체 손실에 의한 자기발열을 이용해서 피가열물의 내부로부터 균일하게 가열시키는 것이 유전가열이다. 또 다른 방식은 피가열물이 금속류 등과 같이 도전체인 경우로서, 피가열물에 유기되는 와전류에 의한 저항손실을 이용하여 가열

표 10-29 전파의 분류

주파수(Hz)	파장(mm)	주파수대 약칭		가열방식
30~300k	10^4~10^3	LF	중파	고주파 유도가열
300k~3M	10^3~10^2	MF		
3~30M	10^2~10	HF	단파	고주파 유전가열
30~300M	10~1	VHF	초단파	
300M~3G	1~0.1	UHF	마이크로파	마이크로파 유전가열
3~30G	0.1~0.01	SHF		
30~300G	0.01~0.001	EHF		

하는 유전가열이다. 목재건조에는 유전가열이 이용된다.

주파수에 따른 전파의 분류와 용도는 표 10-29와 같다. 단파, 초단파 영역인 주파수 3~300MHz가 많이 사용되고 있다.

① 장점

- 열이 피가열물 자체에서 발생하기 때문에 가열이 균일하게 행해지며, 열전도도나 피가열물의 두께 등에 아무 영향을 받지 않는다.
- 온도상승이 신속하여 온노상승 속도의 제어가 쉽다.
- 내부부터 가열되기 때문에 피가열물의 표면부터 건조됨으로써 결함이 발생하지 않는다.
- 전원을 제거하면 가열이 즉시 중단되며, 수위의 물체에 축적되었던 열에 의해 과열될 염려가 없다.
- 수분이 많은 부분을 선택적으로 가열할 수 있다.
- 출력 또는 조사시간을 조절함으로써 가열온도를 쉽게 제어할 수 있다.

② 단점

- 고주파 발진기의 효율이 50~60%에 지나지 않을 뿐만 아니라 회로 손

실도 있기 때문에 에너지 효율이 반드시 양호하다고 말할 수 없다.

• 초기 건설비가 많이 든다.
• 전파가 누설되면 통신에 방해를 주므로 완벽한 차폐가 필요하다.
• 피가열물 형상에 따라 균일하게 가열하지 못할 수도 있다.

(2) 목재에 이용

북미와 유럽의 여러 나라에서 고주파를 이용하여 목재를 건조하고 있으나, 아직 일반적인 목재건조 방법으로 정착되지 않았다. 미국 동부에서 뉴욕 주립대학을 중심으로 레드오크 단목을 고주파로 건조하여 좋은 성과를 얻고 있으며, 캐나다 밴쿠버에서는 대형 고주파 진공건조기가 건설되어 가동 중에 있다.

Kollmann과 Côte(1984)는 목재 고주파 건조의 장단점을 다음과 같이 설명하였다.

① 수종마다 고주파 건조스케줄이 다르기 때문에 건조할 때마다 주의 깊게 관찰해야 한다.

② 고주파 발진기는 원하는 주파수대와 전압을 출력할 수 있어야 한다.

③ 높은 주파수로는 기체투과율이 좋은 수종만 건조할 수 있다.

④ 고주파 건조는 두꺼운 소재를 건조해야만 경제성이 있다.

⑤ 건조시간이 오래 걸리는 낮은 함수율 목재를 건조하는 것이 유리하다.

⑥ 목재를 미리 가공하여 건조하는 것이 좋다.

⑦ 고주파 건조된 목재는 흡습성이 낮아지고 소독된다.

2) 마이크로파 건조

수분이 많은 식품이나 유전손실이 적은 고무 등을 가열하는 경우 고주파 유전가열에서 큰 전계를 인가할 필요가 있기 때문에 종종 방전이 일어나서 그 응용이 어려웠다. 유전체의 발열은 주파수와 전계강도에 비례하기 때문에 주파수를 높이면 전계강도를 낮추어도 같은 효과를 얻을 수 있다. 최근 마이크로파 주파수 영역에서 대전력(大電力)을 발생할 수 있는 마그네크론이 개발되어 방전을 피하면서 높은 발열 효과를 얻을 수 있는 기술이 발전하게 되었다. 현재 목재공업에서 마이크로파 가열은 목재, 단판의 건조와 수분경사 완화, 접착, 곡가공 그리고 WPC 제조 등에 널리 이용되고 있다.

(1) 주파수대

마이크로파는 센티파라고도 하는데, 파장이 센티미터 단위로 불리는 전자파의 총칭이며, 일반적으로 1,000MHz에서 20,000MHz까지의 전자파를 가르키는 일이 많다. 마이크로파 중 정보전달 이외의 공업적 용도에 사용하는 주파수를 ISM 주파수대라고 한다. ISM이란 Industrial Scientific Medical의 약자로 공업적 · 과학적 · 의학적 용도에 사용하는 주파수대를 의미한다. 이 주파수대는 마이크로파 영역에서는 915, 2,450, 5,800, 22,125MHz이지만, 이 중 915MHz대는 미국뿐이고 일본에서는 지정되어 있지 않다.

(2) 마이크로파의 침투 깊이

마이크로파가 유전체 속으로 들어가면 유전체 손실에 의해 흡수되어 강도가 약해진다. 마이크로파의 에너지가 $1/e$(e는 자연로그)로 감쇠하는 깊이 D는 다음과 같다.

$$D \fallingdotseq \frac{9.56 \times 10^7}{f\sqrt{\xi}\tan\delta}(\mathrm{m}) \qquad (10-5)$$

f = 주파수

ξ = 비유전율

$\tan\delta$ = 유전체 손실

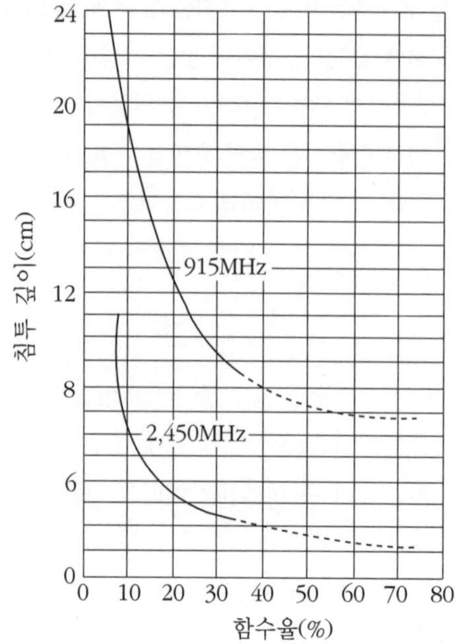

그림 10-27 미송의 함수율과 침투 깊이(915MHz와 2,450MHz의 계산값)

마이크로파의 전력밀도가 물체 표면에 대해서 반으로 감쇠하는 깊이를 반감심도라 하며, 다음과 같이 구한다.

$$D \fallingdotseq \frac{3.32 \times 10^7}{f\sqrt{\xi}\tan\delta}(\mathrm{m}) \qquad (10\text{-}6)$$

위 두 식에서 알 수 있듯이, 비유전율이 큰 물체의 침투 깊이 D를 크게 하려면 주파수를 낮추어야 한다.

목재에서 마이크로파의 침투 깊이는 주파수뿐만 아니라 함수율에 따라 달라진다. 주파수대 915와 2,450MHz에서 미송의 함수율이 감소함에 따라 침투 깊이가 급격히 증대하는 모습을 보인다(그림 10-27).

(3) 목재건조

함수량이 높은 물질의 가열에는 마이크로파가 적합하다. 마이크로파 가열은 본질적으로 내부가열이므로, 인가된 마이크로파 에너지는 직접 물분자에 흡수되어 열로 변하기 때문에 어느 부분도 증발온도 이상으로 높일 필요는 없다. 종래의 열기건조는 표면가열방식으로, 내부온도는 표면에서의 열전도에 의해서만 상승하므로 내부수분을 증발시키기 위해서는 표면온도가 내부보다 훨씬 높아야 한다.

마이크로파 가열은 외부보다 내부의 함수율이 낮기 때문에 열기건조와는 반대의 함수율 분포가 된다. 이러한 함수율 분포는 표면에 인장력이 작용하지 않기 때문에 표면할렬의 발생을 억제한다.

(4) 열풍병용

마이크로파 가열은 열풍을 병용하므로 상승작용을 일으켜 에너지를 절약할 수 있다. 마이크로파 조사에 의해 내부온도가 상승하고 증기압이 높아지므로 표면으로 밀려나온 수분을 열풍으로 신속히 제거하는 것이 경제적으로 유리하다. 이러한 열풍병용 마이크로파 목재건조는 1960년대부터 1980년 초까지 미국의 Resch(1967, 1968, 1971)와 Voss(1966, 1968)에 의해 집중적으로 연구되었다.

(5) 건조곡선

열기건조는 열전도에 의해 표면에서 내부까지 열이 전도되는 데 시간이 걸린다. 따라서 건조곡선을 보면 항률건조기간이 짧고 감률건조기간이 길기 때문에 건조시간이 오래 걸린다. 한편 마이크로파-열풍병용의 경우 내부도 동시에 가열되어 목재 내부 증기압이 높기 때문에 건조 종료 가까이까지 항률건조기간이 지속되므로 전체 건조시간을 단축할 수 있다(그림 10-28).

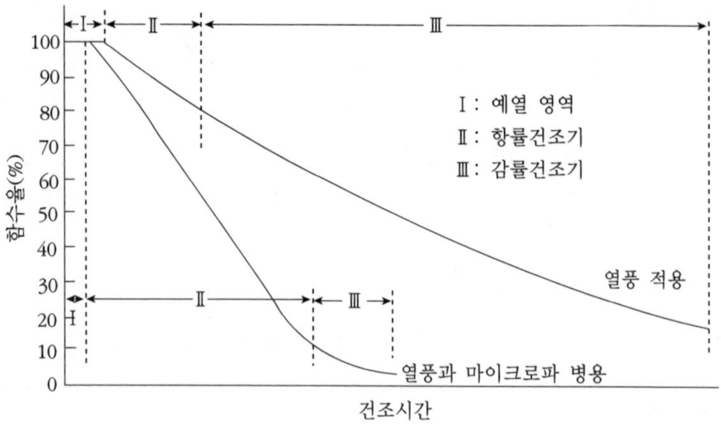

그림 10-28 건조 특성의 비교

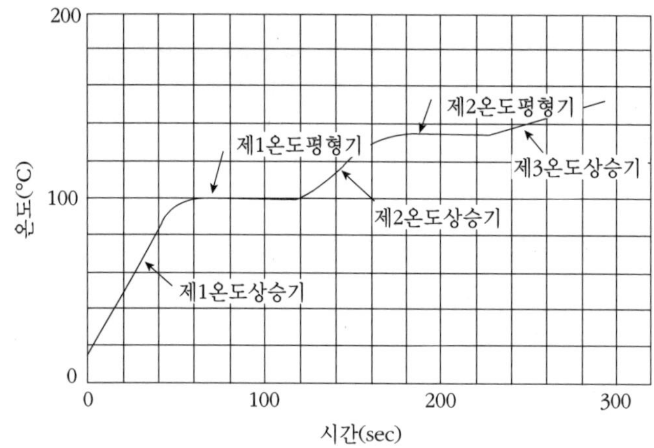

그림 10-29 마이크로파 가열 중의 재료 내부 온도곡선

마이크로파 가열 중인 목재 내부 온도를 광섬유 온도 센서를 사용하여 측정할 수 있다. 목재 내 온도는 그림 10-29와 같이 100°C까지 직선적으로 상승(제1온도상승기)해서 일정한 값에 도달한다(제1온도평형기). 그 후

높은 내부 수증기압 상태에서 다시 온도가 상승하다가(제2온도상승기), 내부에서 발생하는 수증기량과 외부로 유출되는 수증기량이 같아지면 다시 일정한 값을 유지한다(제2온도평형기). 건조가 진행되어 수분이 감소하게 되면 목재 자체의 발열에 의해 온도가 다시 상승하게 된다(제3온도상승기). 이와 같이 가열이 계속되면 내부온도는 계속 상승하여 타게 된다.

(6) 마이크로파 감압건조

단시간의 고품질 고수율의 건조나 건조하기 어려운 목재건조에 감압건조법이 적합하다. 감압건조의 이점은 저온에서 증발이 촉진되는 것이다. 감압건조에서도 기체투과성이 건조성능에 크게 영향을 미친다. 마이크로파 감압건조에서도 마찬가지로 투기성이 불량한 목재는 목재 내 온도가 상승하여 내부압력이 높아지므로 균열의 원인이 된다. 그 대책으로는, 마이크로파를 간헐적으로 조사하거나 목재 내에 광섬유 온도 센서를 내장하여 일정한 온도 이상으로 상승하지 않도록 조절하는 등의 방법을 사용한다. 밤나무 심재와 같이 투기성이 나쁜 목재도 위와 같은 방법으로 목재온도를 30~50°C로 조절한 결과 내부균열이 없이 양호한 결과를 얻을 수 있었다.

6. 기타 특수건조

1) 증기건조

증기건조(vapor drying)는 밀폐된 건조실에서 물과 혼합되지 않은 유기화학물을 끓여 나오는 증기가 목재 표면에서 응축될 때 발생하는 열로 수분을 기화시켜 제거하는 건조방법이다. 유기화합물은 비점이 높은 건조제(乾燥劑)로서 크실렌(xylene), 퍼클로로에틸렌(perchloroethylene) 등을 사용한다.

목재는 밀폐된 건조실에 잔적하고 유기화합물의 증기가 모든 재면에 접근토록 한다. 증기가 재면 응축시에 발생하는 기화잠열이 재온을 자유수의 비점까지 급속히 상승시킨다. 자유수가 존재하는 한 100°C 이상으로 상승하지 않는다.

목재에서 나온 수증기는 건조제의 증기와 섞여 건조실에서 빠져나간 후 응결기에서 액체로 응축된다. 물과 건조제는 밀도가 다르기 때문에 무거운 물은 침전되어 분리기로 나가고, 건조제는 건조실로 재순환된다.

목재의 건조도는 수량계의 수분량에 의해 추정되고, 목표함수율까지 건조되면 가열을 중지하고 건조제를 회수하고 감압한다. 건조 중에 목재에 흡수된 대부분의 건조제는 회수된다.

건조제는 열전달 매체로서 기능을 갖고 있으며, 비점이 높을수록 건조속도는 빨라진다. 그러나 비점이 너무 높으면 과도한 건조응력이 발생하기 때문에 건조결함을 야기할 수 있다.

증기건조는 목재의 표층이 빨리 비점에 도달되어 건조되기 때문에 건조속도가 빠르고 수분경사가 크다. 그러나 복잡한 시설에서 에너지가 다량 소모되고 건조비용이 많이 소요되기 때문에 단순히 일반건조를 위해 사용하지 않고 침목과 전신주 등의 방부처리에서 방부제 주입의 전건조(前乾燥)로 실시된다. 따라서 약제주입과 건조의 두 가지 목적을 위해 사용한다. 방부처리 실시 전 전건조와 방부처리 후 재건조(再乾燥)가 필요할 경우에 적용한다.

지름 20cm인 서던 파인(southern pine)의 초기함수율 90%에서 35%까지 건조하는 데에는 10시간 정도가 소요된다. 또한 두께 25mm 판재의 함수율 5%까지 건조에 5시간 이하가 소요된다. 증기건조 소요시간은 관행 열기건조보다 3~20배 정도 빠르다.

증기건조 중 심재는 미세한 할렬이 발생한다. 단기간의 가열과 감압을 교호로 반복하면 목재강도는 저하되지 않고 할렬의 발생도 줄어들지만, 건조재 사용 중에 큰 할렬이 발생하기 때문에 일반적으로 연속가열방법을 채택하고 있다. 그러나 연속가열방법에 의하면 레드오크 건조재의 횡압축 강도는 15% 정도 저하된다.

증기건조법은 침목과 전신주 등의 방부처리의 전건조로 쓰이고, 할렬과 표면경화가 허용되는 저급 목재 건조에 적용한다. 건조재의 표층은 추출물이 제거되기 때문에 추출물의 누출 위험이 적고 도장할 때 변색이 덜 된다.

2) 용제건조

용제건조(solvent drying)는 목재를 물과 혼합하기 쉬운 유기용제(예: 아세톤)를 이용하여 수분을 제거하는 건조방법이다. 용제건조법은 목재를 밀폐된 건조실에 수직으로 잔적하고, 가열된 용제를 펌프에 의해 목재 주위로 순환시킨다. 모든 건조공정이 대기압에서 이루어지기 때문에 고가의 시설이 요구되지 않는다. 뜨거운 용제가 생재에 접촉해서 피치(pitch) 등의 추출물과 액체수를 제거한다. 부산물로 회수된 추출물의 종류와 양은 수종에 따라 상이하다. 실례를 들면, 폰더로사 파인 건조재 MBF당 약 60파운드의 추출물을 얻을 수 있고, 추출물은 지방산(fatty acid), 로진(rosin)과 중성성분으로 구성되어 있다.

용제건조는 열기건조법보다 매우 빨리 건조된다. 폰더로사 파인의 용제건조시간은 목재의 크기와 타입에 따라 다르지만, 열기건조 시간의 25~50% 정도 소요된다.

용제건조가 급속 건조되는 이유는 유기용제에 의해 열전달 속도가 빠르고, 거의 무수상태인 아세톤의 상대습도는 낮고, 아세톤이 모든 변재 부위로 골고루 이동하면서 가열하기 때문이다.

용제건조법은 여러 가지 장점이 있다. 즉 건조 소요시간이 짧고, 목재의 손상이 적고, 피치가 제거됨으로써 품질이 향상되고, 건조응력이 제거되며, 잔목변색이 나타나지 않고, 백색을 나타내기 때문에 외관이 좋고 도장성이 개량된다. 이 외에도 부산물로 얻어지는 추출물의 가치 등을 들 수 있다.

3) 유비등건조

유비등건조(drying by boiling oil liquid)는 물보다 높은 비점을 갖는 기름에 목재를 담가 가열하는 건조방식이다. 목재를 주약관 내 뜨거운 방부제 속에 담그고 감압에 의해 수분을 빨리 제거할 수 있기 때문에 높은 초기함수율을 가진 방부처리용 목재의 전건조에 널리 사용되고 있다.

재면은 뜨거운 기름과 접촉하기 때문에 표면할렬과 내부할렬이 일어난다. 특히 난건조 목재인 경우에 피해가 더욱 커진다.

유비등건조법의 건조온도는 목재의 투과성에 의해 좌우된다. 고투과성의 목재는 자유수를 함유하는 동안에 100°C를 적용하고, 함수율이 감소하면 상승시킨다.

기름 자체의 습도는 0이고, 목재 재면은 비등유에 의해 가혹한 건조조건을 받게 된다. 그래서 표면경화와 할렬이 발생한다. 유비등건조법은 수 시간 내에 건조할 수 있으나, 건조재는 여러 가지 건조결함을 갖게 된다. 대부분의 수종은 강한 건조조건에 의해 심한 표면할렬과 내부할렬이 발생한다. 건조재의 표면경화응력은 제거될 수 없기 때문에 절삭할 때 틀어질 정도의 큰 건조응력이 잔류된다.

4) 가압증기건조

가압증기건조(pressure steam drying)는 목재 자체로부터 건조되어 나온 수증기를 순환시키고 대기압 이상 압력에서 건조하는 방법이다. 가압증

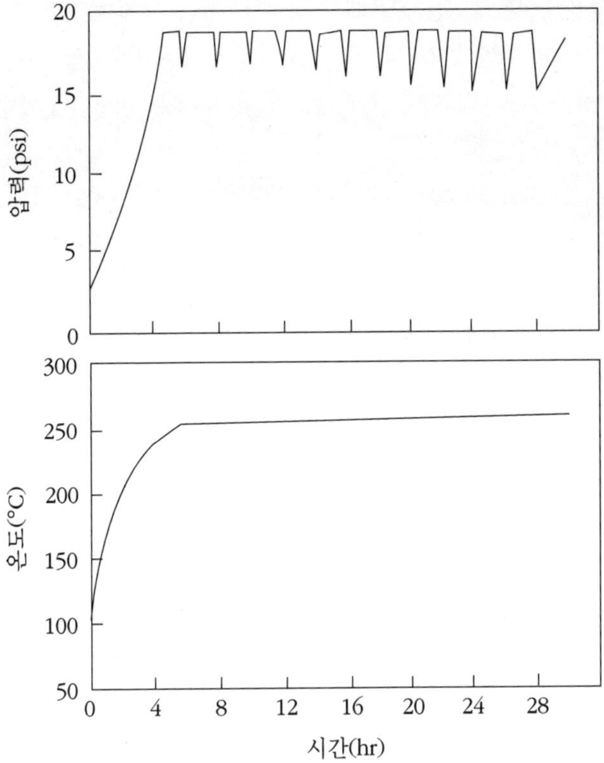

그림 10-30 백합나무재의 가압증기건조 스케줄(Rosen et al., 1983)

기건조는 대기압 이상과 100°C 이상 유지되는 밀폐된 건조실에서 이루어진다. 이와 같은 조건에서는 고온에 의해 건조시간이 단축되고 공기가 유입되지 않기 때문에 공기 가열에 필요한 에너지는 요구되지 않는다. Schottafer 등(1974)에 의하면, 건조에너지는 열기건조의 25% 정도이다. Malmquist 등(1960)에 의하면, 동일 온도에서 순수 과열증기건조는 공기와 증기 혼합 속의 건조보다 빨리 건조되고, 온도에 덜 민감한 수종은 가압증기건조할 것을 제의하였다.

가압증기건조의 장점은 고온에서 평형함수율을 높게 유지할 수 있다는 점이다. 실례를 들면, 25psi와 250°F 조건에서 작동하는 가압증기건조실의 평형함수율은 10% 정도이다. 따라서 가압증기건조는 최소의 건조결함으로 신속히 건조할 수 있다.

Rosen 등(1981)에 의해 개발된 가압증기건조의 온도조절법은 밀폐된 건조실의 압력조절에 의해 이루어지고, 건조속도는 건조실의 가열량에 의해 제어되며, 건조재의 수분경사는 매우 경미하다고 보고되었다.

목재는 고온에 의해 신속하게 건조되고, 고압력에서 유지되는 높은 평형함수율 때문에 재면은 과도하게 건조되지 않는다. 또한 이퀄라이징과 컨디셔닝 처리는 온도 100°C 이상에서 실시할 수 있고, 건조응력 완화와 목재간의 함수율 변이를 줄일 수 있다.

Rosen 등(1983)에 의하면, 온도 116°C와 138°C 범위, 대기압의 1.1~2.0배의 압력에서 백합나무 등 활엽수 두께 25mm 생재판재를 함수율 7%까지 건조시간은 20~43시간 소요되었고, 건조손상은 적었으나 어두운 재

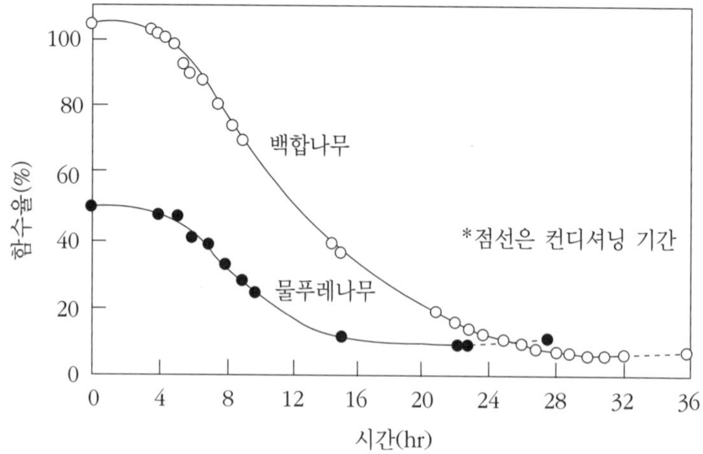

그림 10-31 백합나무와 물푸레나무 건조곡선(Rosen et al., 1983)

색을 나타냈으며, 건조비는 열기건조보다 약간 적었다.

5) 온도연속상승 건조

온도연속상승 건조(continuous rising temperature process, CRT 건조)는 온도연속상승 건조실에서 열전달률을 조절하여 전 건조기간을 항률건조시키는 건조법이다. 이 건조법의 원리는 건구온도와 재온 사이에 일정한 온도차이를 유지시켜 항률건조되도록 하는 것이다.

재면의 자유수가 순환공기와 접촉하면 재면온도와 습구온도는 같아진다. 자유수가 존재하지 않으면 재면온도는 습구온도보다 높아진다. 목재건조는 건구온도가 재면온도보다 높게 유지되고, 습구온도가 재면온도보다 낮으면 촉진된다.

CRT 건조법은 대략 항률건조에 의해 건조된다. 항률건조되는 주된 이유는 재면온도가 습구온도를 유지하지 않고 건구온도에 접근하기 때문이다. 건조온도를 재온의 상승속도로 상승시키면 공기와 재면 간 온도경사가 일정하게 유지된다는 것이 CRT 건조법의 기본원리이다. 즉 CRT 건조법은 목재에 열이 일정한 속도로 전달되어 수분제거가 항률로 이루어진다. CRT 건조법의 장점은 건조 초기에 약한 스케줄에서 항률건조되고, 다음에도 건조속도가 시간경과에 따라서 감소되지 않기 때문에 건조시간이 단축된다.

온도연속상승 건조에서는 횡단면 할렬, 표면할렬, 변색, 틀어짐 및 표면경화에 의한 손상이 적다. 이와 같은 결과는 건조 초기에 약한 스케줄을 적용하였고, 내부수분의 외부로의 연속적 이동에 의해 수분경사가 감소되고 건조응력이 적어지기 때문이다.

또한 건조스케줄이 짧고 열의 효율적 이용으로 인해 에너지 절약이 가능하다. 대체로 건조시간 단축과 에너지 절감 효과에 의한 직접건조 비용은 관행 열기건조보다 적게 소요된다. CRT 건조법은 규격재 건조의 경우 더

표 10-30 두께 1인치 제재목의 가압증기건조

수종	건조 번호	조작조건		함수율(%)		건조시간 (hr)	부피수축률 (%)	에너지사용 (kwh/lb)
		온도 (℃)	압력 (psi)	초기	최종			
백합나무	1	240	16	95	6.8	42.7	13.5	1.04
	2	240	16	89	5.5	43.3	10.0	1.12
	3	260	19	110	5.4	30.0	11.2	0.91
	4	260	19	104	5.1	28.0	13.5	0.93
	5	280	30	108	7.6	20.3	13.0	0.92
	6	280	30	92	8.0	20.3	14.4	1.00
자작나무	1	260	19	81	5.4	28.6	15.8	0.96
	2	260	19	112	7.1	26.0	12.9	0.83
	3	260	19	93	6.1	34.3	13.1	1.03
	5	280	25	99	4.7	23.5	14.3	0.90
	6	280	25	92	4.3	22.0	16.6	0.89
	7	280	25	89	4.0	21.0	14.7	0.93

*기본비중: 백합나무 0.45, 자작나무 0.50

글러스퍼는 30~40시간, 엥겔만 스프루스는 24~30시간, 웨스턴 헴록은 30~45시간, 서던 파인은 26~32시간 정도이고, 단풍나무와 자작나무는 2~3일 정도 소요된다. 그러나 침엽수와 활엽수 고급목재의 건조에 대한 기술은 더 개발되어야 한다.

6) 염처리 및 PEG 처리 건조

(1) 염처리 건조

옛부터 건조하기 전에 목재를 바닷물에 침지시킨 후 건조하거나, 소금을 재면에 뿌린 후 건조하면 할렬이 예방되는 것으로 알려져 있다. 또한 목재

표 10-31 온도 25° C에서 녹지 않는 염 존재에서 포화염 용액상의 상대증기압

염의 종류	상대증기압
염화바륨	0.916
염화나트륨(소금)	0.758
염화망간	0.543
염화마그네슘	0.331
염화리듐	0.117

의 치수안정화를 위해 목재를 오줌통에 장기간 침지하여 사용했던 사례들이 있다. 소금물의 증기압은 물의 증기압보다 낮기 때문에 소금물과 평형하는 증기압까지 목재는 건조되지 않는다. 조해성 염을 생재에 처리한 후에 천연건조 또는 인공건조하는 방법을 염처리 건조법(salt seasoning)이라 한다. 목재는 염처리에 의해 증발속도가 느리기 때문에 완만한 수분경사와 건조응력이 생긴다.

염처리 목재를 무처리 목재와 동일한 할렬 발생을 전제로 하여 건조한다면 보다 강한 건조조건을 적용해서 건조시간을 단축할 수 있다. 생재에 식염과 요소 등의 흡습성 약제를 목재 두께의 10% 정도 깊이까지 주입하여 건조한다면 표층함수율은 무처리재보다 높기 때문에 처리재의 수축률과 표면할렬은 감소된다.

식염처리재의 평형함수율은 무처리재보다 높다. 예를 들면, 온도 21°C와 상대습도 70% 조건에서 무처리재의 평형함수율은 14%이고 처리재는 약 25%이다. 이를 역으로 보면 일정한 할렬이 발생하는 조건에서 처리재는 상대습도를 낮춘 강한 건조조건을 적용할 수 있다.

할렬방지만을 고려한다면 증기압이 낮을수록 유리하지만, 너무 낮으면 건조재는 내부에 잔류하는 염에 의해 수분을 보유한다.

염처리 건조재는 절삭가공에 의해 표층에 침투된 고농도 부분이 깎여 나

가기 때문에 크게 우려할 필요는 없지만, 일반적으로 화학건조가 실용화되지 않는 주요한 이유는 건조비용이 더 소요되고, 잔류염에 의해 절삭공구와 못 등 금속이 산화에 의해 부식되는 문제점 때문이다. 따라서 부식억제제를 첨가하여 적용한다.

염처리 건조는 대단면 재건조에 유리하고 표면할렬 방지 또는 건조시간을 단축시키는 이점은 있지만, 건조비용 상승을 상쇄하지 못하기 때문에 특수한 경우를 제외하고는 적용되지 않고 있다.

(2) PEG 처리 건조

팽윤제(bulking agent)로서 폴리에틸렌글리콜(PEG)-1000은 치수안정제로 사용되거나 할렬 예방에 이용되고 있다. PEG를 이용한 목재건조는 유망한 건조법의 하나이다.

① PEG 주입 처리

PEG는 흡습성 물질이기 때문에 다량의 PEG 주입재는 오랫동안 생재치수를 유지한다. 따라서 대기습도와 상관 없이 수축과 팽윤 또는 틀어짐으로부터 벗어날 수 있다. 처리할 목재는 생재가 적당하고 투과성이 커야 한다. 일반적으로 PEG 수용액은 중량비로 30%와 50%를 사용하고, 최대의 치수안정을 얻기 위한 PEG 주입량은 목재의 전건무게의 20~30% 정도이다. PEG 수용액의 침지시간은 수종, 비중, 치수 및 횡단면의 크기에 따라 상이하다. 비중과 치수가 크면 길어지고, 횡단면이 넓을수록 짧아진다. PEG의 내부확산속도는 두께의 제곱에 반비례하고, 섬유방향은 횡단방향보다 10~15배 정도 더 크다.

PEG 처리법에는 침지법과 도포법 등이 있다. 교호도포법은 재면에 PEG 수용액을 칠한 다음 목재가 건조되지 않도록 비닐주머니 또는 밀봉된 용기 속에 1일 정도 저목했다가 다시 칠하고 저목하기를 여러 번 반복하는 동안

표 10-32 호두나무 원반의 침지처리 스케줄

용액농도 (%)	온도 (°F)	침지기간(일)	
		지름 9인치 이하, 두께 1~1.5인치	지름 9인치 이상, 두께 2~3인치
30	70	20	60
50	70	15	45
30	140	7	30
50	140	3	14

PEG가 내부로 확산되도록 유도한다.

PEG는 목재가 건조될 때 세포벽의 수축을 억제하는 팽윤작용(bulking action)에 기여한다. 실례를 들면, 목재가 PEG-1000의 30% 수용액으로 완전히 포화되었다면 저습도에서 천연건조될 때 거의 생재치수를 유지하고, 또한 고습도에 폭로해도 뚜렷한 팽윤현상이 일어나지 않는다. PEG의 처리 효과를 극대화하기 위해서는 제재 즉시 생재에 적용되어야 한다.

② PEL 처리목재의 건조

PEG 처리재의 건조는 환기가 양호한 실내 또는 건물 내에서 잔목을 사용하여 잔적한다. 천연건조시간은 목재의 두께, 온도와 습도 등에 따라 변한다. PEG 처리재는 보통 목재보다 고온과 저습 등 강한 건조조건에서도 건조할 수 있기 때문에 건조시간을 단축할 수 있다. PEG 처리 건조는 소총용제, 장식용 목조각품, 원반, 가지의 절단면 부위, 불규칙 목리를 가진 목재, 그리고 고가의 목제품용재 건조에 유리하다.

PEG 처리재는 할렬예방과 치수안정 효과뿐만 아니라 내후성을 갖는다. 주입된 PEG가 용탈되지 않으면 세포벽의 함수율이 저하되기 때문에 내후성이 증가된다.

제11장

단판과 파티클의 건조

1. 단판건조

양질의 합판제조에서 단판의 건조는 매우 중요하다. 합판은 건조하지 않은 단판을 그대로 접착제로 도포하여 열압·접착시킨 습식합판과 건조한 단판을 접착시킨 건식합판으로 구분된다. 습식합판은 재면이 고르지 않은 반면 가격이 싸므로 포장재 등으로 사용되고, 건식합판은 질이 좋으며 두꺼운 합판을 생산할 때 사용되는데, 단판의 함수율은 5~10%가 적당하다. 단판의 건조방법에는 천연건조, 롤러 드라이어(roller dryer)·밴드 드라이어(band dryer)·열판 등을 이용한 건조, 연속건조, 제트건조, 마이크로파 건조, 적외선 건조 등이 있다(이필우 등, 1981).

1) 천연건조

천연건조는 기후가 좋을 때 단판을 옥외에서 건조하는 방법으로서 오래전부터 널리 이용되어 왔다. 강우, 적설, 한랭 등 일기가 불순할 때에는 실

내에서 환풍기를 설치하여 건조하기도 한다.

2) 롤러 드라이어

롤러 드라이어(roller dryer)는 단판건조에 널리 이용되는 방식으로서 단판이 체인구동 롤러 위에 얹혀서 건조기를 통과하는 동안 건조가 이루어진다. 생단판은 삽입측(wet end)에서 반대측(dry end)으로 나오며, 단판은 한 방향으로만 진행한다. 상하대칭인 롤러가 4~6단으로 구성되어 있고, 롤러의 지름은 약 100mm의 동관으로서 약 200mm의 피치(pitch)로 이어져 있으며, 하부 롤러에는 상부 롤러와는 달리 베어링(bearing)이 있다. 롤러는 열풍으로 가열되며, 롤러로부터 단판에 열이 전도되어 단판의 온도가 상승함으로써 건조가 이루어진다. 가열된 롤러가 단판 표면을 다리미질을 하는 것과 같은 효과가 있다.

3) 밴드 드라이어

밴드 드라이어(band dryer)는 단판을 밴드로 보낸 후 열풍순환방식에 의해 단판을 건조한다. 외기의 가열과 실내 공기의 재가열은 증기가열기나 중유와 천연가스의 연소가스에 의해 이루어지고, 공기순환은 강력한 환풍기에 의해 이루어진다.

4) 열판 프레스

열판 프레스는 기계를 사용하는 단판건조의 시초이다. 습식합판 제조방법에서는 열판 프레스로 접착과 동시에 건조시키며, 이 방식으로 건조할 경우 성능이 양호한 단판을 얻을 수 있지만, 대단면 합판을 제조하기는 어렵다. 건조능률은 수종, 단판의 두께, 열판의 크기, 단수, 소요동력, 온도, 증기소비량 등에 따라 다르다.

5) 연속건조

로터리 레이스에서 나온 단판을 감아 다시 연속적으로 풀면서 건조기로 보내 건조한 후 절단하는 방식이다. 재단한 단판을 건조기로 보내는 것보다 노력이 덜 들고 능률이 향상된다. 재단 치수가 정확하여 수율이 향상되며, 단판의 이동이나 취급 중에 생기는 할렬이 감소되고, 건조기의 출구에 클리퍼(clipper)를 두어 건조단판을 연속적으로 재단할 수 있다는 장점이 있다. 이 연속식 건조기는 합판제조 자동화에 크게 기여하였다.

6) 제트건조

높은 풍속의 제트류를 단판 재면의 수직방향으로 적용하여 수분의 증발 속도를 촉진하는 방법이다. 건조온도는 150~260°C 범위이고, 풍속은 15m/sec 정도이다. 제트건조에서 중요한 점은 단판에 적용되는 풍속을 일정하게 유지하는 것인데, 이를 위해 일반적으로 제트박스를 테이퍼 상으로 제조한다. 건조효율은 테이퍼의 경사도, 제트 공기분사 노즐의 형태, 배열 및 크기에 따라 변한다.

7) 마이크로파 건조

수분이 많은 단판의 경우 고주파 유전가열은 큰 전계를 인가할 필요가 있기 때문에 종종 방전이 일어나서 그 응용이 어려웠다. 최근 마이크로파 주파수 영역에서 대전력을 발생할 수 있은 마그네톤이 개발되어 방전을 피

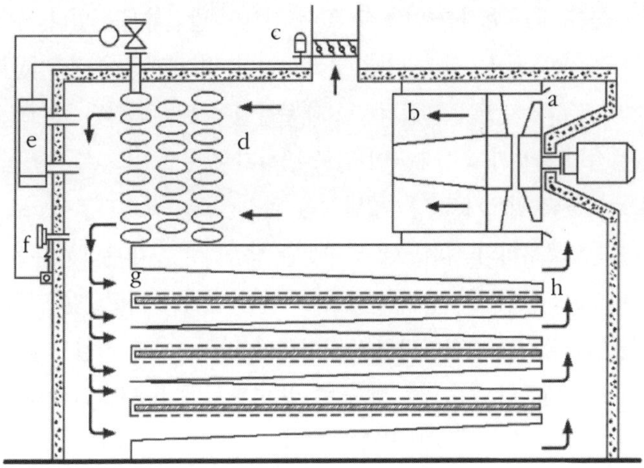

a: 송풍기	b: 공기흐름 가이드	c: 댐퍼	d: 방열관
e: 온도계	f: 화재감지기	g: 제트박스	h: 단판

그림 11-1 단판 제트건조기(정희석 등, 2000)

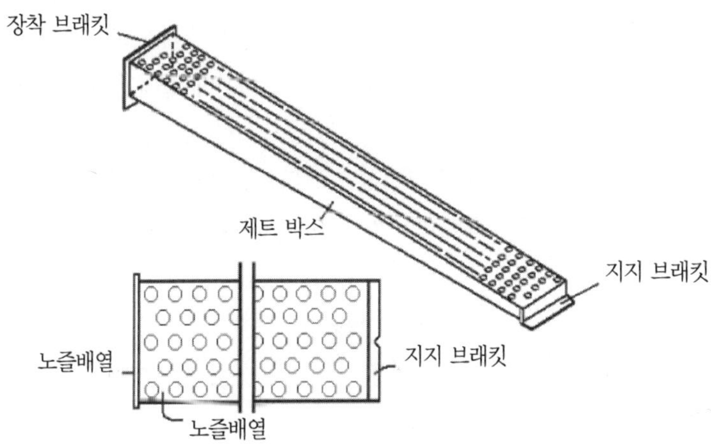

그림 11-2 단판 제트건조기 제트박스

하면서 높은 발열 효과를 얻을 수 있는 기술이 발전하게 되었다. 현재 마이크로파 가열은 건조, 수분경사의 완화, 접착 및 곡가공 등에 이용되고 있다. 마이크로파 가열은 본질적으로 내부가열이므로, 인가된 마이크로파 에너지는 직접 물분자에 흡수되어 열로 변하기 때문에 어느 부분도 증발온도 이상으로 올릴 필요가 없다. 일반적인 열기건조는 표면가열식으로 내부온도는 표면으로부터의 열전도에 의해서만 상승하므로 내부의 수분을 증발하기 위해서는 표면온도가 내부온도보다 훨씬 높아야 하고, 건조 중 내부의 함수율은 표층의 함수율보다 높다. 그러나 마이크로파 가열시에는 표층의 함수율보다 내부의 함수율을 낮출 수 있기 때문에 표면에 인장력을 유도하지 않아 표면할렬의 발생을 억제한다.

8) 적외선건조

적외선은 가시광선의 파장보다는 길고 마이크로파의 파장보다는 짧은 파장대에 속하는 파의 총칭이다. CIE 국제조명용어집은 적외선 파장대 중 0.75~1.4μm를 근적외선, 1.4~3μm를 중적외선, 3~1,000μm을 원적외선으로 세분하고 있다. 이 중 2.5~25μm의 원적외선 파장대가 주로 목재건조에 사용되고 있다. 목재를 구성하고 있는 세포벽 물질과 수분이 기본적으로 적외선 활성물질인 점에 근거하여 적외선을 조사시켜 목재를 가열하는 방사열 전달방식을 도입한 건조법이 얇은 무늬목 단판을 대상으로 이루어져 오고 있다. 방사에 의한 열전달방식은 목재 단판에 직접 에너지를 투입하기 때문에 에너지 효율이 높고, 비접촉식이므로 단판표면의 탄화 위험성이 적고, 단판 부위 간 온도차가 발생하지 않아 최종함수율 변이가 적다는 장점이 있다.

2. 파티클 건조

파티클보드 제조공정 중에서 건조는 매우 중요한 공정 중 하나이다. 파티클은 그 크기가 작기 때문에 판재나 각재에 비해 건조하기 쉽고 건조시간도 매우 짧으나, 보다 양질의 보드를 효율적으로 생산하기 위해서는 최종제품의 내부함수율 변이를 작게 하려는 노력과 함께 에너지 관리에 주의를 기울인 적절한 건조공정이 필요하다. 파티클의 두께, 초기함수율, 수종, 목표함수율 등에 따라 건조온도 및 유속 등 건조조건이 달라지며, 최종함수율은 사용목적에 따라 조절한다.

함수율이 너무 높은 파티클을 사용하여 보드를 제조할 경우에는 블리스터(blister) 현상이 일어나고 열압시간이 길어진다. 또한 목표함수율을 너무 낮추면 건조시에 화재가 발생할 위험이 있고, 공장 전체에 먼지가 많아지며, 보드의 가장자리가 흡습하여 주름이 생기고, 열압시에 표층의 파티클이 표면에서 날리게 된다. 건조공정의 효율성은 파티클과 가열재료의 온도경사, 파티클과 가열재료의 증기압 경사, 가열재료에 대한 파티클의 노출시간, 파티클과 가열재료의 화학반응 가능성 등의 영향을 받는다(Kollmann et al., 1975).

1) 드럼형 건조기

(1) 회전식 드럼형 건조기

회전식 드럼형 건조기(rotary drum dryer) 내 파티클은 골이 패인 드럼이 회전함에 따라 혼합되고, 이동하는 동안 가열된 공기와 접촉하여 건조된다. 연료로는 기름 · 석탄 · 가스 또는 폐재를 사용하며, 건조 소요기간이 비교적 길고 내부를 검사하기 어렵다는 단점이 있다.

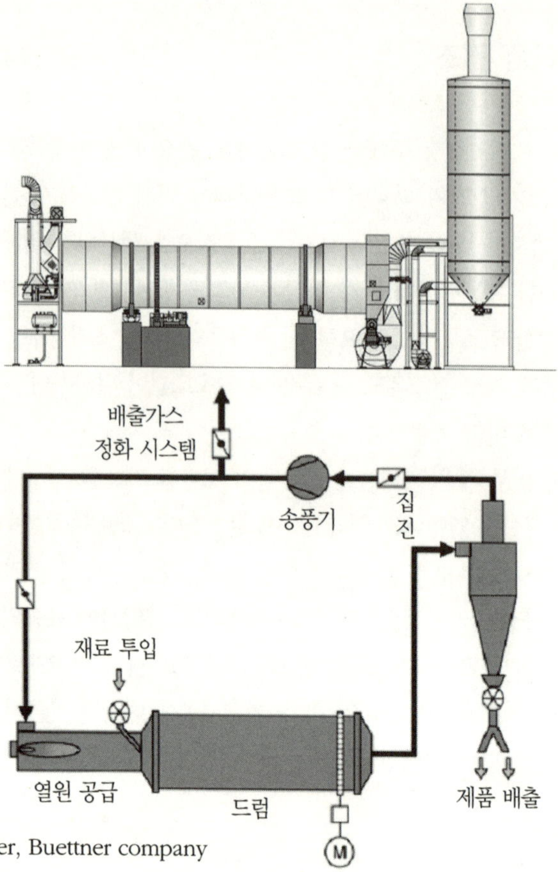

Drum dryer, Buettner company

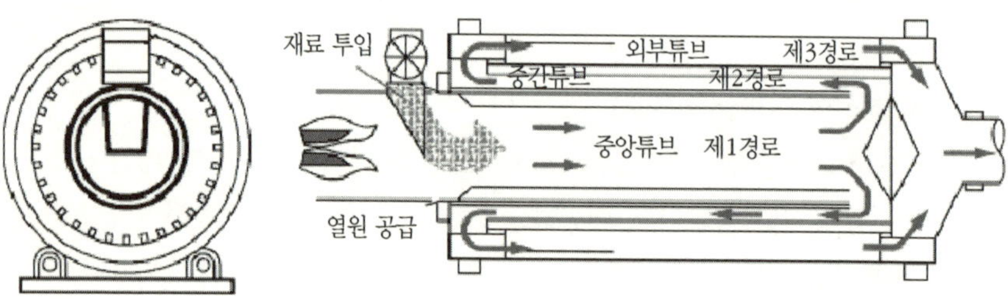

Three-pass drum dryer, DUPPS company

그림 11-3 회전식 드럼형 건조기

(2) 고정식 드럼형 건조기

고정식 드럼형 건조기는 뜨거운 물이나 증기가 통하는 여러 개의 관이 회전축을 중심으로 회전하여 파티클을 혼합하면서 건조시킨다.

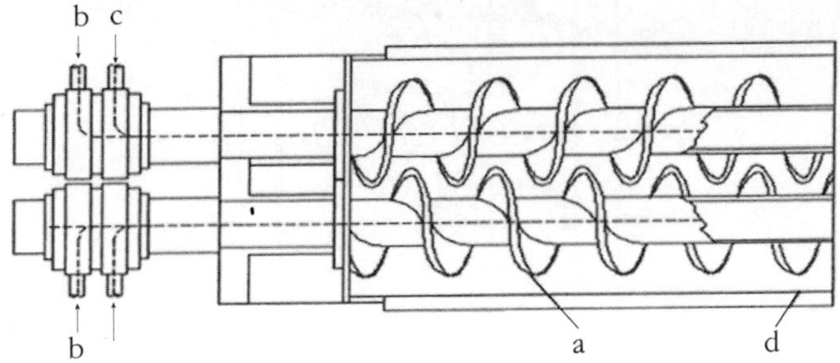

a: 스크류 전열체 b, c: 열원 출입구 d: 자켓

그림 11-4 고정식 드럼형 건조기(한국기계원의 분류에 따르면 회전식 건조장치/열전도건조기/스크류식 열전도건조기임)(한국기계연구원, 1997)

2) 밴드형 건조기

밴드형 건조기(band dryer)의 여러 개 또는 한 개의 이동하는 금속강 띠 위에서 파티클이 건조된다. 이것은 금속망이 찢어지거나 엉키는 수도 있고, 화재가 발생했을 때 소화하기 어려우며, 건조되는 파티클의 양이 제한되는 등의 단점이 있으나, 시설비 및 유지비가 적게 들어 소규모 공장에서 많이 사용된다.

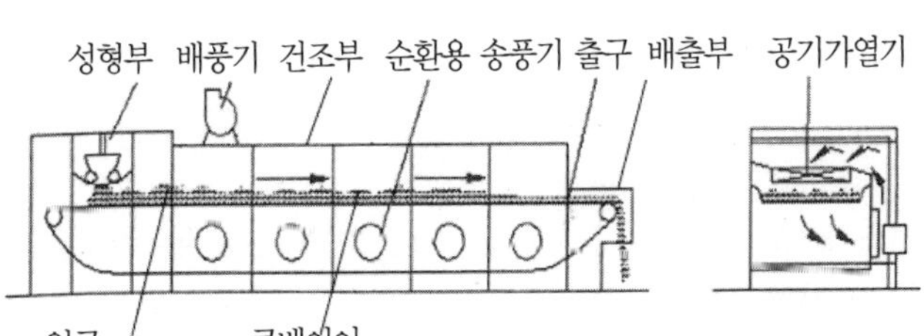

그림 11-5 밴드형 건조기(한국기계연구원, 1997)

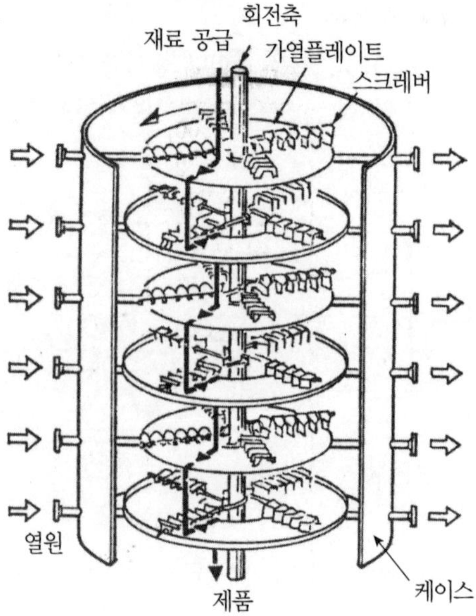

그림 11-6 원반 건조기(김진천, 2003)

3) 원반 건조기

원반 건조기는 원형이며, 접시 모양의 가열된 선반 위의 파티클이 바로 아래 위치한 가열된 다음 선반으로 쏟아지면서 건조된다.

4) 기류 건조기

기류 건조기(pneumatic conveying dryer, flash dryer)는 건조용량이 크고 건조속도가 빠른 것이 특징이다. 따라서 함수율이 높은 파티클을 이 건조기로 예비건조한 후 다른 형의 건조기와 연결하여 목표함수율까지 건조시킨

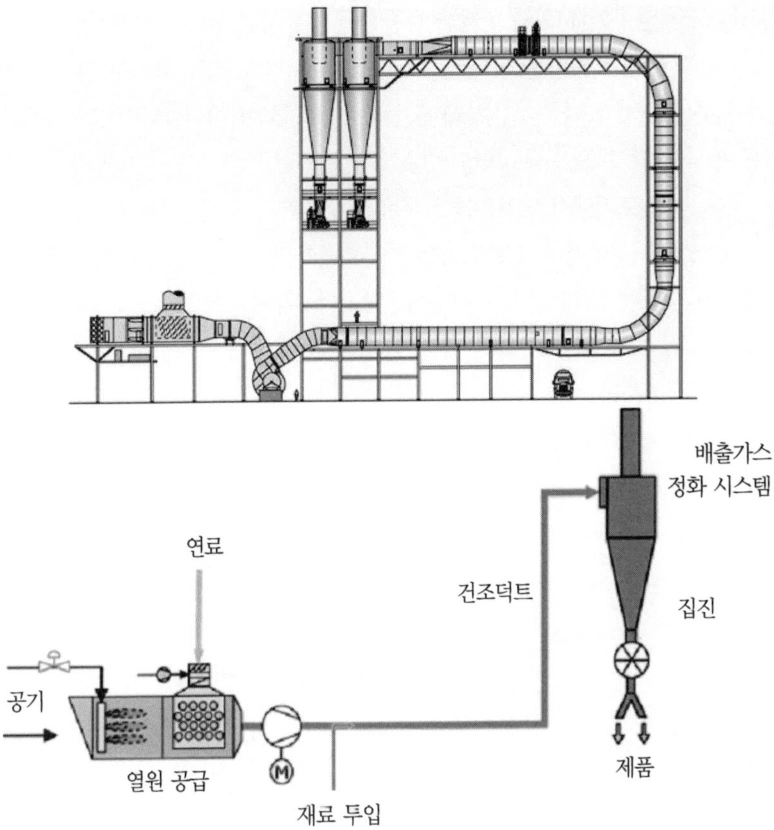

그림 11-7 기류건조기(pneumatic conveying dryer, flash dryer, Buettner company)

다. 파티클의 크기, 초기함수율, 수종 등에 따라서 다르지만, 일반적으로 파티클의 함수율이 약 9%로 될 때까지 건조하는 데 20~25초 소요되도록 설계한다.

5) 유동층 건조기

유동층 건조기(fluid bed dryer, suspension dryer)는 제1단계에서 상승

하는 뜨거운 공기에 의해 파티클을 공중에 부유시킨 상태에서 건조하고, 제 2단계에서 작고 가벼운 파티클이 부유하는 위치와 크고 무거운 파티클이 부유하는 위치가 다름을 이용하여 선별하도록 하여 파티클의 건조와 분류를 동시에 할 수 있도록 고안되었다.

유동층 건조기에서 피건조물은 부유된 상태에서 고체입자 또는 액적형태로 건조가 이루어지며, 건조방법은 기체분배기 위에 놓여진 층내 물질을 통과하는 열풍에 의해 건조가 이루어진다. 기체유속이 최소유동화 속도보다 높으면 점차적으로 팽창하여 끓는 액체와 같은 상태에 도달하는데 이러한 현상을 유동화라 한다.

유동층 건조기는 유동화가 가능한 입자의 건조에 매우 유용한 특성을 지

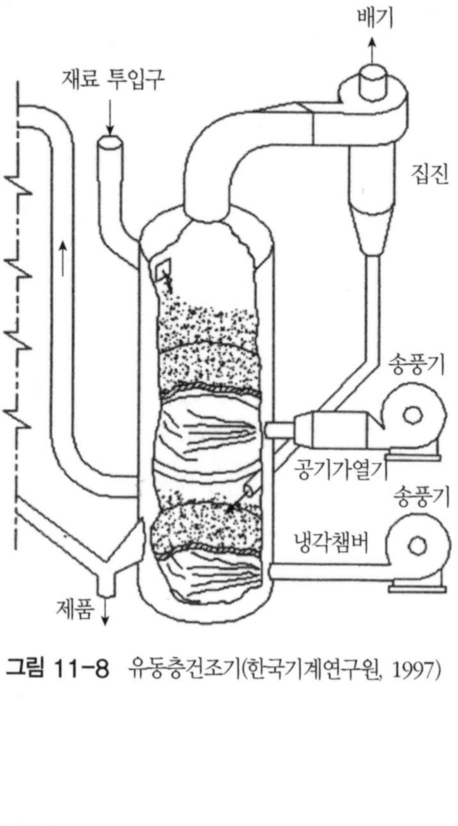

그림 11-8 유동층건조기(한국기계연구원, 1997)

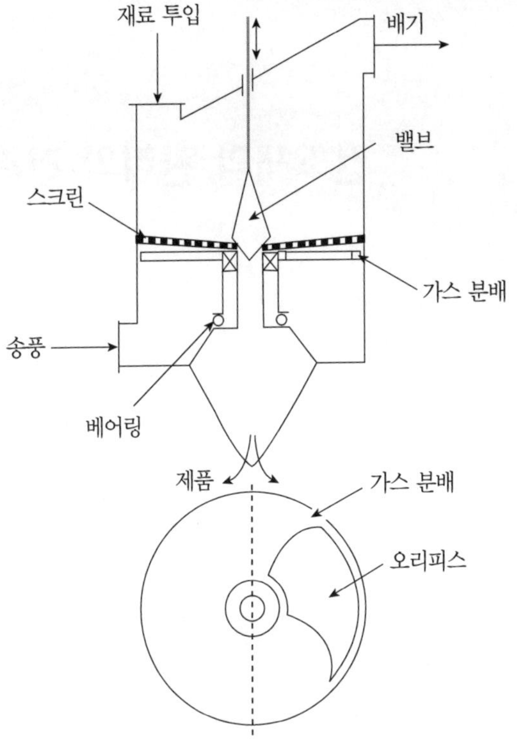

그림 11-9 회전맥동 유동층 건조기(Kudra & Mujumdar, 2002)

니고 있어 지난 수십 년 동안 활발히 이용되어 왔다.

또한 기존의 '유동층' 건조기의 기능을 개선하거나 기계적 장치 또는 타 건조기와의 복합화를 통해 기술혁신을 달성할 수 있다. 간헐적인 열공급 또는 맥동유동화를 통해 피건조물의 입자와 건조가스 간의 열교환을 활발히 이루어지도록 하여 에너지비용을 절감하는 기술과, 열에 민감한 재료의 경우 층내의 온도를 일정하게 유지하여 품질을 향상시키는 기술 등이 개발되고 있다.

제12장

건조재의 관리와 건조비용

1. 건조재의 관리

건조재는 사용하기 전까지 불가피하게 지체되는 경우가 있는데 부적절한 저목과 포장에 의해 많은 수분을 흡습할 수 있다. 따라서 건조재는 저목시설에 일시적으로 저목하거나 수송 도중에 외부습기로부터 차단하기 위해 튼튼한 보호재료를 이용하여 포장한다.

1) 건조재에 미치는 기후의 영향

건조재를 저목하는 지역의 상대습도, 기온과 강수는 건조재 함수율의 증감 및 흡습속도에 관여하는 주요한 인자이다. 따라서 건조재의 안전한 저목을 위한 적절한 조처가 필요하다.

(1) 상대습도

상대습도는 온도보다 평형함수율에 미치는 영향이 훨씬 크다. 습한 지역에서 흡습속도는 매우 빠르다. 열기건조재를 저함수율로 유지하기 위한 저목방법은 습한 지역과 건조지역 간에 서로 상이하다.

(2) 온도

목재의 평형함수율에 미치는 온도의 영향은 작지만 함수율의 변화속도에 영향을 끼친다. 목재의 함수율은 저온에서보다 고온에서 더 빨리 변화한다. 건조재의 함수율과 다른 평형함수율 조건에서 저목할 경우 반드시 온도를 고려해야 한다. 개개 목재 간의 이퀄리제이션(equalization) 속도는 온도가 높을수록 빨라진다.

(3) 강수

실적건조재(solid-piled dry lumber)는 반드시 강우로부터 보호되어야 하고 옥내저목이 바람직하다. 건조재는 옥외저장 중에 강우로부터 보호되어도 함수율의 영향을 받을 수 있다. 비에 젖은 실적건조재는 재건조하기 어렵고, 함수율이 20% 이상 증가하면 변색되거나 부후된다.

2) 건조재 관리와 수송

건조재는 옥외와 옥내에서 저목되고, 저목의 타입은 건조재의 함수율과 기후조건에 따라 달라진다. 건조재의 저목방법과 포장방법에 따라 방습효능은 큰 차이가 있다. 건조재의 옥외저목(outdoor storage)은 옥내저목(shed storage)보다 더 흡습된다.

(1) 옥외저목

건조재의 옥외저목은 옥내저목이 불가능한 경우에 실시한다. 옥외저목은 강우로부터 완전히 보호되어야 하고, 층적보다 실적이 적절하다. 적절한 보

표 12-1 겨울기간 중 저목 전후의 함수율 변화(뉴질랜드 북섬)

저목 장소	포장방법	함수율(%)	
		건조실 출고시	출고 16주 후
옥외	비포장	9.1	34.4
	종이	9.2	43.9
	플라스틱 파이버	8.9	33.5
	우븐(woven) 플라스틱	8.5	11.5
	플라스틱 필름	835	11.8
개방형 창고	비포장	8.3	12.9
	종이	8.3	10.6
	플라스틱 파이버	8.2	12.9
	우븐(woven) 플라스틱	8.2	9.0
	플라스틱 필름	8.1	8.6

호 없이 열기건조재를 옥외저목할 경우 함수율이 급속히 증가된다. 추가건조할 필요가 없는 부분건조재(partly dried lumber)는 실적하고 강수로부터 완전히 보호되어야 한다. 함수율 12% 이하로 건조된다. 열기건조재는 저목기간이 길어지면 흡습될 수 있기 때문에 건조한 기후에서 단기간 층적 또는 실적하여 저목한다. 열기건조재의 잔적은 방수지로 포장하고 비를 맞지 않도록 잔적덮개를 씌운다.

(2) 개방형 창고 저목

개방형 창고(open shed)는 창고의 벽체가 없거나 또는 3벽체만 있고 지붕이 있는 창고이다. 부분천연건조재 또는 저함수율까지 건조된 열기건조재는 기상조건에 좌우되지만, 단기간 내지 장기간 저목할 수 있다. 개방형 창고 내 공기조건은 비와 햇볕을 막아주는 것을 제외하면 외기의 조건과 비슷하다.

개방형 창고 저목은 부분천연건조재와 열기건조재의 저목과 보호에 적절하다. 함수율 20% 이상인 부분천연건조재는 잔목을 이용하여 잔적한다. 더 건조할 필요가 없는 함수율 20% 이하인 건조재는 실적하여 저목한다. 개방형 창고에 저목된 건조재는 고습도이거나 고온기간 중에 흡습된다. 따라서 저목기간은 온난고습 기후조건에서는 제약을 받는다. 건조재는 층적하거나 실적할 수 있다. 실적된 건조재의 흡습속도는 층적된 건조재보다 느리다.

(3) 차폐형 비난방 창고 저목

차폐형 비난방 창고 저목(closed, unheated shed storage)은 일반적으로 열기건조재 저목에 쓰이나, 부분천연건조재의 저목에도 쓰인다. 이러한 창고는 기밀한 문이 설치되어야 한다. 환기구의 필요성은 건조재의 함수율과 창고의 기밀성에 따라 달라진다. 부분천연건조재는 건조결함의 발생이 없이 저목할 수 있다. 함수율이 20% 이상인 건조재는 층적하여 저목한다. 함수율 20% 이하이고 더 이상 건조하지 않을 건조재는 실적하지만, 더 이상 건조할 필요성이 있으면 층적한다. 열기건조재의 저목 목적은 수분흡습을 최소화하는 데 있기 때문에 실적해야 한다. 그러나 흡습의 정도는 목재의 건조도, 온도와 습도, 기후조건에 따라 다르다.

(4) 차폐형 난방창고 저목

창고 내 공기가 가열되면 상대습도와 평형함수율은 저하된다. 그래서 차폐형 난방창고(closed, heated shed)는 열기건조재의 흡습방지를 위한 우수한 저목시설이다. 난방된 환경에서 사용할 가구와 창문틀용 목재는 차폐형 난방창고에 저목한다. 창고는 기밀성을 적절하게 유지되어야 하고, 단열 또는 비단열되어야 한다. 가열은 외기온도보다 16.7℃까지 높게 유지하고, 균일한 온도를 유지하기 위해 공기를 순환시킨다. 일반적으로 환기할 필요는 없으나, 약간 더 건조할 경우에 환기한다. 온도는 간이 온도조절장치에

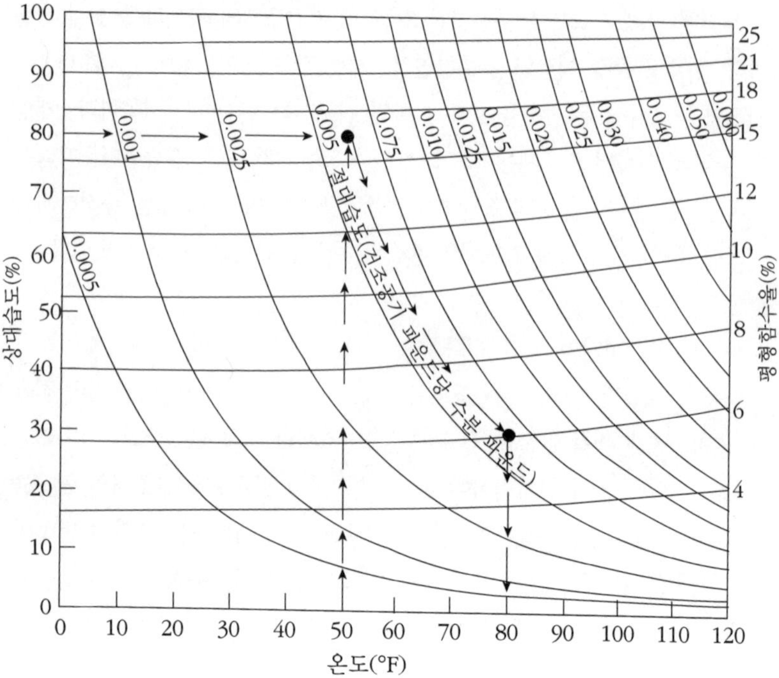

*외기의 온도와 상대습도가 50°F와 80%일 때 평형함수율은 16.5%임. 함수율 6%에 이르면 화살표와 같이 80°F까지 가열해야 함.

그림 12-1 1기압에서 온도, 상대습도, 절대습도와 평형함수율 사이의 관계를 나타낸 건습도표(US FPL, 1991)

의해 제어된다. 창고는 배수가 잘 되고, 마루는 자갈이나 아스팔트 또는 콘크리트로 시공하고 잔적을 지지할 수 있도록 충분히 견고해야 한다.

생재는 할렬이 발생할 수 있기 때문에 저목하지 않는다. 부분건조재는 더 건조를 원할 때 환기하고 층적하여 저목한다. 함수율 12% 이하까지 건조된 열기건조재의 저목에 알맞다. 건조재의 평형함수율은 창고의 온도를 온도조절장치를 이용하여 외기온도보다 어느 정도 상승시켜 조절할 수 있다. 온도가 상승하면 상대습도가 감소되고, 따라서 평형함수율이 저하된다. 건조재의 희망하는 평형함수율을 얻고자 할 때에는 창고온도의 상승을 위해 외기의 온도와 상대습도를 알아야 한다.

실례를 들면, 외기온도가 50°F이고 상대습도가 80%이면 평형함수율이 16.5%이다. 평형함수율 6%에 도달하기 위해서 창고 공기의 온도는 얼마나 상승시켜야 하는가? 온도, 상대습도, 절대습도와 평형함수율의 관계를 나타내는 건습구온도표(psychrometric chart)를 이용하여 구하면 80°C까지 상승시켜야 한다(그림 12-1).

창고 내 공기조건을 조절하는 다른 방법으로는 습도조절기를 갖춘 가열기로 조절하는 방법이 있다. 상대습도가 습도조절기의 설정습도(set point) 이상일 때 가열기는 설정습도까지 저하될 때까지 작동시킨다. 6%의 평형함수율을 얻기 위해서는 상대습도를 약 30%까지 낮추어야 한다.

(5) 조습창고

건조재와 완성 목제품의 보관 중에 상대습도와 온도 조절에 의해 원하는 함수율을 유지할 수 있다. 온습도 조절장비에 의하기 때문에 평형함수율 제어비용이 가장 많이 소요되는 조절방법이다. 그러나 어떤 한계 내의 온도를 유지해야 할 경우에 온도조작에 의해 상대습도를 유지하기 어려운 경우도 있다. 실례를 들면, 외기온도가 85°F이고 상대습도가 80%일 때 평형함수율 6%를 얻기 위해서는 온도를 114°F까지 상승시켜야 하는데, 사람은 이러한 온도조건에서 잠시도 일하기 어렵다. 이러한 경우에 안락한 온도조건에서 6%의 함수율을 얻고자 한다면 수증기 응결장치를 이용해 조절한다.

(6) 건조재의 수송

건조목재는 트럭, 철도와 선박에 의해서 수송된다. 건조재를 주의하지 않고 장거리 수송할 경우 재건조(redrying)해야 할 만큼 흡습한다. 트럭수송(truck transport)과 철도수송(rail transport)의 경우 건조재는 저온고습일 때 흡습할 수 있기 때문에 텐트로 덮는다. 특히 우기에는 비를 맞지 않도록 방수포로 포장한다. 선박수송(ship transport)의 경우는 일반적으로 여러 가지 기후조건에서 장기간 수송되기 때문에 건조재가 흡습하지 않도록 실적하고 포장한다.

2. 목재건조비용

건조비용(drying cost)에 영향을 주는 주요 요소는 시설과 장비비, 인건비, 연료비, 재고비, 건조시간과 건조손상, 세금과 보험료, 정비비 등이고, 이들 요소는 건조 시스템에 따라 변한다. 즉 사용하는 연료가 다르기 때문에 연료비도 달라지고 건조재의 품질수준도 달라지기 때문에 손상비용(degrade cost)도 변한다. 목재의 가격과 이자율은 재고비용(inventory expense)에 영향을 준다. 건조손상비용은 수종, 목재가치와 건조시스템에 따라 달라진다.

어떠한 건조방법이든지 건조를 잘못하면 건조손상이 야기된다. 특히 활엽수재 천연건조에서는 건조손상을 입을 우려가 크다. 건조손상비용의 주요 원인은 할렬, 갈라짐, 틀어짐, 변색 등을 들 수 있으나, 할렬의 위험이 가장 크다.

건조손상비용은 건조재의 특성, 건조기술, 건조방법 등에 따라 다르다. 건조손상은 건조재의 특성에 따라 불가피한 경우도 있겠으나, 가능한 허용손실(allowable loss) 이내로 억제해야 한다. 허용손실은 건조손상의 최소량을 규정한 하나의 지침에 불과하고, 수종과 목재두께에 따라 차이가 있다. 건조손상의 허용한계를 초과하면 일단 건조결함의 원인을 밝히고 적절한 대책을 강구해야 한다.

3. 건조방법별 건조비용

1) 천연건조비용

천연건조비용에 영향을 주는 인자는 여러 가지이고 복잡하다. 따라서 천연건조비용을 평가하는 표준적인 기준은 없다. 천연건조비용의 주요 영향 인자를 들면 다음과 같다.

- 천연건조장 설치에 필요한 자본비용. 즉 입지준비, 도로설비, 기초, 지붕 등의 비용이 포함됨.
- 건조장의 토지 가치
- 목재의 가치
- 이자율
- 감가상각비, 정비비, 관리비, 보험료 등을 포함하는 경상비(over-head)
- 건조 소요시간: 수종, 두께, 건조장 조건, 잔적방법, 기후조건에 따라 차이가 큼.

표 12-2 두께 1인치 레드오크 제재목의 대규모 건조조작에서 건조방법별 건조비용 (Wengert, 1990)

건조방법	함수율 (%)	건조일수	함수율 1% 감소당 비용 ($/Mbf)			1일간 일당 비용 ($/Mbf)		
			운영비	손상비	합계	운영비	손상비	합계
천연건조	생재 → 22	6개월	0.99	1.00	1.99	0.30	0.30	0.60
옥내건조	생재 → 20	6개월	1.10	0.25	1.35	0.30	0.08	0.38
전건조	생재 → 25	30일	0.80	0.20	1.00	1.50	0.33	1.83
제습건조	생재 → 6	36일	0.96	0.14	1.10	2.00	0.28	2.28
열기건조	생재 → 6	35일	1.29	0.17	1.46	2.30	0.34	2.64

*건조실 용량 > 500만 보드피트/년

• 건조 손상의 정도

영국 Johnston이 제시한 천연건조비의 계산식은 다음과 같다. 단 이 식에서 관리비(handling cost)와 건조손상비는 제외되었다.

$$\frac{t}{K}[(C+L+T)\,r+C(x+y)+T(z)] \tag{12-1}$$

t = 평균 건조시간(年)

K = 천연건조장 수용재적(bf)

C = 천연건조장 설치비(입지준비, 통로, 기초, 잔목, 잔적덮개 등을 포함함)

L = 지가

T = 건조 대상목의 가격

r = 이자율(값/100)

x = 상각비율(값/100)

y = 정비비율(값/100)

z = 보험과 사무비율(값/100)

예제 t = 9개월, K = 2,000,000bf, C = 30,000 \$, L = 5,000 \$, T = 300,000 \$, r = 0.06, x = 0.15, y = 0.06, z = 0.01인 경우 천연건조비는 다음과 같다.

$$\frac{0.75}{2{,}000{,}000}[(30{,}000+5{,}000+300{,}000)0.06+30{,}000(0.15+0.10)+300{,}000(0.01)]$$
$$=0.000000375(20{,}100+7{,}500+3{,}000)$$
$$=0.000000375\times 30{,}600$$
$$=0.011476\ \$/\text{bf 또는 } 11.48\ \$/\text{Mbf}$$

만약 관리비가 Mbf당 7$이고, 건조손상비용이 Mbf당 11$라면 전체 천연건조비는 Mbf당 29.48$가 된다.

표 12-3 생재에서 25%까지 천연건조시 Mbf당 천연건조 운영비

비용요소	3개월간 건조		6개월간 건조	
	비용($)	구성비(%)	비용($)	구성비(%)
토지, 세금, 정비	1.70	8.4	2.00	5.4
재고비용	16.00	79.0	32.00	86.0
목재세금	0.65	3.2	1.30	3.5
보험	1.90	9.4	1.90	5.1
Mbf당 총비용	20.25	100.0	37.20	100.0
Mbf의 함수율 1%당 비용	0.40		0.75	

표 12-4 생재에서 22%까지 20일간 스팀 전건조시 Mbf당 운영비

비용요소	비용($)	구성비(%)
토지, 세금, 건물, 보일러	7.40	30.7
재고비용	3.50	14.5
목재세금	0.22	0.9
보험	0.28	1.2
연료 및 전기	11.50	47.7
노동	1.20	5.0
Mbf당 총비용	24.10	5.0
Mbf의 함수율 1%당 비용	0.54	

천연건조비용은 임금과 지대가 저렴한 농촌은 도시보다, 기후가 양호한 지방은 불순한 지방보다, 침엽수재의 건조는 활엽수재의 건조보다 적게 소요된다.

활엽수재의 천연건조에서 건조일수가 3개월인 경우의 건조비용을 기준으로 할 때 6개월의 건조비용은 70% 이상 더 소요된다. 그리고 건조일수가 길수록 금리가 끼치는 영향이 더욱 커진다.

표 12-5 생재에서 6%까지 열기건조시 Mbf당 운영비

비용요소	7일 건조		21일 건조	
	비용($)	구성비(%)	비용($)	구성비(%)
장비감가상각비	2.40	6.4	7.20	9.7
보험	1.60	4.3	1.60	2.1
정비	3.25	8.7	3.25	4.4
서플라이스	1.20	3.2	1.20	1.6
증기와 전기	12.75	34.2	38.25	51.5
노동	12.65	34.2	12.65	17.0
토지 및 건물	2.15	5.8	6.45	8.7
재고비용	1.23	3.3	3.70	5.0
Mbf당 총비용	37.23	100.0	74.30	100.0
Mbf의 함수율 1%당 비용	0.54		1.08	

표 12-6 생재에서 22%까지 20일간 전기제습건조시 Mbf당 운영비

비용요소	비용($)	구성비(%)
토지, 세금, 건물, 컴프레셔	9.0	31.5
재고비용	3.50	12.3
목재세금	0.22	0.8
보험	0.28	1.0
전기	14.30	50.2
노동	1.20	4.2
Mbf당 총비용	28.50	100.0
Mbf의 함수율 1%당 비용	0.54	

2) 강제천연건조비용과 저온건조비용

강제천연건조비용과 저온건조비용은 건조일수, 연료 및 전기료 등이 주요한 영향인자이다. 활엽수재의 저온건조에서 건조일수가 10일인 경우의

건조비용을 기준으로 할 때 20일인 경우에 21% 정도 더 소요된다. 그리고 연료와 전기료는 총 건조비용의 2/3 정도 차지한다.

3) 열기건조비용

열기건조비용은 건조일수, 연료와 전기료, 인건비 등에 의해 크게 영향을 받는다. 이 밖에 시설의 유지 및 상각비, 소모품비, 보험료, 금리, 지대 등의 영향은 적은 편이다.

열기건조와 천연건조를 병용할 경우와 생재를 직접 열기건조할 경우에는 건조비용이 서로 다르다. 전자는 에너지 비용이 절감되는 대신에 천연건조 비용이 포함된다. 후자는 다량의 수분 증발에 필요한 연료비 및 전기료의 비중이 커지게 된다.

표 12-7 웨스턴 레드시더 각재(101×101mm) 열기건조비용과 고주파 진공건조 비용의 비교(건조실 용량 55m^3) (Avramidis et al., 1997)

구분	고주파 진공건조(건조일수 5.7일)		열기건조(건조일수 27일)	
비용인자	비용($)	구성비(%)	비용($)	구성비(%)
전기료	9.99	12.6	8.09	8.7
감가상각비	23.05	29.0	25.36	27.4
세금 · 이자	7.48	9.4	6.76	7.3
정비	13.08	16.5	5.07	5.5
노무	5.09	6.4	6.36	6.9
포장	2.12	2.7	2.12	2.3
이동장비	5.09	6.4	5.09	5.5
건조손상	13.57	17.1	23.74	25.6
천연가스	–	–	9.55	10.3
잔목	–	–	0.42	0.5
합계	79.46	100.0	92.56	100.0

활엽수재의 열기건조에서 건조일수가 5~7일인 경우의 건조비용을 기준으로 할 때 10~15일인 경우의 건조비용은 47% 정도 더 소요된다. 그리고 건조일수가 길수록 연료 및 전기료의 구성비는 증가하지만, 인건비의 구성비는 줄어든다.

4) 제습건조비용

제습건조는 저온적용에 의해 건조속도가 느리고 에너지가 절감된다. 제습건조에서는 가열장치의 설치비용이 적고 피크 에너지(peak energy) 요구도가 낮다. 일반적으로 건조목재에서 산성 물질이 배출되지 않거나 부속장치들을 내구성이 강한 재료를 사용할 경우에 정비비는 적게 들지만, 건조비용은 수종, 제재목 두께와 최종함수율에 따른 건조시간, 건조실과 장비의 크기, 사용한 에너지의 비용 등에 의존한다.

5) 고주파 진공건조 비용

고주파 진공건조 비용은 수종, 목재 크기와 건조실 용량에 따라 차이가 있고, 건조시설의 감가상각비, 전기료의 구성비가 크고, 정비비, 인건비, 세금과 이자, 이동장비, 포장비 등이 소요된다. 건조비용은 건조시간이 길수록, 횡단면 치수가 클수록, 건조실 용량이 작을수록 증가한다.

참고문헌

김진천. 2003. 『건조장치의 이론과 실제』. 도서출판 신기술.

이덕출. 1984. 『전열공학』. 동일출판사.

이필우, 박상진, 이화형, 이원용, 김수창, 정희석, 홍병화, 김종만, 현정인, 정대성. 1981. 『목재공학』. 향문사.

자전장길랑 저. 김영해 역. 1995. 『공업용 마이크로파 응용기술』. 기전연구사.

정희석. 1978. 「이태리 포플러재의 건조성 및 성질개선에 관한 연구」. 『한국임학회지』 37: 17-30.

정희석. 1979. 「판재와 단판의 열판건조에 관한 연구」. 『서울대 농학연구』 491: 67-96.

정희석. 1990. 『목재건조학』. 선진문화사.

정희석. 1994. 『개정 목재건조학』. 선진문화사.

정희석, 소원택, 강호양, 박정환, 이남호, 이형우. 2000. 『목재의 특수건조』. 서울대학교출판부.

한국기계연구원. 1997. 「고효율 건조시스템 개발을 위한 기획연구」. 최종보고서. 통상산업부.

満久崇麿. 1975. 『木材の乾燥』. 森北出版株式會社.

中蔦厚. 1996. 「建築用針葉樹製材の高溫乾燥を巡る最近の動向」. 『木材工業』 51(7): 288-293.

鷲見博史. 1976. 『林試研報』 285: 1-28.

信田聡. 1985. 『林産試月報』 399(4): 1-10.

Avramidis, S., F. Liu and B. J. Neilson. 1994. Radio-frequency/vacuum drying of softwood: Drying of thick western red cedar with constant electrode voltage. *For. Prod. J.* 44(1): 41-47.

Avramidis, S., R. L. Zwick and J. B. Neilson. 1996. Commercial-scale RF/V drying of softwood lumber. Part 1. Basic kiln design considerations. *For. Prod. J.* 46(5): 44-51.

Avramidis. S. and R.L. Zwick. 1997. Commercial-Scale RF/V drying of softwood lumber. Part 3. Energy consumption and economics. *For. Prod. J.* 47(1) 48-56.

Bannister, P., C. G. Carrington and Q. Liu. 1994. Dehumidifier drying technology: New opportunities. 4th IUFRO International Wood Drying Conference, August 9-13th, 1994, Rotorua, New Zealnad.

Boone, R. S. et al. 1993. *Kiln Schedules for Commercial Species of Lumber.* Forest Products Society, Madison, WI, USA.

Cech, M. Y. 1964. Development of drying stresses during high temperature kiln drying. *For. Prod. J.* 14: 69-76.

Chen, Z. et al. 1994. A technique to electrially measure the moisure content of wood above fiber saturation. *For. Prod. J.* 44(9): 57-62.

Choquette, A. 1980. Dehumidification drying: How to save energy by making full use of the heat pump. Proceedings of the 23rd Annual Joint Meeting Midwest Wood Seasoning Association and Wisconsin-Michigan Wood Seasoning Association, Michicot, WI, May 15, 1980.

Culpepper, Larry. 2000. *Softwood Drying-Enhancing Kiln Operations.* Miller Freeman Books, San Francisco, CA, USA.

Cuppett, D. G. and E. P. Craft. 1975. Low temperature forced-air drying of appalachian hardwoods. USDA Forest Service Research Paper. NE-328.

Denig, J., E. M. Wengert and W. T. Simpson. 2000. *Drying Hardwood Lumber.* General Technical Report FPL-GTR-118. USDA Forest Service, Forest Products Laboratory, Madison, WI, USA.

Egner, K. 1951. Zur Trocknung von Hoelzern bei Temperaturen ueber. Holz als Roh- und Werkstoff 9(3): 84-97.

FPL. 1999. *Wood Handbook: Wood as an engineering Material.* FPL-GTR-113, USDA Forest Service, Forest Products Laboratory, Madison, WI, USA.

Harris, R. A. and M. A. Taras. 1984. Comparison of moisture content distribution, stress distribution and shrinkage of red oak lumber dried by a radio-frequency/vacuum drying process and a conventional kiln.

For. Prod. J. 34(1): 44-54.

Harris, R. A. and W. C. Lee. 1985. Properties of white pine lumber dried by radio-frequency/vacuum process and conventional kiln process. *Wood and Fiber Science* 17(4): 549-552.

Higgins, N. C. A rule-of-thumb method for estimating drying time. Release 8,023, Cooperative Extension Service, Department of Forest Products, Michigan State University, East Lansing, MI.

Hittmeier, M. E., G. L. Comstock and R. S. Hann. 1968. Press drying nine species of wood. *For. Prod. J.* 18(9): 996.

Kanagawa, Y. 1989. Resin distribution in lumber deied by vacuum drying combined with radio-frequency. Proceedings of The IUFRO International Wood Drying Symposium. Seatle, Washington, USA: 158-163.

Kavvouras, P. K. and M. A. Skavelis. 1990. Performance of a solar heated, forced-air, fully automated lumber dryer. *Holz als Rob-und Werkstoff* 54: 11-18

Koch, P. 1964. Techniques for drying thick southern pine veneer. *For. Prod. J.* 14(9): 382-386.

Kollmann, F., E. W. Kuenzi and A. J. Stamm. 1975. *Principles of Wood Science and Technology. Vol II. Wood Based Materials.* Springer-Verlag. New York.

Kudra, T. and A. S. Mujumdar. 2002. *Advanced Drying Technology.* Marcel Dekker Inc. New York.

Lee, N. H. and H. S. Jung. 2000. Comparison of shrinkage, checking and absorbed energy in impact bending of Korean ash squares dried by a radio-frequency/vacuum process and a conventional kiln. *For. Prod. J.* 50(2): 69-72.

Lee, N. H. and K. Hayashi. 2000. Effect of end-covering and low pressure steam explosion treatment on drying rate and checking during radio-frequency/vacuum drying of Japanese cedar log cross sections. *For. Prod. J.* 50(2): 73-78.

Lewis, D. C. 1990. Drying hardwood by dehumidification. Proceedings of Drying Lumber for Quality and Profit, Charlotte, NC, Oct. 15-17th, 1986.

McMillen, J. M. and E. M. Wengert. 1978. *Drying Eastern Hardwood Lumber.* USDA Forest Service Agriculture Handbook No.528. USDA Forest Service, Madison, WI.

Miller, D. G. 1971. Combining radio-frequency heating with kiln-drying to provide fast drying without degrade. *For. Prod. J.* 21(12): 17-21.

Noone, R. S. et al. 1991. *Quality Drying of Hardwood Lumber.* Guidebook-checklist FPL-IM-GTR-2, USDA Forest Service, Forest Products Laboratory, Madison, WI, USA.

Noves, H. A. and F. G. Seco. 1990. Solar drying sawn lumber in Spain. *Holz als Rob-und Werkstoff* 48: 173-178.

Noves H. A and J. I. F. Seco. 1994. Practical evaluation and operation of superheated steam drying press with different softwoods and hardwoods. *Holz als Roh-und Werkstoff* 52: 135-138.

Peter Koch. 1972. *Utilization of the Southern Pines.* U. S. Department of Agriculture Forest Service Southern Forest Experiment Station: 988-1004.

Peter Koch. 1976. Proceedings of the Research Conference on: High-temperature Drying Effects on Mechanical Properties of Softwood Lumber. Proceedings Compiled and Issued at Forest Products Laboratory: 3-50.

Price, E. and P. Koch. 1980. Kiln time and temperature affect shrinkage, warp, and mechanical properties of southern pine lumber. *For. Prod. J.* 30(8): 41-47.

Rasmussen, E. F. 1961. *Dry Kiln Operator's Manual.* Agriculture Handbook 188. USDA Forest Service, Washington D. C., USA.

Rietz, R. C. and R. H. Page. 1971. *Air Drying of Lumber.* USDA Forest Service Agriculture Handbook No.402. USDA Forest Service, Madison, WI.

Rosen, H. N. 1981. Steam drying lumber above atmospheric pressure. Proceedings of the Western Dry Kiln Clubs. 32nd Annual Meeting. Reno,

Nevada: 98-105.

Rosen, H. N., R. E. Bodkins and K. D. Graddis. 1983. Pressure steam drying of lumber. *For. Prod. J.* 33(1): 17-24.

Sattar, M. A. 1994. Economics of drying timber in a greenhouse type solar kiln. *Holz als Rob-und Werkstoff* 52: 157-161.

Simpson, W. T. 1984. Maintaining Lumber Quality in Press Drying by Manipulating Sawing Patterns. *Wood and Fiber Science* 16(3): 411-426.

Simpson, W. T. ed. 1991. *Dry Kiln Operator's Manual.* Agriculture Handbook 188.(Rev.), USDA Forest Service, Washington D. C., USA.

Simpson, W. T. and S. P. Verrill. 1997. Estimating kiln schedules for tropical and temperature hardwoods using specific gravity. *For. Prod. J.* 47(7/8): 64-68.

Skaar, C. 1972. *Water in Wood.* Syracuse Wood Science Series 4. Syracuse Univ. Press, Syracuse, NY.

Skovmand, E. 1995. Equipment design and principles of superheated steam/vacuum drying according to the Moldrup process. Proceedings of a Conference Sponsored by the Forest Product Society: 95-99.

Solliday, D. S. et al. 1999. Dehumidification Drying of Red Oak. Part 1. Chemical. Characterization of volatile organic compounds. *For. Prod. J.* 49(7/8): 21-23.

Terazawa et al. 1998. 『木材の高周波眞空乾燥』. 海青社.

Trebula, P., P. Joscak and I. Klement. 1993. The influence of vacuum drying on some physical properties of beech and oak wood. Pages 151-160 in Proc. Vacuum Drying of Wood 93. Zvolen, Slovakia.

Trofatter, G., A. H. Robert, J. Schroeder and A. T. Michael. 1986. Comparison of moisture content variation of red oak lumber dried by a radio-frequency/vacuum process and a conventional kiln. *For. Prod. J.* 36(5): 25-28.

Ward, J. C. and W. Y. Pong. 1980. Wetwood in Tree: a Timber Resource Problem Gen. Tech. Rep. PNW-112, USDA Forest Service, Pacific Northwest Forest and Range Experiment Station, Portland, OR, USA.

Wengert, E. M. 1974. *How to Reduce Energy Consumption in Kiln Drying Lumber.* USDA Forest Service Research Note FPL-0228. USDA Forest Service, Madison, WI.

Wengert, E. M. 1990. *Drying Oak Lumber.* Dept. of Forestry, Univ. of Wisconsin-Madison, Madison, WI, USA.

부록

1. 습윤공기선도
2. 수분흡착 모델
3. 건구온도와 건습구온도차에 따른 상대습도와 평형함수율
4. 우리나라 주요 도시의 월별 기후치 평형함수율
5. 아시아 및 대양주산 건조스케줄 색인표
6. 영국 표준스케줄 색인표
7. 영국 표준스케줄 조합표
8. 건조기의 분류

1. 습윤공기선도

목재 주위에 존재하는 대기상태는 목재의 표면과 내부 수분이동현상을 발생시키는 주요인자이기 때문에 목재건조 기본 메커니즘을 이해하기 위해서는 대기 내 존재하는 건조공기와 수분의 상태를 표현하는 다양한 물성치에 대해 알아볼 필요가 있다. 포화수증기압, 절대습도, 상대습도, 이슬점온도, 습구온도 구하는 방법과 이들 물성치에 관한 정보를 요약하여 표현한 습윤공기선도에 대해 소개한다.

습윤공기선도

공기의 건구온도와 습구온도, 이슬점온도, 상대습도 등에 관한 정보는 습윤공기선도(psychrometric chart)에 요약된다. 그림 1은 표준압력조건을 기준으로 작성되었으며, 기본적으로 건구온도(X축)에 대한 공기 중의 수분량(Y축)을 나타내고 있다. 곡선은 상대습도를 나타내며, X축에 30°가량 경사진 사선은 습구온도를 나타낸다. 수평방향 실선은 공기 중의 수분량과 이슬점이다.

포화수증기압

건조한 밀폐공간에 수조가 있다고 가정할 경우 물분자는 주어진 절대온도에 비례하는 운동에너지에 의해 일정하게 진동한다. 물분자가 갖는 운동에너지는 넓은 범위에서 분포하지만 일부 제한된 물분자는 수조의 표면으로부터 탈출하여 증발하기에 충분한 에너지를 갖는다. 이러한 증발 과정과 공기 중의 일부 물분자가 수조 내로 응축하는 반대 과정이 계속되어 최종적으로 증발과 응축 속도가 같아지는 평형상태에 도달하게 된다. 이때 밀폐된 공간 내에서 물분자의 농도에 의해 부분압력이 발생하게 되고 이를 포화수증기압(saturated vapor pressure of water, p_0)이라 부른다. 이 압력은 온

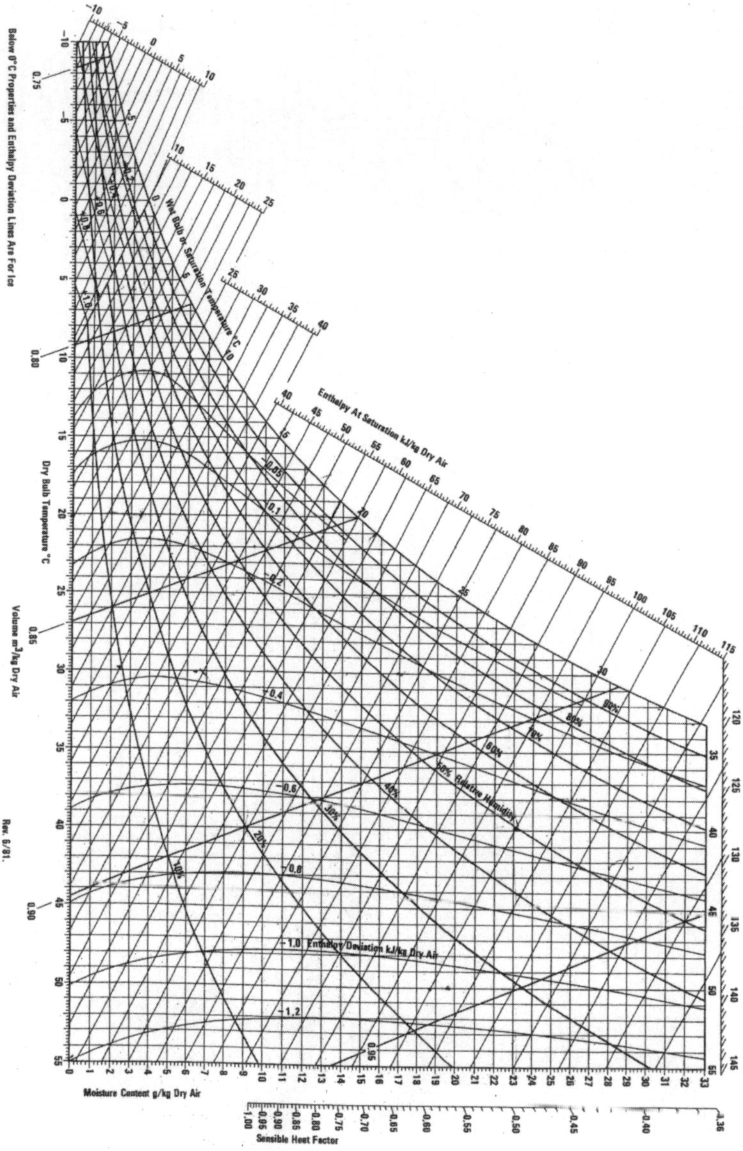

그림 1 습윤공기선도(건구온도 55°C 이하)(Siau, 1995)

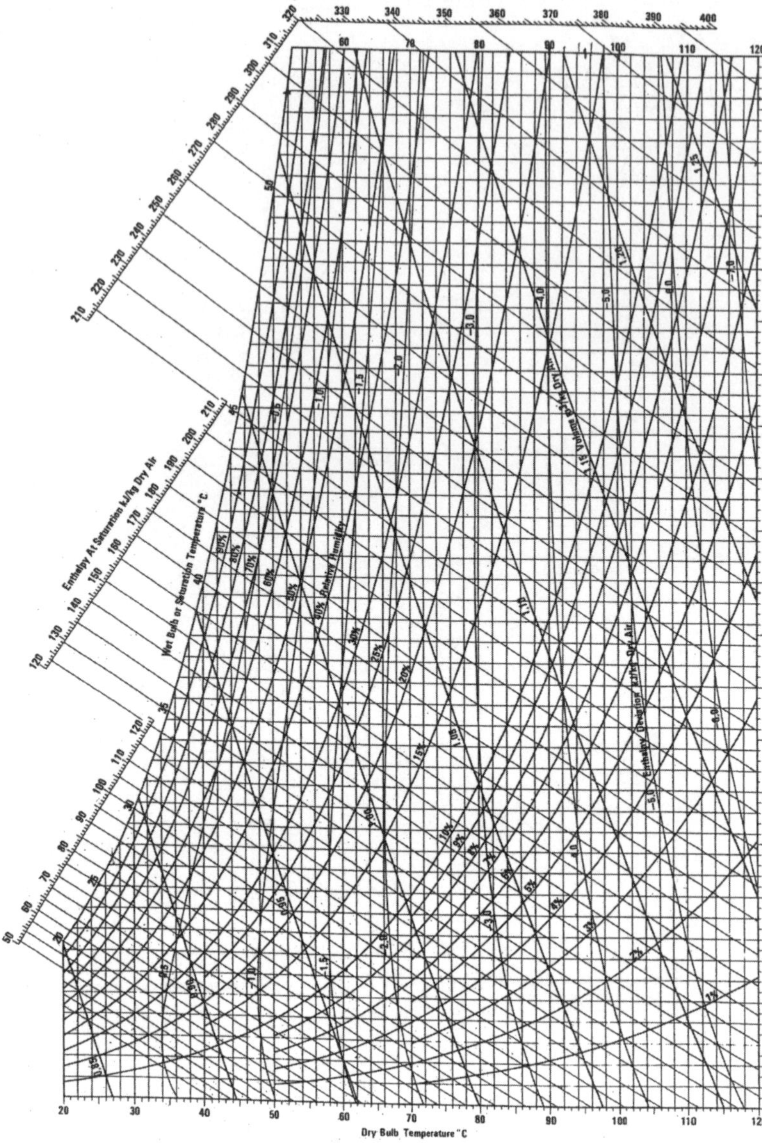

그림 2 습윤공기선도(건구온도 120°C 이하)(Siau, 1995)

도가 같은 경우에 수조안의 물의 양에 관계없이 일정하다. 포화수증기압의 자연대수($\ln p_0$)와 Kelvin 온도 T의 역수 $1/T$ 간의 선형관계로 구한 아래 식은 온도 0~100°C 범위에서의 포화수증기압을 계산하는 데 사용된다.

$$p_0 = 1.3 \times 10^{11} exp\left(-\frac{43470}{RT}\right) \tag{a-1}$$

여기서 p_0 = 포화수증기압(Pa), R = 8.31(J/molK), T = 절대온도(K), 43470(J/mol) = 증발열@40°C 또한 온도 0~160°C 범위에서는 부가온도항을 포함시킨 아래의 Kirchoff의 식이 유용하게 사용된다.

$$p_0 = exp\left(53.421 - \frac{6516.3}{T} - 4.125 lnT\right) \tag{a-2}$$

절대습도

대기압력은 대기 중에 존재하는 건조한 공기의 압력과 수증기의 압력의 합으로 표시할 수 있으며, 공기 중의 수증기의 양은 여러 방법으로 표시할 수 있다. 절대습도(absolute humidity, AH)는 단위부피의 공기에 포함된 수증기의 질량을 의미하며, 포화상태의 경우 포화절대습도(saturated absolute humidity, AH_0)라 부른다. 절대습도는 공기와 수증기가 이상기체와 Dalton의 법칙을 따른다는 가정 아래 다음과 같이 계산할 수 있다.

$$AT \frac{p}{1.013 \times 10^5 Pa} \frac{p(18g/mol)(273K)}{(0.0224m^3/mol)T} = 2.167\frac{p}{T} \tag{a-3}$$

여기서 AH= 절대습도(g/m³), p= 부분증기압(Pa), T= 절대온도(K)

상대습도

상대습도(relative humidity, H)는 대기 중의 포화증기압에 대한 부분증기압 또는 포화절대습도에 대한 부분절대습도의 비를 백분율로 표시한 것이다.

보통 대기는 포화되지 않은 상태에 있으며 증기압 p는 포화증기압 p_0보다 낮다. 비율 p/p_0는 상대증기압(relative vapor pressure, h)으로 정의된다. 상대습도 H는 백분율로 나타낸 h와 동일하다.

$$h = \frac{p}{p_0} = \frac{H}{100}, \quad H = \frac{p}{p_0} \times 100 \text{ 또는 } H = \frac{AH}{AH_0} \times 100 \qquad \text{(a-4)}$$

이슬점온도

보통 조건에서 상대증기압 h는 1보다 작다. 즉 증기압 p는 p_0보다 작다. 실내 온도나 실내 물체의 온도가 감소하면 p_0도 감소한다. 이슬점온도(dew-point temperature, T_{dew})는 대기 수분이 냉각물체에 응축되는 온도이다. 상대습도에 건구온도(dry-bulb temperature)의 포화수증기압을 곱하여 얻는 부분수증기압이 이슬점온도의 포화수증기압이 되므로 식 $p_0 = 1.3 \times 10^{11} exp\left(-\frac{43470}{RT}\right)$를 이용하여 이슬점온도를 계산할 수 있다.

습구온도

습구온도(wet bulb temperature, T_w 또는 w)는 건구온도계의 온도측정 부위를 얇은 무명천으로 싸고, 무명천에 증류수를 축여서 2.5~5m/s 속도로 수분 동안 통풍시킨 후 측정한 온도를 말한다. 공기의 압력을 일정하게 유지해서 주위로부터 열이 들어가지 못하게 하고, 물을 아주 조금씩 가하면 물이 증발하여 공기가 포화상태로 되어 물이 증발한 만큼 그 온도가 떨어지는데, 이때 공기의 온도를 의미한다. 습구온도(θ_w, °C)와 건구온도(θ_d, °C)를 실험을 통해 알면 대기압과 습구온도의 포화수증기압 차($P_{atm}-p_{ow}$)로 이 공기중의 부분수증기압을 아래의 Carrier's equation을 통해 구할 수 있다.

$$p = p_{ow} - \frac{(P_{atm} - p_{ow})(\theta_d - \theta_w)}{1546 - 1.44\theta_w} \tag{a-5}$$

P_{atm} = 대기압(Pa),

p_{ow} = 습구온도에서 포화수증기압(Pa),

θ_d와 θ_w = 건구와 습구온도(°C)

2. 수분흡착 모델

일정한 온도에서 상대습도와 평형함수율과의 관계곡선을 수착등온선(sorption isotherm)이라 하고, S자형을 갖는다. 수분이 목재에 흡착 또는 탈착되는 현상은 열역학 및 수착이론을 이용한 다양한 형태의 모델로 설명된다. 이러한 모델은 단분자 흡착 모델, 다분자 흡착 모델, 고분자 흡착 모델, 그리고 실험적 흡착 모델 등으로 분류되기도 한다(Skarr, 1988), 모델의 효율성은 실제의 수착현상과 비교하여 검증할 수 있다. 그중 대표적인 모델인 Hailwood-Horrobin 모델을 알아보자.

Hailwood-Horrobin 모델

Hailwood-Horrobin 수착이론으로 식 $\frac{h}{m} = A + Bh - Ch^2$과 같이 목재에서 흔히 나타나는 S자형 수착등온선을 예측할 수 있다. 이 이론은 목재뿐만 아니라 섬유재료의 수착등온선을 설명하는 데 적용된다. Hailwood-Horrobin 모델은 흡착수가 목재와 수화물(hydrate)을 형성하고 그 균형으로 세포벽에 고체용액이 형성되는 것을 가정한다.

이 모델에서 목재는 건조한 세포벽, 수화된 세포벽, 용해수 등 모두 세 종류로 구성되었다고 가정한다.

각 구성분의 몰수를 X_0, X_h, X_d라 하고 각 구성분의 활동도(activity)를 A_0, A_h, A_d라 한다. 이상용액거동이라 가정하면 활동도는 전체 몰분자에서 각 구성분의 몰 분율로 아래와 같이 표시된다.

$$A_0 = \frac{X_0}{X_0 + X_h + X_d}$$

$$A_h = \frac{X_h}{X_0 + X_h + X_d}$$

$$A_d = \frac{X_d}{X_0 + X_b + X_d}$$

용해수와 전건세포벽 간 평형으로 수화된 세포벽이 만들어지는 평형상태가 있다고 가정하고 이때의 평형상수를 K_1(수화된 세포벽 형성을 위한 평형상수)이라 한다면, 이 K_1이 두 반응물인 용해수와 전건세포벽의 활동도의 곱 A_0A_d에 대한 활동도 A_b의 비로 정의되어 아래와 같이 표현된다.

$$K_1 = \frac{A_b}{A_0A_d} = \frac{X_b}{X_0A_d} \text{ (또는 } X_b = K_1X_0A_d)$$

대기의 포화되지 않은 증기와 용해수와의 활동도 간의 이차평형 형성에 필요한 평형상수를 K_2(용해수 형성을 위한 평형상수)라고 한다면 이는 아래와 같이 표현된다.

$$K_2 = A_d / h$$

수화수(hydrated water)와 용해수(dissolved water)의 분율함수율인 m_b과 m_d의 합은 아래와 같다.

$$m = m_b + m_d$$

m_b과 m_d은 물분자량 0.018kg/mol과 각 흡착점에서 건조 세포벽의 분자량 W(kg/mol)를 이용하여 다음과 같이 표현될 수 있다.

$$m_b = \frac{X_b}{X_0 + X_b} \times \frac{0.018}{W}, \quad m_d = \frac{X_d}{X_0 + X_b} \times \frac{0.018}{W}$$

그러면 앞선 식 $A_d = \dfrac{X_d}{X_0 + X_b + X_d}$ 으로부터

$\dfrac{1}{A_d} = \dfrac{X_0 + X_b}{X_d} + 1$ 을 얻고,

$\dfrac{X_0 + X_b}{X_d} = \dfrac{1}{A_d} - 1 = \dfrac{1 - A_d}{A_d}$ 가 된다.

또한 $A_d = K_2 b$이므로

$\dfrac{X_d}{X_0 + X_b} = \dfrac{A_d}{1 - A_d} = \dfrac{K_2 b}{1 - K_2 b}$ 가 되고,

앞에서 언급한 식 $K_1 = \dfrac{A_b}{A_0 A_d} = \dfrac{X_b}{X_0 A_d}$ 와 $K_2 = A_d / b$에 의해서

$X_b = K_1 X_0 A_d = K_1 K_2 b X_0$가 되고

$\dfrac{X_b}{X_0 + X_b} = \dfrac{K_1 K_2 b}{1 + K_1 K_2 b}$ 이라 할 수 있다.

m을 정리하면

$m = \dfrac{0.018}{W}\left(\dfrac{K_1 K_2 b}{1 + K_1 K_2 b} + \dfrac{K_2 b}{1 - K_2 b}\right)$가 된다.

위의 모델을 비선형 방법으로 추정해 보면 실제의 수착등온선에 매우 근사하게 접근한다. Simpson(1974)은 기존의 USDA FPL의 연구자료를 분석하여 0~100°C 범위에서 위의 방정식 중 매개변수 K_1, K_2, W를 섭씨온도를 이용하여 추정할 수 있는 회귀식을 아래와 같이 제안하였다.

$K_1 = 4.73 + 0.048\ T - 0.0005\ T^2$

$K_2 = 0.706 + 0.0017\ T - 0.000006\ T^2$

$W = 0.2234 + 0.0007\ T + 0.000019\ T^2$

여기서 T = 섭씨온도 (°C)

$\frac{H_0}{M} = A + BH - CH^2$에서 A, B, C 값은 아래와 같이 계산될 수 있다.

$$A = \frac{W}{0.018}\left[\frac{1}{K_2(K_1+1)}\right],\ B = \frac{W}{1.8}\left(\frac{K_1-1}{K_1+1}\right),\ C = \frac{WK_1K_2}{180(K_1+1)}$$

%함수율 M은

$$M = \frac{H}{A + BH - CH^2}$$ 로 나타내고

%상대습도 H는

$$H = \frac{MB - 1 + \sqrt{(1-MB)^2 + 4ACM^2}}{2CM}$$ 으로 나타낼 수 있다.

3. 건구온도와 건습구온도차에 따른 상대습도와 평형함수율

건구온도 (°C)	건습구온도차(°C)											
	0.5	1	1.5	2	3	4	5	6	7	8	9	10
5	93	86	79	72	59	46						
	21.7	*18.5*	*16.1*	*14.1*	*11.1*	*8.7*						
10	94	88	82	77	66	55	45	35	25	15	6	
	22.5	*19.6*	*17.3*	*15.4*	*12.5*	*10.3*	*8.5*	*7.0*	*5.4*	*3.8*	*1.8*	
15	95	90	85	80	71	62	53	45	36	28	21	13
	23.0	*20.3*	*18.2*	*16.4*	*13.6*	*11.5*	*9.9*	*8.4*	*7.2*	*5.9*	*4.7*	*3.4*
20	96	91	87	83	75	67	59	52	45	38	31	25
	23.4	*20.9*	*18.8*	*17.2*	*14.5*	*12.5*	*10.9*	*9.5*	*8.3*	*4.3*	*6.3*	*5.3*
25	96	92	88	85	77	70	64	57	51	45	39	33
	23.6	*21.2*	*19.3*	*17.7*	*15.1*	*13.1*	*11.6*	*10.3*	*9.2*	*8.2*	*7.3*	*6.5*
30	96	93	89	86	79	73	67	61	56	50	45	40
	23.7	*21.4*	*19.6*	*18.0*	*15.5*	*13.6*	*12.1*	*10.8*	*9.8*	*8.9*	*8.0*	*7.3*
35	97	93	90	87	81	75	70	64	59	54	49	45
	23.6	*21.5*	*19.7*	*18.2*	*15.8*	*13.9*	*12.5*	*11.2*	*10.2*	*9.3*	*8.5*	*7.8*
40	97	94	91	88	82	77	72	67	62	58	53	49
	23.5	*21.4*	*19.7*	*18.3*	*15.9*	*14.1*	*12.7*	*11.5*	*10.5*	*9.6*	*8.9*	*8.2*
45	97	94	92	89	84	79	74	69	65	60	56	52
	23.2	*21.3*	*19.6*	*18.2*	*16.0*	*14.2*	*12.8*	*11.6*	*10.6*	*9.8*	*9.1*	*8.4*
50	97	95	92	89	85	80	75	71	66	62	58	55
	22.9	*21.1*	*19.5*	*18.1*	*15.9*	*14.2*	*12.8*	*11.7*	*10.7*	*9.9*	*9.2*	*8.5*
55	97	95	92	90	85	81	76	72	68	64	61	57
	22.6	*20.8*	*19.2*	*17.9*	*15.8*	*14.1*	*12.7*	*11.6*	*10.7*	*9.9*	*9.2*	*8.6*
60	98	95	93	91	86	82	78	74	70	66	62	59
	22.2	*20.4*	*18.9*	*17.7*	*15.6*	*13.9*	*12.6*	*11.5*	*10.6*	*9.9*	*9.2*	*8.6*
65	98	95	93	91	87	83	79	75	71	67	64	61
	21.7	*20.0*	*18.6*	*17.4*	*15.3*	*13.8*	*12.5*	*11.4*	*10.5*	*9.8*	*9.1*	*8.5*
70	98	96	93	91	87	83	79	76	72	69	65	62
	21.3	*19.6*	*18.2*	*17.0*	*15.1*	*13.5*	*12.3*	*11.3*	*10.4*	*9.6*	*9.0*	*8.4*
75	98	96	94	92	88	84	80	77	73	70	67	63
	20.8	*19.2*	*17.8*	*16.7*	*14.8*	*13.3*	*12.1*	*11.1*	*10.2*	*9.5*	*8.9*	*8.3*
80	98	96	94	92	88	84	81	77	74	71	68	65
	20.2	*18.7*	*17.4*	*16.3*	*14.5*	*13.0*	*11.8*	*10.9*	*10.0*	*9.3*	*8.7*	*8.2*
85	98	96	94	92	89	85	82	78	75	72	69	66
	19.7	*18.2*	*17.0*	*15.9*	*14.1*	*12.7*	*11.6*	*10.6*	*9.8*	*9.1*	*8.5*	*8.0*
90	98	96	94	93	89	86	82	79	76	73	70	67
	19.1	*17.7*	*16.5*	*15.5*	*13.8*	*12.4*	*11.3*	*10.4*	*9.6*	*8.9*	*8.3*	*7.8*
95	98	96	95	93	89	86	83	80	77	74	71	68
	18.5	*17.2*	*16.1*	*15.1*	*13.4*	*12.1*	*11.0*	*10.1*	*9.4*	*8.7*	*8.2*	*7.7*
100	98	96	95	93	90	86	83	80	77	74	72	69
	18.0	*16.7*	*15.6*	*14.6*	*13.0*	*11.8*	*10.7*	*9.9*	*9.1*	*8.5*	*7.9*	*7.5*

The saturated vapor pressure is calculated from Kirchoff's equation. The partial vapor pressure is calculated from Carrier's equation.

EMC is calculated from Hailwood-Horrobin hydrated equation using parameters determined with USDA FPL data by Simpson.

건습구온도차(°C)													
12	13	14	15	16	17	18	19	20	22	24	26	28	30
13	7												
3.2	*2.0*												
23	18	13	8	3									
4.9	*4.1*	*3.2*	*2.2*	*1.1*									
30	26	21	17	13	9	5							
5.9	*5.3*	*4.6*	*3.9*	*3.2*	*2.5*	*1.6*							
36	32	28	24	21	17	14	10	7					
6.6	*6.0*	*5.5*	*4.9*	*4.4*	*3.8*	*3.3*	*2.6*	*2.0*					
41	37	33	30	26	23	20	17	14	9				
7.0	*6.5*	*6.0*	*5.5*	*5.1*	*4.6*	*4.2*	*3.7*	*3.2*	*2.2*				
44	41	37	34	31	28	25	22	20	14	10	5		
7.3	*6.8*	*6.4*	*5.9*	*5.5*	*5.1*	*4.7*	*4.3*	*4.0*	*3.2*	*2.4*	*1.4*		
48	44	41	38	35	32	29	27	24	19	15	11	7	
7.5	*7.0*	*6.6*	*6.2*	*5.8*	*5.4*	*5.1*	*4.7*	*4.4*	*3.8*	*3.1*	*2.4*	*1.7*	
50	47	44	41	38	35	33	30	28	23	19	15	11	8
7.6	*7.1*	*6.7*	*6.3*	*6.0*	*5.6*	*5.3*	*5.0*	*4.7*	*4.1*	*3.6*	*3.0*	*2.4*	*1.8*
52	49	46	43	41	38	35	33	31	26	22	18	15	13
7.6	*7.1*	*6.7*	*6.4*	*6.0*	*5.7*	*5.4*	*5.1*	*4.9*	*4.3*	*3.8*	*3.4*	*2.9*	*2.4*
54	51	48	46	43	40	38	36	33	29	25	21	18	15
7.5	*7.1*	*6.7*	*6.4*	*6.1*	*5.8*	*5.5*	*5.2*	*5.0*	*4.5*	*4.0*	*3.6*	*3.2*	*2.8*
56	53	50	48	45	43	40	38	36	31	28	24	21	18
7.5	*7.1*	*6.7*	*6.4*	*6.1*	*5.8*	*5.5*	*5.2*	*5.0*	*4.5*	*4.1*	*3.7*	*3.3*	*3.0*
58	55	52	49	47	45	42	40	38	34	30	26	23	20
7.4	*7.0*	*6.6*	*6.3*	*6.0*	*5.7*	*5.5*	*5.2*	*5.0*	*4.5*	*4.1*	*3.8*	*3.4*	*3.1*
59	56	54	51	49	46	44	42	40	36	32	28	25	22
7.3	*6.9*	*6.5*	*6.2*	*5.9*	*5.6*	*5.4*	*5.2*	*4.9*	*4.5*	*4.1*	*3.8*	*3.5*	*3.2*
60	58	55	53	50	48	46	43	41	37	34	30	27	24
7.1	*6.8*	*6.4*	*6.1*	*5.8*	*5.6*	*5.3*	*5.1*	*4.9*	*4.5*	*4.1*	*3.8*	*3.5*	*3.2*
62	59	56	54	52	49	47	45	43	39	35	32	29	26
7.0	*6.6*	*6.3*	*6.0*	*5.7*	*5.5*	*5.2*	*5.0*	*4.8*	*4.4*	*4.1*	*3.7*	*3.5*	*3.2*
63	60	58	55	53	51	49	47	45	41	37	34	31	28
6.8	*6.5*	*6.1*	*5.9*	*5.6*	*5.3*	*5.1*	*4.9*	*4.7*	*4.3*	*4.0*	*3.7*	*3.4*	*3.2*
64	61	59	57	54	52	50	48	46	42	39	35	32	29
6.7	*6.3*	*6.0*	*5.7*	*5.4*	*5.2*	*5.0*	*4.8*	*4.6*	*4.2*	*3.9*	*3.6*	*3.3*	*3.1*

4. 우리나라 주요 도시의 월별 기후치 평형함수율

도시＼월	1	2	3	4	5	6	7	8	9	10	11	12	평균
춘천	–	–	12.4	11.3	11.8	13.5	15.9	15.8	15.8	14.9	14.6	–	14.0
강릉	–	11.0	11.5	11.4	11.5	14.6	16.5	16.4	15.5	13.0	11.6	10.0	13.0
서울	–	–	12.3	11.7	11.8	13.8	16.4	15.3	13.8	12.8	12.7	–	13.4
인천	–	–	13.0	13.3	13.5	15.7	18.0	16.5	14.5	13.0	12.8	12.9	14.3
수원	–	–	13.3	13.1	13.5	14.9	17.0	16.5	15.8	15.1	14.8	–	14.9
청주	–	–	12.8	12.1	12.1	13.5	15.7	15.8	16.0	14.9	15.5	–	14.3
대전	–	–	13.0	12.3	12.8	14.7	17.0	16.5	16.0	14.9	15.5	–	14.7
포항	10.1	10.6	11.3	12.1	12.4	14.7	16.1	15.9	14.9	12.9	12.0	10.5	12.8
군산	–	14.0	13.9	14.0	14.5	16.4	17.5	16.2	15.2	13.9	14.6	14.9	15.0
대구	–	11.3	11.0	11.4	11.5	12.8	14.8	14.1	14.4	13.0	12.8	11.9	12.9
전주	–	14.4	13.8	13.3	13.4	14.6	15.8	15.4	15.2	14.7	15.0	15.0	14.6
울산	11.0	11.3	12.3	13.6	13.9	16.0	17.5	16.1	16.0	14.0	12.9	11.3	13.8
광주	–	13.6	13.0	13.0	13.1	14.4	16.6	15.4	14.9	13.9	14.5	14.3	14.2
부산	9.9	10.2	11.0	12.6	13.4	16.0	18.5	16.2	14.0	11.8	10.9	10.0	12.9
목포	13.8	13.8	13.7	14.3	14.6	16.4	17.9	16.1	14.9	13.2	13.4	13.5	14.6
여수	10.6	11.0	11.2	13.8	13.4	15.7	18.0	15.8	13.8	11.8	11.4	11.0	13.0
제주	13.3	13.5	13.1	14.0	14.8	16.0	16.5	15.8	15.3	13.7	13.3	13.3	14.4
전주	12.6	12.1	11.8	12.4	12.8	14.7	16.5	15.8	14.9	13.9	13.8	13.3	13.7

5. 아시아 및 대양주산 건조스케줄 색인표

학명(수종명)	미국스케줄		영국스케줄
	2.5cm	5.0cm	2.5cm
Abies firma (전나무)	T10-C4S	-	-
Acacia (아카시아)	T6-D4	T3-D3	F
Acacia melanoxylon (Australian blackwood)	T6-D2	T3-D1	E
Accacia mollissima (black wattle)	T2-D4	T2-D3	A
Acer mono (고로쇠나무)	T5-C3	-	-
Adina cordifolia (haldu, kwao)	T6-D2	T3-D1	E
Aesculus turbinata (칠엽수)	T10-C4	-	-
Agathis spp. (kauri agathis)	T10-D5S	T8-D4S	J
Albizia falcataria (batai)	T6-D4	-	F
Albizia labbek	T6-D2	T3-D1	E
Alstonia spp. (pulai, dita, basong)	T10-D4S	-	H
Anisoptera costata (mersawa, palosapis)	T6-6D2	T3-D1	E
Anisoptera thurifera (palosapis, mersawa)	T2-2D4	-	A
Anthocaphalus chinensis (kadam, laran)	T10-D4S	T8-D3	H
Araucaria spp. (hoop-pine, Klinki-pine)	T10-D5S	T8-D4S	J
Azadirachta spp. (neem, maranggo, tamaka)	T2-D4	T2-D3	A
Balanocarpus spp. (chengal, penak, narek)	T2-C2	-	B
Beilschmiedia tawa	T6-D2	T3-D1	E
Betula grossa	T6-C3	-	-
Betula maximowicziana	T8-C4	-	-
Calophyllum spp. (bintangor, poon, bintanghol)	T2-D4	T2-D3	A
Callitris glauca (white cypress pine)	T7-C4S	-	-
Canarium euphyllum (kedondong, Dhup)	T10-D4S	-	H
Cardwellia sublimis (siky oak)	-	-	E
Castanospermum australe (black bean)	T3-C2	T3-C1	C
Casuarina spp. (casuarina, she-oak)	T2-C2	-	A
Cedrela toona (toon, Australian red-cedar)	T10-D4S	T8-D3S	H
Chamaecyparis obtusa (편백)	T11-D4S	-	-

5. (계속)

학명(수종명)	미국스케줄		영국스케줄
	2.5cm	5.0cm	2.5cm
Chamaecyparis pisifera (화백)	T14–E6S	–	–
Chamaecyparis swietenia (East Indian satinwood)	T3–T2	T3–C1	C
Chukrasia tabularis (chickrassy)	T6–D2	T3–D1	E
Cinnamomum spp. (cinnamon wood, camphor wood)	T10–D2	–	–
Cratoxylon arborescens (geronggang, serungan)	T6–D2	T3–D1	E
Cryptomeria japonica (삼나무)	T12–E5	–	–
Cyclobalanopsis acuta	T3–B2	–	–
Cynometra spp. (kekatong, myiunga, katong)	T6–D4	–	F
Dacrydium elatum (sempilor)	–	–	K
Dacrydium cupressinum (rimu)	T13–C4S	T11–D3S	K
Dacrydium Franklinii (huon-pine)	–	–	K
Dalbergia latifolia (Indian rosewood)	T6–D2	T3–D1	E
Dialium spp. (keranji, khleng)	T6–D2	–	E
Dillenia spp. (simpoh, katmon, san)	T3–C2	–	C
Diospyros spp. (East Indian ebony)	T3–C2	T3–C1	C
Dipterocarpus spp. (ketruing, apitong)	T3–D2	T3–D1	D
Dryobalanops beccarii (kapur)	–	–	G
Dryobalanops lanceolata (kapur)	T10–D4S	T8–D3S	H
Duabanga spp. (magas, lampati)			
standard	T13–C4S	T11–D3S	K
for lighter color	T10–D5S	–	J
Dyera costulata (jelutong)	T10–D4S	T8–D3S	H
Endiandra palmerstonii (orientalwood, Queenslandwalnut)	T6–D2	T3–D1	E
Endospermum spp. (gubas, kauvula)	T10–D5S	T8–D4S	J

5. (계속)

학명(수종명)	미국스케줄		영국스케줄
	2.5cm	5.0cm	2.5cm
Eucalyptus deglupta (deglupta, bagras, kamerere)	T6–D2	–	E
Eucalyptus diversicolor (karri)	T3–C2	T3–C1	C
Eucalyptus globulus (bluegum)	T3–C2	–	C
Eucalyptus maculata (spotted gum)	–	–	C
Eucalyptus marginata (jarrah)	T3–C2	T3–C1	C
Eucalyptus microcorys (tallow-wood)	–	–	C
Eucalyptus obliqua (Tasmanian-oak)	–	–	C
Eucalyptus pilularis (blackbutt, pilularis)	–	–	C
Eucalyptus regnans (Tasmanian-oak)	–	–	C
Eucalyptus saligna	–	–	C
Eucalyptus spp. (ironbark)	–	–	B
Eusideroxylon zwageri (belin, Borneo ironwood)	T2–C2	T2–C1	B
Fagus crenata (너도밤나무)	T5–D3	–	–
Flindersia brayleyana (Queensland maple, silkwood)	T3–C2	T3–C1	C
Garcinia spp. (kandis, binukau)	T2–C2	–	B
Gmelina arborea (gmelina, gumhar)	T13–C4S	T11–D3S	K
Gonystylus spp. (ramin)	T3–C2	T2–C1	C
Grevillea robusta (silk-oak, lacewood, grevillea)	T3–C2	T3–C1	C
Heritiera spp. (mengkulang, kembang) *Syn. Tarrietia spp.*	–	–	H
Hopea spp. (thingan, merawan)	T3–C2	T3–C1	C
Intsia bijuga (merbau, ipil)	T3–C2	T3–C1	C
Intsia palembanica (merbau ipill)	T3–C2	T3–C1	C
Kalopanax pictum (음나무)	T8–D4	–	–

5. (계속)

학명(수종명)	미국스케줄		영국스케줄
	2.5cm	5.0cm	2.5cm
Knema spp. (darah darah)	T10–D4S	–	H
Koompassia excelsa (menggeris)	–	–	E
Koompassia malaccensis (kempas, impas)	T6–D2	T3–D1	E
Koordersiondendron pinnatum (ranggu, amugis)	T13–C4S	T11–D3S	K
Larix leptolepis (낙엽송)	T10–C4S	–	H
Metrosideros collina subsp. polymorpha (ohia)	T3–C2	–	C
Myristica spp. (darah darah)	T10–D4S	–	H
Octomeles sumatrana (binuang)	T3–C2	T3–C1	C
Ostrya japonica (새우나무)	T8–C3	–	–
Palaquium spp. (nyatoh, nato)	T6–D2	T3–D1	E
Parashorea spp. (white seraya bagtikan)	T10–D5S	T8–D4S	J
Paulownia tomentosa (참오동나무)	T11–D5	–	–
Payena spp. (nyatoh, nato)	T6–D2	T3–D1	E
Pentace spp. (thitka, melunak takalis)	T6–D2	T3–D1	E
Pentacme burmanica	–	–	E
Pentacme contorta (white lauan)	T6–D2	D3–D1	E
Picea jezoensis (가문비나무)	T14–D6S	–	–
Pinus densiflora (소나무)	T11–D4S	–	–
Pinus radiata (radiata pine)	T13–C4S	T11–C3S	K
Planchonia spp. (putat paya, lamog)	T2–C2	T2–C1	B
Podocarpus spp. (tolara, thitmin)	T10–D5S	T8–D4S	J
Pseudosindora palustris (sepetir) *and sindora spp.*	T8–D3	T5–D1	G
Pterocarpus dalbergioides (Andaman Padauk)	T6–D4	T3–D3	F
Pterocarpus macrocarpus (Burma Padauk)	T6–D4	T3–C1	F
Quercus magnolica var. grosseserrata (물참나무)	T4–C2	T5–B1	C

5. (계속)

학명(수종명)	미국스케줄		영국스케줄
	2.5cm	5.0cm	2.5cm
Shorea spp. (balau group)	T8–C3	T3–D3	G
Shorea spp. (dark red meranti-red lauan group)	T6–D4	T3–D3	F
Shorea spp. (light red meranti-light red lauan group)	T6–D4	T8–D4S	F
Shorea spp. (white meranti group)	T6–D4	T3–C1	F
Shorea spp. (yellow meranti group)	T10–D5S	T8–D3S	J
Syncarpia glomulifera (turpentine)	T3–C2	T3–C1	C
Tectona grandis (teak)	T10–D4S	T8–D3S	H
Terminalia bialata (white chuglam)	T6–D2	T3–D1	E
Terminalia procera (white bombay)	T6–D2	T3–D1	E
Terminalia tomentosa complex (Indian laurel)	T3–C2	T3–C1	C
Tetramerista glabra (punah, entuyut, tuyot)	T3–C2	T3–C1	C
Tilia amurensis (피나무)	T12–E7	–	–
Tristania spp. (brush box, rong leang)	T3–C2	T3–C1	C
Tsuga sieboldii (솔송나무)	T10–C4S	–	–
Xylia xylocarpa (pyinkado, pyin)	T3–C2	T3–C1	C

6. 영국 표준스케줄 색인표

수종명	학명	스케줄기호
abura	*Mitragyna ciliata*	K
afara	*Terminalia superba*	J
afara black	(idigbo 참조)	
'African pencil cedar'	*Juniperus procera*	G
African silky-oak	(grevillea 참조)	
'African walnut'	*Lovoa trichilioides*	E
afrormosia	*Pericopsis elata*	J
afzelia	*Afzelia spp.*	E
agba	*Gossweiler odendron balsamiferum*	J
akomu	(ilomba 참조)	
albizia, West African	*Albizia spp.*	F
alder, common	*Alnus glutinosa*	J
alder, red	*Alnus rubra*	J
alstonia	*Alstonia congensis*	H
amarillo	*Centrolobium ochraxylon*	E
American whitewood	*Liriodendron tulipifera*	E
andiroba	(crabwood 참조)	
antiaris	*Antiaris africana*	A
apitong	*Dipterocarpus spp.*	D
apple	*Malus sylvestris*	A
ash	*Fraxinus spp.*	D
aspen, Canadian	*Populus tremuloides*	E
aspen, European	*Populus tremula*	E
assacu	(hura 참조)	
'Australian silky-oak'	*Cardwellia sublimis*	E
'Australian walnut'	('*Queensland walnut*' 참조)	
avodire	*Turraeanthus africanus*	E
ayan	*Distemonanthus benthamianus*	F
baboen	(dalli 참조)	

6. (계속)

수종명	학명	스케줄기호
bagac	(apitong 참조)	
balsa	*Ochroma pyramidale*	H
banak	*Virola koschnyi*	C
banga wanga	*Amblygonocarpus andongensis*	B
baromalli	*Catostemma commune*	E
basswood	*Tilia americana*	K
beech, European	*Fagus sylvatica*	D
'beech, silver'	*Nothofagus menziesii*	E
beech, Southland	('beech silver' 참조)	
belian	*Eusideroxylon zwageri*	B
berlinia	*Berinia spp.*	E
billian	(belian 참조)	
bintangor	*Calophyllum spp.*	A
binuang	*Octomeles sumatrana*	C
birch, Canadian yellow	(birch, yellow 참조)	
birch, European	*Betula verrucasa*	F
birch, paper	*Betula sp.*	H
birch, yellow	*Betula alleghaniensis*	G
black bean	*Castanospermum australe*	C
black gum	(tupelo 참조)	
blackbutt	*Eucalyptus pilularis*	C
blackwood, African	*Dalbergia melanoxylon*	B
blackwood, Australian	*Acacia melanoxylon*	E
bombway, white	*Terminalia procera*	E
box	*Buxus sempervirens*	B
box, cape	(boxwood, East London 참조)	
boxwood, East London	*Buxus macowani*	B
'boxwood, knysna'	*Gonima kamassi*	C
brush box	*Tristania conferta*	C

6. (계속)

수종명	학명	스케줄기호
'Bruma cedar'	*Cedrela toona*	H
butternut	*Juglans cinerea*	E
cabbage-bark, black	*Lonchocarpus castilloi*	G
camphorwood, E. African	*Octea usambarensis*	G
canarium, African	*Canarium schweinfurthii*	H
cativo	*Prioria copaifera*	C
'cedar, African pencil'	*Juniperus procera*	G
'cedar, Bruma'	*Cedrela toona*	H
'cedar, Port orfort'	*Chamaecyparis lawsoniana*	J
'cedar, S. American'	*Cedrala fissilis*	H
'cedar, western red'	*Thuja plicata*	J
'cedar, white'	*Thuja occidentalis*	J
'cedar, yellow'	*Chamaecyaris nootkatensis*	J
ceiba	*Ceiba pentandra*	J
celtis, African	*Celtis spp.*	H
chan	*Shorea spp.*	D
cherry	*Prunus avium*	A
chestnut, sweet	*Castanea sativa*	D
chickrassy	*Chukrasia tabularis*	E
'Chile pine'	*Araucaria araucana*	J
chuglam, white	*Terminalia bialata*	E
chumprak	*Tarrietia cochinchinensis*	C
coachwood	*Ceratopetalum apetalum*	E
cocuswood	*Brya ebenus*	A
coigue	*Nothofagus dombeyi*	B
cornel	(dogwood 참조)	
cottonwood	*Populus spp.*	H
courbaril	*Hymenaea courbaril*	C
crabwood	*Carapa guianensis*	C

6. (계속)

수종명	학명	스케줄기호
cramantee	*Guarea excelsa*	E
curupay	*Piptadenia macrocarpa*	G
'cypress, southern'	*Taxodium distichum*	K
dahoma	*Piptadeniastrum ofricanum*	A
dalli	*Virola surinamenis*	C
daniellia	(ogea 참조)	
danta	*Nesogordonia papaverifera*	E
degame	*Calycophyllum candidissimum*	B
determa	(louro, red 참조)	
dhup	*Canarium euphyllum*	H
didu	*Bombax insigne*	K
dogwood	*Cornus florida*	E
'douglas fir'	*Pseudotsuga menziesii*	K
doussie	(afzelia 참조)	
ebony, African	*Diospyros spp.*	E
ebony, Ceylon	*Diospyros ebenum*	C
ekhimi	(dahoma 참조)	
ekki	*Lophira alata*	B
Elgon olive	(loliondo 참조)	
elm, Dutch	*Ulmus hollandica var. hollandica*	A
elm, English	*Ulmus Procera*	A
elm, Japanese	*Ulmus spp.*	F
elm, rock	*Ulmus thomasii*	D
elm, white	*Ulmus americana*	F
elm, wych	*Ulmus globra*	A
eng	*Dipterocarps tuberculatus*	D
espavel	*Anacardium excelsum*	E
esia	*Combretodendron macrocarpum*	B
fernan sanchez	*Triplaris guayaquilensis*	E

6. (계속)

수종명	학명	스케줄기호
fir, alpine	*Abies lasiocarpa*	L
fir, amabilis	*Abies amabilis*	L
fir, balsam	*Abies balsamea*	L
'fir, Douglas'	*Pseudotsuga manziesii*	K
fir, grand	*Abies grandis*	L
fir, noble	*Abies procera*	L
fir, silver	*Abies alba*	K
fotie	*Hannoa klaineana*	L
freijo	*Cordia goeldiana*	E
gaboon	*Aucoumea klaineana*	E
gedu nohor	*Entandrophragma angolense*	A
geronggang	*Cratolxyon arborescense*	E
glassy wood	*Guettarda sp.*	C
greenheart	*Ocotea rodiaei*	B
grevillea	*Grevillea robusta*	C
guarea	*Guarea cedrata and G. thompsonii*	E
guayacan	*Tabebuia spp.*	E
gum, black	(tupelo 참조)	
gum, blue	(gum, southen blue 참조)	
gum, southen blue	*Eucalyptus globulus*	C
gum, saligna	*Eucalyptus saligna*	C
gum, spotted	*Eucalyptus maculata*	C
gurjun	*Dipterocarpus spp.*	D
hackberry	*Celtis occidentalis*	H
haldu	*Adina cordifolia*	E
hemlock, eastern	*Tsuga canadensis*	K
hemlock, western	*Tsuga heterophylla*	L
hiairiballi	*Alexa leiopetala*	B
hickory	*Carya glabra*	E

6. (계속)

수종명	학명	스케줄기호
holly	*Ilex aquifolium*	C
'hoop pine'	*Araucaria cunninghamii*	J
hornbeam	*Carpinus betulus*	E
horse-chestnut, European	*Aesculus hippocastanum*	H
'huon pine'	*Dacrydium franklinii*	K
hura	*Hura crepitans*	E
idigbo	*Terminalia ivorensis*	J
ilomba	*Pycnanthus angolensis*	C
imbuya	*Phoebe porosa*	E
'Indian laurel'	*Terminalia spp.*	C
Indian silver-grey wood	*Terminalia bialata*	E
iroko	*Chlorophora excelsa*	E
ironbark	*Eucalyptus crebra*	B
jacareuba	*Calophyllum brasiliense*	A
jarrah	*Eucalyptus marginata*	C
jelutong	*Dyera costulata*	H
jequitiba	*Cariniana sp.*	D
jigua	*Ocotea spp.*	H
kamassi	('knysna boxwood' 참조)	
kanluang	(haldu 참조)	
kanyin	(gurjun 참조)	
kapur	*Dryobalanops lanceolata*	H
karri	*Eucalyptus diversicolor*	C
katon	*Sandoricum indicum*	E
kauri, New Zealand	*Agathis australis*	J
kauri, Queensland	*Agathis spp.*	J
kempas	*Koompassia malaccensis*	E
keruing	*Dipterocarpus spp.*	D
'knysna boxwood'	*Gonioma kamassi*	C

6. (계속)

수종명	학명	스케줄기호
kokko	*Albizia lebbeck*	E
kokrodua	(afrormosia 참조)	
krabak	*Anisoptera spp.*	E
kurokai	*Protium decandrum*	C
kwao	(haldu 참조)	
landa	*Erythroxylum mannii*	E
lapacho	*Tabebuia spp.*	E
larch, European	*Larix decidua*	H
larch, Japanese	*Larix leptolepis*	H
larch, Siberian	*Larix sibirica*	H
larch, tamarack	*Larix laricina*	K
larch, wetern	*Larix occidentalis*	K
lauan	*Shorea spp. Parashorea spp. and Pentacme spp.*	E
laurel, Chilean	*Laurelia aromatica*	C
laurel, Ecuador	(salmwood 참조)	
'laurel, Indian'	*Terminalia spp.*	C
lignum vitae	*Guaiacum spp.*	B
lime, European	*Tilia vulgaris*	H
locust	(courbaril 참조)	
loliondo	*Olea Welwitschii*	E
longui rouge	*Chrysophyllum sp.*	E
louro, red	*Ocotea rubra*	E
maccarati	*Burkea africana*	B
mafu	*Fagaropsis angolensis*	C
magnolia	*Magnilia spp.*	E
maho	*Sterculia pruriens*	A
mahogany African	*Khaya ivorensis*	F
mahogany African	*Khaya grandifoliola*	A

6. (계속)

수종명	학명	스케줄 기호
mahogany, Burma	(thitka 참조)	
mahogany, Central American	*Sweitenia macrophylla*	F
mahogany, Cuban	*Sweitenia mahogani*	F
mahogany, Gaboon	(gaboon 참조)	
mahogany, Sapele	(sapele 참조)	
makore	*Tieghemella heckelii*	H
manio	*Podocarpus nubigenus*	J
mansonia	*Mansonia altissima*	H
maple, Norway	*Acer platanoides*	E
'maple, Queensland'	*Flindersia brayleyana*	C
maple, rock	*Acer saccharum*	E
maple, soft	*Acer saccharinum or rubrum*	E
matai	*Podocarpus spicatus*	J
mayflower	*Tabebuia pentaphylla*	E
mchenga	*Julbernardia globiflora*	C
melawis	(ramin 참조)	
mengkulang	*Heritiera simplicifolia*	D
meranti	(seraya 참조)	
marbau	*Intsia bijuga*	C
mersawa	*Anisoptera spp.*	E
missanda	*Erythrophleum guineense*	D
mjombo	*Brachystegia boehmii*	C
mkuka	*Ficalhoa laurifolia*	F
mora	*Mora excelsa*	B
morabukea	*Mora gonggrijpii*	B
mtondo	*Brachystegia spiciformis*	C
muave	(missanda 참조)	
mubura	*Parinari excelsa*	B
muchenche	*Newtonia buchanani*	J

6. (계속)

수종명	학명	스케줄기호
mueri	*Pygeum africannum*	C
mufumbi	(utile 참조)	
mugongo	*Ricinodendron rautanenii*	K
mugonyone	*Apodytes dimidiata*	C
mugwi	*Bosqueia phoberos*	J
muhimbi	*Cynometra alexandri*	B
muhuhu	*Brachylaena hutchinsii*	B
mujua	(alstonia 참조)	
mukangu	*Aningueria altissima*	C
mumuli	*Holoptelea grandis*	C
muninga	*Pterocarpus angolensis*	J
musine	*Croton megalocarpus*	C
musizi	*Maesopsis eminii*	F
'myrtle, Tasmanian'	*Nothofagus cunninghamii*	C
nargusta	*Terminalia amazonia*	C
'New Zealand white pine'	*Podocarpus dacryciodes*	J
niangon	*Tarietia utilis*	E
nongo	*Albizia grandibracteata*	F
ntola	(agba 참조)	
nyankom	(niangon 참조)	
nyatoh	*Palaquim spp.*	E
oak, American red	*Quercus spp.*	C
oak, American white	*Quercus spp.*	C
oak, European	*Quercus robur*	C
oak, Japanese	*Quercus spp.*	C
oak, Persian	*Quercus castaneaefolia*	B
'oak, Tasmanian'	*Eucalyptus gigantea, obliqua, regnans*	C
oak, Turkey	*cerris*	B
obeche	*Triplochiton scleroxylon*	L

6. (계속)

수종명	학명	스케줄기호
odoko	*Scottellia coriacea*	E
ogea	*Daniellia ogea*	J
okan	*Cylicodiscus gabunensis*	B
okoko	(sterculia, yellow 참조)	
okoume	(gaboon 참조)	
okuro	(albizia, West African 참조)	
okwen	*Brachystegia spp.*	E
olive, E. African	*Olea hochstetteri*	E
olive, Elgon	(loliondo 참조)	
olivier, white	(nargusta 참조)	
olivillo	*Aextoxicon punctatum*	E
omu	*Entandrophragma candollei*	A
opepe	*Nauclea diderrichii*	E
padauk, African	*Pterocarpus soyauxii*	J
padauk, Andaman	*Pterocarpus dalbergioides*	F
padauk, Burma	*Pterocarpus macrocarpus*	F
panga panga	*Millettia stuhlmannii*	E
'Parana pine'	*Araucaria angustifolia*	D
partridgewood	*Caesalpinia granadillo*	C
pear	*Pyrus communis*	A
pecan	*Carya spp.*	E
'pencil cedar, African'	*Juniperus procera*	G
peroba rosa	*Aspidosperma spp.*	E
peroba, white	*Paratecoma peroba*	D
persimmon	*Diospyros virginiana*	C
pillarwood	*Cassipourea malosana*	A*
pine, American pitch	*Pinus palustris*	L

*두께 1.5인치 초과시 상대습도 10% 높임.

6. (계속)

수종명	학명	스케줄기호
pine, Austrian	*Pinus nigra*	M
pine, Br. Honduras pitch	(pine, Ceribbean pitch 참조)	
pine, Canadian red	*Pinus resinosa*	L
pine, Caribbean pitch	*Pinus caribaea and oocarpa*	H
'pine, Chile'	*Araucaria araucana*	J
pine, Corsican	*Pinus nigra var. calabrica*	M
'pine, huon'	*Dacrydium franklinii*	K
pine, insignis	(pine, radiata 참조)	
pine, jack	*Pinus banksiana*	L
pine, loblolly pitch	*Pinus taeda*	L
pine, lodgepole	*Pinus contorta var. latifolia*	L
pine, longleaf pitch	(pine, American pitch 참조)	
pine, maritime	*Pinus pinaster*	M
'pine, New Zealand white'	*Podocarpus dacrydioides*	J
'pine, parana'	*Araucaria angustifolia*	D
pine, ponderosa	*Pinus ponderosa*	L
pine, radiata	*Pinus radiata*	K
pine, red	(pine, Canadian red 참조)	
pine, Scots	*Pinus sylvestris*	M
pine, Scots (if colour important)	*Pinus sylvestris*	F
pine, shortleaf pitch	*Pinus echinata*	L
pine, sugar	*Pinus lambertiana*	L
pine, western white	*Pinus monticola*	L
pine, yellow	*Pinus strobus*	L
pine, London	*Platanus acerifolia*	E
podo	*Podocarpus spp.*	A
poplar, balsam	(Poplar, Canadian 참조)	
poplar, black	*Populus spp.*	E

6. (계속)

수종명	학명	스케줄기호
poplar, Canadian	*Populus balsamifera*	E
poplar, grey	*Populus canescens*	E
poplar, white	*Populus alba*	E
'Port Orfort cedar'	*Chamaecyparis lawsoniana*	J
pradoo	(padauk, Burma 참조)	
pterygota	*Pterygota bequaertii*	H
punah	*Tetramerista glabra*	C
purpleheart	*Peltogyne spp.*	E
pycananthus	(ilomba 참조)	
pyinkado	*Xylia xylocarpa*	C
quaruba	*Vochysia spp.*	A
'Queensland maple'	*Flindersia brayleyana*	C
'Queensland walnut'	*Endiandra palmerstonii*	E
ramin	*Gonystylus spp.*	C*
rauli	*Nothofagus procera*	E
redwood, European	(pine, Scots 참조)	
redwood, Californian	(sequoia 참조)	
'Rhodesian teak'	*Baikiaea pseudoacacia*	D
rimu	*Dacrydium cupressinum*	K
robinia	*Robinia pseudoacadia*	A
roble, Ecuadorian	(mayflower 참조)	
rosewood, Honduras	*Dalbregia stevensonii*	C
rosewood, Indian	*Dalbregia latifolia*	E
saligna gum	*Eucalyptus saligna*	C
salmwood	*Crodia alliodora*	E
sandbox	(hura 참조)	
Santa Maria	*Calophyllum brasiliense var. rekoi*	A

*두께 1.5인치 초과한 ramin은 B스케줄에 따름.

6. (계속)

수종명	학명	스케줄기호
sapele	*Entandropragma cylindricum*	A
satinwood, African	*Fagara macrophylla*	C
satinwood, Ceylon	*Chloroxylon swietenia*	C
satinwood, East Indian	(satinwood, Ceylon 참조)	
sempilor	*Dacrydium elatum*	K
sepetir	*Sindora spp.*	G
sequoia	*Sequoia sempervirens*	K
seraya, red	*Shorea spp.*	F
seraya, white	*Parashorea malaanonan*	J
seraya, yellow	*Shorea faguetiana*	J
serrette	*Byrsonima coriacea var. spicata*	E
shaitan wood	*Alstonia scholaris*	H
silky-oak, Australian	*Cardwellia sublimis*	E
silky-oak, African	(grevillea 참조)	
'silver beech'	*Nothofagus menziesii*	E
silver-grey wood, Indian	*Terminalia bialata*	E
sipo	(utile 참조)	
'southern cypress'	*Taxodium distichum*	K
'S. American cedar'	*Cedrela fissilis*	H
spruce, black	*Picea mariana*	K
spruce, Eastern canadian	*Picea glauca*	K
spruce, Engelmann	*Picea engelmannii*	K
spruce, European	*Picea abies*	K
spruce, red	*Picea rubra*	K
spruce, Sitka	*Picea sitchensis*	J
spruce, white	(spruce, Eastern Canadian 참조)	
sterculia, brown	*Sterculia rhinopetala*	B
sterculia, yellow	*Sterculia oblonga*	C
sycamore	*Acer pseudoplatanus*	E*

6. (계속)

수종명	학명	스케줄기호
sycamore (if colour important)	*Acer pseudoplatanus*	A
tali	(missanda 참조)	
tallowwood	*Eucalyptus microcorys*	C
tamarack larch	*Larix laricina*	K
tambara	*Cephalosphaera usambarensis*	J
'Tasmanian myrtle'	*Nothofagus cunninghamii*	C
'Tasmanian oak'	*Eucalyptus-gigantea* *obliqua* *regnans*	C
taukkyan	('Indian laurel' 참조)	E
tawa	*Beilschmiedia tawa*	H
teak	*Tectona grandis*	D
'teak, Rhodesian'	*Baikiaea plurijuga*	C
thingan	*Hopea odorata*	E
thitka	*Pentace burmanica*	
tola branca tola, white	(agba 참조)	
toon	('Burma cedar' 참조)	
totara	*Podocarpus totara*	J
tupelo	*Nyssa aquatica*	E
turpentine	*Syncarpia glomulifera*	C
ulmo	*Eucryphia cordifolia*	C
utile	*Entandrophragma utile*	A
vinhatico	*Plathymenia reticulata*	E
waika chewstick	*Symphonia globulifera*	C
wallaba	*Eperua falcata*	B
'walnut, African'	*Lovoa trichilioides*	E
walnut, American	*Juglans nigra*	E
walnut, European	*Juglans regia*	E

6. (계속)

수종명	학명	스케줄기호
'walnut, Queensland'	*Endiandra palmerstonii*	E
wamara	*Swartzia leiocalycina*	B
wattle, black	*Acacia mollissima*	A
wawa	(obeche 참조)	
'western red cedar'	*Thuja plicata*	J
'weymouth pine'	(pine, yellow 참조)	
'white cedar'	*Thuja occidentalis*	J
white chuglam	*Terminalia bialata*	E
white olivier	(nargusta 참조)	
white star apple	*Chrysophyllum albidum*	E
whitewood (in part)	*Picea abies*	K
whitewood, American	*Liriodendron tulipifera*	E
willow	*Salix spp.*	H
willow, cricket-bat	*Salix alba var. coerulea*	D
yang	*Dipterocarpus spp.*	D
'yellow cedar'	*Chamaecyparis nootkatensis*	J
yellowwood, Br. Honduras	*Podocarpus guatemalensis*	H
yemeri	(quaruba 참조)	
yew	*Taxus baccata*	G
yon	*Anogeissus acuminata*	C
zebrano	*Microberlinia brazzavillensis*	B

7. 영국 표준스케줄 조합표

스케줄 기호	함수율 (%)	온도(°C)		상대습도 (%)
		건구	습구	
A	60	35	30.5	70
	60	35	28.5	60
	40	40	31	50
	30	45	32.5	40
	20	50	35	35
	15	60	40.5	30
B	40	40	37.5	85
	40	40	36.5	80
	30	45	40.5	75
	25	50	44	70
	20	55	46	60
	15	60	47.5	50
C	60	40	37.5	85
	60	40	36.5	80
	40	45	40.5	75
	35	45	39.5	70
	30	45	38.5	65
	25	50	42	60
	20	60	47.5	50
	15	65	48.5	40
D	60	40	37.5	85
	60	40	36.5	80
	40	40	35	70
	35	45	37.5	60
	30	45	35	50
	25	50	36.5	40
	20	60	40.5	30
	15	55	44	30
E	60	50	47	85
	60	50	46	80
	40	50	45	75
	30	55	47.5	65
	25	60	49	55
	20	70	54.5	45
	15	75	57.5	40
F	60	50	45	75
	60	50	44	70
	40	50	42	60
	30	55	43.5	50
	25	60	46	45
	20	70	52.5	40
	15	75	57.5	40
G	60	50	47	85
	60	50	46	80
	40	55	51	80
	30	60	54.5	75
	25	70	62.5	70
	20	75	62.5	55
	15	80	61	40
H	50	60	55.5	80
	50	60	54.5	75
	40	60	52	60
	30	65	53.5	55
	20	75	57.5	40
J	50	60	53	70
	50	60	50.5	60
	40	60	47.5	50
	30	65	48.5	40
	20	75	52	30
K	50	70	65	80
	50	75	67	70
	30	80	68.5	60
	20	90	69	40
L	40	80	72	70
	40	90	69	40
M	50	90	81	70
	50	95	78	50

8. 건조기의 분류

건조기는 그 작동되는 방식, 즉 열원의 전달방식인 대류, 복사 전도와 건조기 내에서 열풍흐름 방식인 향류, 병류, 혼합류, 원료공급방식 및 제품 배출방식, 건조기 내부 교반방식, 건조기 몸체 외형 등 수많은 특징적 상황을 두고 이름을 붙여 오고 구분했기 때문에 건조기명 역시 매우 다양하다. 국내는 물론 외국에서도 건조기 명칭이 여러 가지로 혼용되고 있는 실정이다. 흔히 국내외 문헌과 업체에서의 명칭을 참조하여 불리고 작동상 · 외형상 특징적인 면을 부각시킨 건조기명을 선정하여 한국기계연구원(1997)이 분류한 것을 소개하면 다음과 같다.

대분류	중분류	소분류
입자 부양식 건조장치	기류 건조기	직접 공기식 기류건조기 분산기식 기류건조기 파쇄기식 기류건조기
	분무 건조기	회전 원판식 분무건조기 압력 노즐식 분무건조기 이류체 노즐식 분무건조기
	유동층 건조기	일단 유동층식 건조기 다단 유동층식 건조기
	진동 건조기	진동식 건조기 진동 조합식 건조기
열풍식 건조장치	통기 건조기	상자식 통기건조기 밴드식 통기건조기 수직식 통기건조기 드럼식 통기건조기 터널식 통기건조기 회전식 통기건조기

대분류	중분류	소분류
회전식 건조장치	진공 건조기	원통 교반식 진공건조기
		이중 원추식 진공건조기
	회전 건조기	직접 가열식 회전건조기
		간접 가열식 회전건조기
		혼합 가열식 회전건조기
	열전도 건조기	스크류식 열전도건조기
		원반식 열전도건조기
		패들식 열전도건조기
		디스크식 열전도건조기
		다단 실린더식 열전도건조기
복사파 건조장치	복사파 건조기	극초단파 건조기
		적외선 건조기
		고주파 건조기
동결 건조장치	동결 건조기	동결 건조기
기타 건조장치	기타 건조기	초음파 건조기
		증발 건조기
		분출류 건조기
		포발층 건조기

찾아보기

ㄱ

ㄴ

ㄷ

ㅅ

ㅇ

ㅎ

Abstract

A New Introduction to Wood Drying

Hee-Suk Jung

Ho-Yang Kang · Jung-Hwan Park · Nam-Ho Lee

Hyoung-Woo Lee · Chun-Won Kang · Hwan-Myeong Yeo

Defects in wood and wood products are mostly caused by improper moisture control. There is growing awareness that moisture control issues, such as appropriate drying methods and achieving the proper final moisture content level are crucial in current complex manufacturing operations for various species resources and user environments. As manufacturing processes become more technically complex, the importance of quality drying becomes increasingly evident. Wood drying is the key to subsequent processing, the first step in the manufacture of wood products. The drying process, however, is not so simple. The drying time, energy consumption and product quality, which is classified by warp, crack and strength, are affected by diverse drying characteristics based on species traits, initial moisture content and drying conditions. The objective of this book is to reinforce the general basics of the drying mechanism, the dryer structural design, and air and moisture flow control. These components provide the framework for effective drying practices, cost containment, product quality, and the increase of yield in wood products.

저자소개

정희석

서울대학교 졸업(1964)
서울대학교 농학박사
미국 Oregon State University, Post Doc.
현재: 서울대학교 명예교수

강호양

서울대학교 졸업(1980)
미국 North Carolina State University, Ph. D.
New Zealand Forest Research Institute, Post Doc.
현재: 충남대학교 환경임산자원학부 교수

박정환

서울대학교 졸업(1982)
미국 State University of New York, Ph. D.
현재: 국립산림과학원 임산공학부 연구관

이남호

서울대학교 졸업(1984)
서울대학교 농학박사
일본 Ehime University, Post Doc.
현재: 전북대학교 산림과학부 교수

이형우

서울대학교 졸업(1983)
서울대학교 농학박사
미국 Michigan State University, Post Doc.
현재: 전남대학교 산림자원조경학부 교수

강춘원

서울대학교 졸업(1987)
일본 Kuyshu University, Ph. D.
충남대학교, Post Doc.
현재: 전북대학교 주거환경학과 부교수

여환명

서울대학교 졸업(1992)
미국 State University of New York, Ph. D.
미국 State University of New York, Post Doc.
현재: 서울대학교 산림과학부 조교수

새로 쓴 목재건조학

초판 1쇄 발행 2008년 3월 10일
초판 3쇄 발행 2014년 10월 10일

지은이 정희석 외
펴낸곳 서울대학교출판문화원
펴낸이 성낙인

출판등록 제15-3호

주소 151-742 서울 관악구 관악로 1
대표전화 02-880-5252 | **팩스** 02-888-4148
마케팅팀(주문상담) 02-889-4424, 02-880-7995
이메일 snubook@snu.ac.kr
홈페이지 www.snupress.com

ISBN 978-89-521-0868-5 93520